国家林业局普通高等教育"十三五"规划教材

全国应用型本科教育"十三五"规划教材

大学物理学

李耀维　刘健康　梁珍珍　主　编

石德政　张振华　刘　甲　副主编

中国林业出版社

内容简介

本教材根据教育部非物理专业大学物理基础课程教学指导分委员会新制定的《理工科非物理专业大学物理课程教学基本要求》(2008 版),结合一般本科院校学生的实际情况和编者多年的教学经验编写而成,被列为国家林业局普通高等教育"十三五"规划教材和全国应用型本科教育"十三五"规划教材。

本教材充分考虑了一般本科院校学生的实际情况,在基本覆盖《基本要求》核心内容的前提下,努力做到:在教材内容的编排和叙述上,尽量避免过分繁难的数学推导,做到深入浅出、通俗易懂、可读性强、便于教学;突出基本概念的讲述,对于学生必须掌握的基本概念,力求详细、讲清、讲透;在保证必要的基本训练的基础上适度降低例题和习题的难度;在教材编写的语句方面,力求条理清楚,语句通顺,语言准确精炼。

本教材内容包括力学、热学、电磁学、光学和量子力学基础,可作为普通高等院校理工科非物理专业大学物理课程教材,亦可作为成人高校物理课程教材和教学参考书。

图书在版编目(CIP)数据

大学物理学 / 李耀维,刘健康,梁珍珍主编. —北京:中国林业出版社,2016.1(2017.6 重印)

ISBN 978-7-5038-8386-6

Ⅰ. ①大… Ⅱ. ①李… ②刘… ③梁… Ⅲ. ①物理学
– 高等学校 – 教材 Ⅳ. ①O4

中国版本图书馆 CIP 数据核字(2016)第 017832 号

国家林业局生态文明教材及林业高校教材建设项目

中国林业出版社·教育出版分社

责任编辑:张东晓 高红岩

电话:(010)83143554   传真:(010)83143516

出版发行 中国林业出版社(100009 北京市西城区德内大街刘海胡同 7 号)
          E-mail:jiaocaipublic@163.com 电话:(010)83143500
          http://lycb.forestry.gov.cn
经   销 新华书店
印   刷 北京市昌平百善印刷厂
版   次 2016 年 1 月第 1 版
印   次 2017 年 6 月第 3 次印刷
开   本 787mm×1092mm 1/16
印   张 25.25
字   数 583 千字
定   价 55.00 元

《大学物理学》编写人员

主　　编　李耀维　刘健康　梁珍珍

副 主 编　石德政　张振华　刘　甲

编写人员　（按姓氏笔画排序）
　　　　　石德政（四川农业大学）
　　　　　白旭峰（山西农业大学信息学院）
　　　　　刘　甲（山西农业大学信息学院）
　　　　　刘健康（四川农业大学）
　　　　　刘俊杰（商丘学院）
　　　　　刘婷婷（山西农业大学信息学院）
　　　　　杨艳丽（山西农业大学信息学院）
　　　　　李耀维（山西农业大学信息学院）
　　　　　张振华（商丘学院）
　　　　　段丽凤（山西农业大学信息学院）
　　　　　梁珍珍（商丘学院）
　　　　　曾小强（四川农业大学）

前　言

目前，高等教育在我国已经实现大众化，一般本科教育成为我国普通高等教育的重要组成部分。由于教材建设的滞后，许多一般本科院校的大部分专业都在使用重点本科院校的教材，普遍存在教材与教学要求不相符合的现象。

大学物理学是高等院校理工科非物理专业的一门必修基础课，该课程在为学生打好必要的物理基础，培养学生良好的科学素养方面具有不可替代的作用。为此，我们在吸取国内外同类教材的优点和充分考虑一般本科院校学生的实际情况的基础上，根据编者多年的教学经验编写了这一套一般本科院校基础类课程教材《大学物理学》。在编写过程中，力求做到：

1. 教材编写以教育部非物理专业大学物理基础课程教学指导分委员会新制定的《理工科非物理专业大学物理课程教学基本要求》为依据，涵盖《基本要求》的核心内容。

2. 充分考虑一般本科教育的培养目标和学生的实际情况，在不失严谨的前提下，尽量做到深入浅出、通俗易懂、可读性强、便于教学。

3. 在保证必要的基本训练的基础上适度降低例题和习题的难度。

4. 在不增加教材难度的前提下，尽量反映与本学科有关的新思想、新成果、新技术。

5. 在教材编写的语句方面，力求条理清楚、语句通顺、语言准确精炼。

本教材由李耀维教授统筹策划，并逐章修改，总撰定稿。太原理工大学王纪龙教授担任本教材主审，他仔细审阅了本教材，并提出许多宝贵意见。

在本教材编写过程中，我们参考和借鉴了一些教材和文献的内容，在此，谨向这些教材和文献的作者表示衷心的感谢。

由于时间紧迫，作者水平有限，书中难免有疏漏和欠妥之处，欢迎读者批评指正。

编　者
2015 年 10 月

目　　录

绪　论

0.1　物理学概述

什么是物理学？从字面上讲，物就是物质，理就是运动和变化规律，研究物质运动和变化规律的一门科学就称为物理学。在自然界，物质的运动形式极其繁多，物理学所研究的是其中最基本、最简单的运动，这些运动无不存在于其他更高级、更复杂的运动之中。因此，物理学是整个自然科学的基础。

物理学作为一门独立的学科是从经典力学开始的。从经典力学时代至今，物理学最基本的追求目标是自然界的统一：统一的力、统一的相互作用等。因此，几乎所有基本的物理理论体系都称为某种力学，如牛顿力学、电动力学、量子力学等。

物理学发展史上第一次大统一是牛顿力学和万有引力定律。牛顿通过研究发现，天体的运动和地面落体运动遵从相同的规律，它们都是由引力引起的。这样，牛顿用他的力学打破了天界和世俗的界限，找到了两个世界的统一。牛顿称引力为万有引力，强调的就是这种统一。

19 世纪 60 年代，麦克斯韦完成了物理学第二次大统一，他所建立的电磁理论，将电、磁和光现象统一起来，这就是电动力学。20 世纪初，爱因斯坦摒弃了绝对时空观，提出了狭义相对论，使电磁学和力学在新的时空观的基础上达到了协调和统一。爱因斯坦还曾企图把引力和电磁力二者统一起来，但他的努力没有成功。然而，他却找到了能与麦克斯韦电磁理论相协调的引力理论——广义相对论。广义相对论和麦克斯韦电磁理论构成了经典物理的理论基础。

与经典物理相对应的是量子论。量子力学最初是作为研究原子和分子运动和变化规律统一的力学发展起来的，这种新的力学在解释微观粒子的许多现象(如光谱、元素周期律和分子键合等)时，取得了极大的成功。但是，当把量子理论应用于电磁场时却遇到了困难。直到 20 世纪 40 年代末，人们发展了重整化方法解决了上述的困难，使量子论与电磁理论得到了统一，产生了量子电动力学。

0.2   物理学的研究方法

物理学的研究方法遵从人类对客观世界的认识规律。物理学的理论是通过观察、实验、抽象、假说等研究方法并通过实验的检验而建立起来的。

观察和实验是科学研究的基本方法。观察是在不改变自然条件的情况下，对自然界所发生的现象进行研究。例如，天体和大气现象都不能用人为的方法来改变它的状况，只能采用观察的方法来研究。

实验是在人为控制的条件下，使现象反复重演，进行观察研究。在实验中常采用突出主要因素，排除或减低次要因素的方法把复杂的问题加以简化，这是一种非常重要的研究方法。例如，在用单摆测定重力加速度的实验中，决定单摆振动周期的主要因素是摆长和重力加速度，次要因素是摆线的质量和长度变化、摆锤的质量和大小以及摆角等。在实验中，我们选用长度适当且不易伸长的细绳做摆线、用质量较小的球做摆锤，并作小振幅振动以降低次要因素的影响，得到较准确的结果。

抽象是根据问题的内容和性质，抓住主要因素，撇开次要因素，建立一个与实际情况较为接近的理想模型来进行研究。例如，"刚体""理想气体""理想流体""点电荷"等都是物理学研究中常用的理想模型。

假说是为了探求事物的规律，对于现象的本质所提出的一些说明方案或基本论点，假说是在一定的观察、实验的基础上提出来的。在一定范围内经过不断的考验，经证明为正确的假说，就上升为定律或理论的一部分。如关于物质结构的分子原子假说，最后就发展成为物质分子运动理论。量子假说的建立和量子理论的演变，发展为量子力学理论。在科学认识的发展过程中，假说是很重要的甚至是必不可少的一个阶段。物理定律一般是实验事实的总结。由于实验条件，实验仪器精度等的限制，物理定律有其近似性和局限性，但在一定程度上能够反映客观实在的规律性。

从观察、实验、抽象、假说等一系列的逻辑推理建立起来的完整的理论体系，不仅可以解释一定范围内的物理现象，而且能在一定程度上预言未来，进一步导致新的实践。麦克斯韦集前任研究之大成，建立了麦克斯韦电磁理论，不仅可以解释各种电磁现象，而且预言了电磁波的存在及其传播速度，并终于被赫兹等人的实验证实就是突出的例子。

0.3   物理学与现代科技的关系

现在，人们习惯把科学和技术联系在一起，统称为"科技"，实际上二者是有区别的。科学解决理论问题，技术解决实际问题。科学要解决的问题，是发现自然界中确凿的事实和现象之间的关系，并建立理论把这些事实和关系联系起来；技术的任务则是把科学的成果应用到实际问题中去。科学主要是和未知的领域打交道，其进展，尤其是重大的突破，是难以预料的；技术则是在相对成熟的领域内工作，可以做出一定的成果。

　　历史上，物理学和技术的关系有两种模式。一种是技术向物理学提出了问题，促使物理学发展了理论，反过来提高了技术。另一种是理论先获得突破，导致新技术的产生，然后，新技术又反过来促进理论的发展。例如，18 世纪末瓦特发明的蒸汽机给人们提供了有效的动力。其后，蒸汽机被应用于纺织、轮船、火车。但是，当时的热机效率只有 5%～8%。对提高热机效率的思考导致了 1824 年卡诺定理的产生。卡诺定理为提高热机效率提供了理论依据。到 20 世纪蒸汽机效率达到 15%，内燃机效率达到 40%，燃气涡轮机效率达到 50%。以电气化为主导的第二次工业革命的进程则是第二种模式的例子。从 1785 年库仑定律的建立到 1831 年法拉第发现电磁感应定律，基本上是物理上的探索，没有应用的研究。然而，此后半个多世纪，各种交流发电机、直流发电机、电动机和电报机的研究应运而生。到了 1862 年麦克斯韦电磁理论的建立和 1888 年赫兹的电磁波实验，又导致了马可尼和波波夫无线电的发明。

　　20 世纪以来，在物理和技术的关系中，上述两种模式并存，相互交叉。但几乎所有重大的新技术领域（如电子学、原子能、激光和信息技术）的创立，事前都在物理学中经过了长期的酝酿，在理论和实验上积累了大量知识，才迸发出来。没有 1909 年卢瑟福的 α 粒子散射实验，就不可能有 20 世纪 40 年代以后核能的利用；没有 1917 年爱因斯坦提出的受激辐射的理论，也就不可能有 1960 年第一台激光器的诞生。当今对科学、技术，乃至社会生活各个方面都产生了巨大冲击的高技术莫过于电子计算机，由之而引发的信息革命被誉为第三次工业革命。然而，整个信息技术的发生、发展，其硬件部分都是以物理学的成果为基础的。因此，物理学的发展不断地为各种高技术的产生提供基础和依据。可以毫不夸张地说，物理学是许多科学与技术的基础和发源地，没有物理学的发展，就不可能有今天的科学和技术。

0.4　怎样学好物理学

　　首先，要明确学习物理学的目的不仅仅在于掌握一些知识、定律和公式，更不要把精力只集中在解题上，而应在学习过程中努力把握物理学的内容和方法，概念和物理图像，及其历史、现状和前沿等。这样，才能真正发挥学习物理学的作用。

　　其次，要勤于思考，悟物穷理。勤于思考，就要对新的概念、定义、公式的符号和公式本身的含义，用自己的语言陈述出来。对于定理的证明、公式的推导，最好在了解基本思路之后，自己能把它们演算出来。这样才能对它们成立的条件、关键的步骤、推演的技巧等有深刻的理解。悟物穷理，就要多向自己提问。哪些是事实？哪些是推论？推论是怎样得来的？为什么相信它？它有哪些重要的应用？如果能做到这些，就一定能够了解物理学的真谛，并从中获得极大的教益。

第 1 章

质点运动学

物体之间或同一物体的各部分之间的相对位置随时间变化的过程称为**机械运动**。机械运动是自然界最简单、最普遍的运动。天体的运行、河水的流动、各种交通工具的行驶都是机械运动。研究物体机械运动的一门科学称为**力学**。力学通常分为运动学、动力学和静力学。运动学只描述物体的运动过程，不涉及引起运动和改变运动的原因；动力学研究物体间的相互作用与物体运动的因果关系；静力学研究物体在相互作用下的平衡问题。

本章介绍质点运动学，着重分析描述运动的三个物理量——位置矢量、速度和加速度的意义及它们的相互联系。本章涉及的一部分概念和公式与中学课程相同，但讨论问题的角度不同。中学课程是从初等数学(常量的数学)的角度讨论这些问题，而大学物理是从高等数学(变量的数学)的角度讨论这些问题。用高等数学讨论运动学问题更加严谨、全面和系统，因而更科学。

1.1 质点运动的描述

1.1.1 质点 参考系

1.1.1.1 质点

任何物体都有一定的大小和形状(表 1-1)，如果在物体的运动或与其他物体相互作用的过程中，其形状和大小相对于所研究的问题的影响可以忽略，该物体就可以被看成一个具有一定质量的几何点，称为**质点**。

表 1-1　一些物体的质量和大小

质量（kg）		长度（m）	
电子质量	10^{-30}	原子核的半径	10^{-15}
质子质量	10^{-27}	原子的半径	10^{-10}
流感病毒质量	10^{-19}	病毒的线度	10^{-7}
阿米巴变形虫质量	10^{-8}	阿米巴变形虫的线度	10^{-4}
人的质量	10^{1}	人的身长	10^{0}
土星 5 号火箭质量	10^{6}	地球半径	10^{7}
地球质量	10^{24}	太阳半径	10^{9}
太阳质量	10^{30}	太阳系半径	10^{13}
银河系质量	10^{41}	银河系的尺度	10^{21}

　　质点是经过科学抽象而形成的物理模型，把物体当做质点是有条件的。例如，研究地球绕太阳公转时，由于地球到太阳的平均距离约为地球半径的 10^{4} 倍，可以把地球当做质点。在研究地球的自转问题时，地球的大小和形状不能忽略，就不能把它当做质点。在本书有关力学各章，除刚体定轴转动一章外，都把物体当做质点来处理。

1.1.1.2　参考系和坐标系

　　研究一个物体的运动，必须具体指明该运动相对于哪一个物体或物体群，这种作为研究物体运动的参照物或参照物群称为参考系。例如，研究地球相对于太阳的运动，太阳是参考系；研究月球相对于地球的运动，则地球是参考系。

　　选定了参考系后，要把物体在各个时刻相对于参考系的位置定量地表示出来，还需要在参考系上建立适当的标度，称为坐标系（图 1-1）。常用的坐标系有平面极坐标系、空间直角坐标系、球面坐标系和柱面坐标系（图 1-2）。

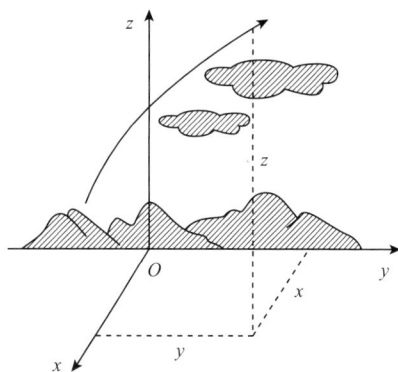

图 1-1　建立直角坐标系

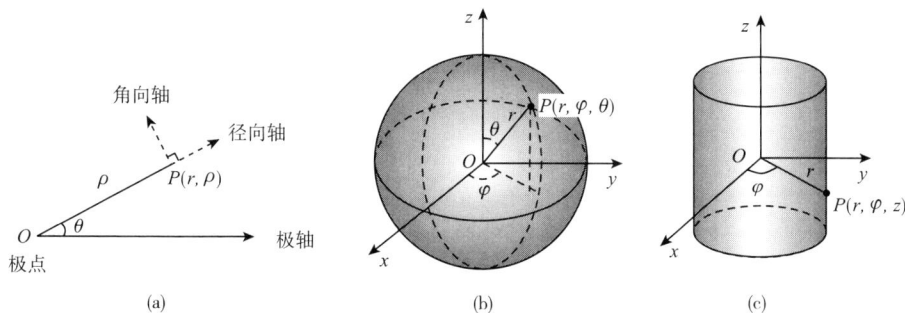

图 1-2　常用坐标系

（a）平面极坐标系　（b）球面坐标系　（c）柱面坐标系

1.1.2　时间和空间的计量

观察和描述物体的运动，需要用到时间和空间两个物理量。时间表征物体运动的持续性，通常采用能够重复的周期现象来计量时间。自然界存在许多可重复的周期现象，这些现象都可作为时间的计量标准。例如，太阳的升落表示天；四季的循环称为年；月亮的盈亏是农历的月等。在国际单位制(SI)中，时间的单位为秒(s)。当前最精密的时间标准为原子标准，1967年10月在第13届国际度量衡会议上规定，1秒等于位于海平面上的^{133}Cs原子的基态的两个超细能级在零磁场中跃迁辐射的周期的9192631770倍。

空间反映物体运动的广延性。在三维空间中，点的位置可由三个相互独立的坐标来确定。空间两点的距离称为长度，任何长度的计量都要通过与某一长度基准的比较来进行。在国际单位制中，长度的单位为米(m)。1889年第一届国际计量大会通过决议，将保存在法国的国际计量局中铂铱合金棒在0.00℃时两条刻线间的距离定义为1米(1m)。由于长度的实物基准很难保证不随时间改变或发生意外灾害，1960年第十一届国际计量大会决定用^{86}Kr的橙黄色光的波长的倍数来定义"米"。现在"米"的定义是1983年10月第十七届国际计量大会通过的，1m等于是光在真空中1/299792458s的时间间隔内运行路程的长度。

1.1.3　位置矢量　位移

1.1.3.1　位置矢量

如图1-3所示，质点在t时刻的位置为P，从坐标原点O向P作一条有向线段OP，并记作矢量r，则P点的位置完全由矢量r确定，其中r的方向表明P点相对于坐标轴的方位，r的长度表明P点到O点的距离，矢量r称为质点的**位置矢量**，简称位矢或矢径。位置矢量r可以用它沿三个坐标轴的分量x、y、z来表示。用i、j、k分别表示沿x、y、z轴正方向的单位矢量，则位置矢量

$$r = xi + yj + zk \qquad (1-1)$$

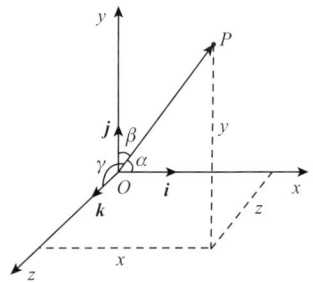

图1-3　位置矢量

r的大小(或称模)为原点O到质点P的距离

$$|r| = r = \sqrt{x^2 + y^2 + z^2} \qquad (1-2)$$

位置矢量r的方向余弦

$$\cos\alpha = \frac{x}{r} \qquad \cos\beta = \frac{y}{r} \qquad \cos\gamma = \frac{z}{r} \qquad (1-3)$$

式中α、β、γ分别为力矢量r与x、y、z轴之间的夹角。在国际单位制中，位置矢量的单位是米(m)。

位置矢量有以下三个特性：

①矢量性：r 是矢量，不仅有大小而且有方向。

②瞬时性：在质点的运动过程中，不同时刻的位置矢量可能不同。

③相对性：位置矢量 r 与选用的坐标系有关，选用不同坐标系描述空间同一点的位置的结果可能不同。

1.1.3.2　位移和路程

（1）位移

如图 1-4 所示，设质点在 t 时刻位于 A，其位置矢量为 r_A；经历时间 Δt，质点从 A 移动到 B，B 的位置矢量为 r_B。质点经历时间 Δt 的位置改变称为质点的**位移**

$$\Delta r = r_B - r_A \tag{1-4}$$

Δr 的大小等于 A、B 两点间的距离，方向由位置矢量的起点 A 指向终点 B。

（2）路程

质点在一段时间内沿其运动轨迹经历的路径称为**路程**。一般情况下，位移的大小与路程不相等。例如，在图 1-5（a）中，质点从 A 沿曲线运动到 B，位移是由 A 指向 B 的有向线段 Δr，而路程为曲线 AB 的长度 Δs，显然 $\Delta s \neq |\Delta r|$。又如，在图 1-5（b）中，质点从 A 经 C 到达 B，位移是由 A 指向 B 的有向线段 Δr，而路程是线段 $AC + CB$。只有在质点作直线运动的情况下，位移的大小才等于路程。

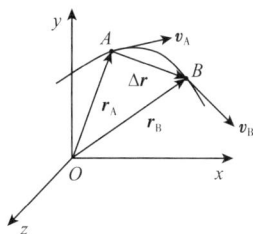

图 1-4　位移

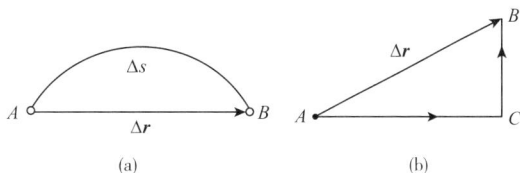

图 1-5　位移与路程

综上所述，位移具有以下两个特性：

①矢量性：位移是矢量，既有大小，又有方向。

②相对性：位移的大小和方向与参考系的选择有关。如图 1-6 所示，当船在由西向东流动的河水中从南向北划行时，船相对于水的运动是从南向北，而船相对于岸的运动则是由西南向东北。

在国际单位制中位移和路程的单位都是米（m）。

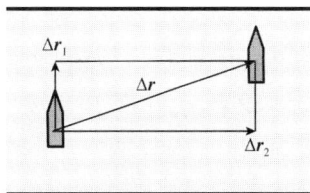

图 1-6　位移的相对性

1.1.4　运动方程

在质点的运动过程中，其位置矢量随时间的变化可以用时间变量 t 的函数来表示，即

$$r = r(t) = x(t)i + y(t)j + z(t)k \qquad (1\text{-}5)$$

该函数就是质点的**运动方程**。该方程也可以表示成三个标量方程构成的方程组

$$x = x(t) \qquad y = y(t) \qquad z = z(t) \qquad (1\text{-}6)$$

该方程组是一个关于时间变量 t 的参数方程，消去参数 t，可得到一个只含有空间变量 x、y、z 的函数。

$$f(x, y, z) = 0 \qquad (1\text{-}7)$$

该函数就是质点的**轨迹方程**。

由运动方程可以确定质点在任何时刻的位置，因此，质点运动学的重要任务之一就是找出各种具体运动的运动方程。

【例题 1-1】 已知一个质点的运动方程为 $r = R\cos\omega t\, i + R\sin\omega t\, j$，求该质点的轨迹方程。

解： 该运动方程的标量函数式为

$$x = R\cos\omega t$$

$$y = R\sin\omega t$$

两边同平方得

$$x^2 = R^2\cos^2\omega t$$

$$y^2 = R^2\sin^2\omega t$$

两式相加消去 t，得到轨迹方程

$$x^2 + y^2 = R^2$$

该轨迹是圆心在坐标原点，半径为 R 的圆。

1.1.5　速度　加速度

1.1.5.1　速度和速率

（1）速度

物体在单位时间内产生的位移称为**速度**。设质点经历时间 Δt，位置矢量由 r_1 变为 r_2，发生位移

$$\Delta r = r_2 - r_1$$

则该段时间内的平均速度

$$\bar{v} = \frac{\Delta r}{\Delta t} \qquad (1\text{-}8)$$

平均速度是矢量，它的方向与位移方向一致。平均速度只反映质点位置在 Δt 时间内的平均变化，为了反映质点在某一瞬时的运动情况，定义**瞬时速度**（简称**速度**）

$$v = \lim_{\Delta t \to 0}\frac{\Delta r}{\Delta t} = \frac{\mathrm{d}r}{\mathrm{d}t} \qquad (1\text{-}9)$$

可见，速度等于位置矢量 r 对于时间 t 的一阶系数。

（2）速率

质点在单位时间内经历的路程称为**速率**，速率是标量。如图 1-7（a）所示，质点经历时间 Δt，经过路程 Δs，该质点的平均速率

$$\bar{v} = \frac{\Delta s}{\Delta t} \qquad (1\text{-}10a)$$

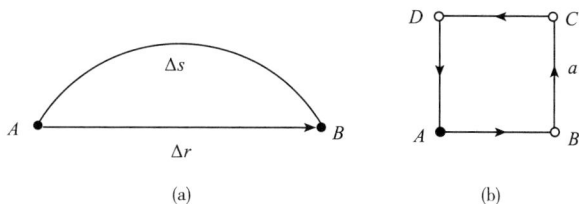

图 1-7 速度与速率

瞬时速率

$$v = \lim_{\Delta t \to 0} \frac{\Delta s}{\Delta t} = \frac{\mathrm{d}s}{\mathrm{d}t} \tag{1-10b}$$

应当指出，平均速度与平均速率是两个不同的概念。如图 1-7(a)所示，在同一时间内，质点的平均速率为式(1-10a)，而平均速度为

$$\bar{\boldsymbol{v}} = \frac{\Delta \boldsymbol{r}}{\Delta t} \tag{1-11}$$

又如，在图 1-7(b)中，质点经历时间 Δt，从边长为 a 的正方形顶点 A 经过 B、C、D 又返回 A，很明显，质点的位移为零，平均速度也为零，而质点的平均速率

$$\bar{v} = \frac{4a}{\Delta t}$$

当 $\Delta t \to 0$，弦长 $\Delta \boldsymbol{r}$ 无限接近于对应的路程 Δs，此时

$$\lim_{\Delta t \to 0} \frac{|\Delta \boldsymbol{r}|}{\Delta t} = \lim_{\Delta t \to 0} \frac{\Delta s}{\Delta t}$$

上式表明，瞬时速度的大小与瞬时速率相等，即

$$|\boldsymbol{v}| = v$$

在国际单位制中，速度和速率的单位都是米·秒$^{-1}$（m·s^{-1}）。表 1-2 给出了一些物体的运动速率。

表 1-2 一些物体的运动速率

速率名称	运动速率(m·s^{-1})
光在真空中的速率	3.0×10^8
北京正负电子对撞机中电子的速率	光速的 99.999998%
地球公转速率	3.0×10^4
人造地球卫星的速率	7.9×10^3
赤道上一点的地球自转速率	4.6×10^2
空气分子的热运动平均速率(0℃)	4.5×10^2
空气中的声速(0℃)	3.3×10^2
机动赛车最大速率	1.0×10^2
大陆板块移动速率	约 10^{-9}

综上所述，速度具有以下三个特性：

①矢量性：速度是矢量，既有大小，又有方向，速度的合成与分解，应当遵循平行

四边形法则。

②瞬时性：速度描写的是质点在某一时刻的运动情况，所谓匀速运动实际上是各个时刻的速度相同而已。

③相对性：对于不同的参考系，速度的大小和方向可能不相同。

1.1.5.2　加速度

物体在单位时间内的速度变化称为**加速度**。设质点经历时间 Δt，运动速度由 $\boldsymbol{v}_1$ 变为 $\boldsymbol{v}_2$，速度变化

$$\Delta \boldsymbol{v} = \boldsymbol{v}_2 - \boldsymbol{v}_1$$

则该段时间内的平均加速度

$$\bar{\boldsymbol{a}} = \frac{\Delta \boldsymbol{v}}{\Delta t} \tag{1-12}$$

任意时刻的瞬时加速度（简称加速度）

$$\boldsymbol{a} = \lim_{\Delta t \to 0} \frac{\Delta \boldsymbol{v}}{\Delta t} = \frac{\mathrm{d}\boldsymbol{v}}{\mathrm{d}t} = \frac{\mathrm{d}}{\mathrm{d}t}\left(\frac{\mathrm{d}\boldsymbol{r}}{\mathrm{d}t}\right) = \frac{\mathrm{d}^2\boldsymbol{r}}{\mathrm{d}t^2} \tag{1-13}$$

可见，加速度等于速度矢量 $\boldsymbol{v}$ 对于时间 t 的一阶导数，等于位置矢量 $\boldsymbol{r}$ 对于时间 t 的二阶导数。

在国际单位制中，加速度的单位都是米·秒$^{-2}$（$\mathrm{m \cdot s^{-2}}$）。表 1-3 给出了一些物体的运动加速度。

表 1-3　一些物体的运动加速度

加速度名称	加速度（$\mathrm{m \cdot s^{-2}}$）
超速离心机中粒子的加速度	3.0×10^6
地球表面的重力加速度	9.8
月球表面的重力加速度	1.7
赤道上一点的地球自转加速度	3.4×10^{-2}
地球公转加速度	约 6×10^{-3}
太阳绕银河系中心转动加速度	约 3×10^{-10}

加速度具有以下三个特性：

①矢量性：加速度是矢量，其方向就是速度增量 $\Delta \boldsymbol{v}$ 的方向。在直线运动中，若质点的加速度方向与速度方向相同，质点做加速运动；若质点的加速度方向与速度方向相反，质点做减速运动。在曲线运动中，加速度总是指向曲线凹的一侧。如图 1-8 所示，若质点的加速度方向与速度方向成钝角，质点做减速率运动；若质点的加速度方向与速度成锐角，质点做加速率运动；若质点的加速度方向与速度方向垂直，质点做匀速率运动。

②瞬时性：加速度描写的是质点在某一时刻的速度变化情况，所谓匀加速运动，实际上是各个时刻的加速度相同而已。

③相对性：对于不同的参考系，加速度的大小和方向可能不同。

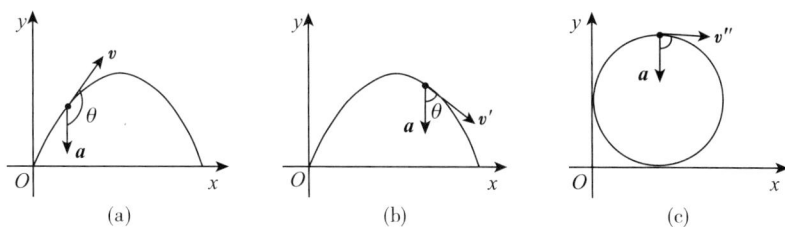

图 1-8　加速度与速度的方向

（a）a 与 v 成钝角　（b）a 与 v' 成锐角　（c）a 与 v'' 成直角

1.1.6　运动学问题的两种类型

1.1.6.1　已知运动方程求速度与加速度

如前所述，位置矢量 r 与速度 v、加速度 a 的关系为

$$v = \frac{\mathrm{d}r}{\mathrm{d}t} \tag{1-14}$$

$$a = \frac{\mathrm{d}v}{\mathrm{d}t} = \frac{\mathrm{d}^2 r}{\mathrm{d}t^2} \tag{1-15}$$

据此，如果已知质点运动方程 $r = r(t)$，则可通过计算其微分求出该质点的速度和加速度。

【例题 1-2】　已知质点的运动方程为 $x = 5 + 2t - 3t^2$，求：①该质点的速度和加速度；②该质点做什么运动？

解：①用微分法求得质点的速度和加速度

$$v = \frac{\mathrm{d}}{\mathrm{d}t}(5 + 2t - 3t^2) = 2 - 6t$$

$$a = \frac{\mathrm{d}}{\mathrm{d}t}(2 - 6t) = -6$$

②加速度为负常数说明：加速度的方向沿 x 轴负方向；该质点做匀变速运动。

【例题 1-3】　质点在 Oxy 平面内运动，运动方程为

$$x = 2t$$
$$y = 18 - 2t^2$$

求：①质点的轨迹方程；②质点运动方程的矢量形式（位置矢量）；③质点在前 2s 的平均速度；④质点在 2s 时的速度和加速度。

解：①将质点运动方程联立求解，消去 t，可得到质点的轨迹方程为

$$y = 18 - \frac{2x^2}{4} = 18 - \frac{x^2}{2}$$

质点运动轨迹为抛物线。

②质点的位置矢量为

$$r = 2ti + (18 - 2t^2)j$$

③质点在前 2s 内的平均速度为

$$\bar{v} = \frac{r(2) - r(0)}{2}$$

$$= \frac{[2 \times 2i + (18 - 2 \times 2^2)j] - 18j}{2}$$

$$= 2i - 4j$$

④质点的速度

$$v = \frac{dr}{dt} = \frac{d}{dt}[2ti + (18 - 2t^2)j]$$

$$= 2i - 4tj$$

加速度

$$a = \frac{dv}{dt} = \frac{d}{dt}(2i - 4tj) = -4j$$

时间 $t = 2s$ 时的速度

$$v|_{t=2} = 2i - 4 \times 2j = 2i - 8j$$

加速度

$$a|_{t=2} = -4j$$

负号表示加速度沿 y 轴负方向。

1.1.6.2　已知加速度 a 及初速度 v_0、初位置 r_0，求速度与运动方程

由加速度与速度的微分关系

$$a = \frac{dv}{dt}$$

得

$$dv = a dt$$

则

$$v = \int_0^t dv = \int_0^t a dt \tag{1-16}$$

由速度与位置矢量的微分关系

$$v = \frac{dr}{dt}$$

得

$$dr = v dt$$

则

$$r = \int_0^t dr = \int_0^t v dt \tag{1-17}$$

据此，如果已知加速度 a 及初速度 v_0、初位置 r_0，则可通过计算其积分求出该质点的速度 v 与运动方程 $r = r(t)$。

【例题 1-4】 质点沿 x 轴做匀加速直线运动，其加速度为 a、初速度为 v_0、初位置为 x_0，求该质点的速度 v 与运动方程 $x = x(t)$。

解： ①求速度 v

由式(1-16)考虑加速度 a 为常数得

$$v = \int_0^t a \mathrm{d}t = v_0 + at \tag{1-18}$$

其中 v_0 为积分常数，其物理意义为质点的初速度，这就是中学熟知的匀加速直线运动的速度公式。

②求运动方程

由式(1-17)及式(1-18)得

$$x = \int_0^t v \mathrm{d}t = \int_0^t (v_0 + at) \mathrm{d}t$$
$$= x_0 + v_0 t + \frac{1}{2}at^2 \tag{1-19}$$

其中 x_0 为积分常数，其物理意义为初位置，这就是中学熟知的匀加速直线运动公式。

1.2 平面曲线运动

物体的运动轨迹是平面内一条曲线的运动称为**平面曲线运动**。如前所述，质点的运动方程是位置矢量 r 关于时间 t 的函数，即

$$r = r(t)$$

考虑平面曲线运动的特点，可将平面曲线运动的运动方程在平面直角坐标系中用矢量表示为

$$r = x(t)i + y(t)j \tag{1-20}$$

常见的平面曲线运动有抛体运动和圆周运动。

1.2.1 抛体运动

从地面上方抛出一个物体所做的运动是**抛体运动**。若忽略风力和空气阻力的影响，物体的运动轨迹被限制在由抛出方向和竖直方向确定的平面内，因而抛体运动是平面曲线运动。

1.2.1.1 抛体运动的运动属性

先观察一个实验，如图 1-9 所示，A、B 为在同一高度的两个小球，拉动小锤 C，打击弹簧片 D，此时，A 球自由落下，同时 B 球向水平方向射出。将会看到，虽然 A 球的运动轨迹是直线，B 球的运动轨迹是抛物线，但两球却同时落地。该实验结果说明：在同一时间间隔内，A、B 两球在竖直方向的位移是相同的，B 球同时还有水平方

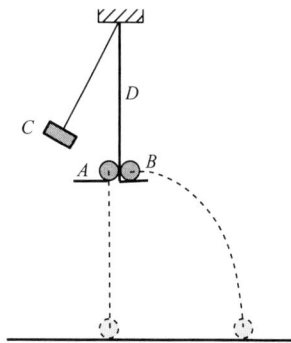

图 1-9 抛体运动的属性

向的运动，但水平方向的运动对于竖直方向的运动没有影响。可见抛体运动是竖直方向的匀加速直线运动和水平方向的匀速直线运动的合运动。

1.2.1.2　抛体运动的运动方程和轨迹

设物体从地面以初速度 v_0 沿与水平面成 θ_0 角抛出，如图 1-10 所示建立平面直角坐标系，则其起始位置 $x_0 = 0$，$y_0 = 0$，初速度分量

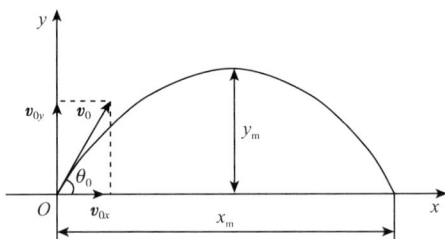

图 1-10　抛体运动

$$v_{0x} = v_0\cos\theta_0 \tag{1-21a}$$

$$v_{0y} = v_0\sin\theta_0 \tag{1-21b}$$

考虑抛体的加速度

$$a_x = 0 \qquad a_y = -g$$

抛体的运动方程为

$$\begin{cases} x = v_0\cos\theta_0 t \\ y = v_0\sin\theta_0 t - \dfrac{1}{2}gt^2 \end{cases} \tag{1-22}$$

消去方程中的时间参数 t，可得到抛体运动的轨迹方程

$$y = x\tan\theta_0 - \frac{g}{2v_0^2\cos^2\theta_0}x^2 \tag{1-23}$$

这是一个抛物线方程，可见在忽略空气阻力的条件下，抛体运动的轨迹是一条抛物线（图 1-10）。

1.2.1.3　抛体运动的射程

从图 1-10 可以看出，抛体的运动轨迹与坐标系的 x 轴有两个交点，坐标原点处的交点是物体的**抛出点**，另一个交点表示物体落回地面时的位置，称为**落地点**。在抛体运动的轨迹方程式(1-23)中令 $y=0$，则

$$x\tan\theta_0 - \frac{g}{2v_0^2\cos^2\theta_0}x^2 = 0 \tag{1-24}$$

这是一个关于 x 的一元二次方程，解方程得

$$x_1 = 0$$

$$x_2 = \frac{v_0^2}{g}\sin2\theta_0$$

式中 x_1 为抛出点坐标；x_2 为落地点坐标。

定义抛出点到落地点的水平距离 d_0 为抛体运动的射程，则

$$d_0 = x_2 - x_1 = \frac{v_0^2}{g}\sin2\theta_0 \qquad (1\text{-}25\text{a})$$

可以看出，当 $2\theta_0 = \dfrac{\pi}{2}$，即 $\theta_0 = \dfrac{\pi}{4}$，抛体有最大射程

$$d_{0\,\mathrm{m}} = \frac{v_0^2}{g} \qquad (1\text{-}25\text{b})$$

若规定 $0 < \alpha < \dfrac{\pi}{4}$，当 $\theta_1 = \dfrac{\pi}{4} - \alpha$ 和 $\theta_2 = \dfrac{\pi}{4} + \alpha$，抛体有相同的射程（图 1-11）。由此可得射程相同的两个出射角的关系为

$$\theta_1 + \theta_2 = \frac{\pi}{2} \qquad (1\text{-}26)$$

在上述的讨论中，忽略了空气阻力，若空气阻力较大，则物体经过的路径为一条不对称的曲线，实际射程 d 往往比真空中射程 d_0 小很多（图 1-12），表 1-4 给出了弹丸在真空中和在空气中射程的情况。

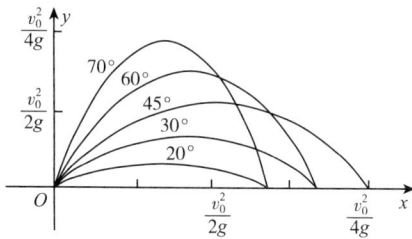

图 1-11　抛体的射程

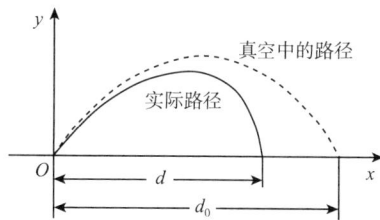

图 1-12　抛体运动的实际射程

利用斜抛物体的运动方程（1-22），经适当修正，可粗略估算出洲际导弹的射程。

表 1-4　在真空和空气中弹丸射程的比较

物体	初速度（m·s^{-1}）	出射角（°）	真空射程（m）	实际射程（m）
7.6mm 枪弹	800	15	32700	3970
85mm 炮弹	700	45	50000	16000
82mm 追击炮弹	60	45	367	350

1.2.1.4　抛体运动的矢量表示

把抛体运动的运动方程式（1-22）代入平面曲线运动的矢量表示式（1-20）得

$$\boldsymbol{r} = r_x(t)\boldsymbol{i} + r_y(t)\boldsymbol{j}$$
$$= (v_0 t\cos\theta_0)\boldsymbol{i} + \left(v_0 t\sin\theta_0 - \frac{1}{2}gt^2\right)\boldsymbol{j} \qquad (1\text{-}27)$$

整理得

$$r = (v_0\cos\theta_0\boldsymbol{i} + v_0\sin\theta_0\boldsymbol{j}\ )t - \frac{1}{2}gt^2\boldsymbol{j} \tag{1-28}$$

其中括号内是一个常矢量，令矢量

$$\boldsymbol{v}_0 = v_0\cos\theta_0\boldsymbol{i} + v_0\sin\theta_0\boldsymbol{j}$$

考虑重力加速度 $\boldsymbol{g}$ 与单位矢量 $\boldsymbol{j}$ 方向相反，即

$$\boldsymbol{g} = -g\boldsymbol{j}$$

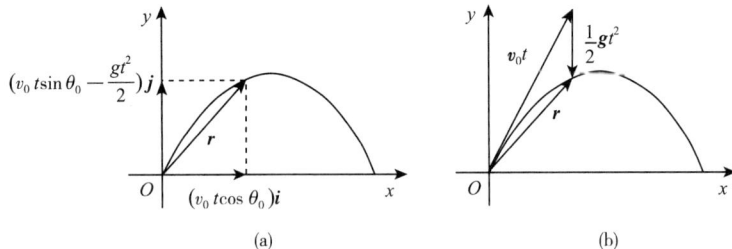

图 1-13　抛体运动的矢量表示

则

$$\boldsymbol{r} = \boldsymbol{v}_0 t + \frac{1}{2}\boldsymbol{g}t^2 \tag{1-29}$$

　　由图 1-13(b)可以看出，$\boldsymbol{v}_0$ 为抛体的抛出的初速度矢量。该结果表明，抛体运动是沿物体抛出方向的匀速直线运动与沿竖直方向的匀加速直线运动的迭加。该结果还表明抛物体运动是一种匀加速曲线运动。

1.2.2　圆周运动

　　轨道是圆的运动称为**圆周运动**。圆周运动是生产和生活中常见的运动，如机器或车辆上的轮子转动时，其上各点都以不同的半径作圆周运动。

1.2.2.1　圆周运动的切向加速度与法向加速度

　　如图 1-14 所示，设质点在圆周上一点 A 的速度为 $\boldsymbol{v}$，方向与点 A 处圆的切线方向相同。为了便于表示速度 $\boldsymbol{v}$ 的方向，在该切线上做单位矢量 $\boldsymbol{e}_t$，称为**切向单位矢量**，则 A 点的速度

$$\boldsymbol{v} = v\boldsymbol{e}_t \tag{1-30}$$

式中 v 表示速度 $\boldsymbol{v}$ 的大小；$\boldsymbol{e}_t$ 表示速度 $\boldsymbol{v}$ 的方向。

　　一般说来，质点做圆周运动时，其速度的大小和方向都会随时间变化，所以，该质点的加速度

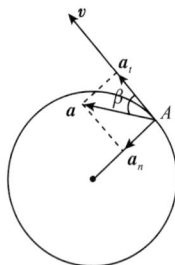

图 1-14　法向加速度与切向加速度

$$\boldsymbol{a} = \frac{\mathrm{d}\boldsymbol{v}}{\mathrm{d}t} = \frac{\mathrm{d}}{\mathrm{d}t}(v\boldsymbol{e}_t) = \frac{\mathrm{d}v}{\mathrm{d}t}\boldsymbol{e}_t + v\frac{\mathrm{d}\boldsymbol{e}_t}{\mathrm{d}t} \tag{1-31a}$$

令

$$\boldsymbol{a}_t = \frac{\mathrm{d}v}{\mathrm{d}t}\boldsymbol{e}_t$$

$$a_n = v \frac{\mathrm{d}\boldsymbol{e}_t}{\mathrm{d}t}$$

则

$$\boldsymbol{a} = \boldsymbol{a}_t + \boldsymbol{a}_n \tag{1-31b}$$

式(1-31b)表明，做圆周运动的质点的加速度矢量可以表示成两个分矢量的和。

由式(1-31a)可以看出 $\boldsymbol{a}_t$ 是由速度大小改变引起的加速度，且方向沿圆周的切线方向，与速度 $\boldsymbol{v}$ 相同，所以将 $\boldsymbol{a}_t$ 称为**切向加速度**。可以证明 $\boldsymbol{a}_n$ 的方向与 $\boldsymbol{v}$ 垂直，指向圆心，所以把 $\boldsymbol{a}_n$ 称为**法向加速度**或**向心加速度**，由式(1-31b)可得加速度 $\boldsymbol{a}$ 的大小

$$a = \sqrt{a_t^2 + a_n^2} \tag{1-32}$$

1.2.2.2　圆周运动的角量描述

（1）角位置　角位移

如图 1-15 所示，以圆周运动的圆心 O 为极点(坐标原点)，Ox 为极轴建立极坐标系，规定以极轴为起始位置逆时针旋转形成的角度为正角。由于质点圆周运动的极经 $r = R$ 是常量，质点的位置完全由其极经 r 与坐标系极轴 Ox 之间的夹角 θ 来决定，称为**角位置**，俗称**角度**。一般情况下，质点的角位置是时间的函数，即

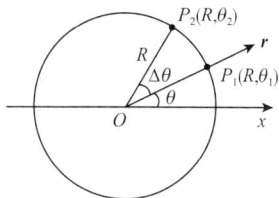

图 1-15　圆周运动的角量描述

$$\theta = \theta(t) \tag{1-33}$$

这就是质点圆周运动在极坐标系中的运动方程。

如图 1-15 所示，质点经历时间 Δt 由 $P_1(R, \theta_1)$ 转动到 $P_2(R, \theta_2)$，其角位置增量

$$\Delta\theta = \theta_2 - \theta_1 \tag{1-34}$$

称为该质点的**角位移**。角位移的方向与角位置相同。在国际单位制中，角位置和角位移的单位是弧度(rad)。

（2）角速度　角加速度

定义质点在单位时间内的角位移为**角速度**。设质点做圆周运动经历时间 Δt，角位移 $\Delta\theta$，则其平均角速度

$$\bar{\omega} = \frac{\Delta\theta}{\Delta t} \tag{1-35}$$

瞬时角速度(简称角速度)

$$\omega = \lim_{\Delta t \to 0} \frac{\Delta\theta}{\Delta t} = \frac{\mathrm{d}\theta}{\mathrm{d}t} \tag{1-36}$$

可以看出，角速度等于角位置对于时间的一阶导数。在国际单位制中，角速度的单位都是弧度·秒$^{-1}$(rad·s^{-1})。

定义质点在单位时间内的角速度变化为**角加速度**。设质点做圆周运动经历时间 Δt，角速度变化 $\Delta\omega$，则其平均角加速度

$$\bar{\beta} = \frac{\Delta \omega}{\Delta t} \tag{1-37}$$

瞬时角加速度(简称角加速度)

$$\beta = \lim_{\Delta t \to 0} \frac{\Delta \omega}{\Delta t} = \frac{d\omega}{dt} = \frac{d^2\theta}{dt^2} \tag{1-38}$$

可以看出，角加速度等于角速度对于时间的一阶导数，也等于角位置对于时间的二阶导数。角速度和角加速度的方向与角位移的方向相同。在国际单位制中，角加速的单位是弧度·秒$^{-2}$(rad·s^{-2})。

图 1-16   角量与线量的关系

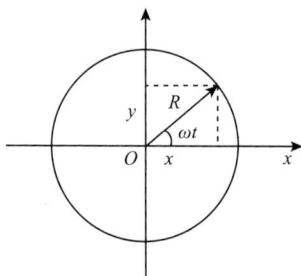

(3)角量与线量的关系

如前所述，描述圆周运动的线量有：位置 s，路程 Δs，速率(线速度)v，切向加速度 a_t，法向加速度 a_n；描述圆周运动的角量有：角位置 θ，角位移 $\Delta \theta$，角速度 ω，角加速度 β。下面讨论这些角量与线量之间的关系。

如图 1-16 所示，设以半径 R，角速度 ω 做圆周运动的质点经历时间 dt 由 A 运动到 B，形成角位移 $d\theta$，则其经过的弧长(路程)

$$ds = Rd\theta \tag{1-39}$$

质点的线速度大小

$$v = \frac{ds}{dt} = R\frac{d\theta}{dt} = R\omega \tag{1-40}$$

切向加速度大小

$$a_t = \frac{dv}{dt} = \frac{d(R\omega)}{dt} = R\frac{d\omega}{dt} = R\beta \tag{1-41}$$

可以证明，该质点的法向加速度的大小

$$a_n = \frac{v^2}{R} = R\omega^2 \tag{1-42}$$

1.2.2.3   匀速圆周运动的运动方程和轨迹方程

角速度不变的圆周运动称为**匀速圆周运动**。在图 1-17 所示的坐标系中，设匀速圆周运动的半径为 R，角速度为 ω，其运动方程为

$$\begin{cases} x = R\cos\omega t \\ y = R\sin\omega t \end{cases} \tag{1-43}$$

这是一个以时间 t 为参数的参数方程，消去参数 t 可得匀速圆周运动的轨迹方程

$$x^2 + y^2 = R^2 \tag{1-44}$$

这是一个圆心在坐标原点，半径为 R 的圆方程。

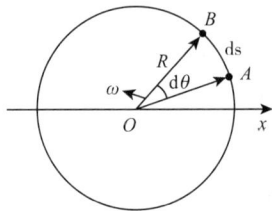

图 1-17   圆周运动

1.3 相对运动 伽利略变换

1.3.1 时间与空间的绝对性

如图 1-18 所示，小车以较低的速度 v 沿水平轨道先后通过 A 和 B，站在地面的人测得小车经过 A 和 B 的时间间隔为 $\Delta t = t_B - t_A$；而站在车上的人测得小车经过 A、B 两点的时间间隔为 $\Delta t' = t'_B - t'_A$，且两者等；即 $\Delta t = \Delta t'$，也就是说，在两个作相对直线运动的参考系(地面和小车)中，时间的测量是绝对的，与参考系无关。

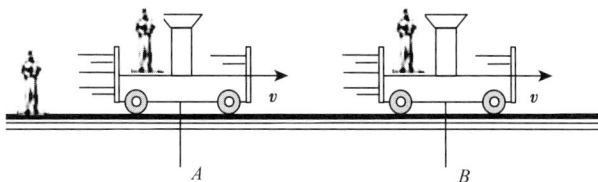

图 1-18 时间与空间的绝对性

同样，在地面上的人和在车上的人测得 A、B 两点之间的距离也相等，都等于 $|AB|$，这就是说，在两个做相对运动的参考系中，长度的测量也是绝对的，与参考系无关。

综上所述，可以认为在人们的日常生活和一般科技活动中，时间与空间的测量与参考系无关，是绝对的，这就是**时间和空间的绝对性**。时间和空间的绝对性是经典力学的基础。

1.3.2 运动的相对性

如前所述，在经典力学范围内，运动质点的位移，速度和运动轨迹都与参考系的选择有关。例如，一个人站在做匀速直线运动的车上，竖直向上抛出一块石子，车上的观察者看到石子竖直上升并竖直下落，如图 1-19(a)所示。但是，站在地面上另一个人却看到石子的运动轨迹为一抛物线，如图 1-19(b)所示。这个例子再一次说明物体的运动情况依赖于参考系，**运动描述具有相对性**。

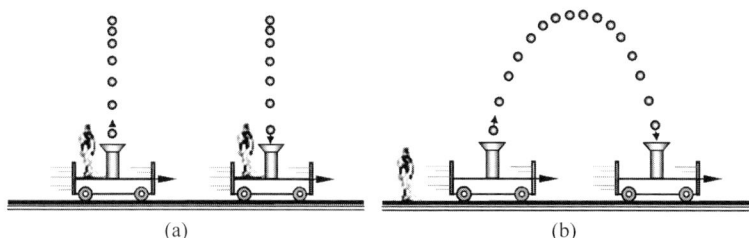

(a)   (b)

图 1-19 运动轨迹与参考系有关

1.3.3 伽利略变换

既然物体的运动情况依赖于参考系，那么选用不同参考系描述同一个力学过程时，相应的坐标会发生变换，这些变换关系称为**伽利略变换**。

1.3.3.1 伽利略坐标变换

如图 1-20 所示，设有两个平面参考系 $S(O, x, y)$ 和 $S'(O', x', y')$，其中 x 与 x' 重合，S' 相对于 S 以速度 u 沿 x 轴正方向运动，以两个参考系的坐标原点重合时为计时起点，某一时刻 t，S' 相对于 S 的位置矢量 $\boldsymbol{R} = \boldsymbol{u}t$。若空间一点 P 相对于 S 的位置矢量为 $\boldsymbol{r}$，相对于 S' 的位置矢量是 $\boldsymbol{r}'$，由图 1-20 可知：

$$\boldsymbol{r} = \boldsymbol{r}' + \boldsymbol{R} = \boldsymbol{r}' + \boldsymbol{u}t \tag{1-45}$$

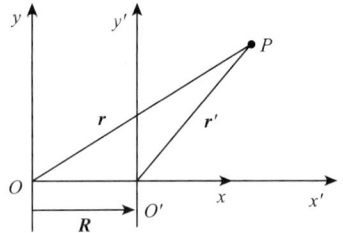

图 1-20 伽利略坐标变换

这就是**伽利略坐标变换**。当 S' 相对于 S 静止，即 $u = 0$，则质点在两个坐标系中的位置相等，即

$$\boldsymbol{r} = \boldsymbol{r}'$$

1.3.3.2 伽利略速度变换

将式(1-45)两边对时间 t 求一阶导数可得

$$\frac{\mathrm{d}\boldsymbol{r}}{\mathrm{d}t} = \frac{\mathrm{d}\boldsymbol{r}'}{\mathrm{d}t} + \boldsymbol{u} \tag{1-46}$$

其中 $\dfrac{\mathrm{d}\boldsymbol{r}}{\mathrm{d}t}$ 是质点相对于参考系 S 的速度，用 $\boldsymbol{v}$ 表示，则

$$\boldsymbol{v} = \frac{\mathrm{d}\boldsymbol{r}}{\mathrm{d}t} \tag{1-47}$$

$\dfrac{\mathrm{d}\boldsymbol{r}'}{\mathrm{d}t}$ 为质点相对于参考系 S' 的速度，用 $\boldsymbol{v}'$ 表示，则

$$\boldsymbol{v}' = \frac{\mathrm{d}\boldsymbol{r}'}{\mathrm{d}t} \tag{1-48}$$

所以

$$\boldsymbol{v} = \boldsymbol{v}' + \boldsymbol{u} \tag{1-49}$$

这就是**伽利略速度变换**。

1.3.3.3 伽利略加速度变换

将式(1-49)两边对时间 t 求一阶导数得

$$\frac{\mathrm{d}\boldsymbol{v}}{\mathrm{d}t} = \frac{\mathrm{d}\boldsymbol{v}'}{\mathrm{d}t}$$

即

$$\frac{\mathrm{d}^2\boldsymbol{r}}{\mathrm{d}t^2} = \frac{\mathrm{d}^2\boldsymbol{r}'}{\mathrm{d}t^2} \tag{1-50}$$

其中等式左边是质点相对于参考系 S 的加速度，记为 $\boldsymbol{a}$，则

$$\boldsymbol{a} = \frac{\mathrm{d}^2 \boldsymbol{r}}{\mathrm{d}t^2}$$

等式右边为质点相对于参考系 S′的加速度，记为 $\boldsymbol{a}'$，则

$$\boldsymbol{a}' = \frac{\mathrm{d}^2 \boldsymbol{r}'}{\mathrm{d}t^2}$$

所以

$$\boldsymbol{a} = \boldsymbol{a}' \tag{1-51}$$

可见同一质点相对于两个参考系加速度相同，这就是**伽利略加速度变换**。

　　通常情况下，参考系可能是运动的，也可能是静止的。对于所研究的问题，如果参考系可以被看成处于静止或匀速直线运动状态，该参考系称为**惯性系**；如果参考系不能被看成处于静止或匀速直线运动状态，该参考系称为**非惯性系**。伽利略变换仅适用于惯性系。

本章摘要

1. 质点运动的描述

（1）描述质点运动的物理量

　　具有一定质量的几何点称为质点。研究质点运动的参照物称为参考系。在参考系中建立的标度称为坐标系。质点的位置用位置矢量来表示。位置矢量是时间的函数，即

$$\boldsymbol{r} = \boldsymbol{r}(t)$$

称为质点的运动方程，在直角坐标系中

$$\boldsymbol{r} = x(t)\boldsymbol{i} + y(t)\boldsymbol{j} + z(t)\boldsymbol{k}$$

或

$$x = x(t) \qquad y = y(t) \qquad z = z(t)$$

消去运动方程中的时间变量 t 可得到质点的轨迹方程

$$f(x, y, z) = 0$$

质点在一段时间内的位置变化称为位移

$$\Delta \boldsymbol{r} = \boldsymbol{r}_B - \boldsymbol{r}_A$$

　　质点在一段时间内所经过的路径称为路程，单位时间内的位移称为速度，质点的瞬时速度等于位置矢量对于时间的一阶导数，即

$$\boldsymbol{v} = \frac{\mathrm{d}\boldsymbol{r}}{\mathrm{d}t}$$

　　瞬时速率等于路程对于时间的一阶导数，即

$$v = \frac{\mathrm{d}s}{\mathrm{d}t}$$

　　质点在单位时间内产生的速度增量称为加速度，质点的加速度等于速度对于时间的一阶导数或位置矢量对于时间的二阶导数，即

$$a = \frac{\mathrm{d}\boldsymbol{v}}{\mathrm{d}t} = \frac{\mathrm{d}^2\boldsymbol{r}}{\mathrm{d}t^2}$$

速度和加速度都是矢量，且都具有瞬时性和相对性。

（2）运动学问题的两种类型

①已知质点的运动方程用微分法求速度和加速度：

$$\boldsymbol{v} = \frac{\mathrm{d}\boldsymbol{r}}{\mathrm{d}t}$$

$$\boldsymbol{a} = \frac{\mathrm{d}\boldsymbol{v}}{\mathrm{d}t} = \frac{\mathrm{d}^2\boldsymbol{r}}{\mathrm{d}t^2}$$

②已知加速度 $\boldsymbol{a}$，用积分法求速度和运动方程：

$$\boldsymbol{v} = \int_0^t \boldsymbol{a}\mathrm{d}t = \boldsymbol{v}_0 + \boldsymbol{a}t$$

$$\boldsymbol{r} = \int_0^t \boldsymbol{v}\,\mathrm{d}t = \int_0^t (\boldsymbol{v}_0 + \boldsymbol{a}t)\,\mathrm{d}t$$

2. 平面曲线运动

（1）抛体运动

抛体运动是水平方向的匀速直线运动和竖直方向的匀加速直线运动的合运动。抛体运动的射程与出射角 θ_0 有关，当 $\theta_0 = \frac{\pi}{4}$，射程最大。设 $0 < \alpha < \frac{\pi}{4}$，当 $\theta_1 = \frac{\pi}{4} - \alpha$ 或 $\theta_2 = \frac{\pi}{4} + \alpha$，射程相等，此时 $\theta_1 + \theta_2 = \frac{\pi}{2}$。

（2）圆周运动

圆周运动的加速度可表示成法向加速度 $\boldsymbol{a}_n$ 与切向加速度 $\boldsymbol{a}_t$ 的和，即

$$\boldsymbol{a} = \boldsymbol{a}_t + \boldsymbol{a}_n$$

切向加速度的大小

$$a_t = \frac{\mathrm{d}v}{\mathrm{d}t} = R\beta$$

法向加速度的大小

$$a_n = \frac{v^2}{R} = R\omega^2$$

设圆周运动的角位置为 θ，角位移 $\Delta\theta = \theta_2 - \theta_1$，则平均角速度

$$\bar{\omega} = \frac{\Delta\theta}{\Delta t}$$

瞬时角速度（简称角速度）

$$\omega = \lim_{\Delta t \to 0} \frac{\Delta\theta}{\Delta t} = \frac{\mathrm{d}\theta}{\mathrm{d}t}$$

质点在单位时间内的角速度变化称为角加速度。平均角加速度

$$\bar{\beta} = \frac{\Delta\omega}{\Delta t}$$

瞬时角加速度（简称角加速度）

$$\beta = \lim_{\Delta t \to 0} \frac{\Delta \omega}{\Delta t} = \frac{d\omega}{dt} = \frac{d^2\theta}{dt^2}$$

半径为 R，角速度为 ω 做圆周运动的质点经历时间 dt 形成角位移 $d\theta$，则其经过的弧长

$$ds = Rd\theta$$

质点的线速度大小

$$v = \frac{ds}{dt} = R\frac{d\theta}{dt} = R\omega$$

切向加速度大小

$$a_t = \frac{dv}{dt} = \frac{d(R\omega)}{dt} = R\frac{d\omega}{dt} = R\beta$$

法向加速度的大小

$$a_n = \frac{v^2}{R} = R\omega^2$$

在平面直角坐标系中，匀速圆周运动的运动方程为

$$\begin{cases} x = R\cos\omega t \\ y = R\sin\omega t \end{cases}$$

轨迹方程为

$$x^2 + y^2 = R^2$$

3. 相对运动　伽利略变换

①时间与空间的绝对性：如果质点的运动速度远远小于光速，则时间与空间的测量结果与坐标系无关，称为时间与空间测量的绝对性。

②运动的相对性：物体的运动描述与所选的参考系有关，同一运动过程，选用不同的参考系描述结果不同，称为运动的相对性。

③伽利略变换：设坐标系 $S'(O', x', y')$ 相对于坐标系 $S(O, x, y)$ 以速度 $\boldsymbol{u}$ 沿 x 轴正方向匀速运动，质点 P 相对于 S 的位置矢量为 $\boldsymbol{r}$，相对于 S' 的位置矢量为 $\boldsymbol{r}'$，则

$$\boldsymbol{r} = \boldsymbol{r}' + \boldsymbol{u}t$$

设质点 P 相对于 S 的运动速度为 $\boldsymbol{v}$，相对于 S' 的运动速度为 $\boldsymbol{v}'$，则

$$\boldsymbol{v} = \boldsymbol{v}' + \boldsymbol{u}$$

质点 P 相对于两个参考系的加速度相同，即

$$\boldsymbol{a} = \boldsymbol{a}'$$

习　题 *

填空题

1-1　质点的空间位置可以用一个矢量来表示，称为_____，该矢量的_____表示质点到坐标原点的距离。

---

* 除特别说明外，本教材习题中所有物理量均采用国际单位制。

1-2 质点在一段时间内的_____变化称为位移，位移的两个特性是_____。

1-3 在平面直角坐标系内，质点的位置矢量 $r = 3i + 4j$，该质点在 x 轴和 y 轴上的坐标为_____；质点到坐标原点的距离为_____。

1-4 在平面直角坐标系内，点 A 的位置矢量 $r_A = i + 4j$；点 B 的位置矢量 $r_B = 3i - 2j$；质点由 A 移动到 B 的位移 $r_B - r_A = $ _____；该位移的大小 $|r_B - r_A| = $ _____；质点由 B 移动到 A 的位移 $r_A - r_B = $ _____；该位移的大小 $|r_A - r_B| = $ _____。

1-5 质点的运动方程为 $x = 3t^2 + 2$，$y = t$；该运动方程的矢量形式为 $r = $ _____；轨迹方程为_____。该轨迹是一条_____曲线。

1-6 速度的三个特性分别是_____、_____、_____。

1-7 质点做直线运动，其加速度方向与速度方向_____时做加速运动；其加速度方向与速度方向_____时做减速运动。

1-8 如题 1-8 图所示，质点经历时间 Δt 经弧线 Δs 由 A 移动到 B 产生的位移是_____，所经历的路程是_____。质点在该段时间内的平均速度 $\bar{v} = $ _____，平均速率 $\bar{v} = $ _____。

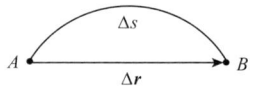

题 1-8 图

1-9 质点速度 v 与加速度 a 的微分关系是 $a = $ _____、积分关系是 $\bar{v} = $ _____。

1-10 质点的运动方程为 $x = 1 + 3t^3 - 2t^2$，该质点任意时刻的速度 $v = $ _____；$t = 2s$ 时的速度 $v_2 = $ _____，此时刻质点朝_____方向运动。

1-11 质点沿 x 轴运动，加速度 $a = 3t - 1(\mathrm{m \cdot s^{-2}})$，质点的初加速度 $a_0 = $ ____，朝 x 轴_____方向。

1-12 质点沿 x 轴运动，速度 $v = 6t - 4(\mathrm{m \cdot s^{-1}})$。初位置 $x_0 = 2\mathrm{m}$。质点在任意时刻的位置 $x = $ _____；$t = 1s$ 时刻的位置 $x_1 = $ _____。

1-13 同一物体以相同初速度沿与水平方向成 α 和 β 两个不同仰角抛出，为使两次抛出的射程相等，α、β 满足_____关系；若 $\alpha = 20°$，$\beta = $ _____。

1-14 质点运动方程为 $x = R\cos\omega t$，$y = R\sin\omega t$，该运动方程的矢量形式 $r = $ _____；质点的轨迹方程为_____；质点的切向加速度 $a_t = $ _____；法向加速度 $a_n = $ _____。

1-15 质点的运动方程 $r = 5\cos 30\pi t i + 5\sin 30\pi t j$。该方程的标量形式为 $x = $ _____、$y = $ _____；轨迹方程为_____。

选择题

1-16 对于下列表达：①绝对性，②相对性，③瞬时性，④矢量性；位置矢量的三个特性分别是_____。

A. ①②③   B. ②③④   C. ③④①   D. ④①②

1-17 在平面直角坐标系内，质点的位置矢量 $r = 4i - 3j$，质点到坐标原点的距离是_____。

A. 3   B. 4   C. 5   D. 6

1-18 已知位置矢量 $r_A = 2i + 4j$，位置矢量 $r_B = 3i - 2j$，质点由 A 移动到 B 的位移 $\Delta r = $ _____。

A. $5i+2j$　　　　　B. $-i+6j$　　　　　C. $i-6j$　　　　　D. $-5i-2j$

1-19　质点的运动方程 $r=4t^2i-(3t+1)j$，该方程的标量形式为_____。

A. $x=4t^2$，$y=3t+1$　　　　　B. $x=8t$，$y=-3$

C. $x=4t^2$，$y=-3t-1$　　　　　D. $x=3t+1$，$y=-4t^2$

1-20　质点的运动方程为 $x=2t$，$y=8t^2+2$，其轨迹方程为_____。

A. $y=2x^2+2$　　　　　　　　B. $y=8x^2+2$

C. $y=4x^2+2$　　　　　　　　D. $y=16x^2+2$

1-21　质点在单位时间内产生的_____称为速度。

A. 位移　　　　　B. 路程　　　　　C. 路程或位移　　　D. 路程和位移

1-22　对于下列表达：①矢量性，②相对性，③绝对性，④瞬时性；加速度的三个特性分别是_____。

A. ①②③　　　　B. ②③④　　　　C. ③④①　　　　D. ④①②

1-23　如题 1-23 图所示，质点经历时间 Δt 经线段 Δs_1 和 Δs_2 由 A 移动到 B，产生的位移是_____。

A. Δs_1　　　　　　　　　B. Δs_2

C. $\Delta s_1+\Delta s_2$　　　　　　　D. Δr

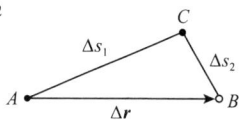

题 1-23 图

1-24　质点的运动方程为 $x=6t^2-4t(\mathrm{m})$，该质点在 $t=2\mathrm{s}$ 时的速度 $v_2=$ _____ $\mathrm{m\cdot s^{-1}}$。

A. 14　　　　　B. 16　　　　　C. 18　　　　　D. 20

1-25　质点的速度 $v=3-4t^2+2t(\mathrm{m\cdot s^{-1}})$，其加速度 $a=$ _____ $\mathrm{m\cdot s^{-2}}$。

A. $3-8t^2+2t$　　B. $-8t+2$　　　C. $-4t+2$　　　D. $-4t^2+2t$

1-26　质点沿 x 轴运动，加速度 $a=6t-2(\mathrm{m\cdot s^{-2}})$，初速度 $v_0=1\mathrm{m}$。质点在任意时刻的速度 $v=$ _____ $\mathrm{m\cdot s^{-1}}$。

A. $6t-2$　　　　B. $3t^2-2t$　　　C. $1+3t^2-2t$　　D. $6t^2-2t$

1-27　在不考虑空气阻力的条件下，抛体运动是水平方向的匀速直线动和竖直方向的_____运动的合成。

A. 匀加速直线　　B. 匀减速直线　　C. 匀速直线　　　D. 匀速曲线

1-28　物体以角速度 ω 做半径为 R 的匀速圆周运动，其切向速度和法向速度分别是_____。

A. $v_t=R$　$v_n=\omega$　　　　　　B. $v_t=R\omega$　$v_n=0$

C. $v_t=0$　$v_n=R\omega$　　　　　D. $v_t=\omega$　$v_n=R$

1-29　物体做圆周运动，圆心在平面直角坐标系原点，半径为 4m，角速度 $\omega=20\pi\mathrm{rad\cdot s^{-1}}$，运动方程的矢量形式为_____（m）。

A. $r=4\sin20\pi ti+4\cos20\pi tj$

B. $r=4\cos20\pi ti-4\sin20\pi tj$

C. $r=4\sin20\pi ti-4\cos20\pi tj$

D. $r=4\cos20\pi ti+4\sin20\pi tj$

1-30　质点的运动方程 $r=4\cos10\pi ti+4\sin10\pi tj(\mathrm{m})$，该运动的圆半径和角速度

分别为_____m，_____rad·s^{-1}。

  A. 10π，4   B. 4π，10   C. 10，4π   D. 4，10π

计算题

  1-31 质点做平面曲线运动，t_1 时刻的位置矢量为 $r_1 = -2i + 6j$，t_2 时刻的位置矢量为 $r_2 = 2i + 4j$。求：①$t_2 - t_1$ 时间内该质点的位移；②该位移的大小和方向（以与 x 轴的夹角表示）；③在坐标图上分别画出 r_1、r_2 及 Δr。

  1-32 一个质点沿 Ox 轴运动，其运动方程为 $x = 3 - 5t + 6t^2 (\mathrm{m})$。求：①质点的初始位置和初速度；②质点任意时刻的速度和加速度；③质点做什么运动？

  1-33 一个质点沿 x 轴做直线运动，运动方程为 $x = 4.5t^2 - 3t^3 (\mathrm{m})$。求：①2s 末的位置；②1s 末及 2s 末的瞬时速度；③0.5s 末和 1s 末的瞬时加速度。

  1-34 一个质点的运动方程为 $x = 1 + 4t - t^2 (\mathrm{m})$。求：①该质点在第 3s 末的位置；②前 3s 内的位移；③最大位移；④前 3s 内经过的路程。

  1-35 质点沿 x 轴直线运动的加速度为 $a = 5 + 2t (\mathrm{m \cdot s^{-2}})$，设该质点的初速度为 v_0、初位置为 x_0。求质点在任意时刻的速度 v 和位移 x。

  1-36 已知质点沿 x 轴做直线运动，其运动方程 $x = 2 + 6t^2 - 2t^3 (\mathrm{m})$。求：①质点在运动开始后 4.0s 内的位移；②质点在该时间内所通过的路程。

  1-37 在 Oxy 平面内，质点的位置矢量 $r = 2ti + (19 - 2t^2)j (\mathrm{m})$。求：①质点运动方程的标量形式；②质点的轨迹方程；③$t_1 = 1\mathrm{s}$ 时的速度和加速度。

  1-38 一个质点做平面曲线运动，其运动方程为 $x = R\cos\omega t$，$y = R\sin\omega t$。求：①该质点在任意时刻的位置矢量；②该质点的轨迹方程。

  1-39 一个物体从高度 $h = 78.40\mathrm{m}$ 处以一定的水平速度抛出，测得该物体的射程为 40m。求：①该物体落到地面所经历的时间；②该物体的出射速度。

  1-40 如题 1-40 图所示，湖中有一只小船，岸上的人用绳跨过定滑轮拉船靠岸，设滑轮距水面高度为 h，滑轮到原船位置的绳长为 l_0，人以匀速 v_0 拉绳。求船运动的速度 v 和加速度 a。

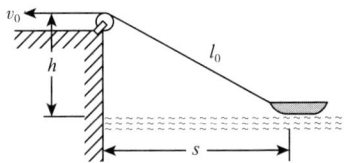

题 1-40 图

  1-41 飞机以 $100\mathrm{m \cdot s^{-1}}$ 的速度水平直线飞行，在离地面高度为 100m 时，驾驶员把物品从空中投下，正好落向地面目标。求：①地面目标在飞机下方多远；②投放物品时，驾驶员看目标的视线和水平线成何角度？

第2章

质点动力学

本章介绍质点动力学的有关内容，首先讨论牛顿三定律及其应用，然后从牛顿运动定律导出物体的动量、能量两个物理量及其守恒定律。

2.1 牛顿运动定律

牛顿是人类历史上最伟大的科学家之一，他承前启后，把开普勒关于天文学的研究和伽利略关于地面上物体运动的研究结合起来，于1686年在他的名著《自然哲学的数学原理》中提出了力学原理的三条定律，对宏观物体的运动给出了精确的论述。后人为了纪念牛顿在力学领域的贡献，将这三条定律称为牛顿运动定律。牛顿运动定律是整个经典力学的基础，因此经典力学也称为牛顿力学。

2.1.1 牛顿第一定律

按照古希腊哲学家亚里士多德的说法，静止是物体的自然状态，要使物体以一定的速度匀速运动，必须有外力的作用。在亚里士多德看来，这确实是真理。人们的确看到，在水平面上运动的物体最后都要趋于静止，从地面上抛出的石子最终都要落回地面。在亚里士多德以后漫长的岁月中，这个概念一直被许多哲学家和不少物理学家所接受。直到17世纪，意大利物理学家和天文学家伽利略指出，物体沿水平面滑动趋于静止的原因是物体和地面之间存在摩擦力的缘故。他通过实验总结出在略去摩擦力的情况下，如果没有外力的作用，物体将以恒定的速度运动下去。从而得出结论：力不是维持物体运动的原因，而是改变物体运动状态的原因。

牛顿继承和发展了伽利略的见解，并用概括性的语言表达出来：如果没有外力的作用，物体将保持其静止或匀速直线运动状态，这就是**牛顿第一定律**。牛顿第一定律意义在于：

（1）提出了惯性的概念

牛顿第一定律指出了任何物体都有保持其静止或匀速直线运动状态的性质，这种性质称为**惯性**。所以，牛顿第一定律也叫**惯性定律**。

（2）明确了力的含义

第一定律把物体间的相互作用称为**力**，而这种作用是改变物体运动状态的原因。也就是说，要想改变物体的运动状态，必须有物体间的相互作用。

（3）从惯性的概念出发，可以更确切地定义惯性系和非惯性系

如前所述，对于所研究的问题，可以看成处于静止或匀速直线运动状态的参考系是惯性参考系；由牛顿第一定律可知，物体具有保持其静止或匀速直线运动状态的特性称为惯性；为此，可以推定，处于惯性状态的参考系是惯性系，否则是非惯性系。

2.1.2　牛顿第二定律

牛顿第二定律反映了物体受力与其运动状态改变之间的因果关系（图 2-1），表述为：物体的加速度与作用在物体上的合外力成正比，与物体的质量成反比。合外力 $\boldsymbol{F}$ 作用在质量为 m 的物体上（图 2-1）产生的加速度

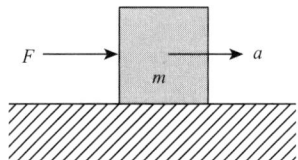

图 2-1　牛顿第二定律

$$a = \frac{F}{m} \tag{2-1a}$$

或

$$F = ma \tag{2-1b}$$

牛顿第二定律也可以用动量形式来描述：物体的动量 $m\boldsymbol{v}$ 对于时间 t 的变化率等于该物体所受合外力 $\boldsymbol{F}$，即

$$F = \frac{\mathrm{d}(m\boldsymbol{v})}{\mathrm{d}t} \tag{2-2}$$

当年牛顿就是以动量的形式提出其第二定律的。若物体的质量 m 为恒量，则

$$F = m\frac{\mathrm{d}\boldsymbol{v}}{\mathrm{d}t} = ma \tag{2-3}$$

此式与式（2-1b）相同。

实验表明，当质点质量发生变化时，式（2-1b）不再成立，但式（2-2）仍然成立，可见用动量形式表示的牛顿第二定律更具有普遍性。

牛顿第二定律是动力学的基本方程，其意义在于：

①定量说明了力的效果：力是产生加速度的原因，对于同一个物体，受力越大，由此产生的加速度也越大。

②定量描述了惯性的大小：在受力相同的情况下，质量越大的物体，产生的加速度越小，说明改变其运动状态越困难，该物体的惯性越大。所以，质量是物体惯性大小的量度。

关于牛顿第二定律应该明确以下几个问题：

①物体受力 F 与其加速度 a 具有同时性和矢量性：力 F 与加速度 a 同时产生，同时消失，都是矢量且方向相同。

②牛顿第二定律概括了力的独立性原理：几个力同时作用在一个物体上所产生的加速度，等于每个力单独作用时所产生的加速度的迭加。

③由牛顿第二定律可知，如果物体所受合外力为零，该物体的加速度也为零，这意味着该物体将保持其静止或匀速直线运动状态，而这正是牛顿第一定律描述的情况，由此可见，牛顿第一定律是牛顿第二定律的特殊情况。

2.1.3　牛顿第三定律

如图 2-2 所示，在物体 A 和 B 的相互作用力 F_1 和 F_2 中，如果把其中一个力称为作用力，另一个力就是反作用力。**牛顿第三定律**表述为：作用在两个物体上的作用力和反作用力在同一直线上，大小相等，方向相反。

关于牛顿第三定律应该注意以下几点：

①力是两个物体间的相互作用。两个物体相

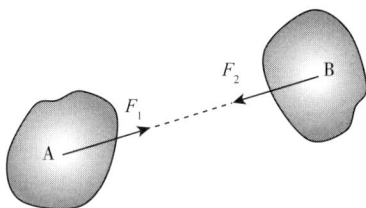

图 2-2　作用力与反作用力

互作用时，受力的物体也是施力物体，施力的物体也是受力物体。也就是说，有作用力就有反作用力，而且大小相等，方向相反，分别作用在两个不同的物体上。此结论很容易用实验来验证，如图 2-3 所示，将两个弹簧秤的挂钩相互拉紧，结果表明不论两端的拉力如何，两弹簧秤指针的读数总是相同的。

②作用力、反作用力没有主从、先后之分，同时产生、同时消失。

③作用力和反作用力属于同一性质的力。如果作用力是弹性力，反作用力也是弹性力；如果作用力是摩擦力，反作用力也是摩擦力。

④第三定律与参照系无关。第三定律涉及的是物体间的相互作用，并没有涉及运动的描述，所以，它对任何参照系都成立。

图 2-3　牛顿第二定律

2.2　几种常见的力

力是物体间的相互作用，可分为接触力和非接触力。接触力是两个物体因接触而产生的相互作用力，如弹性力和摩擦力等；非接触力是物体间未经接触就存在的力，如万有引力、静电力和磁力等。

2.2.1　万有引力

万有引力是存在于任何两个物体之间的吸引力，这个规律是牛顿首先发现的，按照万有引力定律，质量分别为 m_1、m_2 的两个质点，相距为 r，它们之间的引力

$$F = G_0 \frac{m_1 m_2}{r^2} \tag{2-4}$$

式中 G_0 为万有引力常量。在国际单位制中 $G_0 = 6.67 \times 10^{-11} \, \text{N} \cdot \text{m}^2 \cdot \text{kg}^{-2}$。式(2-4)适用于两个质点。如果研究对象不能看成质点，它们之间的万有引力是组成物体的所有质点之间的万有引力的矢量和。分析结果表明，对于两个质量均匀分布的球体，式(2-4)仍然适用。

地球对其周围物体的万有引力称为**重力**。重力的大小等于物体的重量，方向竖直向下。质量为 m 的物体所受重力

$$G = mg \tag{2-5}$$

式中 $g \approx 9.8 \, \text{m} \cdot \text{s}^{-2}$，为重力加速度。由于地球不是一个质量均匀分布的球体，以及地球的自转，使地球表面不同地方的重力加速度略有差异。对于一般的工程问题，这种差异可以忽略。

2.2.2　弹力

发生形变的物体为恢复原样，对与它接触的物体产生的反抗力称为**弹力**。下面讨论三种常见的弹力。

（1）正压力（或支持力）

两个相互接触的物体，会因挤压而产生形变。物体为恢复原样而对对方产生的弹力称为**正压力**或**支持力**。正压力的大小取决于相互压迫的程度，方向垂直于接触面指向对方（图2-4）。

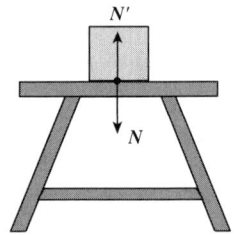

（2）拉力

绳索由于被拉紧而产生的弹力称为**拉力**。拉力的大小取决于绳索被拉紧的程度，方向沿绳索指向收缩的方向。绳索拉紧时，绳索内部各段之间也有相互作用的弹力，称为**张力**。

图2-4　正压力

一般情况，绳索的质量可以忽略，绳上各点的张力相等，都等于作用于绳端的外力。

（3）弹性力

弹簧被拉伸或压缩时形成的恢复力称为**弹性力**。弹性力遵守胡克定律：在弹性限度内，弹性力的大小 F 与其形变 x 成正比，且方向相反（图2-5），即

$$F = -kx \tag{2-6}$$

式中 k 为弹簧的劲度系数。

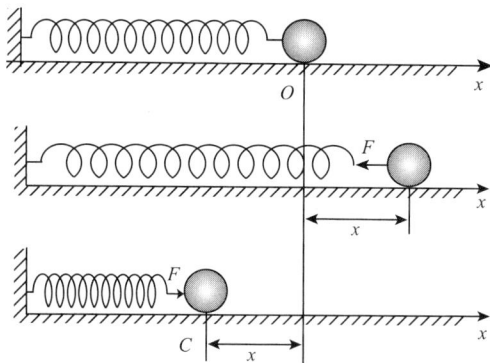

图 2-5　弹性力

2.2.3　摩擦力

两个相互接触的物体具有沿接触面的相对运动或相对运动的趋势时产生的阻碍其相对运动的力称为**摩擦力**；其中两个物体之间只有相对运动趋势时形成的摩擦力称为**静摩擦力**，有相对运动时产生的摩擦力称为**动摩擦力**。

静摩擦力的方向与运动趋势方向相反，其大小一般与外力的大小相等，但有一个极限值，称为**最大静摩擦力**。当物体所受的外力超过其最大静摩擦力，物体将被推动，不再静止。实验结果表明，最大静摩擦力 f_{smax} 与两个物体间的正压力 N 成正比，即

$$f_{smax} = \mu_s N \tag{2-7}$$

式中比例系数 μ_s 称为静摩擦系数，它取决于接触面材料的性质与表面粗糙程度。

动摩擦可分为滚动摩擦和滑动摩擦两种情况。实验结果表明，当物体间相对运动的速度不太大时，滑动摩擦力 f_k 的大小也与正压力 N 成正比，即

$$f_k = \mu_k N \tag{2-8}$$

式中 μ_k 称为滑动摩擦系数，它不仅取决于接触面材料的性质与表面粗糙程度，还与两个物体的相对速度有关。滚动摩擦的形成机制比较复杂，其大小也与正压力成正比。实验结果表明，同种材料的滚动摩擦系数远小于滑动摩擦系数。

一般情况，静摩擦系数 μ_s 略大于滑动摩擦系数 μ_k，当所研究的问题精度要求不高时，可以认为 μ_s 和 μ_k 相等，并可认为 μ_k 与相对速度无关。

2.2.4　受力分析的一般步骤

分析受力，就是分析一个物体受到周围其他物体哪些力的作用，这是研究动力学问题的基础。分析物体受力的具体方法是：

①确定研究对象。

②分析重力，在地球表面或地球表面附近的物体，必然要受到重力，其方向竖直向下；在远离地面的高空，物体必受到地心吸引力，其方向指向地心。

③分析弹力。

④分析摩擦力。

⑤必要时做出受力图。

【例题 2-1】 如图 2-6 所示，一块木板斜放在墙与地之间，木板上放一个重物，墙面光滑，求木板受几个力作用。

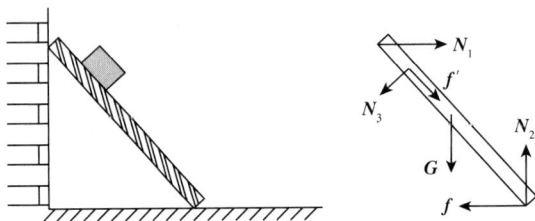

图 2-6   例题 2-1 图

解：①选木板为研究对象。

②分析重力：木板受一个竖直向下的重力 G。

③分析弹性力：木板与三个物体接触，所以有三个弹性力：墙给木板水平向右的弹性力 N_1；地面给木板竖直向上的弹性力 N_2；物体给木板垂直于木板的弹性力 N_3。

④分析摩擦力：木板与地面接触，木块有水平向右运动的趋势，从而地面给木板水平向左的静摩擦力 f；木板与物体接触，由于物体有沿木板下滑的趋势，木板给物体以沿木板向上的静摩擦力，从而物体给木板沿木板向下的静摩擦力 f'。

⑤木板共受六个力作用，如图 2-6 所示。

2.3   牛顿运动定律的应用

应用牛顿运动定律求解质点动力学问题的一般步骤为：

①选取研究对象：具体分析时，可以把研究对象从和它有牵连的其他物体中"隔离"出来，称之为隔离体，隔离体可以是几个物体的组合或某个特定物体，也可以是某个物体的一部分。

②分析受力情况：通常情况，隔离体的受力，可用受力图表示。受力图上应画出它所受到的全部力。

③建立坐标系：根据具体条件选取适当的坐标系可使运算简化。

④根据牛顿第二定律列出运动微分方程和其他必要的辅助性方程：列方程时，如果力或加速度的方向不能确定，可以先假定一个正方向。如果求解结果为正，实际方向与假定相同；如果求解结果为负，实际方向与假定相反。

⑤求解方程，必要时讨论：讨论的内容包括结果的物理意义，结果是否合理正确等。

【例题 2-2】 质量为 M 的三角形木块 A，放在光滑的水平地面上，A 上放有质量为 m 的小物体 B，如图 2-7(a) 所示。如果 A 与 B 之间没有摩擦，为使 A 与 B 相对静止，A 沿水平向左运动的加速度多大？

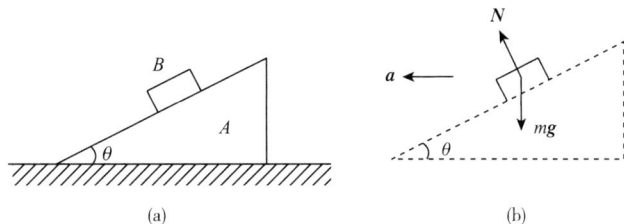

图 2-7 例题 2-2 图

解：①A、B 相对静止说明 A 与 B 做相同的运动，故确定物体 B 为研究对象。

②物体 B 受两个力：重力 $m\boldsymbol{g}$，A 对于 B 的支持力 $\boldsymbol{N}$，如图 2-7(b)所示。

③由于 B 做加速运动，加速度 $\boldsymbol{a}$ 的方向水平向左，建立坐标系，取水平向左为 x 轴正方向，竖直向上为 y 轴正方向。

④考虑物体 B 在 x 轴方向上有加速度 a，在 y 轴上方向上没有加速度。根据牛顿第二定律 $\sum F_x = ma_x$，$\sum F_y = ma_y$ 得

$$N\sin\theta = ma \tag{2-9}$$

$$N\cos\theta - mg = 0 \tag{2-10}$$

由式(2-9)和式(2-10)解得

$$\tan\theta = \frac{a}{g}$$

即

$$a = g\tan\theta$$

【例题 2-3】 如图 2-8 所示，已知小球的质量为 m，水对小球的浮力为 B，水对小球的黏性阻力 R 与小球的降落速度 v 成正比，方向相反，即 $R = kx$，式中 k 为常量。求小球在水中竖直沉降的速度。

解：①确定小球为研究对象。

②受力分析，小球受三个力作用：重力 $G = mg$，向下；浮力 B，向上；黏性阻力 $R = kv$，向上。规定向下的方向为正，合力

$$\sum F = mg - B - kv$$

③由牛顿第二定律建立微分方程

$$mg - B - kv = ma = m\frac{\mathrm{d}v}{\mathrm{d}t}$$

即

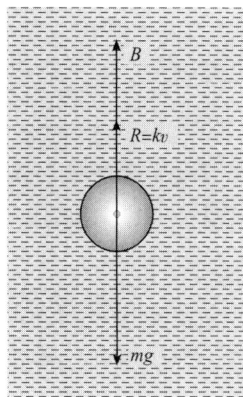

图 2-8 例题 2-3 图

$$\frac{\mathrm{d}v}{\mathrm{d}t} = \frac{mg - B - kv}{m}$$

④解微分方程

分离变量得

$$\frac{\mathrm{d}v}{mg - B - kv} = \frac{\mathrm{d}t}{m}$$

$$\frac{\mathrm{d}v}{k\left(\dfrac{mg-B}{k}-v\right)}=\frac{\mathrm{d}t}{m}$$

令

$$v_{\mathrm{m}}=\frac{mg-B}{k}$$

则

$$\frac{\mathrm{d}v}{(v_{\mathrm{m}}-v)}=\frac{k\mathrm{d}t}{m}$$

$$-\frac{\mathrm{d}(v_{\mathrm{m}}-v)}{(v_{\mathrm{m}}-v)}=\frac{k\mathrm{d}t}{m}$$

两边同时积分得

$$-\int_0^v\frac{\mathrm{d}(v_{\mathrm{m}}-v)}{(v_{\mathrm{m}}-v)}=\int_0^t\frac{k}{m}\mathrm{d}t$$

$$\ln(v_{\mathrm{m}}-v)-\ln v_{\mathrm{m}}=-\frac{kt}{m} \tag{2-11}$$

整理得

$$\frac{v_{\mathrm{m}}-v}{v_{\mathrm{m}}}=\mathrm{e}^{-\frac{k}{m}t}$$

$$v_{\mathrm{m}}-v=v_{\mathrm{m}}\mathrm{e}^{-\frac{k}{m}t}$$

$$-v=-v_{\mathrm{m}}+v_{\mathrm{m}}\mathrm{e}^{-\frac{k}{m}t}$$

$$v=v_{\mathrm{m}}\left(1-\mathrm{e}^{-\frac{k}{m}t}\right) \tag{2-12}$$

⑤讨论

逐点描迹做出 $v-t$ 图如图 2-9 所示，可以看出，小球降落速度随球降时间延长逐渐增大，最终接近最大值 v_{m}，v_{m} 是小球降落过程中能够达到的最大速度，称为终极速度。

【例题 2-4】 用牛顿第二定律，计算同步地球卫星的高度 h 和运行速度 v。

解： 如图 2-10 取同步卫星为研究对象，设卫星质量为 m，地球质量为 M_{e}，地球半径为 R_{e}，同步轨道半径为 R，地球自转周期为 T_{e}。

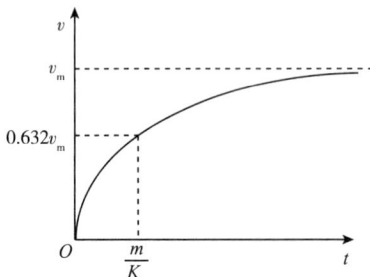

图 2-9　例题 2-3 图

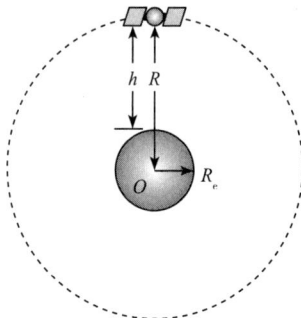

图 2-10　例题 2-4 图

同步卫星受地球万有引力

$$F = G\frac{M_e m}{R^2}$$

向心加速度

$$a_n = \frac{v^2}{R}$$

根据牛顿第二定律，有

$$G\frac{M_e m}{R^2} = m\frac{v^2}{R} \tag{2-13}$$

同步卫星的运行周期与地球相等，为

$$T_e = \frac{2\pi R}{v} \tag{2-14}$$

即

$$v = \frac{2\pi R}{T_e} \tag{2-15}$$

考虑 $R = R_e + h$，把式(2-15)代入式(2-13)解得

$$h = \left(\frac{GM_e T_e^2}{4\pi^2}\right)^{\frac{1}{3}} - R_e$$

把式(2-14)代入得

$$v = \sqrt{\frac{GM_e}{R_e + h}}$$

把 G、T_e、M_e、R_e 的值代入上式，可得

$$h = 35786\text{km}, \quad v = 3.075\text{km}\cdot\text{s}^{-1}$$

可见，地球同步卫星在轨道上运行速率和离地面的高度都是严格确定的。

2.4　动量定理　动量守恒定律

动量是描述物体机械运动的重要物理量，本节在引进动量概念的基础上，讨论质点与质点系的动量定理和动量守恒定律。

2.4.1　动量与冲量

在力学中，把物体的质量 m 与其运动速度 $\boldsymbol{v}$ 的乘积称为**动量**，即

$$\boldsymbol{P} = m\boldsymbol{v} \tag{2-16}$$

动量是描述物体运动量大小和方向的物理量。动量是矢量，其方向与物体的速度方向相同。在国际单位制中，动量的单位是千克米·秒(kg·m·s)。

生活经验告诉我们，力对物体的作用效果是力在一段时间内持续作用形成的。如图 2-11 所示，质量为 m 的物体由位置 A 自由降落到位置 B，速度从 0 增加到 v，是重力 mg 对物体持续作用的结果。再如，子弹在枪膛内受到火药的爆炸力作用，速度由 0 增加到 v，是爆炸力对子弹持续作用的结果。可见，物体运动状态的改变，是力在一段时间内持续作用的结果。实验表明，力的作用时间越长，力越大，积累的效果越显著。为此，需要引入一个描述力对于时间的累积效应的物理量——**冲量**。作用在物体上的合外力与其作用时间的乘积称为力的冲量。恒力 $\boldsymbol{F}$ 持续作用时间 Δt 对物体的冲量

图 2-11   动量

$$\boldsymbol{I} = \boldsymbol{F} \cdot \Delta t \tag{2-17}$$

对于变力的冲量需要通过积分来计算。为此，可将时间间隔 $\Delta t = t_2 - t_1$ 分解为无限多个无限小的时间元 $\mathrm{d}t$，可以认为，在 $\mathrm{d}t$ 时间内，力 $\boldsymbol{F}$ 为恒量，则 $\mathrm{d}t$ 时间内力 $\boldsymbol{F}$ 对物体的元冲量

$$\mathrm{d}\boldsymbol{I} = \boldsymbol{F} \cdot \mathrm{d}t \tag{2-18}$$

在 t_1 到 t_2 的时间间隔内力 $\boldsymbol{F}$ 对物体的冲量

$$\boldsymbol{I} = \int_{t_1}^{t_2} \boldsymbol{F} \mathrm{d}t \tag{2-19}$$

冲量也是矢量。如果在作用期间内，作用力只改变大小，不改变方向，冲量的方向与力的方向相同。在国际单位制中，冲量的单位是牛顿·秒（N·s）

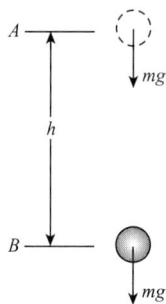

2.4.2　动量定理

2.4.2.1　质点的动量定理

由牛顿第二定律的动量形式

$$\boldsymbol{F} = \frac{\mathrm{d}(m\boldsymbol{v})}{\mathrm{d}t}$$

得

$$\boldsymbol{F}\mathrm{d}t = \mathrm{d}(m\boldsymbol{v}) \tag{2-20}$$

设 m 为恒量，t_1 到 t_2 时间间隔内力 $\boldsymbol{F}$ 对物体的冲量

$$\boldsymbol{I} = \int_{t_1}^{t_2} \boldsymbol{F}\mathrm{d}t = \int_{v_1}^{v_2} \mathrm{d}(m\boldsymbol{v}) = m\boldsymbol{v}_2 - m\boldsymbol{v}_1$$

即

$$\boldsymbol{I} = \boldsymbol{P}_2 - \boldsymbol{P}_1 = \Delta\boldsymbol{P} \tag{2-21}$$

上式表明，物体在一段时间内所受的合外力的冲量等于其动量的改变量，这就是质点的**动量定理**。

2.4.2.2　质点系的动量定理

对于有相互作用的几个物体或质点组成的系统，可作为一个整体来考虑，叫作**质**

点系。质点系内各质点之间的相互作用力称为质点系的内力，质点系以外的物体对每个质点的作用力都是外力。

可以证明，质点系中所有内力的矢量和为零。为此，可以推定：若质点系在 t_1 到 t_2 时间内所受的合外力 $\boldsymbol{F}$ 的总冲量

$$\boldsymbol{I} = \int_{t_1}^{t_2} \boldsymbol{F} \mathrm{d}t$$

质点系总动量改变

$$\Delta \boldsymbol{P} = \sum_{i=1}^{n} m_i \boldsymbol{v}_{i2} - \sum_{i=1}^{n} m_i \boldsymbol{v}_{i1}$$

则

$$\boldsymbol{I} = \Delta \boldsymbol{P}$$

这就是**质点系的动量定理**。可以看出，质点系的动量定理与质点的动量定理在形式上完全相同。

2.4.3 动量定理的应用

应用动量定理可以解决许多动力学问题，具体步骤为：

①明确物理过程，确定研究对象。

②分析受力情况，计算力施于物体的冲量。

③计算始末状态动量的改变量。

④根据动量定理，列出方程，求解。

【**例题 2-5**】 如图 2-12 所示，质量 $M = 3.0 \times 10^3 \mathrm{kg}$ 的重锤，从高度 $h = 1.5\mathrm{m}$ 处自由落到受锻压的工件上，使工件变形，求作用时间分别为 $\Delta t_1 = 0.1\mathrm{s}$ 和 $\Delta t_2 = 0.01\mathrm{s}$ 时，锤对工件的平均冲力。

解：取重锤为研究对象。在 Δt 时间内，作用在锤上的力有两个：重力 G，方向向下；工件对锤的平均支持力 $\overline{N}$，方向向上。规定竖直向上的方向为正。

该段时间内重锤对工件的冲量大小

$$I = (\overline{N} - G) \Delta t$$

由题可知，重锤初速度

$$v_0 = \sqrt{2gh}$$

末速度 $v_t = 0$，根据动量定理

$$(\overline{N} - G) \Delta t = 0 - (-Mv_0) = M\sqrt{2gh}$$

$$\overline{N} = \frac{M\sqrt{2gh}}{\Delta t} + G = Mg\left(\frac{1}{\Delta t}\sqrt{\frac{2h}{g}} + 1\right)$$

将 M、h 和 Δt 的值代入得 $\Delta t_1 = 0.1\mathrm{s}$ 时

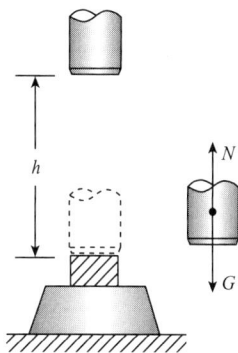

图 2-12 例题 2-5 图

$$\overline{N}_{0.1} = 3.0 \times 10^3 \times 9.8 \times \left(\frac{1}{0.1} \times \sqrt{\frac{2 \times 1.5}{9.8}} + 1 \right) = 1.92 \times 10^5 \, \text{N}$$

$\Delta t_2 = 0.01 \text{s}$ 时

$$\overline{N}_{0.01} = 3.0 \times 10^3 \times 9.8 \times \left(\frac{1}{0.01} \times \sqrt{\frac{2 \times 1.5}{9.8}} + 1 \right) = 1.66 \times 10^6 \, \text{N}$$

重锤对工件的平均冲力

$$F_{0.1} = -\overline{N}_{0.1} = -1.92 \times 10^5 \, \text{N}$$

$$F_{0.01} = -\overline{N}_{0.01} = -1.66 \times 10^6 \, \text{N}$$

负号说明重锤对工件的平均冲力方向竖直向下。

2.4.4　动量守恒定律及其应用

由动量定理可知，若质点或质点系所受合外力为零，则该质点或质点系的动量改变量

$$\Delta \boldsymbol{P} = \boldsymbol{P}_2 - \boldsymbol{P}_1 = 0$$

即

$$\boldsymbol{P}_2 = \boldsymbol{P}_1 = 恒量 \tag{2-22}$$

上式表明，如果质点或质点系所受合外力为零，该质点或质点系的动量守恒，这就是**动量守恒定律**。

动量守恒是物理学中最普遍的定律之一。即使在牛顿定律不适用的领域，动量定律仍然成立。

应用动量守恒定律时，应注意以下几点：

①动量守恒定律具有矢量性。有时候质点系所受的合外力不为 0，但在的某个方向的分量为零，质点系在该方向的动量分量仍然守恒。

②应用动量守恒定律时，必须认真分析守恒条件是否成立，即合外力是否为零。有时合外力虽然不为零，但只要系统内力远大于外力，系统内的有关问题仍可以按动量守恒来近似处理。

③动量守恒定律只适用于惯性系，使用动量守恒定律时必须将质点系中各质点的速度统一到同一个惯性系中。

【例题 2-6】 如图 2-13 所示，质量为 3000kg 的大炮，射出质量为 40kg 的炮弹，若炮弹的出射速度为 $800 \text{m} \cdot \text{s}^{-1}$，大炮的反冲速度为多少？

解： 规定炮弹出射方向为正。发射前大炮和炮弹速度都为 0，其动量

$$P_1 = (m_1 + m_2) \times 0 = 0$$

发射后大炮和炮弹的动量

$$P_2 = m_1 v_1 + m_2 v_2$$

在此过程中，系统所受合外力为 0，动量守恒

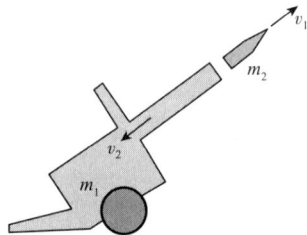

图 2-13　例题 2-6 图

$$P_1 = P_2$$

即

$$m_1 v_1 + m_2 v_2 = 0$$

解得

$$v_2 = -\frac{m_1 v_1}{m_2} = -\frac{40 \times 800}{3000} = -10.7\,\mathrm{m \cdot s^{-1}}$$

负号表示大炮反冲方向与炮弹发射方向相反。

【例题 2-7】　如图 2-14 所示，质量 $M = 450\mathrm{kg}$，长度 $l = 4\mathrm{m}$ 的平板车停在光滑平直导轨上；质量 $m = 50\mathrm{kg}$ 的人从车头走到车尾。求平板车相对导轨移动的距离。

图 2-14　例题 2-7 图

解：确定人和车组成的系统为研究对象，设人前进的方向为坐标系正方向，人和车前进的速度分别为 v 和 u。

考虑人和车的初速度都为 0，系统在水平方向所受合外力为 0，系统在任何时刻沿水平方向的总动量守恒，即

$$P = mv + Mu = 0$$

所以有

$$mv = -Mu$$

两边同乘 $\mathrm{d}t$ 并积分得

$$m \int_0^t v\mathrm{d}t = -M \int_0^t u\mathrm{d}t$$

其中

$$\int_0^t v\mathrm{d}t = s$$

$$\int_0^t u\mathrm{d}t = s'$$

分别是人和车相对于地面移动的距离，所以有

$$ms = -Ms'$$

由图可知

$$s + s' = l$$

将上两式联立解得

$$s' = \frac{m}{M+m}l = \frac{50}{450+50} \times 4 = 0.4\text{m}$$

2.5   功   动能定理

本节讨论功和动能的概念，并在此的基础上由牛顿第二定律导出动能定理。

2.5.1   功

通过中学的学习已经知道，当物体在力的作用下沿力的方向移动一段距离，该力就对物体做了**功**。力越大，移动距离越长，力对物体做得功越多。可见，功是反映力对于空间累积效应的物理量。

2.5.1.1   恒力的功

设一个物体在恒力 $\boldsymbol{F}$ 作用下沿直线运动产生位移 $\Delta\boldsymbol{r}$，力 $\boldsymbol{F}$ 与位移 $\Delta\boldsymbol{r}$ 的夹角为 θ（图 2-15），则该力对物体做功

$$A = \boldsymbol{F} \cdot \Delta\boldsymbol{r} = F\Delta r\cos\theta \tag{2-23}$$

功是标量，它的正负号与 θ 有关：当 $\theta < \dfrac{\pi}{2}$，则 $\cos\theta > 0$，A 为正值，力对物体做正功；当 $\theta > \dfrac{\pi}{2}$，则 $\cos\theta < 0$，A 为负值，力对物体做负功；当 $\theta = \dfrac{\pi}{2}$，则 $\cos\theta = 0$，$A = 0$，力对物体不做功。

2.5.1.2   变力的功

如果作用在物体上的力是变化的，则需要用积分来计算该力对物体所做的功。如图 2-16 所示，物体 m 在变力 $\boldsymbol{F}$ 的作用下沿曲线 ab 由 a 移动到 b。在物体 m 的运动轨迹上取一个无限小元位移 $\mathrm{d}\boldsymbol{r}$，$\mathrm{d}\boldsymbol{r}$ 与 $\boldsymbol{F}$ 的夹角为 θ，力 $\boldsymbol{F}$ 使物体产生元位移 $\mathrm{d}\boldsymbol{r}$ 做元功

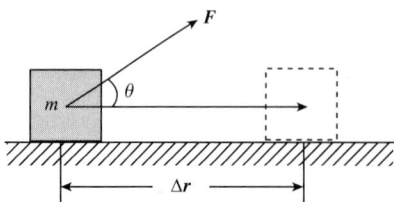

图 2-15   恒力的功

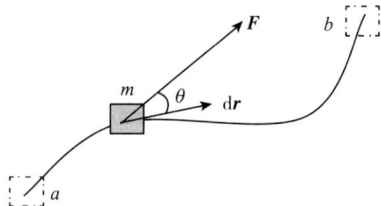

图 2-16   变力的功

$$dA = \boldsymbol{F} \cdot d\boldsymbol{r} = F\cos\theta dr \tag{2-24}$$

完成全部路程 ab，力 $\boldsymbol{F}$ 做功

$$A = \int_a^b dA = \int_a^b \boldsymbol{F} \cdot d\boldsymbol{r} = \int_a^b F\cos\theta dr \tag{2-25}$$

在国际单位制中功的单位是牛顿·米(N·S)，称为焦耳(J)。

【例题 2-8】 如图 2-17 所示，马拉爬犁在水平雪地上沿弯曲道路行走，爬犁总质量为 3000kg，它和地面的滑动摩擦系数 $\mu_k = 0.12$。求马拉爬犁行走 2km，路面摩擦力对爬犁做的功。

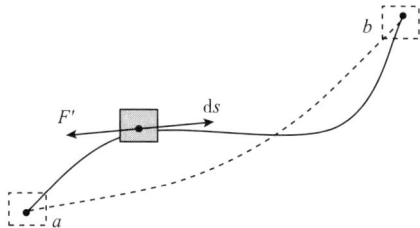

图 2-17 例题 2-8 图

解：本题中，物体沿曲线运动，摩擦力的大小不变，方向与位移方向相反。滑动摩擦力的大小

$$f = \mu_k N = \mu_k mg$$

考虑元位移与元路程相等，爬犁产生元路程 ds，摩擦力做元功

$$dA = -fds = -\mu_k mgds$$

爬犁从 a 到 b，摩擦力做的功

$$A = \int_a^b -\mu_k mgds = -\mu_k mg \int_a^b ds = -\mu_k mgs$$

式中，s 是爬犁经过路程，代入数据得

$$A = -0.12 \times 3000 \times 9.81 \times 2000 = -7.06 \times 10^6 (\text{J})$$

负号表示摩擦力对爬犁做负功。若有另一条路线，由 a 到 b 的路程是 1.5km，则摩擦力做功

$$A_2 = -0.12 \times 3000 \times 9.81 \times 1500 = -5.295 \times 10^6 (\text{J})$$

该结果说明，摩擦力做功与路径有关。

【例题 2-9】 如图 2-18 所示，质量为 m 的物体，自远离地球的 a 由静止开始朝地心方向自由落下到 b，求万有引力对物体做的功。

解：取物体为研究对象。物体只受到地球给它的万有引力的作用，方向指向地心。万有引力是变力，该问题属于变力做功。

选取地心为坐标原点，以地心向上为 r 的正方向，沿物体降落路径取元位移 dr，考虑 dr 的方向与 r 的正方向一致，万有引力的方向与 r 的正方向相反，所以，万有引力

图 2-18 例题 2-9 图

$$G = G_0 \frac{mM}{r^2}$$

所做元功

$$dA = -G_0 \frac{mM}{r^2}dr$$

物体从 r_a 运动到 r_b，万有引力做功

$$A = \int_{r_a}^{r_b} -G_0 \frac{mM}{r^2}dr = G_0 \frac{mM}{r}\Big|_b^a = G_0 mM\left(\frac{1}{r_a} - \frac{1}{r_b}\right)$$

因为 $r_a > r_b$，所以 $A > 0$，即物体从 a 移动 b，万有引力对物体作正功。从物理意义上看，万有引力指向地心，位移也指向地心，力和位移方向一致，所以万有引力做功为正。

2.5.2　功率

在许多时候，不仅需要知道力做功的多少，还需要知道力做功的快慢，为此，引入一个描述力做功快慢的物理量——**功率**。定义力在单位时间内所做的功为功率，设力在 Δt 时间内做功 ΔA，则力在该段时间内的平均功率

$$P = \frac{\Delta A}{\Delta t} \tag{2-26a}$$

任意时刻的瞬时功率

$$P = \lim_{\Delta t \to 0}\frac{\Delta A}{\Delta t} = \frac{dA}{dt} \tag{2-26b}$$

把式(2-24)代入得

$$P = \frac{\boldsymbol{F} \cdot d\boldsymbol{r}}{dt} = \boldsymbol{F} \cdot \frac{d\boldsymbol{r}}{dt} = \boldsymbol{F} \cdot \boldsymbol{v} \tag{2-27}$$

在国际单位制中功率的单位是焦耳·秒($\mathrm{J \cdot s^{-1}}$)，称为瓦特(W)。

2.5.3　动能定理

2.5.3.1　质点的动能定理

通过中学的学习知道，如果一个质量为 m 的物体的运动速度为 v，则其动能

$$E_k = \frac{1}{2}mv^2$$

外力对物体做功会引起物体动能的变化，下面推导外力做功与物体动能变化的定量关系。

设质量为 m 的物体在力的作用下沿曲线由 a 移动到 b(图 2-19)，该物体在 a、b 的速度分别为 v_1、v_2，力 $\boldsymbol{F}$ 使物体产生元位移 $d\boldsymbol{r}$ 时做元功

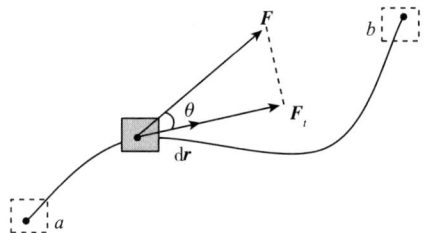

图 2-19　动能定理

$$\mathrm{d}A = F\cos\theta\mathrm{d}r = F_t\mathrm{d}r \qquad (2\text{-}28)$$

式中 F_t 为力 $\boldsymbol{F}$ 沿质点速度方向的分量。

考虑牛顿第二定律的动量形式

$$F_t = \frac{\mathrm{d}(mv)}{\mathrm{d}t} = m\frac{\mathrm{d}v}{\mathrm{d}t}$$

代入上式得

$$\mathrm{d}A = F_t\mathrm{d}r = m\frac{\mathrm{d}v}{\mathrm{d}t}\mathrm{d}r = m\frac{\mathrm{d}r}{\mathrm{d}t}\mathrm{d}v = mv\mathrm{d}v \qquad (2\text{-}29)$$

物体由 a 移动到 b 合外力 $\boldsymbol{F}$ 做功

$$A = \int_{v_1}^{v_2} mv\mathrm{d}v = \frac{1}{2}mv_2^2 - \frac{1}{2}mv_1^2 \qquad (2\text{-}30)$$

式（2-29）和（2-30）表明，合外力对物体所做的功等于该物体动能的增量，这就是**质点的动能定理**。

2.5.3.2 质点系的动能定理

对于由多个质点组成的质点系，除考虑外力做功，还需考虑质点系内力所做的功。可以证明，虽然质点系内每一对内力大小相等，方向相反，但由于质点的位移不一定相同，所以内力做功的总和不一定为零。若在同一过程中，外力对质点系做功为 $A_{外}$，质点系内力做功为 $A_{内}$，质点系动能变化 ΔE_{k} 满足

$$A_{外} + A_{内} = \Delta E_{\mathrm{k}} \qquad (2\text{-}31\mathrm{a})$$

即质点系所受外力与质点系内力对质点系做功的和等于质点系动能的增量，这就是**质点系的动能定理**。

对于质点，$A_{内} = 0$，所以

$$A_{外} = \Delta E_{\mathrm{k}} \qquad (2\text{-}31\mathrm{b})$$

此式与式（2-30）相同，可见质点是质点系的特殊情况。综上所述，可以看出，对质点系而言，内力是成对出现的，由牛顿第三运动定律可知，内力的矢量和为零，所以内力不改变质点系的动量。但是，内力的矢量和为零，内力的功不一定为零。当内力做功不为零时，它将改变系统的动能。

2.6 势能 能量守恒定律

2.6.1 保守力和非保守力

先分析重力做功的特点。如图 2-20 所示，质量为 m 的物体在重力作用下从位置 a 经任意路径 c 到达位置 b，位置 a、b 的高度分别为 h_a、h_b。如图建立坐标系，物体产生位移元 $\mathrm{d}\boldsymbol{r}$，重力做元功

$$\mathrm{d}A = \boldsymbol{G}\cdot\mathrm{d}\boldsymbol{r} = mg\cos\theta\mathrm{d}r = -mg\mathrm{d}h$$

式中 $\mathrm{d}h$ 为位移元 $\mathrm{d}\boldsymbol{r}$ 对应的高度差。物体从 a 移动到 b 重力做功

$$A = \int_a^b dA = \int_a^b - mg dh = mg(h_a - h_b) = mgh \tag{2-32a}$$

式中 $h = h_a - h_b$ 为 a、b 之间的高度差。可以证明,若物体沿另一条路径 d 由 a 运动到 b,重力所做功仍然为 mgh,即重力做功与路径无关。据此可以推算出:重力沿闭合回路做功

$$A = \oint dA = 0 \tag{2-32b}$$

再分析弹性力做功的特点。如前所述,弹性力与弹簧的形变成正比,方向相反。如图 2-21 所示,刚性系数为 k 的弹簧发生形变 x 时的弹性力

$$F = - kx$$

产生元位移 dx 做功

$$dA = Fdx = - kx dx$$

由位置 x_a 移动到位置 x_b 弹簧做功

$$A = \int_{x_a}^{x_b} - kx dx = \frac{1}{2} kx_a^2 - \frac{1}{2} kx_b^2 \tag{2-33}$$

式中 x_a 和 x_b 分别为物体在 a 和 b 时弹簧的伸长量。由此可见,弹性力做功只与始末位置有关,与路径无关。如果弹簧从某一个位置出发,完成一个伸缩过程回到起始位置,弹性力做功为零。

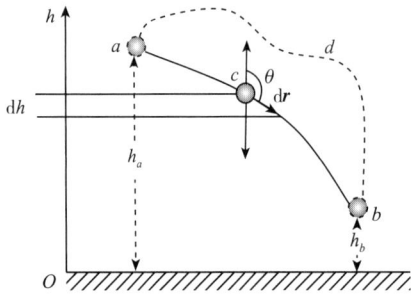

图 2-20　重力的功

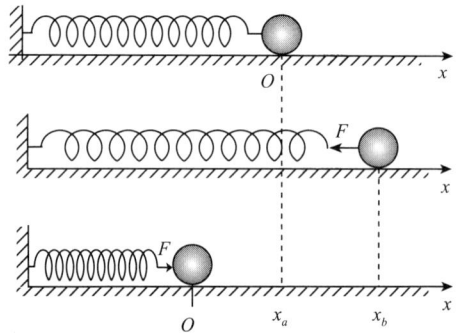

图 2-21　弹性力的功

综上所述,重力和弹性力做功与路径无关,而摩擦力做功与路径有关。我们把做功与路径无关的力称为**保守力**,做功与路径有关的力称为**非保守力**。在自然界,重力、弹性力、万有引力、电场力都是保守力;摩擦力、磁场力是非保守力。由保守力形成的力场称为**保守场**,由非保守力形成的力场称为**非保守场**。

2.6.2　势能

如前所述,当质量为 m 的物体在重力场中高度降低 h 时,重力对物体做功 mgh,结果将使物体的动能相应增加。对此,从另一个角度看,也可以认为,在保守场中蕴藏着一种与位置有关的能量,当物体从能量较高的位置移动到能量较低的位置时,保守力对物体做正功,物体的动能增加;反之,保守力对物体做负功,物体的动能减

小。保守场中与位置有关的能量称为**势能**。

对于势能的概念，应注意以下几个问题：

①保守场是势能存在的必要条件，只有在保守场中，才有势能。

②势能由相互作用的物体共同所有，不属于某一个单一物体。例如，重力势能是由地球和地球附近的物体共同所有的，并不只属于物体。

③势能具有相对性。为了确定物体在保守场中某一位置的势能，需要选一个参考位置，如果规定该参考位置的势能为零，该位置就称为**零势点**。对于重力势能，通常取地面为零势点，于是，质量为 m 的物体从高度为 h 的位置落到地面，重力消耗势能做功 mgh。所以，质量为 m 的物体在高度为 h 的位置所具有的重力势能

$$E_p = mgh \tag{2-34a}$$

对于弹性势能，一般取其平衡位置为零势点和坐标原点。这样，当弹簧伸长或收缩长度 x 时，弹性力做功 $-\dfrac{1}{2}kx^2$。所以，处在弹簧伸长或收缩长度为 x 的位置的物体的弹性势能

$$E_p = \frac{1}{2}kx^2 \tag{2-34b}$$

2.6.3 功能原理

由质点系的动能定理可知

$$A_{外} + A_{内} = \Delta E_k \tag{2-35}$$

其中，质点系的内力可分为保守内力和非保守内力。以 $A_{保内}$ 表示所有保守内力做的功，以 $A_{非保内}$ 表示所有非保守内力做的功，则上式可写成

$$A_{外} + A_{保内} + A_{非保内} = \Delta E_k \tag{2-36}$$

由势能的概念可知，质点系所有保守内力做的功等于质点系势能的减少，即

$$A_{保内} = -\Delta E_p$$

代入上式得

$$A_{外} + A_{非保内} = \Delta E_k + \Delta E_p = \Delta E \tag{2-37}$$

式中 $\Delta E = \Delta E_k + \Delta E_p$ 为质点系机械能的增量。上式表明，质点系所受外力和非保守内力对质点系所做的功的代数和等于质点系机械能的增量。这就是质点系的**功能原理**。

2.6.4 机械能守恒定律

由质点系的功能原理可知，如果质点系所受外力和非保守内力对质点系做功的代数和

$$A_{外} + A_{非保内} = 0$$

则质点系机械能的增量也为零，即

$$\Delta E_k + \Delta E_p = 0$$

考虑动能改变量

$$\Delta E_k = E_k - E_{k0}$$

势能改变量

$$\Delta E_p = E_p - E_{p0}$$

所以有

$$(E_p - E_{p0}) + (E_k - E_{k0}) = 0$$

整理得

$$E_p + E_k = E_{k0} + E_{p0}$$

即

$$E_p + E_k = 常量 \qquad (2\text{-}38)$$

上式表明，如果质点系所受外力和非保守内力对质点系做功的代数和为零，质点系的动能和势能可以相互转换，但总机械能守恒，这就是**机械能守恒定律**。

2.6.5　能量守恒定律

如果质点系不受外力作用，其内力除重力和弹性力等保守力外，还有摩擦力或其他非保守力做功，则质点系的机械能将不再守恒。但是，大量实践表明，在其机械能改变的同时，必定有相应的其他形式的能量反向改变，从而使得质点系的机械能和其他形式的能量总和不变。这就是说，在一个不受外界作用的质点系中，能量既不能消失也不能创生，只能从一种形式转换为另一种形式，从一个物体转移到另一个物体，这一结论就是**能量守恒定律**。

能量守恒定律是经典力学的重要内容，它并不是从牛顿运动定律推出的，而是从无数事实中归纳出的结论。它是自然界最普遍的定律之一，适用于自然界任何过程。

根据能量守恒定律可以进一步深刻理解功的意义。在研究质点系的能量转化和传递过程中可以看到，能量的转化与传递是通过做功实现的。例如，在落体运动中，通过重力做功使重力势能转化为物体的动能，所转化的能量等于重力对物体所做的功；又如汽车刹车时摩擦力做功，做功的结果使机械能减少，减少的机械能转化为分子热运动能量，摩擦力的功等于转化的热能。这些事实表明，做功是实现能量传递或转化的一种形式，功是能量传递或转化的量度。

2.7　经典力学的局限性

以牛顿定律为基础的经典力学是物理学中较早地发展成为理论严密、体系完整、应用广泛的一门学科，它还是经典电磁学和经典统计力学的基础。因此，经典力学的应用极为广泛，取得成就也非常巨大。但是，19 世纪末电子和放射线发现以后，人们对物质世界的认识进入到了微观领域，此时应用经典力学处理微观粒子运动得到的结果往往与实验不符，此外从电磁理论研究和光学测量中发现一些现象与经典力学的时空观相抵触，这些对经典力学构成了挑战。

在 20 世纪，经典力学受到了三次严重挑战，分别是 1905 年爱因斯坦建立的狭义相对论，1925 前后建立起来的量子力学和 20 世纪 60 年代发现的混沌现象。

2.7.1　惯性系和非惯性系　惯性力

在自然界完全处于静止或匀速直线运动状态的参考系是不存在的。一个参考系能否看成惯性系，由所研究的问题的性质决定，需要用实验方法鉴别。对于所研究的问题而言，如果参考系的加速度造成的影响可以忽略，该参考系就是惯性系，否则，就是非惯性系。由于物体保持其静止或匀速直线运动状态的特性称为惯性，所以也可以说，对于所研究的问题，处于惯性状态的参考系是**惯性系**，否则是**非惯性系**。

为了解决牛顿运动定律在非惯性系中不成立的问题，可以把参考系的加速度想象成一个相应的力的作用，称为**惯性力**。质量为 m 的物体在加速度为 $\boldsymbol{a}_i$ 的非惯性系中相应的惯性力

$$\boldsymbol{F}_\text{惯} = -m\,\boldsymbol{a}_i \tag{2-39}$$

式中负号表示惯性力的方向与非惯性系的加速度方向相反。考虑惯性力后，牛顿运动定律在非惯性系中成立。质量为 m 的物体在非惯性系中受力 $\boldsymbol{F}$，其加速度满足

$$\boldsymbol{F} + \boldsymbol{F}_\text{惯} = m\boldsymbol{a} \tag{2-40}$$

【例题 2-10】　一个质量为 60kg 的人，站在电梯中的磅秤上，当电梯以 $0.5\text{m}\cdot\text{s}^{-2}$ 的加速度匀加速上升时，磅秤上指示的读数是多少？

解：取电梯为参考系，规定向上为 y 轴正方向。电梯是一个非惯性系，设人的质量为 m，相应的惯性力 $F_\text{惯} = -ma$。此外人还受到重力 G 的作用，其方向向下；电梯对人支持力 N 的作用，方向向上。考虑到人对电梯静止，所以有

$$N + G + F_\text{惯} = 0$$

即

$$N - mg - ma = 0$$
$$N = m(g + a) = 60 \times (9.8 + 0.5) = 618\text{N}$$

人体重量

$$mg = 60 \times 9.8 = 588\text{N}$$

可以看出 $N > mg$，可见，电梯加速上升时，电梯对人的支持力大于人的重量，这种情况称为**超重**。反之，电梯加速下降时，电梯对人的支持力小于人的重量，这种情况称为**失重**。

在现代航天技术中，惯性力也是必须考虑的一个因素。在火箭点火时，飞船起飞加速度高达 $6g$ 以上，这时人必须躺在座椅上，否则强大的惯性力会使人脑部失血而昏晕。当飞船在轨道上做无动力飞行时，其情形与自由降落的电梯一样，宇航员处于完全"失重"状态，这将妨碍宇航员的正常生活和执行任务。

2.7.2　低速运动与高速运动

牛顿的绝对时空观和建立在这一基础上的牛顿运动定律，只适用于宏观物体低速运动的情况，此时的坐标变换满足伽利略变换，伽利略相对性原理也是成立的。但是，对于高速运动的问题，伽利略变换不再成立，取而代之的是洛伦兹变换。此时，物体的质量和动量都随速度的变化而变化，从而使得伽利略相对性原理不再成立。因此，对于高速运动的物体，牛顿运动定律即牛顿力学是不成立的，取而代之的是狭义相对论力学。牛顿力学可以看成是相对论力学在低速情况下的特例。有关狭义相对论的内容将在第 13 章讨论。

2.7.3　确定性和随机性

根据牛顿力学的基本思想，在物体受力已知的情况下，只要给定了初始条件，物体以后的运动情况就是完全确定和可以预测的。这种认识被称为物体的运动状态在确定性条件下的可预测性。1757 年哈雷彗星在预定的时间回归，1846 年海王星在预言的方位上被发现都验证了这种认识的正确性。

但是，这种传统的思想理念在 20 世纪 60 年代遇到了严重的挑战。人们发现牛顿力学显示出的决定论的可预测性，只限于那些物体受力和位置或速度有线性关系的系统，这样的系统被称为**线性系统**。对于受力情况比较复杂的系统，物体受力和位置或速度之间的关系可能是非线性的，这样的系统被称为**非线性系统**。对于非线性系统，虽然其受力情况仍然是确定的，但其运动结果却是不能预测的，这就是非线性系统的运动状态在确定性条件下的随机性。人们把这种现象称为**混沌**。

混沌是 20 世纪 60 年代才提出的，到目前为止，关于混沌的研究对象，已远远超出物理学的范围，在生物学、天文宇宙学、社会学等领域内一些现象都显示出混沌的存在。混沌现象的出现是对经典力学确定性理论的挑战，有关混沌现象将在第 15 章介绍。

2.7.4　能量的连续性与能量量子化

在经典力学中，物体的运动状态是用它的位置和速度（或动量）来描述的，在一定范围内物体的位置可以取任意大小，即它们的变化是连续的，由此推知，物体的能量变化也是连续的，这就是经典力学的能量连续性的观点。然而，随着物理学的发展，在 19 世纪末，黑体辐射和光电效应等实验现象的发现对能量连续性的观点提出挑战。1900 年 12 月，德国物理学家普朗克在说明黑体辐射规律时，首先提出了能量量子化的观点，并因此而获得诺贝尔物理学奖。1905 年 3 月，爱因斯坦提出光子学说，圆满地解释了光电效应现象，他也获得了诺贝尔物理学奖。1913 年，丹麦物理学家玻尔把普朗克和爱因斯坦的学说引入到对原子结构的研究，提出了原子的能级概念，即原子能量的高低犹如阶梯一样是不连续的。

能量量子化是微观粒子的重要性质之一，它指出经典力学不能用来描述像电子、光子、质子等微观粒子的运动，而必须采用一种新的理论，这就是量子力学。

综上所述，以牛顿定律为基础建立起来的经典力学，只对低速的（远远小于光速）宏观物体才适用。由于在一般工程技术问题中，物体的运动速度与光速相比都是很小的，那么经典力学是可以放心应用的。实验结果和理论分析表明，当量子力学中的量子数趋于无穷大时，量子力学导出的结果与经典力学相符。可见经典力学是量子力学在其量子数趋于无穷大时的极限情况，这个关系称为量子力学与经典力学的对应原理。

本章摘要

1. 牛顿运动定律

（1）牛顿第一定律

如果没有外力迫使物体改变其运动状态，该物体将保持其静止或匀速直线运动状态。牛顿第一定律指出了任何物体都有保持其静止或匀速直线运动状态的性质称为惯性。牛顿第一定律也称为惯性定律。

（2）牛顿第二定律

合外力为 F 作用在质量为 m 的物体上产生的加速度满足 $F = ma$。由牛顿第二定律可知，质量是物体惯性大小的量度。

（3）牛顿第三定律

作用在两个物体上的作用力和反作用力在同一直线上，大小相等，方向相反。

2. 几种常见的力

几种常见的力可分为接触力和非接触力。弹性力、摩擦力等是接触力；引力、静电力和磁力等是非接触力。

（1）万有引力

两个相距 r，质量分别为 m_1、m_2 的质点之间的万有引力

$$F = G_0 \frac{m_1 m_2}{r^2}$$

地球对其周围物体的万有引力称为重力。重力的方向竖直向下。质量为 m 的物体所受重力 $G = mg$。

（2）弹力

三种常见的弹力分别是：正压力、拉力、弹性力。弹性力遵守胡克定律：

$$F = -kx$$

（3）摩擦力

两个相互接触的物体具有沿接触面的相对运动或相对运动的趋势时产生的阻碍其相对运动的力称为摩擦力。摩擦力分为静摩擦力和动摩擦力。

（4）受力分析的一般步骤

①确定研究对象；

②分析重力；

③分析弹力；

④分析摩擦力；

⑤必要时做出受力图。

3. 牛顿运动定律的应用

应用牛顿运动定律求解质点动力学问题的一般步骤为：

①选取研究对象；

②分析受力情况；

③建立坐标系；

④根据牛顿第二定律列出运动微分方程；

⑤解方程，必要时讨论。

4. 动量定理　动量守恒定律

（1）动量与冲量

物体的质量 m 与其运动速度 $\boldsymbol{v}$ 的乘积称为动量，即

$$\boldsymbol{P} = m\boldsymbol{v}$$

动量是矢量，其方向与物体的速度方向相同。动量是描述物体运动量大小的物理量。

作用在物体上的合外力与其作用时间的乘积称为力的冲量。恒力的冲量

$$\boldsymbol{I} = \boldsymbol{F}\Delta t$$

变力的冲量

$$\boldsymbol{I} = \int_{t_1}^{t_2} \boldsymbol{F} \mathrm{d}t$$

冲量也是矢量。冲量是描述力对于时间累积效应的物理量。

（2）动量定理

物体在一段时间内所受的合外力的冲量等于其动量的改变量，即

$$\boldsymbol{I} = \Delta \boldsymbol{P} = m\boldsymbol{v}_2 - m\boldsymbol{v}_1$$

（3）动量定理的应用

应用动量定理解决动力学问题的具体步骤为：

①明确物理过程，确定研究对象；

②分析受力情况，计算力施于物体的冲量；

③计算始末状态的动量改变量；

④根据动量定理，列出方程，求解。

（4）动量守恒定律及其应用

动量守恒定律可表述为：如果质点或质点系所受合外力为零，该质点或质点系的动量守恒。应用动量守恒定律时应注意：

①动量守恒定律具有矢量性。

②动量守恒定律只适用于惯性系。

5. 功　动能定理

（1）功

功是描述力对于空间累积效应的物理量。

①恒力的功：物体在恒力 $\boldsymbol{F}$ 作用下产生位移 $\Delta\boldsymbol{r}$，且力 $\boldsymbol{F}$ 与位移 $\Delta\boldsymbol{r}$ 的夹角为 θ，该力对物体做功

$$A = \boldsymbol{F} \cdot \Delta\boldsymbol{r} = F\Delta r\cos\theta$$

②变力的功：物体在变力 $\boldsymbol{F}$ 的作用下由 a 移动到 b，该力做功

$$A = \int_a^b \mathrm{d}A = \int_a^b \boldsymbol{F} \cdot \mathrm{d}\boldsymbol{r} = \int_a^b F\cos\theta \mathrm{d}r$$

功是标量。

（2）功率

力在单位时间内所做的功称为功率。平均功率

$$\overline{P} = \frac{\Delta A}{\Delta t}$$

瞬时功率

$$P = \boldsymbol{F} \cdot \boldsymbol{v}$$

（3）动能定理

①质点的动能定理：合外力对物体所做的功等于该物体动能的增量，即

$$A = \Delta E_{\mathrm{k}} = \frac{1}{2}mv_1^2 - \frac{1}{2}mv_2^2$$

②质点系的动能定理：质点系所受外力与质点系内力对质点系做功的和等于质点系动能的增量，即

$$A_{\text{外}} + A_{\text{内}} = \Delta E_{\mathrm{k}}$$

对质点系而言，内力是成对出现的，内力的矢量和为零，内力的功不一定为零。此时，系统的总动能可能发生改变。

6. 势能　能量守恒定律

（1）保守力和非保守力

做功与路径无关的力称为保守力，做功与路径有关的力称为非保守力。在自然界，重力、弹性力、万有引力、电场力都是保守力；摩擦力、磁场力是非保守力。由保守力形成的场称为保守场，由非保守力形成的场称为非保守场。

（2）势能

保守场中与位置有关的能量称为势能。重力场中高度为 h 的物体具有的势能 $E_{\mathrm{p}} = mgh$。弹簧伸长或压缩长度 x，具有的弹性势能 $E_{\mathrm{p}} = \frac{1}{2}kx^2$

（3）功能原理

质点系所受外力和非保守内力对质点系所做功的代数和，等于质点系机械能的增量。

（4）机械能守恒定律

如果质点系所受外力和非保守内力对质点系做功的代数和为零，质点系的动能和

势能可以相互转换，总机械能守恒。

（5）能量守恒定律

在一个不受外界作用的质点系中，能量既不能消失也不能创造，只能从一种形式转换为另一种形式，从一个物体转移到另一个物体。

习　题

填空题

2-1　任何物体都具有保持原来_____的特性称为惯性。

2-2　力是产生物体_____的原因。

2-3　二牛拔河，甲牛对乙牛的拉力是100N，乙牛对甲牛的拉力为_____。

2-4　如题2-4图所示，物体 m_1 和 m_2 置于光滑水平面上，力 F 作用在物体 m_1 左侧使 m_1 和 m_2 一起向右运动。其中 m_1 的加速度为_____；力 F_1 的大小为_____。

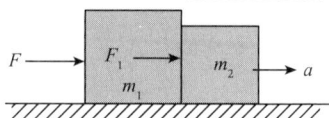
题 2-4 图

2-5　在动力学中，_____是描述物体运动惯性大小的物理量。

2-6　1kg 物体置于水平面上，在 10N 的水平力作用下产生同方向加速度 $5\mathrm{m\cdot s^{-2}}$，该物体所受水平摩擦力为_____。该物体与平面之间的动摩擦系数为_____。

2-7　物体的_____与其_____的乘积称为该物体的动量。

2-8　质量 $m=2\mathrm{kg}$ 的物体的运动速度 $v=2\mathrm{m\cdot s^{-1}}$，该物体的动量为_____，动能为_____。

2-9　冲量等于_____与其_____的乘积。

2-10　5N 的力作用在物体上 3s，该物体受到的冲量为_____，动量改变_____。

2-11　$F=5t\mathrm{N}$ 的力从计时开始作用在质量 $m=2\mathrm{kg}$ 的物体上 3s，该物体受到的冲量为_____，若物体的初速度为零，该物体的末速度为_____。

2-12　质量 $m=1\mathrm{kg}$ 的物体在恒力的作用下经历 4s，其速度从零增加到 $6\mathrm{m\cdot s^{-1}}$。在此过程中物体的动量增加_____，所受冲量为_____，受力大小为_____。

2-13　质量为 $m=4\mathrm{kg}$ 的物体的初速度 $v_0=2\mathrm{m\cdot s^{-1}}$，该物体受到 v_0 方向3N的力作用2s后的末动量为_____，末速度为_____。

2-14　质量为 6000kg 的大炮，射出质量为 40kg 的炮弹，在炮管内经历时间 0.5s。若炮弹的出射速度为 $800\mathrm{m\cdot s^{-1}}$，炮弹所受平均推力为_____，大炮的反冲速度为_____。

2-15　20N 的力作用在物体上，经历时间 2s，物体在力的方向产生位移 3m，该力对物体做功为_____；力的功率为_____。

2-16　$F=4x+2(\mathrm{N})$ 的力作用在物体上，经历时间 4s，从 0m 出发沿力的方向产生位移 5m，力 F 对物体做功为_____，平均功率为_____，若在 $x=1$m 处物体的速度 $v=8$m·s^{-1}，力的功率_____。

2-17　质量为 1kg 的物体从 5.10m 处自由落下到地面时的动能为_____；重力做功为_____，该物体的速度为_____。

2-18　原子核对电子作用力 $F=\dfrac{k}{r^2}$，电子由 r_1 运动到 r_2 原子核对电子做功为_____，该系统的势能增加_____。

2-19　质量为 0.01kg 的子弹在枪管内受火药推力 $F=300-200x$（N），若枪管长度为 1m，火药产生的推力做功为_____，子弹离开枪口的速度为_____。

2-20　质量 $m=10$kg 的物体沿 x 轴运动，受力 $F=3+4x$（N），若初位置 $x_0=0$，初速度 $v_0=0$，该物体位于 $x=3$m 处的速度为_____，加速度为_____。

2-21　举出两例常见保守力_____，两例常见非保守力_____。

2-22　非保守力做功与_____有关；保守力沿_____做功为零。

选择题

2-23　下列说法中不正确的是____。

A. 任何物体都具有保持原来静止状态的特性

B. 任何物体都具有保持原来匀速直线运动状态的特性

C. 任何物体都具有保持匀速圆周运动状态的特性

D. 任何物体都不具有保持匀加速直线运动状态的特性

2-24　下列说法中正确的是____。

A. 力是保持物体运动状态的原因

B. 力是产生物体加速度的原因

C. 力是产生物体运动速度的原因

D. 力是物体不改变速度大小的原因

2-25　下列说法中不正确的是____。

A. 作用力和反作用力相互平衡

B. 作用力和反作用力在同一直线上

C. 作用力和反作用力大小相等

D. 作用力和反作用力分别作用在两个物体上

2-26　如题 2-26 图所示，物体 m_1 和 m_2 置于光滑水平面上，在力 F 作用下产生加速度 a，力 F_1 的大小为_____。

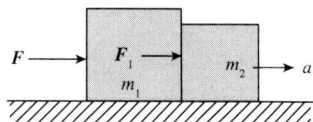

题 2-26 图

A. $\dfrac{m_1F}{m_1+m_2}$

B. $\dfrac{m_1F}{m_1-m_2}$

C. $\dfrac{m_2F}{m_1-m_2}$

D. $\dfrac{m_2F}{m_1+m_2}$

2-27　在动力学中，描述物体运动惯性大小的物理量是_____。

A. 动量　　　　　　B. 质量　　　　　　C. 速度　　　　　　D. 动能

2-28　1kg 物体置于水平面上，物体与平面之间的动摩擦系数为 0.51，为使物体产生 $5\text{m}\cdot\text{s}^{-2}$ 的水平加速度，该物体所受水平力多大_____。

A. 10.0N　　　　　B. 10.2N　　　　　C. 10.5N　　　　　D. 12.0N

2-29　质量为 2kg，速度为 $2\text{m}\cdot\text{s}^{-1}$ 的物体受到与速度同方向的 $8\text{N}\cdot\text{s}$ 的冲量后的速度为_____ $\text{m}\cdot\text{s}^{-1}$。

A. 2　　　　　　　B. 4　　　　　　　C. 6　　　　　　　D. 8

2-30　10N 的力作用在物体上 2s，该物体的动量改变_____ $\text{kg}\cdot\text{m}\cdot\text{s}^{-1}$。

A. 2　　　　　　　B. 10　　　　　　　C. 12　　　　　　D. 20

2-31　$F = 5t\text{N}$ 的力从计时开始作用物体上 4s，该物体受到的冲量_____ $\text{N}\cdot\text{s}$。

A. 5　　　　　　　B. 40　　　　　　　C. 15　　　　　　D. 20

2-32　质量 $m = 1\text{kg}$ 的物体在恒力的作用下经历 4s，其速度从零增加到 $6\text{m}\cdot\text{s}^{-1}$。在此物体受合力_____N。

A. 1　　　　　　　B. 1.5　　　　　　C. 2　　　　　　　D. 2.5

2-33　质量为 $m = 4\text{kg}$ 的物体的运动初速度 $v_0 = 2\text{m}\cdot\text{s}^{-1}$，该物体受到 v_0 方向 3N 的力作用 2s 后的末速度为_____ $\text{m}\cdot\text{s}^{-1}$。

A. 2　　　　　　　B. 3.5　　　　　　C. 4　　　　　　　D. 5

2-34　质量为 3000kg 的大炮，射出质量为 20kg 的炮弹。若炮弹的出射速度为 $600\text{m}\cdot\text{s}^{-1}$，大炮的反冲速度为_____ $\text{m}\cdot\text{s}^{-1}$。

A. 4　　　　　　　B. 6　　　　　　　C. 12　　　　　　D. 15

2-35　8N 的力经历 2s 使物体在力的方向上产生位移 4m，力的功率为_____W。

A. 4　　　　　　　B. 18　　　　　　　C. 10　　　　　　D. 20

2-36　$F = 4x + 2(\text{N})$ 的力作用在物体上，沿力的方向产生位移 5m，力 F 对物体做功_____。

A. 30　　　　　　　B. 60　　　　　　　C. 110　　　　　　D. 150

2-37　质量为 3kg 的物体从高度 7.20m 处自由落下到地面时的速度_____ $\text{m}\cdot\text{s}^{-1}$。

A. 4　　　　　　　B. 6　　　　　　　C. 12　　　　　　D. 15

2-38　质量为 0.01kg 的子弹离开枪口的速度为 $800\text{m}\cdot\text{s}^{-1}$，若枪管长度为 1m，子弹在枪管内受火药平均推力为_____N。

A. 400　　　　　　B. 800　　　　　　C. 3200　　　　　D. 6400

2-39　$F = 2 + 2x(\text{N})$ 的力作用在质量 $m = 10\text{kg}$ 的物体上，若该物体的初位置和初速度均为零，该物体位于 $x = 3\text{m}$ 处时的速度为_____ $\text{m}\cdot\text{s}^{-1}$。

A. $\sqrt{3}$　　　　　B. 3　　　　　　　C. 0.8　　　　　　D. 1.5

2-40　下列说法中不正确的是_____。

A. 非保守力做功与路径有关

B. 保守力做功与路径无关

C. 保守力沿闭合回路所做功一定为零

D. 非保守力沿闭合回路所做功不一定为零

2-41　列说法中不正确的是_____。

A. 保守场一定是有势场　　　　B. 非保守场不一定是有势场

C. 非保守场一定是无势场　　　　D. 保守场一定不是无势场

2-42　质量为 10kg 的物体放在电梯地面上，当电梯以 5m·s^{-2} 的加速度上升时，物体对电梯地面的压力为_____N。

A. 50　　　　　　B. 100　　　　　　C. 150　　　　　　D. 200

计算题

2-43　如题 2-43 图所示，质量 $M = 5$kg，斜角 $\theta = 45°$ 的光滑斜面 A 放在粗糙的水平面上，质量 $m = 1$kg 的物体 B 沿斜面滑下。若下滑过程中 A 静止，A 对地面的作用力有几个，各为多大？

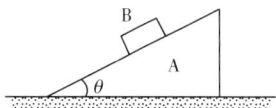

题 2-43 图

2-44　如题 2-44 图所示，光滑水平面上放置 3 个物体，质量分别为 $m_1 = 1$kg，$m_2 = 2$kg，$m_3 = 4$kg。

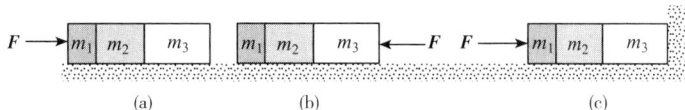

题 2-44 图

①如题图(a)，如果用 90N 的水平推力作用于 m_1 的左侧，m_2 和 m_3 的左侧各受力多大？

②如题图(b)，如果用同样大小的力作用在 m_3 的右侧，m_2 和 m_3 的左侧各受力多大？

③如题图(c)，受力情况同①，但 m_3 左侧固定，m_2 和 m_3 的左侧各受力多大？

2-45　如题 2-45 图所示，物体 m_1、m_2 与滑动轨道连接，力 $F = 4$N 作用在 m_1 上，若 $m_1 = 0.3$kg，$m_2 = 0.2$kg，两个物体所在平面光滑，滑轮质量与滑轮之间摩擦力忽略，求 m_2 的加速度及绳子对 m_2 的拉力。

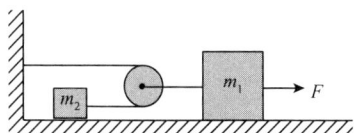

2-46　如题 2-46 图所示，不可伸长的轻绳跨过光滑定滑轮，两端分别挂重物 M 和 m，$M > m$。用手托住 M 使其静止，然后释放，求 m 的加速度及绳子的张力。

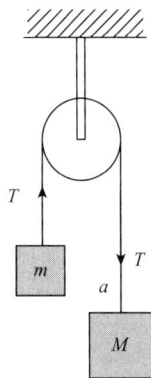

题 2-45 图　　　　　　　　　题 2-46 图

2-47 质量为 10kg 的物体沿 x 轴无摩擦运动，初位置 $x_0 = 0$，初速度 $v_0 = 0$，物体受 $F = 3 + 4t(N)$ 的力 3s。求该物体在 3s 末的速度和加速度。

2-48 质量为 M 的木块在光滑水平面上，质量为 m，速率为 v_0 的子弹水平射入木块后陷在木块内，与木块一起运动，求：①子弹陷入木块后，木块的速率和动量；②子弹陷入木块后，子弹的动量；③在此过程中子弹施与木块的冲量。

2-49 用棒打击质量为 0.3kg，速率为 $20m \cdot s^{-1}$ 的水平飞来的球，接触时间为 0.02s，飞到竖直上方 10m 的高度。求棒施与求的冲量与平均作用力。

2-50 质量为 4kg 的物体在水平光滑平面上以 $4m \cdot s^{-1}$ 的速度向右运动，另一个质量为 6kg 的物体以 $1.5m \cdot s^{-1}$ 的速度向左运动，二者碰撞后粘在一起，求二者的末速度及冲量。

2-51 铀原子核在一定条件下会自动发射 α 粒子。已知 α 粒子的质量为 $6.7 \times 10^{-27}kg$，剩余原子核质量为 $3.9 \times 10^{-25}kg$，如果射出的粒子的速率为 $2 \times 10^{7}m \cdot s^{-1}$，求剩余原子核的反冲速率。

2-52 $F = 50N$ 的力与水平方向成 60°，该力作用在 5.0kg 的物体上，使物体从静止沿水平方向运动 2.0s。求该段时间内物体的位移，力 F 所做的功和平均速率。

2-53 用恒力将 $m = 10kg$ 的物体提升 10m，并使其速度由 0 变为 $5m \cdot s^{-1}$，求在此过程中力 F 所做总功，平均功率，开始和结束时的瞬时功率。

2-54 地面下 5.0m 处面积为 $50m^2$ 的水池水深 1.5m。将该水池的水全部抽到地面需要多少功。若抽水机的功率为 35kW，效率为 80%，需要多长时间可以抽光？

2-55 如题 2-55 图所示，物体 A 和 B 用没有弹性的细绳相连，$m_A = m_B = 10g$，物体 B 与桌面的滑动摩擦系数 $\mu = 0.1$，分别用动能定理和牛顿第二定律求物体 B 由静止落下 10m 时的速度。

2-56 质量 $m = 50g$ 的石子从高出地面 $h = 20m$ 处以速度 $v_0 = 18m \cdot s^{-1}$ 向斜上方抛出，若石子落地速度为 $v_0 = 20m \cdot s^{-1}$，空气阻力做功多少？

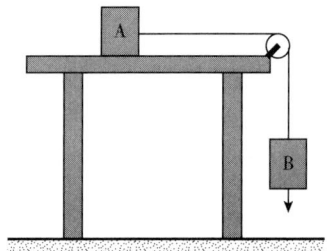

题 2-55 图

第 3 章

刚体定轴转动

在外力作用下不发生形变的物体称为**刚体**。刚体是一种理想化的模型，在自然界完全没有形变的物体是不存在的。一般情况下，只要物体的形变相对于所研究的问题可以忽略，该物体就可以被看成刚体。刚体的运动可分为平动和转动。本章主要讨论刚体转动的有关规律。

3.1 刚体定轴转动的运动学描述

3.1.1 刚体的平动与转动

如图 3-1(a)所示，在运动中，刚体内每一线段均保持其方向不变，该运动就称为**平动**。在平动中，刚体内所有质点的运动情况都相同，即刚体内所有质点的运动轨迹相同，在任何时刻都有相同的位移、速度和加速度。所以，刚体的平动可以简化成质点的运动。

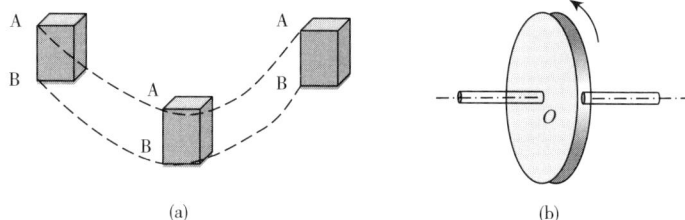

(a)   (b)

图 3-1　平动和转动

如图 3-1(b)所示，在运动中，刚体上各个质点都绕同一直线做圆周运动，该运动称为**转动**，该直线称为**转轴**。其中，转轴固定的转动称为**定轴转动**。机器轮子的转动，电风扇和电砂轮的转动都是定轴转动。

自然界许多运动都是平动与转动的合运动，例如：车轮的滚动，弧旋球的运动，运动员跳水的运动，钻头打孔的运动，飞机螺旋桨的运动等(图 3-2)。

3.1.2 描述刚体定轴转动的物理量

可以想见，做定轴转动时，刚体内每一个质点都在各自的平面内做圆周运动，该平面就是该质点的**转动平面**(图 3-3)。可以看出，转动平面垂直于转轴。

图 3-2 平动和转动的合运动

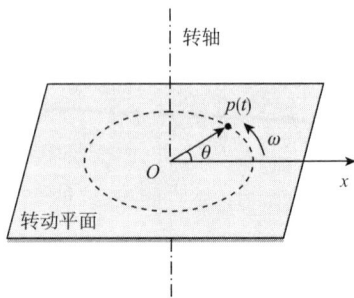

图 3-3 转动平面

做定轴转动时，刚体是一个整体，其上所有质点在任何时刻的角位移、角速度、角加速度都相同，由此可见：①用角量描述刚体的转动较为方便；②刚体上任何一点的转动都可以代表整个刚体的转动。

如图 3-3 所示，规定 Ox 轴正方向为起始位置，用角量描述刚体定轴转动的物理量有角位置 θ，角位移 $\Delta\theta = \theta_2 - \theta_1$，角速度

$$\omega = \frac{\mathrm{d}\theta}{\mathrm{d}t} \tag{3-1}$$

角加速度

$$\beta = \frac{\mathrm{d}\omega}{\mathrm{d}t} = \frac{\mathrm{d}^2\theta}{\mathrm{d}t^2} \tag{3-2}$$

在工程上常用转速 n 来描述刚体的转动，其单位是转·分钟$^{-1}$(r·min^{-1})，转速 n 与角速度 ω 的关系是

$$\omega = \frac{2\pi n}{60} \tag{3-3}$$

3.1.3 匀变速转动公式

角加速度 β 为常量的转动称为**匀变速转动**。用角量表示刚体匀变速定轴转动的运动方程分别为

$$\begin{cases} \theta = \theta_0 + \omega t \\ \omega = \omega_0 + \beta t \\ \theta = \theta_0 + \omega t + \dfrac{1}{2}\beta t^2 \\ \omega^2 = \omega_0^2 + 2\beta(\theta - \theta_0) \end{cases} \tag{3-4}$$

式中 θ、θ_0、ω、ω_0 和 β 分别表示刚体的角位置、初角位置、角速度、初角速度和角加速度。表 3-1 列出了常用的直线运动和刚体的定轴转动公式，可以看出，刚体匀变速定轴转动的运动公式与质点匀变速直线运动的公式数学表达完全相同。

表 3-1　常用的直线运动和刚体的定轴转动公式对照表

位置 x，位移 Δx		角位置 θ，角位移 $\Delta \theta$	
速度	$v = \dfrac{\mathrm{d}x}{\mathrm{d}t}$	角速度	$\omega = \dfrac{\mathrm{d}\theta}{\mathrm{d}t}$
加速度	$a = \dfrac{\mathrm{d}v}{\mathrm{d}t} = \dfrac{\mathrm{d}^2 x}{\mathrm{d}t^2}$	角加速度	$\beta = \dfrac{\mathrm{d}\omega}{\mathrm{d}t} = \dfrac{\mathrm{d}^2\theta}{\mathrm{d}t^2}$
匀速直线运动	$x = x_0 + vt$	匀速转动	$\theta = \theta_0 + \omega t$
匀变速直线运动	$x = x_0 + v_0 t + \dfrac{1}{2}at^2$ $v = v_0 + at$ $v^2 = v_0^2 + 2a(x - x_0)$	匀变速转动	$\theta = \theta_0 + \omega_0 t + \dfrac{1}{2}\beta t^2$ $\omega = \omega_0 + \beta t$ $\omega^2 = \omega_0^2 + 2\beta(\theta - \theta_0)$

3.2　刚体定轴转动的转动定律

上一节讨论了刚体定轴转动的运动学问题，这一节讨论刚体定轴转动的动力学问题。

3.2.1　力矩

由生活经验可知，要使静止的物体绕轴转动，必须给它一个作用力，而且要有适当的方向和作用点。例如，开关门窗时，如果作用力与转轴平行或通过转轴，无论用多大的力也不能将门窗打开或关闭。这就是说，力对刚体的作用效果，不仅与作用在刚体上的力的大小有关，而且与力的方向和作用点有关。为此，引入一个同时反映力的大小、方向、作用点的物理量——力矩。

如图 3-4(a)所示，刚体受到转动平面内外力 $\boldsymbol{F}$ 的作用，作用点为 P，转轴 O 到作用点的矢径为 $\boldsymbol{r}$，此力对转轴的力矩

$$\boldsymbol{M} = \boldsymbol{r} \times \boldsymbol{F} \tag{3-5}$$

力矩 $\boldsymbol{M}$ 是矢量，其大小

$$M = rF\sin\theta = Fd$$

式中 θ 为矢径 $\boldsymbol{r}$ 的正方向和外力 $\boldsymbol{F}$ 正方向的夹角，d 为力臂。力矩的方向由右手螺旋

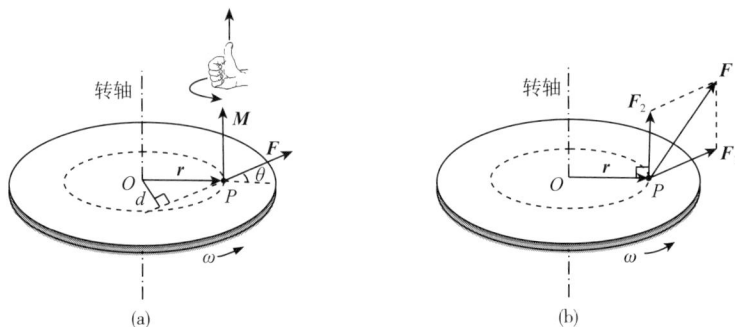

图 3-4　力矩

法则确定：如图 3-4(a)所示，用右手四指由矢径 r 正方向握向力 F 正方向成螺旋状，拇指所指的方向就是该力矩的方向。可以看出，力矩的方向与转轴的方向平行。由于定轴转动的转轴是固定的，力矩只能有正、负两个方向，所以，定轴转动的力矩可以用标量来表示。

如果外力不在点 P 的转动平面内，如图 3-4(b)所示，需要把 F 分解为与转动平面垂直的分力 F_2 和在转动平面内的分力 F_1。可以看出，只有转动平面内的分力 F_1 才能形成促使刚体定轴转动的力矩。为此，力 F 对于转轴的力矩

$$M = r \times F_1$$

其大小

$$M = rF_1\sin\theta = F_1 d$$

当有多个外力同时作用在刚体上时，合力矩等于各个分力矩的矢量和。即

$$M = \sum M_i$$

对于定轴转动，其力矩只有正负两个方向，定轴转动的合力矩等于各个分力矩的代数和，即

$$M = \sum M_i \tag{3-6}$$

在国际单位制中，力矩的单位是牛顿·米(N·m)。

3.2.2　转动惯量　转动定律

如前所述，力矩的作用能够引起刚体转动状态的改变。也就是说，力矩是改变刚体转动状态的原因，或者说是使得刚体产生角加速度的原因。对于同一个刚体定轴转动系统，作用在刚体上的力矩越大，所产生的角加速度也越大。实验结果表明，刚体的角加速度与作用在刚体上的合外力矩成正比。在图 3-5 所示的刚体绕定轴转动中，作用在刚体上的力矩 M 使刚体产生角加速度 β，且

$$M = J\beta \tag{3-7a}$$

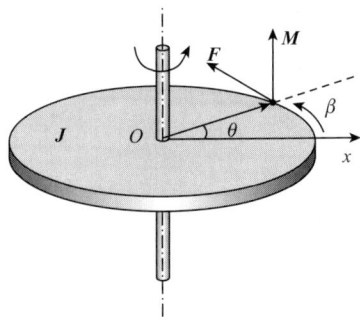

图 3-5　推导转动定律用图

或

$$\beta = \frac{M}{J} \tag{3-7b}$$

式中　J 是一个由刚体定轴转动系统本身性质决定的比例常数。由式(3-7b)可以看出，如果作用在刚体上的力矩不变，比例常数 J 越大，力矩产生的角加速度越小，说明改变刚体的运动状态越困难。换句话说，比例常数 J 越大，刚体保持其运动状态的惯性也越大。由此可见，比例常数 J 是反映刚体转动惯性大小的物理量，称为刚体的**转动惯量**。在国际单位制中转动惯量的单位是千克·米^2(kg·m^2)。

　　综上所述，在刚体的定轴转动中，刚体的角加速度与作用在刚体上的合外力矩成正比，与刚体的转动惯量成反比，这就是刚体定轴转动的**转动定律**。

　　需要注意的是，力矩的大小和转轴位置有关，刚体的转动惯量也与转轴位置有关。所以，转动定律中的三个物理量：力矩、转动惯量、角加速度必须对应于同一个转轴。否则，刚体定轴转动定律是没有意义的。

3.2.3　转动惯量的计算

　　(1)质点的转动惯量

　　如图3-6所示，质量为 m 的质点在力矩 M 作用下绕定轴 O 转动，产生角加速度 β，设质点绕定轴 O 的转动惯量为 J，由刚体定轴转动定律有

$$M = J\beta$$

　　设质点 m 到转轴的矢径为 r，考虑产生力矩 M 的作用力为 F，则

$$M = Fr \tag{3-8}$$

设质点由此产生的线加速度为 a，由牛顿第二定律有

$$F = ma$$

即

$$a = \frac{F}{m} \tag{3-9}$$

由圆周运动角量与线量的关系有

$$a = r\beta$$

即

$$\beta = \frac{a}{r}$$

　　把式(3-9)带入上式，得

$$\beta = \frac{F}{mr} \tag{3-10}$$

把式(3-8)和式(3-10)带入式(3-7)得

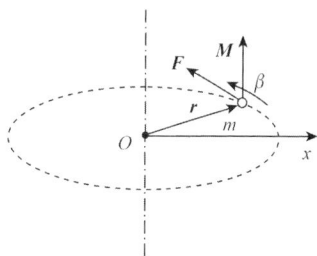

图 3-6　质点定轴转动惯量

$$Fr = J\frac{F}{mr}$$

整理得

$$J = r^2 m \tag{3-11}$$

这就是质点定轴转动的转动惯量。

（2）质点系的转动惯量

设质点系由质量分别为 m_1，m_2，$\cdots$，m_i，$\cdots$ 的质点组成，各个质点到共同转轴的距离分别是 r_1，r_2，$\cdots$，r_i，$\cdots$，各个质点对于共同转轴的转动惯量分别是

$$J_1 = r_1^2 m_1，\quad J_2 = r_2^2 m_2，\cdots，J_i^2 = r_i^2 m_i，\quad \cdots$$

质点系对于共同转轴的转动惯量

$$J = \sum J_i = \sum r_i^2 m_i \tag{3-12}$$

（3）质量连续分布的刚体的转动惯量

对于质量连续分布的刚体的转动惯量需要用积分来计算。如图 3-7 所示，在质量为 m 的刚体上取一个质量元 dm，设该质量元到转轴 O 的距离为 r，对于转轴 O 的转动惯量为

$$dJ = r^2 dm$$

整个刚体对于转轴 O 的转动惯量

$$J = \int_V dJ = \int_V r^2 dm \tag{3-13}$$

式中 V 表示积分空间。

【**例题 3-1**】 求质量为 m，长为 l 的均质细棒对下面三种转轴的转动惯量：①转轴位于棒的中垂线；②转轴通过棒的一端并与棒垂直；③转轴到棒中心距离为 h 并和棒垂直。

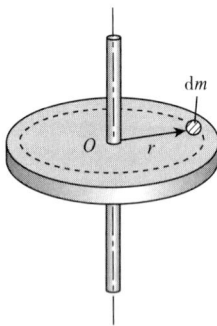

图 3-7 刚体转动惯量的计算   图 3-8 例题 3-1 图

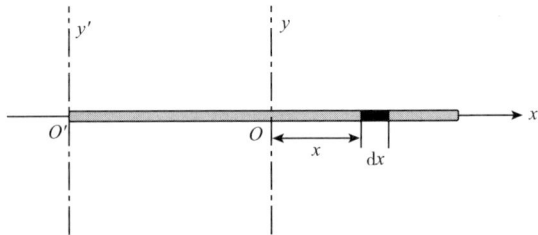

解：①转轴通过棒的中垂线。以细棒的中心 O 为坐标原点，取图 3-8 所示 Oxy 坐标系。在坐标 x 处取线元 dx，该线元的质量为 $dm = \lambda dx$，其中 $\lambda = \dfrac{m}{l}$ 表示细棒的线密度。设质量元 dm 到 y 轴的垂直距离为 x，细棒对 y 轴的转动惯量

$$J_0 = \int_{-\frac{l}{2}}^{\frac{l}{2}} x^2 dm = \lambda \int_{-\frac{l}{2}}^{\frac{l}{2}} x^2 dx = \frac{1}{12} ml^2$$

②转轴通过棒一端并和棒垂直。以细棒的一端 O' 为坐标原点，取图 3-8 所示 $O'xy'$ 坐标系。注意积分上下限为 $0 \sim l$，同法可得细棒对 y' 的转动惯量

$$J_1 = \int_0^l x^2 \mathrm{d}m = \lambda \int_0^l x^2 \mathrm{d}x = \frac{1}{3}ml^2$$

③转轴到棒中心距离为 h 并和棒垂直。注意积分上下限为 $\left(-\frac{l}{2}+h\right) \sim \left(\frac{l}{2}+h\right)$，同法可得

$$J = \int_{-\frac{l}{2}+h}^{\frac{l}{2}+h} x^2 \mathrm{d}m = \lambda \int_{-\frac{l}{2}+h}^{\frac{l}{2}+h} x^2 \mathrm{d}x = \frac{1}{12}ml^2 + mh^2$$

本题结果表明，刚体的转动惯量与转轴位置有关。同一刚体，转轴位于细棒中轴线的转动惯量小于转轴位于其他位置的转动惯量。由①和③可得刚体转轴位于任意位置的转动惯量

$$J = J_0 + mh^2$$

式中 J_0 为转轴位于细棒中垂线的转动惯量，h 为转轴到棒的中点的距离，这就是刚体转动惯量的**平行轴定理**。

【**例题 3-2**】 求质量为 m，半径为 R 的均质薄圆环和均质薄圆盘以其轴线为转轴的转动惯量。

解：①如图 3-9 所示，薄环的质量全部集中在半径为 R 的圆周上，所有质点到转轴的距离都等于环半径 R，由转动惯量的定义得

$$J = \int R^2 \mathrm{d}m = R^2 \int \mathrm{d}m = mR^2$$

②如图 3-10 所示，半径为 R 的均质薄圆盘的质量 m 均匀分布在整个圆盘上，圆盘的质量面密度

$$\sigma = \frac{m}{\pi R^2}$$

在圆盘上取一个半径为 r，宽度为 $\mathrm{d}r$ 的圆环，其面积

$$\mathrm{d}s = 2\pi r \mathrm{d}r$$

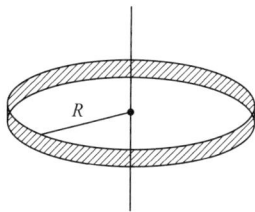

图 3-9　例题 3-2 图

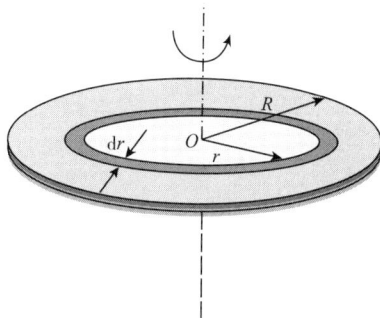

图 3-10　例题 3-2 图

该面积元的质量

$$\mathrm{d}m = \sigma \mathrm{d}s = 2\pi\sigma r \mathrm{d}r$$

薄圆盘的转动惯量

$$J = \int r^2 \mathrm{d}m = 2\pi\sigma \int_0^R r^3 \mathrm{d}r = \frac{1}{2}\pi\sigma R^4 = \frac{1}{2}mR^2$$

本题结果表明，刚体的转动惯量与质量分布有关。在质量、转轴位置都相同情况下，质量分布在边缘的刚体的转动惯量较大。

综上所述，影响刚体转动惯量的因素有：刚体的质量、质量分布、转轴位置。实际上，只有对几何形状简单、质量均匀分布的刚体，才能用积分法算出它们的转动惯量，对于形状复杂的刚体，通常要用实验的方法测定其转动惯量。表 3-2 列出几种常见刚体的转动惯量。

表 3-2　常见刚体的转动惯量

刚　　体	图　形	转动惯量
均质细棒 （质量 M，长为 L）转轴通过中心并与棒垂直	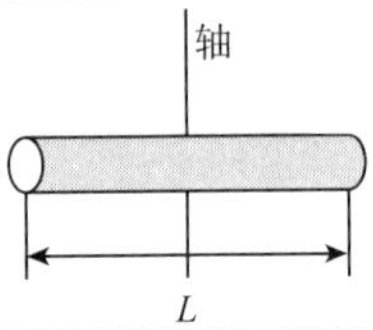	$J = \frac{1}{12}ML^2$
均质细棒 （质量 M，长为 L）转轴通过边缘并与棒垂直	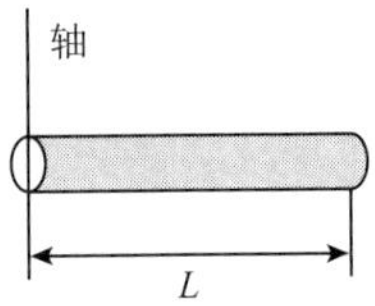	$J = \frac{1}{3}ML^2$
均质薄圆环 （质量 M，半径 R）转轴通过轴线	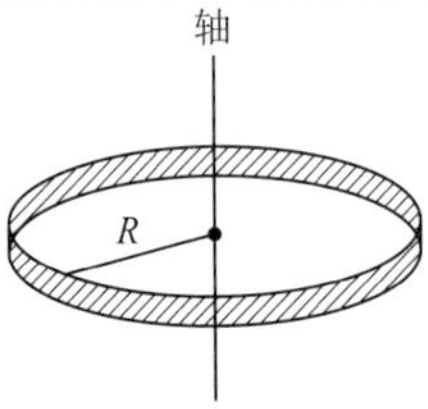	$J = MR^2$
均质薄圆盘 （质量 M，半径 R）转轴通过轴线	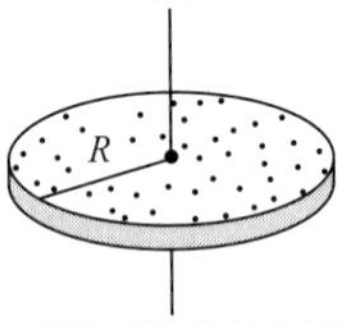	$J = \frac{1}{2}MR^2$
均质圆柱体 （质量 M，底面半径 R，高为 h）转轴通过轴线	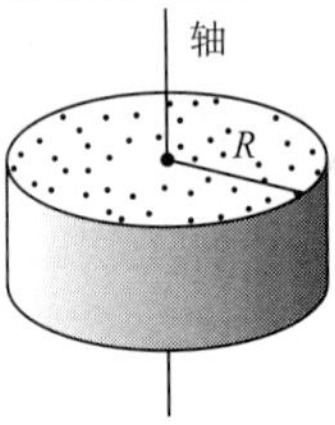	$J = \frac{1}{2}MR^2$
均质球体 （质量 M，球体半径 R）转轴通过球心	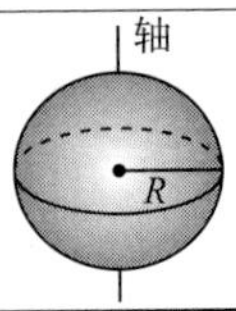	$J = \frac{2}{5}MR^2$

3.3　刚体定轴转动的动能定理

3.3.1　力矩的功与功率

（1）力矩的功

如前所述，质点在外力作用下沿力的方向发生位移时，力就会对质点做功；同样道理，刚体在外力矩的作用下绕定轴发生角位移时，力矩也会对刚体做功。

如图 3-11 所示，刚体在外力 $\boldsymbol{F}$ 作用下，经时间 $\mathrm{d}t$，绕固定转轴转过角位移 $\mathrm{d}\theta$，作用点 P 的弧长

$$\mathrm{d}s = r\mathrm{d}\theta$$

力 $\boldsymbol{F}$ 在该段位移上所做的功

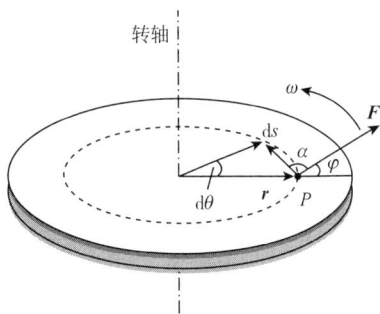

图 3-11　力矩的功

$$\mathrm{d}A = F\cos\alpha\mathrm{d}s = Fr\cos\alpha\mathrm{d}\theta \tag{3-14}$$

式中 α 为 $\mathrm{d}s$ 正方向与力 $\boldsymbol{F}$ 的正方向之间的夹角。设 $\boldsymbol{r}$ 正方向与 $\boldsymbol{F}$ 的正方向之间的夹角为 φ，则

$$\alpha + \varphi = \frac{\pi}{2}$$

所以 $\cos\alpha = \sin\varphi$，代入式（3-14）有

$$\mathrm{d}A = Fr\sin\varphi\mathrm{d}\theta = M\mathrm{d}\theta \tag{3-15}$$

式中 M 为力 $\boldsymbol{F}$ 对转轴 O 的力矩。式（3-15）表明，在刚体的定轴转动中，外力对刚体所做的功等于力矩 M 和角位移 $\mathrm{d}\theta$ 的乘积。由此可见，功是力矩对于空间的积累效应。

由式（3-15）可得，刚体在恒力矩 M 作用下转过角位移 $\Delta\theta$ 时，力矩做功

$$A = M\Delta\theta$$

刚体在变力矩 M 作用下由 θ_1 转到 θ_2 时，力矩做功

$$A = \int_{\theta_1}^{\theta_2} M\mathrm{d}\theta \tag{3-16}$$

若刚体同时受到几个力矩的作用，式中 M 为刚体受到的合外力矩。

（2）力矩的功率

在许多情况下，我们不仅需要知道力矩做功的多少，还需要知道力矩做功的快慢，为此，需要引入力矩功率的概念。定义力矩在单位时间内所做的功为**力矩的功率**。设力矩在 Δt 时间内所做的功为 ΔA，则力矩在该段时间内的平均功率

$$\overline{N} = \frac{\Delta A}{\Delta t}$$

瞬时功率

$$N = \lim_{\Delta t \to 0} \frac{\Delta A}{\Delta t} = \frac{\mathrm{d}A}{\mathrm{d}t}$$

考虑

$$\mathrm{d}A = M\mathrm{d}\theta$$

则

$$N = \frac{M\mathrm{d}\theta}{\mathrm{d}t} = M\frac{\mathrm{d}\theta}{\mathrm{d}t} = M\omega$$

3.3.2　刚体定轴转动中的动能定理

如前所述，力矩 M 作用在刚体上产生角位移 $\mathrm{d}\theta$ 时，做功

$$\mathrm{d}A = M\mathrm{d}\theta$$

考虑刚体的转动定律

$$M = J\beta = J\frac{\mathrm{d}\omega}{\mathrm{d}t}$$

则

$$\mathrm{d}A = M\mathrm{d}\theta = J\frac{\mathrm{d}\omega}{\mathrm{d}t}\mathrm{d}\theta = J\frac{\mathrm{d}\theta}{\mathrm{d}t}\mathrm{d}\omega = J\omega\mathrm{d}\omega$$

刚体由 θ_1 转到 θ_2，力矩 M 做功

$$A = \int_{\theta_1}^{\theta_2} M\mathrm{d}\theta = \int_{\omega_1}^{\omega_2} J\omega\mathrm{d}\omega = \frac{1}{2}J\omega_2^2 - \frac{1}{2}J\omega_1^2$$

式中 ω_1 和 ω_2 分别为刚体的初角速度和末角速度。定义 $\frac{1}{2}J\omega^2$ 为刚体绕定轴转动的转动动能并表示为

$$E_{k_2} = \frac{1}{2}J\omega_2^2, \ E_{k_1} = \frac{1}{2}J\omega_1^2$$

则

$$A = E_{k_2} - E_{k_1} \tag{3-17}$$

式(3-17)表明，在定轴转动中，合外力矩对刚体所做的功等于刚体转动动能的增量，这就是刚体定轴转动的**动能定理**。

【例题 3-3】　一根质量为 m，长为 l 的均匀细棒(图 3-12)可绕过其一端的光滑水平轴在竖直平面内转动，如果让棒自水平位置自由释放，求：①棒在水平位置开始转动时的角加速度；②棒转到竖直位置时的角速度和角加速度。

解：细棒所受重力 $m\boldsymbol{g}$，作用在棒的中点 C，竖直向下；轴与棒之间光滑衔接，无摩擦力，轴对棒的支持力 $\boldsymbol{N}$ 不做功。

①棒在水平位置时，所受重力矩

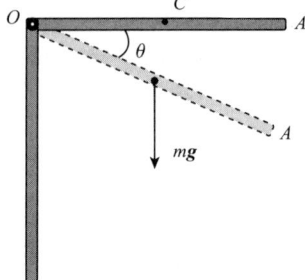

图 3-12　例题 3-3 图

$$M = mg\frac{l}{2}$$

棒的转动惯量

$$J = \frac{1}{3}ml^2$$

由转动定律 $M = J\beta$，得

$$\beta = \frac{M}{J} = \frac{mg\frac{l}{2}}{\frac{1}{3}ml^2} = \frac{3g}{2l}$$

②当细棒从水平位置转动到竖直位置时，细棒重心降低高度 $\frac{l}{2}$，重力做功等于重力势能的减少，即

$$A = mg\frac{l}{2}$$

设细棒转动到竖直位置时角速度为 ω，考虑细棒在水平位置的角速度为 0，由刚体定轴转动的动能定理

$$mg\frac{l}{2} = \frac{1}{2}J\omega^2 - 0$$

解得

$$\omega = \sqrt{\frac{mgl}{J}} = \sqrt{\frac{3g}{l}}$$

在竖直位置时，细棒所受重力矩为零，由转动定律可知此时瞬时角加速度为零。

3.4 刚体定轴转动的角动量守恒定律

角动量是描述刚定轴转动的重要物理量，本节在引进角动量概念的基础上，讨论质点与质点系的角动量定理和角动量守恒定律。

3.4.1 刚体定轴转动的角动量定理

角动量与动量、能量的概念一样，是物理学中重要的基本概念。大到天体，小到电子、质子等，对它们的运动描述和研究都经常用到角动量的概念。

（1）刚体定轴转动的角动量

在质点动力学一章，讨论了动量的概念，动量是描述物体运动量大小和方向的物理量，在本章也有一个如何描述刚体定轴转动的运动量大小和方向的问题，为此，需要引入角动量的概念。定义刚体定轴转动的转动惯量与其角速度的乘积为**角动量**，转动惯量为 J 的刚体以角速度 ω 转动时的角动量

$$L = J\omega \tag{3-18}$$

角动量是矢量，其方向与角速度 ω 的方向一致。在定轴转动中，角动量的方向只有正和负两个方向，定轴转动的角动量可以记成标量。

【例题 3-4】　质量为 m 的质点，以线速度 v 绕定轴转动，旋转半径为 r，求该质点绕定轴转动的角动量。

解： 由题可知，质点的转动惯量

$$J = r^2 m$$

角动量

$$L = J\omega = r^2 m\omega$$

式中 ω 为质点绕定轴转动的角速度，考虑角量与线量的关系

$$v = r\omega$$

即

$$\omega = \frac{v}{r}$$

则

$$L = r^2 m \frac{v}{r} = rmv$$

其中，mv 是质点的动量。由此可知，质点的角动量等于其动量与绕行半径的乘积。为此，质点或刚体的角动量也称为**动量矩**。

（2）刚体定轴转动的冲量矩

如上所述，力矩是改变刚体转动状态的原因。力矩对刚体的作用效果不仅与力矩的大小有关，还和作用持续时间长短有关。力矩越大，作用时间越长，对刚体运动状态的影响也越大。为此，有必要引入一个描述力矩对时间累积效应的物理量——**冲量矩**。定义力矩与作用时间的乘积为冲量矩，力矩 M 对刚体作用持续时间 $\mathrm{d}t$ 形成的冲量矩

$$\mathrm{d}I = M\mathrm{d}t \tag{3-19}$$

恒力矩作用持续时间 Δt 产生的冲量矩

$$I = M\Delta t$$

（3）刚体定轴转动的角动量定理

设合外力矩 M 作用在转动惯量为 J 的定轴转动的刚体上产生角加速度 β。由刚体定轴转动的转动定律可得

$$M = J\beta = J\frac{\mathrm{d}\omega}{\mathrm{d}t}$$

则

$$M\mathrm{d}t = J\mathrm{d}\omega$$

刚体所受合外力冲量矩

$$I = \int_{t_1}^{t_2} M\mathrm{d}t = J\int_{t_1}^{t_2}\mathrm{d}\omega = J\omega_2 - J\omega_1 = L_2 - L_1 \tag{3-20}$$

式（3-20）表明，刚体转动所受合外力矩的冲量矩等于在该段时间内角动量的增量，这就是**角动量定理**。

3.4.2　刚体定轴转动的角动量守恒定律

在式(3-20)中，当合外力矩

$$M = 0$$

冲量矩

$$I = \int_{t_1}^{t_2} M \mathrm{d}t = \int_{L_1}^{L_2} \mathrm{d}L = L_2 - L_1 = 0$$

由角动量定理有

$$J\omega_2 - J\omega_1 = 0 \tag{3-21}$$

即

$$J\omega_2 = J\omega_1 = 恒量 \tag{3-22}$$

或

$$J\omega = 恒量$$

上式表明，如果刚体所受合外力矩为零，该刚体对转轴的角动量不变。这就是刚体定轴转动的**角动量守恒定律**。角动量守恒定律是自然界的普遍规律，虽然该定律是在刚体定轴转动的条件下推出的，但在非刚体和非定轴的情况下也是成立的。

对于刚体，转轴固定后，转动惯量不变，若刚体所受合外力矩为零，则刚体的角速度不变。对于非刚体，如果物体转动惯量改变，角速度也随之改变，但乘积 $J\omega$ 不变。当物体的转动惯量 J 增大，角速度 ω 随之减小；反之亦然。例如，舞蹈演员、滑冰运动员在绕通过其重心的铅直轴旋转时，可以通过伸展和收拢手脚的动作来调节旋转的角速度，手脚伸开时，转动惯量增大，角速度减小；手脚收拢时，转动惯量减小，角速度增大。

角动量守恒定律，动量守恒定律以及能量守恒定律，是自然界的三条基本定律，不论对宏观、低速运动还是微观、高速运动都是普遍成立的。

【例题 3-5】　一根长 l，质量为 M 的均质细棒(图 3-13)，其一端挂在水平光滑轴上并静止在竖直位置，现有一颗子弹，质量为 m，以水平速度 v_0 射入细棒的下端并留在细棒内。求棒和子弹共同运动的角速度 ω。

解：由于从子弹射入细棒到一起运动所经过的时间极短，在这一过程细棒的位置基本不变。因此，对于木棒和子弹组成的系统，所受外力(重力和轴的支持力)对于轴 O 的力矩都是零。这样，系统对轴 O 的角动量守恒。

在子弹射入细棒之前，子弹对轴 O 的角动量为 $L_0 = mv_0 l$，由于细棒静止不动，所以整个系统的角动量也是 L_0；在子弹射入细棒内，子弹与细棒共同运动的角速度为 ω，则子弹运动的速度为 $v = \omega l$。由角动量守恒定律

$$mlv_0 = mlv + \frac{1}{3}Ml^2 \omega$$

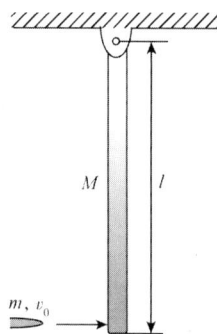

图 3-13　例题 3-5 图

得

$$\omega = \frac{3m}{3m+M}\frac{v_0}{l}$$

本章摘要

在外力作用下不发生形变的物体称为刚体。

1. 刚体定轴转动的运动学描述

（1）刚体的转动

在运动中，刚体上各个质点都绕同一直线做圆周运动，该运动称为转动，该直线称为转轴。转轴固定的转动称为定轴转动。

（2）描述刚体定轴转动的物理量

做定轴转动时，刚体质点都在各自的平面内做圆周运动，该平面就是该质点的转动平面，转动平面垂直于转轴。

用角量描述刚体定轴转动的物理量有角位置 θ，角位移 $\Delta\theta = \theta_2 - \theta_1$，角速度

$$\omega = \frac{\mathrm{d}\theta}{\mathrm{d}t}$$

角加速度

$$\beta = \frac{\mathrm{d}\omega}{\mathrm{d}t} = \frac{\mathrm{d}^2\theta}{\mathrm{d}t^2}$$

在工程上常用转速 n 来描述刚体的转动，转速 n 与角速度 ω 的关系是

$$\omega = \frac{2\pi n}{60}$$

（3）匀变速转动公式

角加速度 β 为常量的转动称为匀变速转动。刚体匀变速定轴转动的运动公式与质点匀变速定直线动的运动公式的数学表达完全相同。

2. 刚体定轴转动的转动定律

（1）力矩

刚体受到转动平面内外力 $\boldsymbol{F}$ 的作用，转轴 O 到作用点的矢径为 $\boldsymbol{r}$，此力对转轴的力矩

$$\boldsymbol{M} = \boldsymbol{r} \times \boldsymbol{F}$$

其大小

$$M = rF\sin\theta = Fd$$

力矩的方向由右手螺旋法则确定。

（2）转动定律

反映刚体转动惯性大小的物理量称为刚体的转动惯量。在刚体的定轴转动中，刚体的角加速度与作用在刚体上的合外力矩成正比，与刚体的转动惯量成反比，这就是刚体定轴转动的转动定律，即

$$M = J\beta$$

转动定律中的三个物理量：力矩、转动惯量、角加速度必须对应于同一个转轴。

（3）转动惯量的计算

①质点的转动惯量

$$J = r^2 m$$

②质点系的转动惯量

$$J = \sum J_i = \sum r_i^2 m_i$$

③质量连续分布的刚体的转动惯量

$$J = \int_V \mathrm{d}J = \int_V r^2 \mathrm{d}m$$

影响刚体转动惯量的因素：刚体的质量、质量分布、转轴位置。

3. 刚体定轴转动的动能定理

（1）力矩的功与功率

刚体在常力矩 M 作用下转过角位移 $\Delta\theta$ 时力矩做功

$$A = M\Delta\theta$$

刚体在变力矩 M 作用下由 θ_1 转到 θ_2 时力矩做功

$$A = \int_{\theta_1}^{\theta_2} M\mathrm{d}\theta$$

若刚体同时受到几个力矩的作用，式中 M 为刚体受到的合外力矩。

力矩在单位时间内所做的功为力矩的功率。设力矩在 Δt 时间内所做的功为 ΔA，则力矩在该段时间内的平均功率

$$\overline{N} = \frac{\Delta A}{\Delta t}$$

瞬时功率

$$N = \frac{M\mathrm{d}\theta}{\mathrm{d}t} = M\frac{\mathrm{d}\theta}{\mathrm{d}t} = M\omega$$

（2）刚体定轴转动中的动能定理

在定轴转动中，合外力矩对刚体所做的功等于刚体转动动能的增量，即

$$A = \int_{\theta_1}^{\theta_2} M\mathrm{d}\theta = \int_{\omega_1}^{\omega_2} J\omega\mathrm{d}\omega = \frac{1}{2}J\omega_2^2 - \frac{1}{2}J\omega_1^2 = E_{k_2} - E_{k_1}$$

4. 刚体定轴转动的角动量守恒定律

（1）刚体定轴转动的角动量定理

刚体定轴转动的转动惯量与其角速度的乘积为角动量，转动惯量为 J 的刚体以角速度 ω 转动时的角动量

$$L = J\omega$$

力矩与作用时间的乘积为其冲量矩，恒力矩作用持续时间 Δt 产生的冲量矩

$$I = M\Delta t$$

刚体定轴转动的角动量定理可表示为

$$I = \int_{t_1}^{t_2} M\mathrm{d}t = J\int_{t_1}^{t_2}\mathrm{d}\omega = J\omega_2 - J\omega_1 = L_2 - L_1$$

（2）刚体定轴转动的角动量守恒定律

如果刚体不受外力矩作用或所受合外力矩为零，该物体对转轴的角动量不变，即

$$J\omega_2 = J\omega_1 = 恒量$$

习　题

填空题

3-1　飞轮定轴转动的运动方程为 $\theta = at + bt^3 - ct^4$，式中 a、b、c 都是常数。则它的角速度为_____，角加速度为_____。

3-2　设发动机飞轮的角速度在 12s 内由 1200r·min^{-1} 均匀地增加到 3000r·min^{-1}，则发动机的角加速度为_____，在这段时间内飞轮转过的圈数是_____。

3-3　刚体转动惯量的大小不仅与_____有关，而且还与_____和_____有关。

3-4　有两个同样大小的轮子，质量相同，其中 A 轮子的质量均匀分布，B 轮子的质量主要集中在轮缘，比较两轮对其中心轴的转动惯量_____。

3-5　质量为 m，底面半径为 R，高为 h 的均质圆柱体，对其中心轴的转动惯量为_____。

3-6　刚体的转动惯量是表示刚体_____大小的物理量。

3-7　假定时钟的指针是质量均匀的矩形薄片。分针长而细，时针短而粗，两者具有相同的质量。比较时针和分针的转动惯量_____，转动动能_____。

3-8　在自由旋转的水平圆盘中心上，站着一质量为 m 的人。圆盘的半径为 R，转动惯量为 J，角速度为 ω，如果这人从盘心走向盘边，则圆盘转动的角速度将_____，系统的动能将_____。（填增大、减小或保持不变）

3-9　一刚体定轴转动的运动方程为 $\theta = 20\sin 20t$，对某轴的转动惯量为 100kg·m^2，则在 $t=0$ 时，转动动能为_____。

3-10　单杠运动员做大回环动作，其质量 $m = 60$kg，身高 $h = 1.5$m，当他运动至重心位置最低时，角速度 $\omega = \sqrt{40}$rad·s^{-1}，则此时的转动动能约为_____。$\left(J = \dfrac{1}{3}mh^2\right)$

3-11　一均质圆盘状飞轮质量为 20kg，半径为 30cm，当它以 60r·min^{-1} 的速率旋转时，其动能为_____。

3-12　一人站在转动的转台上，在他伸出的两手中各握有一个重物，若此人向着胸部缩回他的双手及重物，忽略所有摩擦，则系统的转动惯量_____，系统的转动角速度_____，系统的角动量_____，系统的转动动能_____。（填增大、减小或保持不变）

3-13　质量为 m，半径为 R 的均质圆盘，通过其中心轴旋转，旋转的角速度为 ω，则转动惯量为_____，角动量为_____，转动动能为_____。

3-14　一飞轮以角速度 ω_1 绕轴旋转，飞轮对轴的转动惯量为 J_1；另一静止飞轮突然被啮合到同一轴上，该飞轮对转动轴的转动惯量为前者的 2 倍，则啮合后角速度

为 _____ 。

选择题

3-15　下列叙述中正确的是(　　)

A. 刚体受力作用必有力矩

B. 刚体受力越大，刚体受到的力矩越大

C. 刚体绕定轴的转动定律表述了作用于刚体的合外力矩与角加速度的瞬时关系

D. 在转动定律 $M = J\beta$ 中，力矩 M，转动惯量 J 和角加速度 β 对不同的转轴也成立

3-16　力 $F = 3i + 5j\,(\mathrm{N})$，其作用点的矢径为 $r = 4i - 3j\,(\mathrm{m})$，则该力对坐标原点的力矩大小为(　　)

A. $-3\mathrm{N \cdot m}$　　　B. $29\mathrm{N \cdot m}$　　　C. $19\mathrm{N \cdot m}$　　　D. $3\mathrm{N \cdot m}$

3-17　半径相同的两均质圆环 A、B，质量分别为 m_A、m_B，且 $m_A > m_B$，比较它们转动惯量 J_A 和 J_B，有(　　)

A. $J_A > J_B$　　　　B. $J_A = J_B$　　　　C. $J_A < J_B$　　　D. 条件不足，无法确定

3-18　关于刚体对轴的转动惯量，下列说法正确的是(　　)

A. 只取决于刚体的质量，与质量的空间分布和轴的位置无关

B. 取决于刚体的质量和质量的空间分布，与轴的位置无关

C. 取决于刚体的质量、质量的空间分布和轴的位置

D. 只取决于转轴的位置，与刚体的质量和质量的空间分布无关

3-19　两个质量和长度都相同的细棒 A、B 可分别绕通过中点 O 和左端点 O' 竖直轴转动，设它们在右端都受到一个水平力 F 作用，则它们绕各自转轴的角加速度 β_A 和 β_B 的大小为(　　)

A. $\beta_A > \beta_B$　　　　B. $\beta_A = \beta_B$　　　　C. $\beta_A < \beta_B$　　　D. 不能确定

3-20　下列说法正确的是(　　)

A. 在一般建筑中开关门窗，门窗的运动是平动

B. 刚体绕定轴匀速转动时，其线速度不变

C. 刚体定轴转动时，各质点均绕该轴做圆周运动

D. 力对轴的力矩的方向与轴垂直

3-21　均匀细棒 OA 可绕通过其一端 O 而与棒垂直的水平固定光滑轴转动。今使棒从水平位置由静止开始自由下落，在棒摆到竖直位置的过程中，下列说法正确的(　　)

A. 角速度从小到大，角加速度不变

B. 角速度从小到大，角加速度从小到大

C. 角速度从小到大，角加速度从大到小

D. 角速度不变，角加速度为零

3-22　一人张开双臂手握哑铃坐在转椅上，让转椅转动起来，若此后无外力作用，则当此人收回双臂时，人和转椅这一系统的(　　)。

A. 转速加大，转动动能不变　　　　B. 角动量增大

C. 转速和转动动能都增大　　　　　　D. 角动量减小

3-23　人造地球卫星，绕地球作椭圆轨道运动，地球在椭圆的一个焦点上，则卫星（　　）。

A. 动量不守恒，动能守恒　　　　　　B. 动量守恒，动能不守恒

C. 对地球的角动量守恒，动能不守恒　D. 对地球的角动量不守恒，动能守恒

3-24　下列关于角动量守恒的理解，说法正确的是（　　）

A. 始末两状态的角动量相同，表明角动量守恒

B. 角动量守恒时，始末状态的角速度必相同

C. 要使刚体的角动量守恒，其转动惯量必然保持恒定

D. 刚体所受合外力矩为零，其角动量守恒

计算题

3-25　一个飞轮绕固定轴转动，其运动方程为 $\theta = 2t + 6t^2 - t^4$，求：①飞轮的角加速度；②与轴垂直距离为 10cm 处质点的切向加速度。

3-26　一飞轮以转速 $n = 1500 \text{r} \cdot \text{min}^{-1}$ 转动，受到制动后均匀地减速，经 $t = 50\text{s}$ 后静止。①求角加速度 β 和制动开始到静止，飞轮转过的圈数 N；②求制动开始后 $t = 25\text{s}$ 时飞轮的角速度 ω。

3-27　一燃气轮机加大油门，经过 t 秒时间，涡轮的转速由 $2800\text{r} \cdot \text{min}^{-1}$ 增大到 $11200\text{r} \cdot \text{min}^{-1}$。已知燃气作用在涡轮上的力矩为 $2028.6\text{N} \cdot \text{m}$，涡轮的转动惯量为 $25\text{kg} \cdot \text{m}^2$，求时间 t 为多少？

3-28　电动机带动一个转动惯量为 $J = 50\text{kg} \cdot \text{m}^2$ 的物体作定轴转动，在 0.5s 内由静止开始最后达到转速 $n = 120\text{r} \cdot \text{min}^{-1}$。假定在这一过程中转速是均匀增加的，求电动机对转动物体作用的力矩。

3-29　某冲床上飞轮的转动惯量为 $4.00 \times 10^3 \text{kg} \cdot \text{m}^2$，当转速达到 $30\text{r} \cdot \text{min}^{-1}$ 时，它的转动动能是多少？每冲一次，其转速降到 $10\text{r} \cdot \text{min}^{-1}$，求每冲一次，飞轮对外所做的功。

3-30　一轻绳绕于半径 $r = 0.2\text{m}$ 的飞轮边缘，现以恒力 $F = 98\text{N}$ 拉绳的一端，使飞轮由静止开始加速转动，如题 3-30 图所示，已知飞轮的转动惯量 $J = 0.5\text{kg} \cdot \text{m}^2$，飞轮与轴承之间的摩擦不计，求：①飞轮的角加速度；②绳子拉下 5m 时，飞轮获得的动能；③动能和拉力 F 所做的功是否相等，为什么？

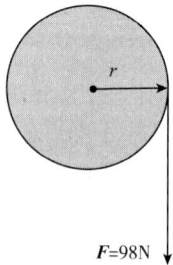

$F = 98\text{N}$

题 3-30 用图

3-31　有一个均匀薄圆盘，质量为 m，半径为 R，可绕过盘中心的光滑竖直轴在水平桌面上转动。圆盘与桌面间的滑动摩擦系数为 μ，若用外力推动它使其角速度达到 ω_0 时，撤去外力，圆盘继续转动一段时间后静止。求：上述过程中摩擦力矩所做的功。

3-32　在自由转动的水平圆盘上，站着一个质量为 m 的人，圆盘的半径为 R，转动惯量为 J，角速度为 ω，如果这人由盘边走到盘心，求角速度的变化及此系统动能的变化。

3-33 两名花样滑冰运动员，质量都是 50kg，沿着两条平行直线各以 $20\text{m}\cdot\text{s}^{-1}$ 的速率相向而行，两人轨道间的距离为 0.4m，相遇后两人扣在一起旋转，二人系统对其质心的转动惯量为 $1.5\text{kg}\cdot\text{m}^2$。求：①两人一起转动的角速度；②相遇过程中机械能的损失。

3-34 哈雷彗星绕太阳运动的轨道是一个椭圆，它离太阳最近距离为 $r_1 = 8.75 \times 10^{10}\text{m}$ 时的速率是 $v_1 = 5.46 \times 10^4\text{m}\cdot\text{s}^{-1}$，它离太阳最远时的速率是 $v_2 = 9.08 \times 10^2\text{m}\cdot\text{s}^{-1}$，这时它离太阳的距离 r_2 是多少？

第 4 章

流体力学

没有固定形状，能够流动的物质称为**流体**。研究流体运动规律的一门科学称为**流体力学**，其中，对静止流体的研究称为**流体静力学**，对运动流体的研究称为**流体动力学**。本章主要讨论运动流体的有关规律。

我们研究流体的运动并不追究流体中每个粒子的运动情况，而是把整个流体作为一个连续介质，从宏观的角度研究其整体的运动，然后用牛顿运动定律得到流体运动的基本规律。

4.1 理想流体的稳定流动 连续性方程

4.1.1 理想流体的稳定流动

4.1.1.1 理想流体

在压力作用下，流体的体积会发生变化，流体的这种性质叫做可压缩性。气体与液体的区别在于气体非常容易被压缩，而液体几乎不能被压缩。例如，常压气体的压强增加一个大气压时，体积缩小到原来的 50% 左右。而当水的压强增加一个大气压时，体积的缩小仅有两万分之一。流体的另一性质是黏滞性。例如，流体在管中流动时，管中心处流速最大，越靠近管壁流速越小，这时速度不同的各层流体之间存在沿分界面切向的摩擦力。这种流体内部的摩擦力称为内摩擦力或黏滞力，流体的这种性质称为黏滞性。显然，流体的黏滞性只是在流体做相对运动时才表现出来。在流体中液体的黏滞性大而气体的黏滞性小。流体的上述性质导致流体运动的复杂化，为了使问题简化，我们设想存在一种不可压缩和没有黏滞性的流体，称为**理想流体**。事实上，这种流体是不存在的，但在一定条件下很多流体可以近似地看成理想流体。例如，纯水是很难被压缩的，黏滞性也很小，在一般情况下就可以看成理想流体。再比如，空气的黏滞性很小，当它以刮风的形式在地球表面流动时，内部压强变化很小，由压强差引起的空气密度变化也很小，此时，就可以把空气近似看成理想流体。

4.1.1.2 稳定流动

通常情况下流体流经空间各点的速度是随位置和时间变化的。如图 4-1(a)所示，在装有渐缩泄水管的水箱中，箱内水位随着水的泄出而降低，泄水管中 A、B 两点的水流速度不同，A 点本身或 B 点本身的流速也是随时间而异，越来越小。而如图 4-1(b)的情况，水箱内的水位可以保持不变，则虽然 A、B 两点的流速不同，但 A 点本身或 B 点本身的流速是不随时间变化的。流体质点流经空间各点的速度不随时间变化的流动叫做**稳定流动**，水在植物导管中的流动，水缓慢地流过堤坝的流动都可以近似看成稳定流动。

4.1.1.3 流线和流管

在中学电磁学中，我们曾用电场线和磁感应线来形象地描述电场和磁场的空间分布。在流体力学中，也可以用**流线**来形象地描述某一时刻流场中流体质点的流动情况。流线是某一时刻流场中流体质点的流动方向线(图 4-2)，流线上任一点的切线方向表示流体流经该处时的速度方向，而流线的疏密程度，则表示流体流经该处时的流速大小。在实验室中常把铝粉掺入到流体中，让它们随着流体一起运动，并把铝粉的运动拍成照片。对应于每颗铝粉，照片上将出现一道短线，这些短线表示了它们所在位置流体质点的运动方向。根据这种照片，就能画出流线。图 4-3 为理想流体流过几种障碍物时的流线。稳定流动的流体流经空间各点的流速不随时间变化，因而其流线形状也不随时间变化。由于在同一时刻，空间一点的流体只能有一个流速，所以各流线也不可能相交。

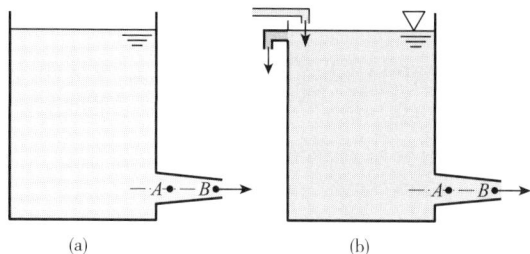

图 4-1　稳定流动　　图 4-2　流线

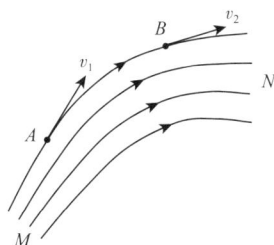

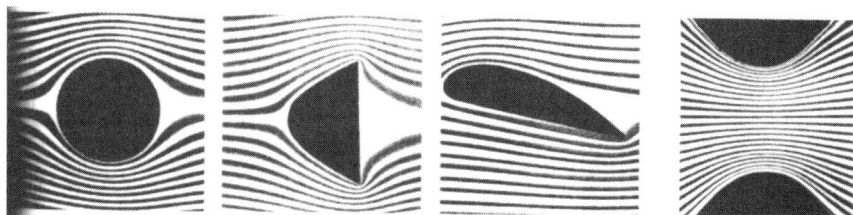

图 4-3　几种障碍物周围的流线

如图 4-4 所示，在流体的流场中取一个闭合曲线 l，连续过曲线 l 上每一点做流线，则该流线族构成一个管状区域，称为**流管**。因为流管是由流线构成的，所以流管上各点的流速都在其切线方向，不能穿过流管表面，所以不会有流体从流管的侧壁流出或流入，即流管内外的流体不会相混。

4.1.2 连续性方程

如图 4-5 所示，理想流体在流管内稳定流动，在该流管上分别取两个与流管垂直的截面 S_1、S_2，流过 S_1、S_2 的流体流速分别为 v_1、v_2，在 Δt 时间内流过这两个截面的流体体积分别为 $S_1 v_1 \Delta t$、$S_2 v_2 \Delta t$。理想流体是不可压缩的，所以流过这两个截面的流体体积必然相等，即

$$S_1 v_1 \Delta t = S_2 v_2 \Delta t$$

则

$$S_1 v_1 = S_2 v_2 = 恒量 \tag{4-1}$$

或

$$\frac{v_1}{v_2} = \frac{S_2}{S_1} \tag{4-2}$$

上式表明，理想流体在同一流管中稳定流动时流速与流管的截面积成反比，这个关系就是理想流体的**连续性方程**。

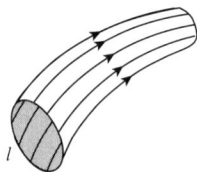

图 4-4 流管

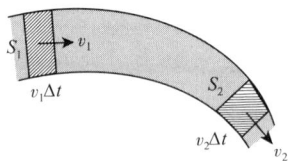

图 4-5 流速与流管截面的关系

连续性方程可以帮助我们理解动物和人的体循环等生理过程。血液从左心房射出后，经动脉、毛细血管和静脉回到右心房。毛细血管分支很多，总截面积要比主动脉的截面积大得多，所以毛细管虽然很细，但其中血液流速要比主动脉慢数百倍。

4.2 伯努利方程及其应用

4.2.1 伯努利方程的推导

伯努利方程是理想流体稳定流动的基本方程，它指出了理想流体在同一流管中稳定流动时，各处的压强、流速和高度之间的关系。下面用功能原理来推导这一方程。

如图 4-6，理想流体在一个流管中稳定流动，在该流管中任意位置截取两个横截面 S_1、S_2，在 S_1、S_2 两

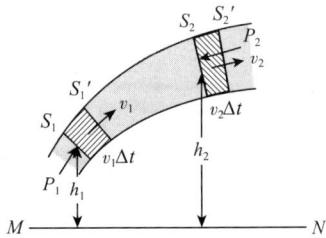

图 4-6 推导伯努利方程用图

处的流速分别为 v_1、v_2，压强分别是 P_1、P_2，这两处相对于参考平面 MN 的高度分别为 h_1、h_2，取 t 时刻位于截面 S_1、S_2 之间的流体为研究对象，并设在 Δt 时间内这部分流体移动到了截面 S'_1、S'_2 之间。由于理想流体是不可压缩的，截面 S_1、S'_1 之间流体的质量一定等于截面 S_2、S'_2 之间流体的质量，用 Δm 表示。另外，由于流体作稳定流动，S'_1、S_2 之间流动的动能和势能不变。所以，原来在截面 S_1、S_2 之间的流体在 Δt 时间内动能的改变量就等于截面 S_2、S'_2 之间流体的动能与截面 S_1、S'_1 之间流体的动能之差，即

$$\Delta E_{\mathrm{k}} = \frac{1}{2}(\Delta m)v_2^2 - \frac{1}{2}(\Delta m)v_1^2$$

这部分流体在 Δt 时间内重力势能的变化量为

$$\Delta E_{\mathrm{p}} = (\Delta m)gh_2 - (\Delta m)gh_1$$

这部分流体在 Δt 时间内机械能的变化量为

$$\begin{aligned}
\Delta E &= \Delta E_{\mathrm{k}} + \Delta E_{\mathrm{p}} \\
&= \left(\frac{1}{2}v_2^2 + gh_2 - \frac{1}{2}v_1^2 - gh_1\right)\Delta m \\
&= \left(\frac{1}{2}v_2^2 + gh_2 - \frac{1}{2}v_1^2 - gh_1\right)\rho\Delta V
\end{aligned}$$

式中 ρ 为流体密度，ΔV 为 S_1、S'_1（或 S_2、S'_2）之间流体的体积。

作用在截面 S_1、S_2 之间流体上的力，除重力外，只有截面 S_1、S_2 和流管管壁上的压力。由于讨论的是理想流体，没有黏滞性，流体内没有内摩擦力，流管外的流体对这部分流体的压力垂直于流管侧表面，不做功。所以，对截面 S_1、S_2 之间流体做功的力只有作用在 S_1、S_2 上的压力。设在 Δt 时间内作用在 S_1 的压力为 P_1S_1，该力做正功 $P_1S_1v_1\Delta t$；作用在 S_2 的压力为 P_2S_2，该力做负功 $P_2S_2v_2\Delta t$。所以，周围流体的压力所做的总功

$$A = P_1S_1v_1\Delta t - P_2S_2v_2\Delta t = (P_1 - P_2)\Delta V$$

根据功能原理，外力所作的总功等于机械能的增量，故有

$$A = \Delta E$$

所以

$$(P_1 - P_2)\Delta V = \left(\frac{1}{2}v_2^2 + gh_2 - \frac{1}{2}v_1^2 - gh_1\right)\rho\Delta V$$

整理得

$$P_1 + \frac{1}{2}\rho v_1^2 + \rho gh_1 = P_2 + \frac{1}{2}\rho v_2^2 + \rho gh_2 \tag{4-3}$$

因为 S_1、S_2 的位置是任意选取的，可略去下标，对于同一流管内任意截面处有

$$P + \frac{1}{2}\rho v^2 + \rho gh = 恒量 \tag{4-4}$$

式(4-4)即**伯努利方程**。从式(4-4)可以看出，压强 P 与单位体积流体的动能 $\frac{1}{2}\rho v^2$、势能 ρgh 有相同的物理意义，称为单位体积流体的压强能。式(4-4)表明理想

流体在同一流管中稳定流动时，流管中的任何截面处单位体积的流体的动能、势能和压强能的总和是一恒量。

在工程上，式(4-4)常写成

$$\frac{P}{\rho g} + \frac{v^2}{2g} + h = 恒量$$

式中 $\frac{P}{\rho g}$、$\frac{v^2}{2g}$、h 分别称为压力头、速度头、水头。所以，伯努利方程也表明理想流体在同一流管中稳定流动时，流管中任一截面处的压力头、速度头、水头之和是一恒量。

伯努利方程是在理想流体、稳定流动和同一个流管三个条件下导出的，应用时要注意它的适用范围。

如果流体流速为零(图4-7)，伯努利方程可简化为

$$P_A + \rho g h_A = P_B + \rho g h_B$$

其中，由于槽口敞开，处于液面的 A 点压强等于大气压强 P_0，则液体内任一点 B 的压强

$$P_B = P_0 + \rho g (h_A - h_B) = P_0 + \rho g h \qquad (4-5)$$

式中 h 为 A、B 两点高度差。因为 B 点是任意选取的，故可略去下标，则

$$P = P_0 + \rho g h \qquad (4-6)$$

式(4-6)就是液体静压强公式。可见流体静力学是流体动力学的一种特殊情况。

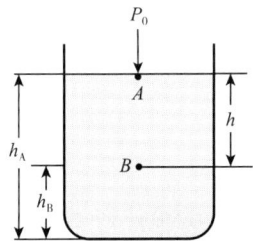

图 4-7   流体内的静压强

4.2.2   伯努利方程的应用

4.2.2.1   小孔中的流速

如图4-8所示，在盛水容器壁上开一个小孔，水就会从小孔中流出。小孔中水的流速可以用伯努利方程求得。设 A、B 分别为同一流线上水面处与孔口处的两点，A、B 间的高度差为 h；由于容器截面远远大于小孔，A 处的流速可视为零；A、B 两点都暴露在大气中，压强都等于大气压强，由伯努利方程得

$$P_0 + 0 + \rho g h_A = P_0 + \frac{1}{2} \rho v_B^2 + \rho g h_B$$

解得

$$v_B = \sqrt{2gh} \qquad (4-7)$$

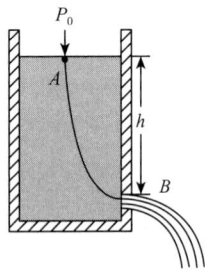

图 4-8   容器小孔中的流速

式(4-7)表明，小孔中液体的流速和物体从高度 h 处自由落下的速度相同。上述关系称为**托里拆里定律**。

4.2.2.2   汾丘里流量计

汾丘里流量计(图4-9)由水平放置的主管和与主管连接的细管组成，主管和细管处

都接有竖管，A、B 两处的压强差可以通过两竖管内液面高度差反映出来。设 A、B 两处截面分别为 S_A、S_B，A、B 两处竖管内液面高度差为 h，因主管水平放置，根据伯努利方程有

$$P_A + \frac{1}{2}\rho v_A^2 = P_B + \frac{1}{2}\rho v_B^2$$

$$P_A - P_B = \frac{1}{2}\rho(v_B^2 - v_A^2) \tag{4-8}$$

其中，压强差由竖管内液面高度差决定，即

$$P_A - P_B = \frac{1}{2}\rho gh$$

由连续性方程有

$$S_A v_A = S_B v_B$$

代入式(4-8)可解得

$$v_A = S_B\sqrt{\frac{2gh}{S_A^2 - S_B^2}}$$

定义单位时间内流过某一截面的流体体积为流量，则

$$Q = S_A v_A = S_A S_B\sqrt{\frac{2gh}{S_A^2 - S_B^2}} \tag{4-9}$$

图 4-9　汾丘里流量计

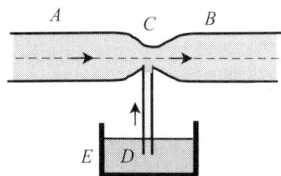

4.2.2.3　空吸作用

　　如图 4-10 所示，在玻璃管 AB 的细窄处连接一个细管 CD，其下端浸到容器 E 内，如容器里装有带色的水，当 AB 管中水流速度达到一定数值，细窄处压强小于大气压强，这时容器 E 里带色的水就沿 CD 管上升，好像被吸上来似的，流体的这种作用叫作**空吸作用**。空吸作用应用很广，喷雾器、水流抽气机等都是根据这个原理制成的。

　　图 4-11 为喷雾器的原理图，容器内盛有待喷的液体，用一股高速气流从细管穿过，由于高速气流中的压强较小，产生空吸作用，使得液体被吸上来随气流喷散成雾状。图 4-12 为水流抽气机的示意图，当水从圆锥形管的细口 A 流出时，由于流速大，压强小于大气压，空气被吸入而和水流一起从下面的管子排出。这样与 O 管相连的容器里的空气就被不断地抽出。这种抽气机可达到的真空度约为 2kPa，常用在实验室的抽滤和减压蒸馏的操作中。

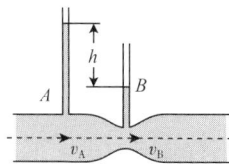

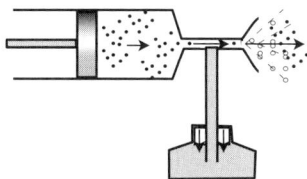

图 4-10　空吸作用　　　　图 4-11　喷雾器原理　　　　图 4-12　水流抽气机

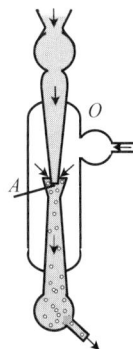

4.2.2.4 皮托管流速计

皮托管流速计是测量流体速度的一种装置。图4-13(a)是测量液体流速的情况,它的测管有两个开口 A、B,A 开口与管中液体流动方向平行,开口外侧的流速和压强即待测流体的流速和压强。B 点则在测管端头,因水流被管口内的水挡住,水流绕着管口周围流去,入管口前的流速 $v_B = 0$。忽略 A、B 两点的高度差,应用伯努利方程有

$$P_A + \frac{1}{2}\rho v^2 = P_B$$

设测管中两液面的高度差为 h,则

$$P_B - P_A = \rho g h$$

联立两式得

$$v = \sqrt{2gh} \tag{4-10}$$

测量气体的流速时,把管子倒过来,如图4-13(b)所示,在 U 型管中放入一些密度为 ρ' 的液体,若两侧液柱高度差为 h,则压强差

$$P_B - P_A = \rho' g h$$

从而可得

$$v = \sqrt{\frac{2\rho' g h}{\rho}} \tag{4-11}$$

式中 ρ 为被测气体的密度。

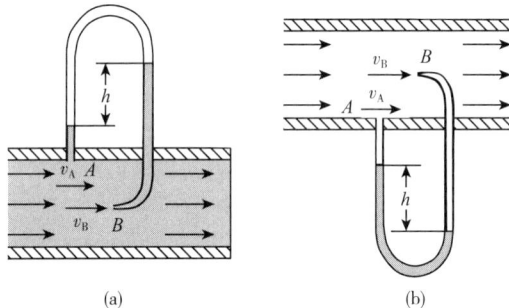

图 4-13 皮托管流速计

4.2.2.5 机翼举力

机翼的举力也可以由伯努利方程来解释。在相对机翼静止的参考系中,气流做从左向右的稳定流动,起初的流线分布如图4-14(a)所示,机翼上、下气流速度近似相等。但是,因为机翼形状的不对称和流体与机翼之间摩擦力的影响,机翼下部的气流速度超过上部的气流速度,于是,在机翼尾部形成逆时针方向的涡流。由于机翼周围的气体在总体上必须满足角动量守恒,因此,在机翼的周围就会形成一个顺时针方向的环流,如图4-14(b)所示。机翼尾部的涡流很快被气流带走,剩下的环流环绕着机翼。此环流与原来的气流叠加,使机翼上部的气流速度加大,下部的气流速度减小,最终形成如图4-14(c)所示的流线分布。根据伯努利方程,机翼下部的压强将大于上部,此压强差形成了机翼的举力。

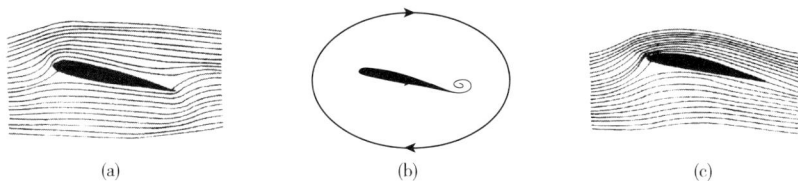

图 4-14　机翼的举力

　　机翼举力的大小可做如下估算。设环流速度为 u，机翼远前方气流的速度和压强可视为常量，与位置无关，分别设为 v 和 P_0，机翼上部的压强为 P_1，下部的压强为 P_2，由伯努利方程，有

$$P_0 + \frac{1}{2}\rho v^2 = P_1 + \frac{1}{2}\rho (v + u)^2$$

$$P_0 + \frac{1}{2}\rho v^2 = P_2 + \frac{1}{2}\rho (v - u)^2$$

由此得

$$P_2 - P_1 = \frac{1}{2}\rho \left[(v + u)^2 - (v - u)^2 \right] = 2\rho uv$$

设机翼宽为 d，长为 l，则升力

$$F = ld(P_2 - P_1) = 2\rho uvld = \rho vlL \tag{4-12}$$

其中，$L = u \cdot 2d$ 称为环流，它等于环流速度与环流周长的乘积。式(4-12)是俄国的茹可夫斯基于 1906 年提出的，称为**茹可夫斯基公式**。

4.3　黏滞流体的分层流动

4.3.1　流体的黏滞性

　　实际流体都具有黏滞性，这表现在当流体流动时，各流层之间存在阻碍其相对运动的内摩擦力的作用。内摩擦力的大小与流体的性质有关，例如，用同样的棒搅动机油或胶水时所受到的阻力就比搅动水或酒精时大得多。

　　由于内摩擦力的存在，流体流动时，在同一截面上的速度是不同的。例如，在流动的河水表面撒些草末，就会发现河心流速最快，越靠两岸的地方流速越慢，岸壁水的流速几乎为零。用实验的方法也可以了解内摩擦力的存在，在滴定管下部装有无色甘油如图 4-15(a)所示，在它的上部装些有色甘油，打开滴定管下部的阀门后，随着底部无色甘油的流出，无色甘油与有色甘油的交界面逐渐变成舌形，说明管中各处甘油的流动速度不同。对此，我们可以想象管壁到管心之间的液体分成许多层如图 4-15(b)所示，最靠近管壁的一层好像黏在管壁上一样，因而它的流速为零，与它相邻的流层，由于黏滞阻力的存在，流速也较小。其他各流层流速依次增大，越靠近中心流速越大。

　　实际流体在管内稳定流动时各流层的速度分布情况如图 4-15(c)所示，图中箭头长短表示速度的大小。不妨假设，两层相距 dy 的流体，流速差为 dv（图 4-16），该处

流速变化率 $\dfrac{\mathrm{d}v}{\mathrm{d}y}$ 表示该处流速变化的剧烈程度，称为该处的**速度梯度**。实验指出，内摩

擦力 f 的大小与流层之间接触面积 ΔS 的大小成正比，与流层速度梯度 $\dfrac{\mathrm{d}v}{\mathrm{d}y}$ 成正比，即

$$f = \eta \Delta S \frac{\mathrm{d}v}{\mathrm{d}y} \tag{4-13}$$

式中的比例系数 η 称为**黏度**，它是反映流体黏滞性大小的物理量，由流体本身的性质决定。

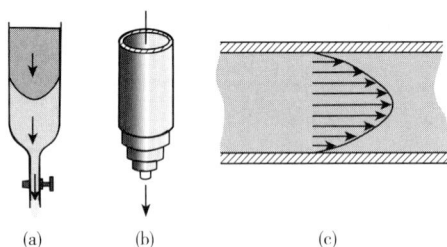

图 4-15   黏滞流体的流动   图 4-16   两层流速不同的流体

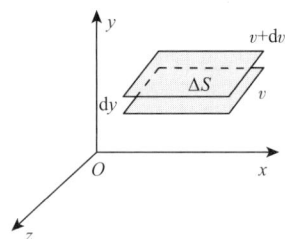

在国际单位制中，黏度的单位是帕斯卡·秒（Pa·s）。表 4-1 列出几种流体的黏度。表 4-2 和表 4-3 分别列出不同温度下水和空气的黏度。可以看出，流体的黏度与温度有关，液体的黏度随温度升高而减小，气体的黏度随温度升高而增大。

表 4-1   流体的黏度

液体	$t(℃)$	$\eta \times 10^3 (\mathrm{Pa \cdot s})$	气体	$t(℃)$	$\eta \times 10^3 (\mathrm{Pa \cdot s})$
乙醇	20	16	空气	20	18.1
甘油	20	15	二氧化碳	20	14.8
重机油	15	830	氨	23	19.6
血浆	37	1.15	氢	20	8
全血	37	4.02	氧	15	19.6
水	20	1	氮	23	17.7

表 4-2   不同温度下水的黏度

$t(℃)$	0	20	40	60	80	100
$\eta \times 10^3 (\mathrm{Pa \cdot s})$	1.792	1.005	0.656	0.469	0.357	0.284

表 4-3   标准大气压（约）下空气的黏度

$t(℃)$	-40	-20	0	10	20	30	40	60	80	100	200
$\eta \times 10^3 (\mathrm{Pa \cdot s})$	1.41	1.61	1.67	1.78	1.81	1.86	1.90	2.00	2.09	2.18	2.50

从表 4-1 可以看出，血液的度黏为水的 4~5 倍。血液的度黏较大的主要原因是血液中有悬浮的血细胞。当血细胞减小时，血液黏度变小，所以测量血液的黏度，对诊断某些疾病很有帮助。

4.3.2　实际流体的伯努利方程

由于实际流体内摩擦力的存在，在其流动过程中必然有能量损耗，所以伯努利方程不能直接应用于实际流体。由伯努利方程可知，在同一流管中作稳定流动的理想流体在任何截面处单位体积的流体总能量（动能、势能、压强能之和）都是相等的。在实际流体的流动中，流体需要克服内摩擦力做功，单位体积的流体总能量不再相等。设单位体积的流体经过某一路径，从位置 1 流动到位置 2 处克服黏滞阻力所做的功为 A，则单位体积的液体的能量关系为

$$P_1 + \frac{1}{2}\rho v_1^2 + \rho g h_1 = P_2 + \frac{1}{2}\rho v_2^2 + \rho g h_2 + A \qquad (4\text{-}14)$$

这就是**实际流体的伯努利方程**。

从图 4-17 所示实验可以看出实际流体与理想流体的差别。图中 A 为盛满流体的大容器，下面连一等截面的水平管，在水平管上等距离连接几根竖管作为压强计。水平管内 a、b、c 三点流速相同，高度相同。对于理想流体，由于单位体积流体的总能量在管中各处都相等，因此压强也相等，则三点压强计液面高度也相等。对于实际流体，尽管 a、b、c 三处流速相同，高度相同，但压强计显示的液面高度是逐渐降低的。应用实际流体的伯努利方程可以解释结果。设单位体积的流体从容器 A 底部流到 a、b、c 克服黏滞阻力所做的功分别为 A_a、A_b、A_c，由图可知 $A_a < A_b < A_c$，代入实际流体的伯努利方程可得 $P_a > P_b > P_c$。这就是说，在水平管道中，要使实际流体维持稳定流动，必须有一定的压强差来克服内摩擦力做功。

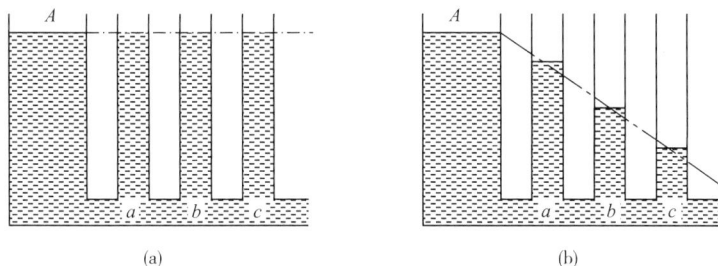

图 4-17　水平管道中流体的压强
（a）理想流体　（b）实际液体

4.3.3　泊肃叶定律

在工程和日常生活中，经常遇到一些液体在圆柱形管道中流动的问题，我们通常见到的液体在细管中流动，流速都不大，此时，液体作分层流动，称为**层流**。实际流体在水平圆管中稳定分层流动的流量由泊肃叶公式确定。设水平圆管半径为 R，长度为 l，管两端压强差为 $P_2 - P_1$，管内液体的黏度为 η，液体从左向右运动（图 4-18），

可以证明，流过圆形管道某一截面的流量为

$$Q = \frac{\pi R^4}{8\eta}\left(\frac{P_1 - P_2}{L}\right) \qquad (4\text{-}15)$$

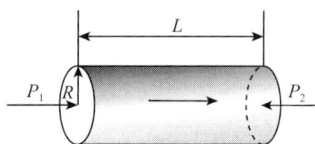

图 4-18   水平圆管内流体的流动

此式即**泊肃叶定律**。式中$\dfrac{P_1 - P_2}{L}$为管内单位长度上的

压强差，可理解为管内的压强梯度。由泊肃叶定律可

以看出，实际流体在水平圆管中稳定分层流动的流量与圆管半径的 4 次方成正比，与管内压强梯度成正比，与液体的黏度成反比。

4.3.4   压差阻力

下面分析压差阻力的形成机制。可以想见，当物体在黏滞流体中运动时，前方流体受到挤压，前方流体对物体的压强相对增大，而后方流体对物体的压强相对减小，从而在物体前后形成了压强差，此压强差会对物体的运动产生阻力，称为**压差阻力**。在图 4-19 中，当物体运动速度较大时，流线的分布不再对称，在物体的尾部会产生涡旋，涡旋的产生将使物体前后方的压强明显增大，压差阻力也会增大。显然，要减小压差阻力，应尽量减少物体尾部的涡旋和前部迎流的面积，为此，就产生了舰艇和飞行器的流线形设计(图 4-20)。

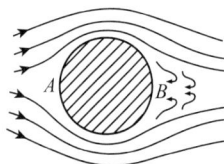   

图 4-19   压差阻力   **图 4-20   流线形设计**

4.3.5   斯托克斯定律

斯托克斯定律描述球形固体在黏滞流体中运动时所受黏滞阻力的情况。固体在流体中运动，相当于流体相对于固体流动，若流体是黏滞流体，则固体将受到黏滞阻力的作用。当固体的速度不大时，相当于流体处于层流状态。

设固体为半径为 r 的刚性小球，相对于液体的运动速度是 v，在黏度为 η 的液体中所受到的黏滞阻力为

$$f = 6\pi\eta r v \qquad (4\text{-}16)$$

这一关系式称为**斯托克斯定律**。

设在黏滞流体中的小球在重力作用下降落，球半径为 r，球的密度为 ρ_0，流体黏度为 η(图 4-21)，小球在流体中

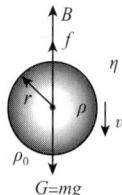

下降时受到三个力的作用：小球本身的重量 $G = \dfrac{4}{3}\pi r^3 \rho g$，

图 4-21   流体中下降的小球

流体的浮力 $B = \dfrac{4}{3}\pi r^3 \rho_0 g$，黏滞阻力 $f = 6\pi\eta rv$，其中，黏滞阻力 f 与降落速度 v 成正比，在开始下落时，小球做加速运动，随着速度的增大，黏滞力也随之增大，当三力达到平衡时，小球速度达到最大值 v_m，以后开始匀速下落，并满足以下关系

$$B + f = G$$

即

$$\frac{4}{3}\pi r^3 \rho_0 g + 6\pi\eta rv_m = \frac{4}{3}\pi r^3 \rho g$$

解得

$$v_m = \frac{2r^2 g(\rho - \rho_0)}{9\eta} \tag{4-17}$$

式中 v_m 为小球达到稳定下落时的速度，称为**终极速度**。若 ρ、ρ_0、r 为已知，测得终极速度 v_m 后就可由式(4-17)求出流体黏度 η。反之，如果流体黏度已知，根据测得的终极速度即可求出球的半径。由式(4-17)可看出，在同一流体中，同类物质的颗粒的下沉速度 v 与其 r^2 成正比，因此，半径小的颗粒下沉慢，半径大的颗粒下沉快。例如，高空云层中的水滴在下降中，由于空气的阻力，总是雨滴越小，下落越慢，并由于气流等原因，云层可长久悬浮在空中。

4.4　湍流　雷诺数

前面讨论黏滞流体时曾假定黏滞流体是分层流动的，这种流动称为**层流**。事实上，层流只在流速较小时才能维持。当流速逐渐增大时，层流状态将会破坏，各流层会相互掺和，整个流体作紊乱的无规则运动，这种流动状态称**湍流**。对湍流，斯托克斯公式和泊肃叶公式不再适用。

对于流体的流动状态，何时出现湍流显然是一个很重要的问题。为了寻找湍流出现的条件，1883 年前后，英国实验流体力学家雷诺用在长管中的流动过程来研究流体的流动状态，图 4-22 是雷诺的实验简图。在图中，盛水的容器下方装有水平的玻璃管，管端装有阀门以控制水的流

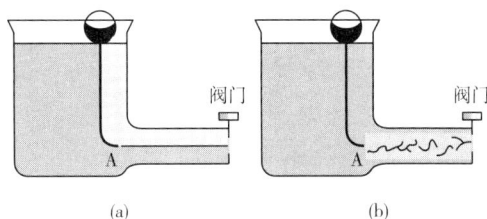

图 **4-22**　层流与湍流

速。容器内另有一个细管，内盛带颜色的液体，此液体可从下面的端口 A 流出。实验时先让容器中的水缓慢流动，这时，从细管流出的有色液体呈线状，各流层互不混合，呈层流状态。随着阀门的开大，水的流速增大，这时出现了有色液体与水相互混杂的情况，这就是湍流状态。雷诺用不同内径 D 的管子做实验，他发现出现湍流的临界速度总是与一个由若干参数组合成的无单位纯数 $\dfrac{\rho Dv}{\eta}$ 的一定数值相对应。1908 年，德国物理学家索末菲提出将这个参数组合命名为**雷诺数**。

$$Re = \frac{\rho Dv}{\eta} \qquad (4\text{-}18)$$

由层流向湍流过渡的雷诺数称临界雷诺数。对于一般的圆形管道流,Re 为 2000~2600,这说明临界雷诺数并不是一个具体的数字,而是一个数值范围。

液体的流动状态从层流到湍流的转变过程往往是复杂的,中间有许多阶段,图 4-23 为不同雷诺数的液体绕过圆柱体的流动时形成的实验图像。为了较详细地了解其特征,可以用图 4-24 来加以说明。在图 4-24(a)中,当 $Re < 1$ 时,流线始终贴着柱体表面,不与之分离。当 Re 为 10~30,可以观察到流线在圆柱的某处脱离,后面有一对对称的涡旋,如图 4-24(b)所示。当 Re 达到 100 左右时,又发生一次突变,一个涡旋被拉长后摆脱柱体,漂向下游,柱后另一侧的液体弯转过来,形成一个新的涡旋。就这样,两侧涡旋交替脱落向下游漂去,如图 4-24(c)所示。此阶段与前两个阶段的最大区别是流动由稳定变为不稳定,从对称变为不对称。当 Re 继续上升时,会发生如图 4-24(d)所示的另一次转变,由边界层里产生的细小涡旋充满一条条细带,其中的流动是紊乱无规则的,这就是湍流状态。

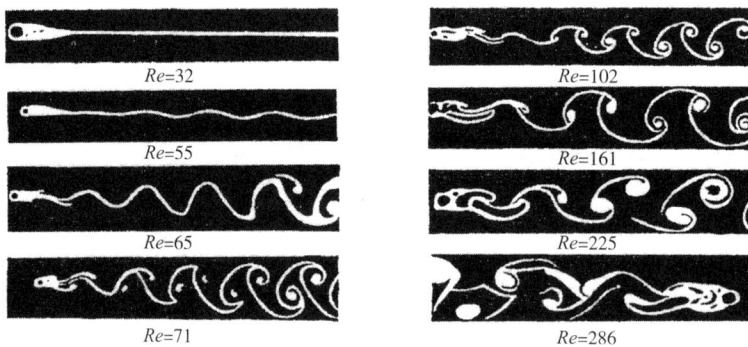

图 4-23   不同雷诺数下的圆柱绕流

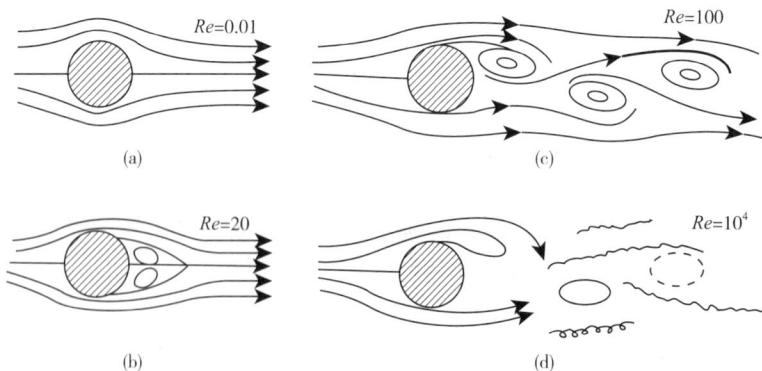

图 4-24   不同雷诺数下的圆柱绕流

著名美籍匈牙利力学家卡尔曼在 1912 年首先对这样的涡列作出理论分析,故称为**卡尔曼涡街**。图 4-25 是一张在风洞里拍摄的激光干涉照片,它显示了气流经过圆柱体时产生的卡尔曼涡街。

图 4-25　卡尔曼涡街

雷诺数不仅提供了一个判断流动类型的标准，还有助于得出一个重要的定律：如果两种流动的边界状况或边界条件相似且具有相同的雷诺数，则流体具有相同的动力学特征，这就是**流体相似率**。根据流体相似率可知，对于直圆管中的流动，无论管子的粗细、流速和流体种类如何，只要其雷诺数相同，流动的动力学特征就相同。

流体相似律具有重要的应用价值。在水利工程的研究中，可以制造尺寸远小于实物的模型，只要使其中流动的雷诺数与实际情况接近，模型中液体的流动就和实际流动具有相似的特征，这使模拟研究成为可能。这种方法，也适用于气体，新设计的飞机在风洞里进行模拟实验的依据就是流体相似律。

本章摘要

能够流动的物质称为流体。研究流体运动规律的一门科学称为流体力学，其中，对静止流体的研究称为流体静力学，对运动流体的研究称为流体动力学。

1. 理想流体的稳定流动　连续性方程

（1）理想流体的稳定流动

不可压缩、没有黏滞性的流体称为理想流体。流体质点流经空间各点的速度不随时间变化的流动称为稳定流动。

（2）流线和流管

流场中流体质点的流动方向线称为流线，流线上任一点的切线方向表示流体流经该处的速度方向，任一处流线的疏密程度表示流体流经该处的流速大小。稳定流动的流线形状不随时间变化。流线不能相交。

由一组流线构成的一个管状区域称为流管。流管内外的流体不能相混。

（3）连续性方程

理想流体在同一流管中稳定流动时流速与流管的截面积成反比，这个关系称为流体的连续性方程，即

$$\frac{v_1}{v_2} = \frac{S_2}{S_1}$$

连续性方程是物质守恒定律在流体力学中的具体应用。

2. 伯努利方程及其应用

（1）伯努利方程的内容

伯努利方程是理想流体稳定流动时的基本方程，它指出理想流体在同一流管中稳定流动时，各处的压强、流速和高度之间的关系为

$$P_1 + \frac{1}{2}\rho v_1^2 + \rho g h_1 = P_2 + \frac{1}{2}\rho v_2^2 + \rho g h_2$$

或

$$P + \frac{1}{2}\rho v^2 + \rho g h = 恒量$$

伯努利方程表明理想流体在同一流管中稳定流动时，流管中的任何截面处单位体积流体的动能、势能和压强能的总和是一恒量。伯努利方程是能量转换和能量守恒定律在流体力学中的具体应用。

（2）伯努利方程的应用

应用伯努利方程可以解决流体力学中的许多问题，如液体内的静压强

$$P = P_0 + \rho g h$$

小孔流速

$$v_B = \sqrt{2gh}$$

汾丘里流量计测流量

$$Q = S_A v_A = S_A S_B \sqrt{\frac{2gh}{S_A^2 - S_B^2}}$$

皮托管测流速

$$v = \sqrt{2gh} \quad （液体）$$

或

$$v = \sqrt{\frac{2\rho' g h}{\rho}} \quad （气体）$$

3. 黏滞流体的分层运动

实际流体都具有黏滞性，流体黏滞性的大小用黏度描述。实际流体的伯努利方程为

$$P_1 + \frac{1}{2}\rho v_1^2 + \rho g h_1 = P_2 + \frac{1}{2}\rho v_2^2 + \rho g h_2 + A$$

式中 A 表示实际流体从 1 处流动到 2 处克服黏滞阻力所做的功。

黏滞流体在水平圆管中稳定分层流动的流量由伯肃叶定律决定

$$Q = \frac{\pi R^4}{8\eta}\left(\frac{P_1 - P_2}{l}\right)$$

在黏滞流体中运动的小球所受阻力由斯托克斯定律决定

$$f = 6\pi\eta r v$$

小球在黏滞流体中自由降落的终极速度为

$$v_m = \frac{2r^2 g(\rho - \rho_0)}{9\eta}$$

伯肃叶定律和斯托克斯定律是用实验方法测定流体黏度的理论基础。

4. 湍流 雷诺数

当黏滞流体流速逐渐增大时，层流状态将会被破坏，各流层之间会相互掺和，整个流体作紊乱的无规则运动，这种流动状态称为湍流。

出现湍流的临界速度与一个由若干参数组合成的无单位纯数有关，称为雷诺数。由层流向湍流过渡的雷诺数称临界雷诺数

$$Re = \frac{\rho Dv}{\eta}$$

对于一般的圆形管道中的湍流，Re 为 2000～2600。

对于黏滞流体，如果两种流动的边界条件相似且具有相同的雷诺数，则流体具有相同的动力学特征，这就是流体相似率。

流体相似律具有重要的应用价值。在水利工程的研究中，可以制造尺寸远小于实物的模型，只要使其中流动的雷诺数与实际情况接近，模型中液体的流动就和实际流动具有相似的特征。新设计的飞机在风洞中进行模拟试验的依据也是流体相似律。

习　题

填空题

4-1　理想流体是不可_____和没有_____的流体。

4-2　流线上一点的_____表示流体的速度方向，该处流线的_____表示流速的大小。

4-3　流线的性质是_____，流管的性质是_____。

4-4　一根主管道与 10 根分管道相连，主管道直径 1m，水流速 2m·s^{-1}，分管道直径 0.2m。每根分管道水流速度为_____，流量为_____。

4-5　连续性方程的适用范围是_____，_____，_____。

4-6　伯努利方程的适用范围是_____，_____，_____。

4-7　理想流体在同一水平流管中稳定流动，管径较粗的地方流体的流速较_____，压强较_____；管径较细的地方流体的流速较_____，压强较_____。

4-8　如题 4-8 图所示，水池水深为 H，小孔位于水面下方 h 处，水从小孔中流出的速度为_____，在_____处再开一个孔，可使水流出的速度与此处相同，为使小孔流速最大，应使 $h =$ _____H。

4-9　温度升高时，气体的黏度如何变化_____，液体的黏度如何变化_____。

4-10　小球在黏滞液体中稳定降落，仅使小球表面积增加到原来的 2 倍，黏滞阻力变化为原来的_____倍，仅使降落速度

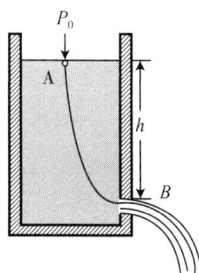
题 **4-8** 图

增加到原来的 3 倍，黏滞阻力变化为原来的_____倍，仅使液体温度明显升高，黏滞阻力如何变化_____。

4-11   黏滞流体在水平圆管中分层流动，只把管经增加到原来的 2 倍，其流量变为原来的_____倍，只把流体黏度增加到原来的 2 倍，其流量变为原来的_____倍，只把流体中的压强梯度增加到原来的 2 倍，其流量变为原来的_____倍。

选择题

4-12   理想流体是_____的流体。

A. 不可压缩无黏滞性   B. 可压缩无黏滞性
C. 不可压缩有黏滞性   D. 可压缩有黏滞性

4-13   流场中某处流线的_____表示流速的大小。

A. 方向   B. 疏密程度   C. 方向或疏密程度   D. 方向和疏密程度

4-14   下列说法中不正确的是_____。

A. 流线不能相交   B. 流线不能穿过流管的管壁
C. 流管内外的流体不能相混   D. 流管的管壁不能弯曲

4-15   一根主管道与 8 根分管道相连，主管道直径 0.2m，水流速 2m·s^{-1}，分管道直径 0.1m。每根分管道水流速度为_____m·s^{-1}。

A. 0.5   B. 1   C. 2   D. 4

4-16   对于下列 4 项：①理想流体，②水平圆管，③稳定流动，④同一流管；连续性方程和伯努利方程的适用范围是_____。

A. ①②③   B. ②③④   C. ③④①   D. ④①②

4-17   水在同一水平圆管中稳定流动，粗部水流速度为 1m·s^{-1}，细部水流速度为 1.41m·s^{-1}，若粗部压强为 1 大气压，细部压强为_____大气压。

A. 0.3   B. 0.5   C. 0.6   D. 0.7

4-18   水池水深为 H，在距离水面下_____处开一个小孔，可使小孔射出的水流射程最远。

A. 0.2H B. 0.3H C. 0.4H D. 0.5H

4-19   温度升高时，气体和液体的黏度如何变化_____。

A. 气体增大液体减小   B. 气体减小液体增大
C. 气体和液体都减小   D. 气体和液体都增大

4-20   小球在黏滞液体中稳定降落，仅使小球降落速度增加到原来的 2 倍，黏滞阻力变化为原来的_____倍。

A. 0.5   B. 1   C. 1.5   D. 2

4-21   黏滞流体在水平圆管中分层流动，只把管径增加到原来的 2 倍，其流量变为原来的_____倍。

A. 2   B. 8   C. 16   D. 24

4-22   对于下列 4 项：①黏滞流体，②同一流管，③稳定流动，④水平圆管；伯肃叶定律的适用范围是_____。

A. ①②③   B. ②③④   C. ③④①   D. ④①②

计算题

4-23　三通管主管直径 40mm，分管直径 20mm，设分管内水的流速为 0.2m·s^{-1}，求主管内水的流速。

4-24　正常人休息时，通过主动脉的血流速率为 0.33m·s^{-1}。若主动脉半径为 9.0mm，与其相连的几个较大动脉的总截面为 0.002m^2，求这些动脉中血流的平均速率。

4-25　由于飞机机翼形状的关系，使机翼上方的气流速度大于下方的速度，在机翼上下方形成压强差，产生使机翼上升的力。设空气稳定流过机翼，空气密度 1.29kg·m^{-3}，机翼下方的气流速度 100m·s^{-1}，机翼要得到 1000Pa 的压强差，求机翼上方的气流速度。

4-26　用内径为 1cm 的细水管将地面上内径为 2cm 的粗水管中的水引到 5m 高的楼上。已知粗水管中的水压为 $4\times10^5\text{Pa}$，流速为 4m·s^{-1}，求楼上细水管中的流速和压强。

4-27　如题 4-27 图所示，大水池水深 H，在水面下 h 处的侧壁开一个小孔，求：①从小孔射出的水流在池底的水平射程 R 是多少？②h 为多少时射程最远？最远射程为多少？

4-28　如题 4-28 图所示，抽吸设备水平放置，其中，细部截面 3.2 cm^2，粗部截面 12.8 cm^2，抽吸和被抽吸液体相同，高度差 $h=1\text{m}$，求刚好能够抽吸时粗部液体流速。

4-29　如题 4-29 图所示，水在 2.5cm 直径的管中以 $2\times10^3\text{ cm}^3\text{·s}^{-1}$ 的流量流出，管中的绝对压强为 $2.0\times10^5\text{Pa}$。如果管子有一细缩部分，直径为 1.2cm，求细缩部分的绝对压强是多少？（由计算结果可以看出，该处压强比大气压强小得多，连接一条管子，就成为水流抽气机）。

4-30　皮托管中，用水作为压强计的液体，装在飞机上，用以测量空气的流速，如果水柱的最大高度差为 0.1m，空气密度为 1.3kg·m^{-3}，能测出空气的最大速度是多少？如果压强计的液体是水银，能测出空气的最大流速是多少？

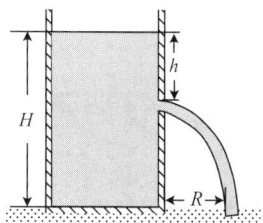
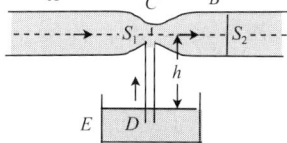
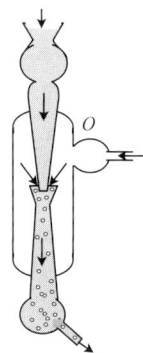

题 4-27 图　　　　　　题 4-28 图　　　　　　题 4-29 图

第 5 章

气体动理论

自然界的物质都是由分子组成的，所有分子都在永不停息地做无规则的热运动。从气体分子热运动的观点出发，运用统计方法研究大量气体分子的宏观性质和热运动规律的理论称为**气体动理论**。每个热运动中的分子都具有一定的体积、质量、速度等，这些描述个别分子的物理量称为**微观量**，微观量很难用实验直接测定。能由实验直接测量的是物体的温度、压强和热容等表征大量分子总体特征的物理量，称为**宏观量**。本章根据气体分子模型和概率假设，运用统计方法，研究气体分子微观量的平均值与宏观量之间的关系，从而揭示热现象的规律及其微观本质。

5.1 气体的微观图像

5.1.1 气体动理论的基本概念

气体动理论的三个基本概念是从微观上阐明热现象规律的基本出发点。这三个基本概念也称为物质的微观模型，都是在实验基础上总结出来的。

（1）宏观物体由大量分子或原子组成

利用电子射线、X 射线及中子射线等方法对物质结构进行研究的结果表明：宏观物体都由大量的分子组成；分子由原子组成。图 5-1 为中国科学院化学研究所用扫描隧道显微镜（STM）观察到的 GaAs(110) 表面原子排列图像，每个圆包是

图 5-1 GaAs 表面 As 原子排列图像

一个 As 原子。有了 STM 技术，宏观物体由分子组成的概念已由过去的假设变成现实，展现在人们眼前。

分子的线度(直径)非常小，一般约为10^{-10} m；分子的质量也很小，如氢分子质量为 6.64×10^{-27} kg，氧分子质量为 5.31×10^{-26} kg。分子的量特别多，1mol 的任何物质都含有相同的分子数，其值 $N_A = 6.022 \times 10^{23} \text{mol}^{-1}$，称为**阿伏伽德罗常量**。

许多现象说明分子之间有一定的距离，存在空隙。例如，对气体加压，体积就会缩小；把水和酒精混合，混合后总体积会减小；储存在钢筒中的油，在 2×10^9 Pa 的压强作用下，会透过筒壁渗出。这些例子说明了气体、液体和固体物质的分子间都存在间隙。

(2)分子在永不停息地做无规则的热运动

在室内打开一瓶香水的盖子，会很快在房间内嗅到它的香味，这是分子无规则运动引起的扩散现象。液体和固体也存在扩散现象。在一杯清水中滴入几滴红墨水，经过一段时间后，可以看到整杯水变成红色。把研磨得很平滑的铅板和金板紧压在一起，2~3 年后发现两个金属的界面上有一层铅和金的均匀合金。扩散现象表明，组成物质的分子在不停地运动着。

物质的分子很小，很难直接观察到它们的运动情况，但可以从一些实验中间接地了解它们运动的特点。在显微镜下观察悬浮在液体中的微小颗粒(如花粉、石墨微粒等)，如图 5-2 所示，可以发现它们在液体中不停地做杂乱的无规则运动。这种悬浮颗粒的无规则运动称为**布朗运动**。观察表明，悬浮在空气中的灰尘、烟雾和微小的油滴等也在做布朗运动。

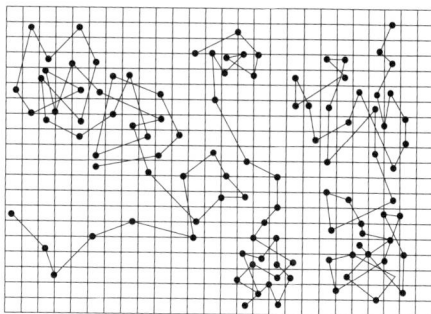

图 5-2　布朗运动

布朗运动的原因是悬浮在液体中的小颗粒，总是被不停地做无规则运动的液体分子包围着，时刻受到来自各个方向的液体分子的碰撞。对体积较大的颗粒，在任一瞬间撞击它的分子很多，来自各方向碰撞的分子数几乎相等，因此它所受到的各方向的冲量接近平衡，布朗运动不明显。对体积较小的颗粒，则在任一瞬间撞击它的分子数较少，它们作用在该颗粒上的冲量不会在各个方向上抵消，于是小颗粒就会沿着所受冲量较大的方向运动。一般来说，每一瞬间作用在小颗粒上的合冲量的方向各不相同，时刻变化，因此小颗粒的运动就呈现出杂乱无章、毫无规则的现象。颗粒越小，无规则运动也就越显著。布朗运动反映了液体内部分子运动的无规则性。

实验表明，扩散现象和布朗运动都与温度有关。温度越高，扩散过程越快；温度越高，小颗粒的布朗运动越剧烈。这些现象都说明分子无规则运动的剧烈程度与温度有关。因此，我们把大量分子无规则运动称为分子的**热运动**。

(3)分子之间有相互作用力

液体的分子能够聚而不散，固体需加一定拉力才能被拉开，说明分子之间有相互吸引力。同时，固体、液体很难被压缩，说明分子间又有排斥力。这种分子之间的相

互作用力称为**分子力**。理论和实验表明,分
子力和分子间的距离有关,如图 5-3 所示。
分子力由斥力和引力合成。当两分子间的距
离 r 等于 r_0 时,每个分子所受斥力 f_1 与引力
f_2 恰好平衡,分子力(合力)f 为零。当两个
分子的间距小于 r_0 时,斥力大于引力,分子
力表现为斥力。当两个分子的间距大于 r_0
时,引力大于斥力,分子力表现为引力。随

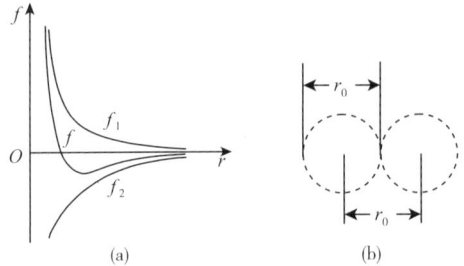

图 5-3　分子力与距离的关系

着分子间距离的增大,这种引力很快趋于零。一般将 r_0 称为分子的**有效直径**。实验
表明,分子的有效直径的数量级为 10^{-10} m。另外,将分子间开始有相互作用的最大
距离 R 称为分子的**有效作用半径**。实验测得其数量级为 10^{-9} m。当分子间距离大于 R
时,分子力可视为零。

5.1.2　分子热运动的统计规律

　　从牛顿力学的观点来看,虽然每个气体分子的运动都遵从牛顿运动定律,但由于
分子间极其频繁而又无法预测的碰撞所导致的分子运动的无序性,使得气体分子在某
一时刻位于容器中哪一位置、具有多大速度都有一定的偶然性。但是在外界条件不变
的情况下,当容器中各处的温度、密度、压强都均匀时,大量的偶然、无序的分子运
动却包含着一种规律性。这种规律性来自大量偶然事件的集合,故称之为**统计规律**。
统计规律性是对大量分子整体而言的,研究气体分子的行为时,要做到牛顿力学的决
定性和统计力学的概率性的统一,缺一不可。本章将要讨论的气体的压强公式、温度
公式、能量均分定理和麦克斯韦气体分子速率分布律等都是大量气体分子统计规律性
的表现。

　　伽尔顿板的实验可说明统计规律性。如图 5-4 所示,有一块竖直平板,上部钉上
一排排等间隔的铁钉,下部用隔板隔成等宽的狭槽,板顶装有漏斗形入口,小球可通
过此入口落入狭槽内。若在入口处投入一个小球,小球在下落过程中将与一些铁钉发
生碰撞,最后落入某一槽中。再投入另一小球,它落入槽中的位置与前者可能完全不
相同。这说明,小球从入口处下落后,与哪些铁钉碰撞
以及落入哪个槽中完全是偶然的。但是,如果我们投入
很多小球,可以发现落入中间狭槽的小球较多,而落入
两端狭槽的小球较少,出现如图 5-4 所示的有规律的分
布。重复这个实验也得到相似的结果。因此这个实验表
明,尽管单个小球落入哪个狭槽是完全偶然的,而小球
在各个狭槽内的分布则是近似确定的,小球的分布具有
统计规律性。

　　综上所述,对气体分子做出如下的统计假设:

　　①在热动平衡状态下,气体分子的空间分布处处均

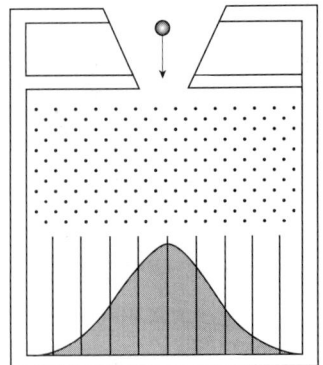

图 5-4　伽尔顿板实验

匀，任一位置处单位体积中的分子数不比其他位置占优势。

②分子沿任一方向运动的概率相等，没有一个方向的气体分子比别的方向更占优势。在具体运用这一假设时，可以认为沿各个方向运动的分子数相等，分子速度沿各个方向的分量的各种平均值也相等。

5.1.3　理想气体的微观模型

理想气体是对气体的一种近似处理，反映了气体最基本的性质。从气体动理论的观点看，理想气体与物质分子结构的一定的微观模型相对应。

实验证明：气体很容易被压缩，气体越稀薄，就越符合理想气体状态方程。事实上，当常压下的气体凝结成液体时，体积将缩小上千倍。由于液体中的分子几乎是紧密排列的，由此可知常压下气体分子的平均间距，在数量级上大约是分子本身线度的 10 倍（$\sqrt[3]{1000}$倍）。所以，在微观上可以将气体看作平均间距很大的大量分子的集合。根据这些基本事实，在分子动理论基本概念的基础上，将理想气体的微观模型假设如下：

①分子本身的大小比分子间的平均距离小得多，可以忽略不计。

②由于分子间平均距离较大，除碰撞瞬间外，分子之间以及分子与器壁之间的相互作用均可忽略不计。因为分子的平均动能远比它的重力势能大，除了研究气体分子在重力场中的分布以外，分子所受的重力也可以忽略不计。

③分子之间及分子与器壁之间的碰撞是完全弹性的。碰撞时，分子可看成是完全弹性小球。

总之，气体被看做是自由地、无规则地运动着的弹性球分子的集合。实验表明，由此模型导出的结果，均符合理想气体的性质，在一定范围内，可以很好地解释真实气体的基本性质。

5.2　理想气体的压强

5.2.1　压强形成的微观机制

容器中的气体施于器壁的压强是大量的无规则运动的分子不断地碰撞器壁的结果。根据气体动理论的观点，由于容器中气体分子的无规则运动，就会不断地与器壁发生弹性碰撞。对每个分子而言，碰撞在什么地方，每次给器壁多大的冲量完全是偶然的。但对大量的分子整体而言，每一瞬间，都有许多分子与器壁碰撞，所以，在宏观上表现出一个恒定、持续的压力。这和雨点打在雨伞上的情形相似。一个个雨点打在雨伞上是断续的，但大量密集的雨点打在雨伞上却产生了一个持续的压力。

5.2.2　理想气体压强公式

下面从理想气体的微观模型出发，运用统计方法，导出理想气体的压强公式，揭示出压强的微观本质。

为计算方便，我们取一个边长为 l 的容器，如图 5-5 所示。容器内为同类理想气体，处于热动平衡状态下，分子总数为 N，分子质量为 m，以顶点 O 为原点，作出直角坐标系 $Oxyz$。由于六面压强相等，我们只考虑垂直于 x 轴的一个面 A。

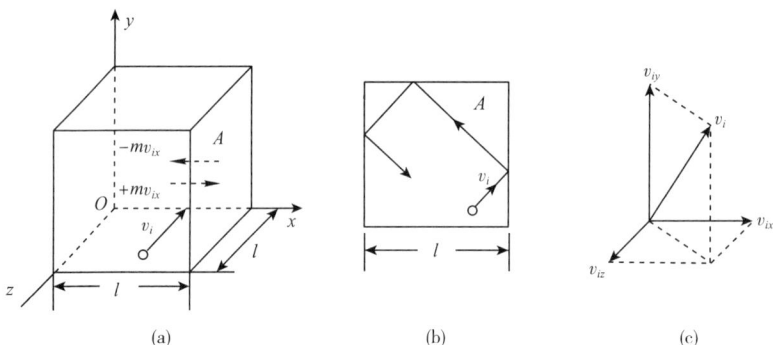

图 5-5　气体压强公式的推导示意图

设容器内第 i 个分子的速度为 v_i，沿坐标轴的分量分别为 v_{ix}、v_{iy}、v_{iz}。当该分子撞击器壁 A 时，由于完全弹性碰撞，反射后，其 y、z 轴方向的速度分量不变，x 轴方向的速度分量变为 $-v_{ix}$，大小不变，方向相反。这样，该分子的动量改变量为 $-2mv_{ix}$。由动量定理，这就是 A 面作用于该分子的冲量。根据牛顿第三定律，该分子作用于 A 面的冲量为 $2mv_{ix}$，方向为沿 x 轴的正方向。假定这个分子在与 A 面相碰后再返回 A 面的途中不与其他分子相碰，由于它和其他面相碰不改变 v_{ix} 的数值，所以分子与 A 面连续两次碰撞之间沿 x 方向所经过的距离总是 $2l$。所需时间为 $2l/v_{ix}$。因此，在单位时间内，该分子与 A 面碰撞的次数为 $v_{ix}/2l$。由于每碰撞一次，该分子作用于 A 面的冲量为 $2mv_{ix}$，所以，单位时间内，该分子作用于 A 面的总冲量为

$$2mv_{ix}\frac{v_{ix}}{2l} = m\frac{v_{ix}^2}{l}$$

由于大量分子极其频繁地撞击 A 面，使 A 面受到一个持续的、恒定的压力。这个压力就等于单位时间内所有分子作用于 A 面的总冲量。只要对容器内所有的分子在单位时间内作用于 A 面的冲量求和，即可得 A 面所受的平均压力 $\overline{F}$，即

$$\overline{F} = \sum_{i=1}^{N} m\frac{v_{ix}^2}{l} = \frac{m}{l}\sum_{i=1}^{N} v_{ix}^2 \tag{5-1}$$

A 面所受的压强为

$$P = \frac{\overline{F}}{l^2} = \frac{1}{l^2}\cdot\frac{m}{l}\sum_{i=1}^{N} v_{ix}^2 = \frac{mN}{l^3}\cdot\frac{1}{N}\sum_{i=1}^{N} v_{ix}^2 \tag{5-2}$$

式中 l^3 为容器的容积，$\dfrac{1}{N}\sum\limits_{i=1}^{N} v_{ix}^2$ 表示容器内 N 个分子沿 x 方向速度分量的平方的平均值，用 $\overline{v_x^2}$ 表示，则式 (5-2) 成为

$$P = \frac{mN}{V}\overline{v_x^2} = nm\,\overline{v_x^2} \tag{5-3}$$

式中 $n=\dfrac{N}{V}$ 表示单位体积内的分子数，称为**气体分子数密度**。

由图 5-5 可知

$$v_i^2 = v_{ix}^2 + v_{iy}^2 + v_{iz}^2$$

所以

$$\overline{v^2} = \frac{1}{N}\sum_{i=1}^{N} v_i^2 = \overline{v_{ix}^2} + \overline{v_{iy}^2} + \overline{v_{iz}^2} \tag{5-4}$$

式中，右边三项分别表示容器内气体分子在 x、y、z 方向速度分量平方的平均值。根据统计假设，沿各方向速度分量平方的平均值应该相等，可得

$$\overline{v_x^2} = \overline{v_y^2} = \overline{v_z^2} = \frac{1}{3}\overline{v^2}$$

代入式 (5-3) 可得

$$P = \frac{2}{3}n\left(\frac{1}{2}m\,\overline{v^2}\right) \tag{5-5}$$

这就是**理想气体压强公式**。它表明，在数值上，理想气体的压强正比于气体分子数密度 n 和分子的平均平动动能 $\dfrac{1}{2}m\,\overline{v^2}$。气体分子数密度越大，压强越大；分子的平均平动动能越大，压强也越大。上述分析表明：压强在微观本质上表示单位时间内大量分子作用于单位器壁面积上的平均冲量，是描述大量分子集体行为平均效果的物理量。只有分子数为大量时，作用在器壁上的冲量才有确定的统计平均值。对少数几个分子而言，统计平均值和压强是没有意义的。

压强公式把宏观量压强 P 与微观量分子的平均平动动能 $\left(\dfrac{1}{2}m\,\overline{v^2}\right)$ 建立了联系，表明了他们之间的统计关系。压强 P 可用实验测定，但分子的平均平动动能不能直接测定，所以式 (5-5) 无法直接用实验验证，但从这个公式出发可以满意地解释或推证理想气体的各个定律，从而间接地证明其正确性。

5.3　理想气体的温度

5.3.1　理想气体分子的平均平动动能和温度的关系

温度是描述热运动的最基本物理量，是气体状态参量之一。从气体的压强公式和理想气体的状态方程可以得出理想气体的温度与气体分子平均平动动能的关系，从而说明温度的微观本质。由理想气体状态方程

$$PV = \frac{M}{\mu}RT$$

得

$$P = \frac{MR}{V\mu}T = \frac{NmR}{VmN_A}T = \frac{N}{V}\frac{R}{N_A}T$$

式中 N 为气体总分子数，N_A 为阿伏伽德罗常数，$\frac{N}{V}$ 为气体分子数密度 n，$\frac{R}{N_A}$ 为一个新常数，定义

$$k = \frac{R}{N_A} = \frac{8.13}{6.02 \times 10^{23}} = 1.38 \times 10^{-23} (\text{J} \cdot \text{K}^{-1})$$

为**玻耳兹曼常量**，则

$$P = nkT \tag{5-6}$$

将压强公式

$$P = \frac{2}{3}n\left(\frac{1}{2}m\overline{v^2}\right)$$

与式(5-6)比较得

$$\frac{2}{3}n\left(\frac{1}{2}m\overline{v^2}\right) = nkT$$

即

$$\frac{1}{2}m\overline{v^2} = \frac{3}{2}kT \tag{5-7}$$

上式称为理想气体的**温度公式**。它表明理想气体的热力学温度与并且只与理想气体分子的平均平动动能有关。如果两种气体温度相同，则两种气体的平均平动动能相等；若一种气体温度较高，则这种气体分子的平均平动动能较大。

5.3.2   气体温度的微观本质

式(5-7)建立了宏观量 T 与微观量分子平均平动动能之间的关系，这就从微观角度阐明了**温度的微观本质**：气体温度是分子平均平动动能的量度。这也是温度的统计意义，表明温度是大量分子热运动的集体表现，对少数几个分子而言，说它的温度是没有意义的。必须指出的是，按式(5-7)推论，当 $T = 0$ 时，$\frac{1}{2}m\overline{v^2} = 0$，即绝对零度是理想气体分子热运动停止的温度，这是不正确的。实际上，分子运动是永远不会停止的。同时，绝对零度是永远不可能达到的。理论证明，即使在绝对零度时，组成固体点阵的粒子也保持着某种振动能量。至于气体，在远未达到零度时，就已经变成液态或固态，式(5-7)也不再适用。

值得注意的是，温度反映的只是分子无规则热运动的平均平动动能，而不包括宏观整体运动的平动动能。

【例题 5-1】 容器中储有 0.1kg 的氧气，压强为 $1.5 \times 10^5 \text{Pa}$，温度为 300K。求：①氧

气的分子数密度；②分子热运动的平均总动能。

解：①由 $P = nkT$ 得：

$$n = \frac{P}{kT} = \frac{1.5 \times 10^5}{1.38 \times 10^{-23} \times 300} = 3.6 \times 10^{25} \quad (\text{m}^{-3})$$

②分子热运动的平均总动能为

$$E_t = N \times \frac{3kT}{2}$$

总分子数

$$N = \frac{M}{\mu}$$

则

$$E_t = \frac{M}{\mu}\frac{3N_A kT}{2} = \frac{M}{\mu}\frac{3RT}{2} = \frac{0.1}{32 \times 10^{-3}} \times \frac{3 \times 8.31 \times 300}{2} = 1.2 \times 10^4 \quad (\text{J})$$

可见，气体分子的平均平动动能即使在 1000℃ 高温下也是一个很小的量。

5.3.3　阿伏伽德罗定律和道尔顿分压定律

下面推证阿伏伽德罗定律和道尔顿分压定律，以间接地证明这两式的正确性。

（1）阿伏伽德罗定律

由 $P = nkT$，对于气体 1，2，$\cdots$，i，$\cdots$ 有

$$P_1 = n_1 k T_1 \quad P_2 = n_2 k T_2 \quad P_3 = n_3 k T_3 \quad \cdots$$

令

$$P_1 = P_2 = P_3 = \cdots \quad T_1 = T_2 = T_3 = \cdots$$

则

$$n_1 = n_2 = n_3 = \cdots$$

这就是**阿伏伽德罗定律**。它表明，在相同的温度和压强下，各种理想气体在相同的体积内分子数相等。

（2）道尔顿分压定律

设一个容器中装有几种气体，温度相同，他们的分子密度分别为 n_1，n_2，$n_3 \cdots$，则总分子数密度为 $n = n_1 + n_2 + n_3 + \cdots$。由 $P = nkT$ 可得

$$
\begin{aligned}
P &= kT(n_1 + n_2 + n_3 + \cdots) \\
&= n_1 kT + n_2 kT + n_3 kT + \cdots \\
&= P_1 + P_2 + P_3 + \cdots
\end{aligned}
\tag{5-8}
$$

其中，$P_1 = n_1 kT$，$P_2 = n_2 kT$，$P_3 = n_3 kT \cdots$ 分别表示第 1 种气体、第 2 种气体、第 3 种气体单独占据混合气体容积时产生的压强，称为**分压强**。该结果表明，一定温度下，混合气体的总压强等于相混合的各种气体的分压强之和，这就是**道尔顿分压定律**。

5.4　能量按自由度均分定理

本节讨论理想气体分子无规则运动的各种形式的能量，并计算理想气体的内能。

5.4.1　自由度

前面在讨论分子的无规则运动时，只考虑了分子的平动。实际上，除单原子分子可视为质点外，一般分子的运动不限于平动，还有转动及分子内原子的振动等。为了确定分子的各种形式的能量的统计分布，需引入自由度的概念。

决定一个物体的位置所需要的独立坐标数，叫做这个物体的**自由度**。一个质点在空间自由运动，决定它的位置需要三个独立坐标，如 x、y、z。所以，在空间运动的质点有三个自由度。限制在平面或曲面上运动的一个质点，它的位置只需两个独立坐标就可以决定，所以，它只有两个自由度。在直线或曲线上运动的质点，只有一个自由度。若火车、轮船、飞机均视为质点时，不难得出：火车有一个自由度，轮船有两个自由度，飞机有三个自由度。

对于几个原子组成的分子，可以近似地看做刚体。刚体的运动形式，除平动外，还有转动。刚体的这种运动可分解为质心的平动及绕通过质心的轴的转动。所以刚体作自由运动时的位置可这样决定(图 5-6)：

①用三个独立坐标 x、y、z 决定其质心 O' 的位置。

②用 α、β、γ 三个方位角决定轴 AB 的方位。考虑到三个方位角须满足

$$\cos^2\alpha + \cos^2\beta + \cos^2\gamma = 1$$

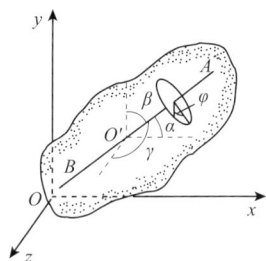

图 5-6　刚体的自由度

式中 α、β、γ 三个方位角中只有两个是独立的。所以确定轴 AB 的方位需要两个独立坐标 α、β。

③用一个坐标 φ 决定刚体相对于某一起始位置绕轴转过的角位置。

在上述自由度中，我们将其中决定质心位置的自由度称为**平动自由度**，将决定转轴方位的自由度和决定刚体绕转轴的角位置的自由度统称为**转动自由度**。因此，自由的刚体共有六个自由度，其中有三个平动自由度、三个转动自由度。当刚体的运动受到某种限制时，其自由度会减少。如绕定轴转动的刚体只有一个转动自由度。

现在讨论气体分子的自由度。

①单原子分子：如氦、氖、氩等气体，可看成任意自由运动的质点，有三个平动自由度($i = 3$，i 表示自由度数)。

②双原子分子：如氢气、氮气、氧气、一氧化碳等，若看作是由两质点构成的直线型刚性分子，则有五个自由度($i = 5$)。其中，三个平动自由度决定质心的位置，两个转动自由度决定质点连线的方位，而视为点的两原子绕连线轴的转动是不存在的。

③多原子分子(三个或三个以上的原子组成的分子)：若看作刚体，则有六个自

由度($i=6$)。

实际上，双原子分子和多原子分子都不完全是刚性的，在原子间的相互作用下，分子的原子间存在着振动，所以分子运动的自由度中还应该有振动自由度。但只有在高温下，分子内部的振动才显著。在常温下，可不考虑振动自由度。以后，为方便起见，将气体分子均看作刚性分子。

5.4.2 能量按自由度均分定理

分子的运动有平动、转动和振动，因而就有相应的能量。下面讨论这些能量的统计平均值及分配方式。

已知理想气体分子的平均平动动能为

$$\frac{1}{2}m\overline{v^2}=\frac{3}{2}kT$$

式中$\overline{v^2}=\overline{v_x^2}+\overline{v_y^2}+\overline{v_z^2}$。在热动平衡状态下，气体分子沿各个方向运动的机会均等，有

$$\overline{v_x^2}=\overline{v_y^2}=\overline{v_z^2}=\frac{1}{3}\overline{v^2}$$

可得

$$\frac{1}{2}m\overline{v_x^2}=\frac{1}{2}m\overline{v_y^2}=\frac{1}{2}m\overline{v_z^2}=\frac{1}{3}\left(\frac{1}{2}m\overline{v^2}\right)=\frac{1}{2}kT$$

该式表明，气体分子沿 x、y、z 三个方向运动的平均平动动能完全相等。即分子的三个平动自由度中，相应每个自由度都分配有相同的平均平动动能，其大小等于$\frac{1}{2}kT$。这一结论可以推广到气体的转动和振动自由度上，还可由气态推广到液态、固态。因此，得出一个普遍原理即**能量按自由度均分定理**：在热动平衡状态下，分子的每一个自由度上都具有相同的平均动能$\frac{1}{2}kT$。根据这一原理，如果气体分子有 t 个平动自由度、r 个转动自由度，则该分子的平均平动动能为$\frac{t}{2}kT$，平均转动动能为$\frac{r}{2}kT$，分子平均总动能为

$$\overline{e_k}=\frac{1}{2}(t+r)kT=\frac{i}{2}kT$$

能量按自由度均分定理是大量分子无规则运动的统计规律，是统计平均的结果。对个别分子来说，在某一瞬间，其各种形式的动能及总动能的大小完全是偶然的，能量也不一定按自由度均分。但对大量分子来说，由于分子间无规则的频繁的碰撞，各种能量可以相互传递和转化。结果，在热动平衡状态下，能量必然是按自由度均分的。

5.4.3 理想气体的内能

气体分子的能量，除动能外，还有与分子间作用相关的势能。气体分子的各种无规则运动动能与分子间的势能的总和称为气体的**内能**。对于理想气体，分子间相互作用力忽略不计，因而认为分子间的势能也忽略不计。所以，**理想气体的内能**是所有分子各种无规则运动动能的总和。

应该注意，这里所说的内能与力学中的机械能不同。例如，静止在地面上的物体，其机械能（动能、重力势能、弹性势能）可以为零，但静止物体内部的分子总是在运动着和相互作用着，其内能永不为零。

根据能量均分定理，平均一个分子的总动能为

$$\overline{e_k} = \frac{i}{2}kT$$

1mol 理想气体的内能为

$$E_0 = N_A \frac{i}{2}kT = \frac{i}{2}RT$$

质量为 M 的理想气体的内能为

$$E = \frac{M}{\mu}\frac{i}{2}RT \tag{5-9}$$

式中 μ 为理想气体的摩尔质量。

由上述可知，一定量的某种理想气体的内能完全取决于它的分子运动的自由度 i 和气体的热力学温度 T，而与气体的体积和压强无关。

在状态变化过程中，若温度变化量为 ΔT，则内能变化量

$$\Delta E = \frac{M}{\mu}\frac{i}{2}R\Delta T \tag{5-10}$$

可见，在一定量的某种理想气体的状态变化过程中，只要温度不变，该理想气体的内能就不变，温度变化量相等，则内能变化量也相等，而与过程无关。所以说，理想气体的内能只是温度的单值函数。

【**例题 5-2**】 温度为 27℃ 时，1mol 氧气分子的平均动能及内能是多少？（氧气分子视为刚性分子）

解： 氧气分子视为刚性分子时，有三个平动自由度和两个转动自由度，因此

$$E_{O_{2t}} = \frac{t}{2}RT = \frac{3}{2}RT = \frac{3}{2} \times 8.31 \times (273 + 27) = 3.74 \times 10^3 \quad (\text{J})$$

$$E_{O_{2r}} = \frac{r}{2}RT = \frac{2}{2}RT = 8.31 \times (273 + 27) = 2.49 \times 10^3 \quad (\text{J})$$

$$E_{O_2} = \frac{i}{2}RT = \frac{5}{2}RT = (3.74 + 2.49) \times 10^3 = 6.23 \times 10^3 \quad (\text{J})$$

5.5 气体分子速率的统计分布律

在标准状态下，$1cm^3$ 气体中约有 2.7×10^{19} 个分子。如此大量的分子，彼此间永不停息地进行着极其频繁的碰撞，使每个分子的速度的大小和方向都在不断地、跳跃性地改变着。在任一时刻，每个分子的速度的大小和方向完全是偶然的。而且，每个分子的运动状态及状态变化的过程都可以和其他分子有着显著的差别。要想研究某个分子在某一时刻或某一段时间内的运动情况是极为困难的。然而，在热动平衡状态下，大量气体分子的速率却完全遵守一定的统计规律，比如总有一些分子处于某一速率范围内，麦克斯韦速率分布律则是大量气体分子遵守的非常重要的统计规律。

5.5.1 空气分子的速率分布

氧气分子在 273K 时速率分布情况如表 5-1 所列。从表中可以看出：

（1）空气分子速率分布的特点

① 空气分子速率分布与速率有关，对于相同的区间宽度，不同速率区间的气体分子数占总分子数的百分比不同。

② 速率很大和速率很小的气体分子数占总分子数的百分比较小，中等速率的分子所占百分比较大。

③ 空气分子的速率分布有一个最大值，位于中等速率区间。

（2）研究气体分子速率分布的基本方法

① 划分速率区间，本例的区间宽度为 $100m \cdot s^{-1}$。

② 确定各速率区间内的气体分子数占总分子数的百分比，可以想见，该百分比与区间宽度有关。

③ 比较不同速率区间内的气体分子所占总分子数的百分比，得出气体分子速率分布规律。

可以想见，速率分布情况描述的细致程度与划分的区间宽度有关，区间宽度越小，速率分布情况描述越细致。

表 5-1 273K 时氧分子速率的分布情况

速率区间($m \cdot s^{-1}$)	区间分子数占总分子数的百分比(%)
100 以下	1.4
100～200	8.1
200～300	16.5
300～400	21.4
400～500	20.6
500～600	15.1
600～700	9.2
700～800	4.8
800～900	2.0
900 以上	0.9

5.5.2 麦克斯韦速率分布律

下面依据如上方法推导气体分子速率分布函数。

① 划分速率区间，宽度为 Δv。

② 求出某个速率区间内的气体分子数 ΔN 占总分子数 N 的百分比 $\dfrac{\Delta N}{N}$。

③为了消除区间宽度的影响，求单位速率区间内的分子数占总分子数的百分比

$$\frac{\frac{\Delta N}{N}}{\Delta v} = \frac{\Delta N}{N \Delta v}$$

④令区间宽度 $\Delta v \rightarrow 0$，求 $\frac{\Delta N}{N \Delta v}$ 的极限并定义为速率分布函数：

$$f(v) = \lim_{\Delta v \to 0} \frac{\Delta N}{N \Delta v} = \frac{1}{N} \frac{dN}{dv} \qquad (5\text{-}11)$$

函数 $f(v)$ 可定量地反映出气体在一定温度下分子速率的分布情况。$f(v)$ 越大，速率 v 附近单位速率区间内分布的分子数占总分子数的百分比越大。

1859 年，麦克斯韦首先从理论上导出了函数 $f(v)$ 的具体形式：在热动平衡状态下，理想气体分子速率分布函数

$$f(v) = 4\pi \left(\frac{m}{2\pi kT} \right)^{\frac{3}{2}} e^{-\frac{mv^2}{2kT}} v^2 \qquad (5\text{-}12)$$

式中 m 为分子质量，k 为玻耳兹曼常数，T 为热力学温度。该函数称为**麦克斯韦速率分布函数**。

由它所确定的气体分子速率分布规律称为**麦克斯韦速率分布律**。表示速率分布函数 $f(v)$ 的曲线称为麦克斯韦速率分布曲线(图 5-7)。

在热动平衡状态下，分子在任一速率区间 $v \sim v + dv$ 内分子占总分子数的比

$$\frac{dN}{N} = f(v) dv = 4\pi \left(\frac{m}{2\pi kT} \right)^{\frac{3}{2}} e^{-\frac{mv^2}{2kT}} v^2 dv \qquad (5\text{-}13)$$

这正好是图 5-7 中，以 dv 为底，以 $f(v)$ 为高的阴影部分的面积。整个曲线与 Ov 轴包围的面积表示速率在 $0 \sim \infty$ 范围内的所有分子占总分子数的比率，等于所有速率区间的分子数占总分子数比率的总和，即

$$\int_0^\infty f(v) dv = 1 \qquad (5\text{-}14)$$

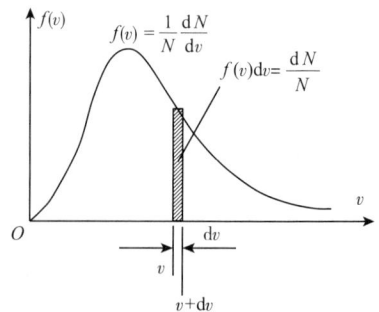

图 5-7 气体分子速率分布曲线

这个关系式是由速率分布函数 $f(v)$ 本身的物理意义所决定的。它是速率分布函数 $f(v)$ 所必须满足的条件，称为速率分布函数的**归一化条件**。由图 5-7 可以看出，速率很大和很小的分子所占比例较小，具有中等速率的分子所占的比例较大。

5.5.3 气体分子的三种速率

利用麦克斯韦速率分布函数可以推出热动平衡条件下气体分子热运动的三种统计速率。

（1）最概然速率

从速率分布曲线上可以看出 $f(v)$ 有一极大值，与此极大值对应的速率称为**最概然速率**。

$$v_{\mathrm{p}} = \sqrt{\frac{2kT}{m}} = \sqrt{\frac{2RT}{\mu}} \approx 1.41\sqrt{\frac{RT}{\mu}} \tag{5-15}$$

最概然速率的物理意义是：在一定温度下，速率在 v_{p} 附近的气体分子所占的比率为最大。也就是说，以不同速率区间来说，气体分子中速率在 v_{p} 附近的概率最大。

（2）平均速率

大量气体分子速率的算术平均值称为**平均速率**，用 $\bar{v}$ 表示，可用求统计平均值的方法求得

$$\bar{v} = \sqrt{\frac{8kT}{\pi m}} = \sqrt{\frac{8RT}{\pi \mu}} \approx 1.60\sqrt{\frac{RT}{\mu}} \tag{5-16}$$

（3）方均根速率

大量分子速率平方的平均值的平方根称为**方均根速率**。它可由式（5-12）用统计求平均的方法求得，也可以用气体分子平均动能与温度的关系即式（5-7）导出。由式（5-7）可得

$$\sqrt{\overline{v^2}} = \sqrt{\frac{3kT}{m}} = \sqrt{\frac{3RT}{\mu}} \approx 1.73\sqrt{\frac{RT}{\mu}} \tag{5-17}$$

以上三种速率都含有统计平均的意义，是对大量分子统计平均的结果。其中 $\sqrt{\overline{v^2}}$ 最大，$\bar{v}$ 次之，v_{p} 最小。三种速率都与 $\sqrt{T}$ 成正比，与 $\sqrt{\mu}$ 成反比。当温度升高时，$T_2 > T_1$，气体分子的速率普遍增大，三种速率都增大，分布曲线的最高点向速率增大的方向移动，曲线变得平坦，如图 5-8 所示。当温度改变时，曲线下的总面积（即所有速率区间的分子数占总分子数比率的总和）不变。

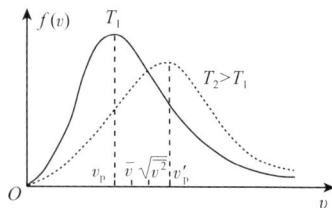

图 5-8　气体分子的三种速率

这三种速率分别用在不同的场合。在研究分子速率分布时，要用到最概然速率 v_{p}；在研究分子运动的平均距离和动量改变时，要用到平均速率 $\bar{v}$；在计算分子平均平动动能时，用到了方均根速率 $\sqrt{\overline{v^2}}$。这里需要注意的是最概然速率不是分子的最大速率。

【例题 5-3】　计算 300K 时氮气分子的三种速率。

解：

$$v_{\mathrm{p}} = \sqrt{\frac{2RT}{\mu}} = \sqrt{\frac{2 \times 8.31 \times 300}{2.8 \times 10^{-2}}} = 422 \quad (\mathrm{m \cdot s^{-1}})$$

$$\bar{v} = \sqrt{\frac{8RT}{\pi \mu}} = \sqrt{\frac{8 \times 8.31 \times 300}{3.14 \times 2.8 \times 10^{-2}}} = 476 \quad (\mathrm{m \cdot s^{-1}})$$

$$\sqrt{\overline{v^2}} = \sqrt{\frac{3RT}{\mu}} = \sqrt{\frac{3 \times 8.31 \times 300}{2.8 \times 10^{-2}}} = 516 \quad (\mathrm{m \cdot s^{-1}})$$

可见，在室温下，这三种速率一般都在每秒几百米的数量级上。

5.6　范德瓦尔斯方程

一般情况下，真实气体的状态变化与理想气体状态方程不大符合，尤其在高压或低温下差异更大(图5-9)。这是因为理想气体状态方程是建立在理想气体模型基础上的，没有考虑分子间的作用力和分子本身的体积。常温常压下，气体分子间的平均距离较大，这两个因素是可以忽略的。但对在高压或低温下的真实气体，就不能忽略这两个因素，必须对理想气体状态方程予以修正。在许多物理学家提出的各种真实气体状态方程中，形式较为简单、物理意义比较明确的就是**范德瓦耳斯方程**。

范德瓦尔斯根据真实气体特征，对理想气体状态方程做了两项修正：

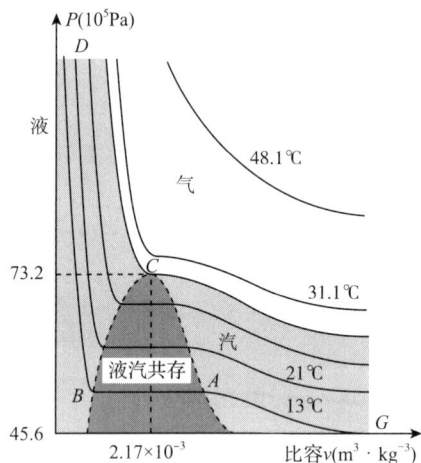

图5-9　真实气体的等温线

5.6.1　考虑气体分子体积的修正

在 1mol 理想气体的状态方程 $PV_m = RT$ 中，V_m 表示 1mol 气体可以被压缩的空间。由于理想气体分子本身的体积可以忽略不计，所以理想气体可以被压缩的空间就是它所占据的容器的整个容积。但对真实气体来说，由于分子本身有体积，分子能够被压缩的空间比容器的容积 V 小一个量 b，b 和气体分子本身所占的体积有关。对于给定的气体，b 是一个常量，可由实验测得。当考虑气体分子本身体积时，1mol 真实气体的状态方程修正为

$$P(V_m - b) = RT \tag{5-18}$$

或

$$P = \frac{RT}{V_m - b} \tag{5-19}$$

5.6.2　考虑分子间作用力的修正

相距一定距离的分子有相互作用力，这使气体分子在与器壁碰撞的过程中动量减小，因而气体对器壁的压强比上述方程计算的压强要减小一个量 P_i，所以，1mol 气体条件下，器壁所受的压强亦即实际所测出的压强为

$$P = \frac{RT}{V_m - b} - P_i \tag{5-20}$$

这里，P_i 一般称为**内压强**，表示真实气体表面层单位面积受到内部分子的引力。

P_i 大小一方面与碰撞在器壁单位面积上的分子数成正比，而这个分子数与分子密度 n 成正比。另一方面，P_i 与碰撞器壁的每一分子所受的其他气体分子的分子力的合力（引力）成正比，这一合引力的大小与分子作用球内的分子数成正比（以分子有效作用半径为半径而作的球称为分子作用球。分子未到达器壁前，其所受分子作用球内分子力的合力为零；到达器壁时，半个球在器壁，所受作用不属于气体分子的作用，另半个分子作用球的分子对它的作用力为引力）。而分子作用球内的分子数与分子密度 n 成正比，因而 P_i 应与 n^2 成正比。又由于 n 与气体体积 V 成反比，所以 P_i 与 V^2 成反比，即

$$P_i = \frac{a}{V_m^2}$$

式中比例系数 a 由气体的性质决定，可由实验测定。将 P_i 代入式(5-20)可得 1mol 气体的范德瓦尔斯方程

$$\left(P + \frac{a}{V_m^2}\right)(V_m - b) = RT \tag{5-21}$$

由该方程可以看出，当体积很大（温度一定）或温度很高（压强一定）时，式(5-21)即范德瓦尔斯方程中的两个修正量可以忽略不计，结果范德瓦尔斯方程过渡到理想气体的状态方程。

对于质量为 M、摩尔质量为 μ 的气体，其体积 V 和 1mol 气体的体积 V_m 的关系为 $V = MV_m/\mu$，即 $V_m = \mu V/M$。将此关系式代入式(5-21)即得任意质量气体的范德瓦尔斯方程。

$$\left(P + \frac{M^2}{\mu^2}\frac{a}{V^2}\right)\left(V - \frac{M}{\mu}b\right) = \frac{M}{\mu}RT \tag{5-22}$$

范德瓦尔斯方程虽非绝对准确，但它的适用范围比理想气体状态方程广泛得多，在高压或低温下也能较好地反映出真实气体的状态变化规律。

5.7　分子的碰撞和平均自由程

在常温下，气体分子运动的平均速率是很高的，达每秒数百米。由此看来，气体中的一切过程似乎应该在一瞬间就能完成。但实际情况并非如此。例如，在无风条件下打开汽油瓶后，汽油味经过几分钟的时间才能传过几米远的地方。这说明气体的混合（扩散过程）进行得相当慢。这是因为在标准状态下，气体分子的密度较高（1cm³ 中有 2.7×10^{19} 个分子），分子本身又具有一定的体积，所以，尽管气体速率很大，但在前进中要与其他分子做多次的碰撞，所走的路程非常曲折，如图 5-10 所示。因此，分子从一处迁移到另一处需要的时间比直线路程需要的时间要长得多。

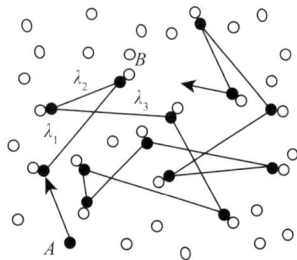

图 5-10　气体分子碰撞示意图

一个气体分子在任意连续两次碰撞之间所走过的自

由路程称为**自由程**。对个别分子来说，自由程时长时短，但在热动平衡条件下，分子的自由程完全遵守确定的统计规律。所以，我们可以求出单位时间内每个分子和其他分子碰撞的平均次数以及分子在连续两次碰撞之间所经过的自由运动的平均路程。前者称为分子的**平均碰撞次数**，用 $\overline{Z}$ 表示，后者称为分子的**平均自由程**，用 $\overline{\lambda}$ 表示。$\overline{Z}$ 和 $\overline{\lambda}$ 的大小，反映了气体分子碰撞的频繁程度。气体的黏滞性、热传导和扩散等过程进行的快慢均取决于分子碰撞的频繁程度。

为计算简单，假定每个分子都是直径为 d 的弹性圆球（d 为分子有效直径），并且假定只有某一个分子以平均速率 $\overline{v}$ 运动，其他分子都静止不动。该分子每碰撞一次，其速度方向改变一次，所以运动分子的球心的轨迹是一条折线，如图 5-11 中的折线 $ABCD$。平均在一秒钟内，该运动分子所走的折线的长度在数值上就等于 $\overline{v}$。从图 5-11 中可以看出，凡是球心离开折线的距离小于 d 的其他分子，都将和运动分子发生碰撞。这些分子所处的空间，正好是以运动分子的球心

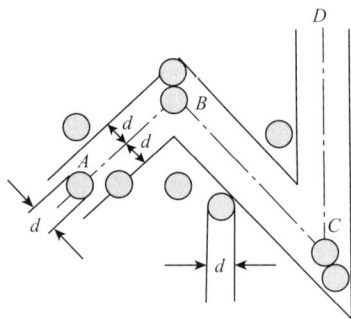

图 5-11 $\overline{Z}$ 和 $\overline{\lambda}$ 的计算图

所经的轨迹为轴、以 d 为半径的折线型圆柱体。在 1s 内，运动分子经过的圆柱体长度为 $\overline{v}$，该圆柱体的容积为 $\pi d^2 \overline{v}$。由上述可知，凡球心在这一圆柱体内的所有静止分子在一秒钟内都将与运动分子碰撞。若单位体积内的分子数为 n，则圆柱体内的静止分子数为 $\pi d^2 \overline{v} n$。显然，这就是运动分子在 1s 内和其他分子碰撞的平均次数 $\overline{Z}$，即

$$\overline{Z} = \pi d^2 \overline{v} n$$

但该式是在假定一个分子运动而其他分子都静止的条件下得出的。实际上，所有的分子都在运动，该式必须修正。根据麦克斯韦速率分布律，从理论上可以导出：所有分子都在运动的情况下，分子的平均碰撞次数为上式的 $\sqrt{2}$ 倍（推导从略），从而可得分子的平均碰撞次数为

$$\overline{Z} = \sqrt{2}\pi d^2 \overline{v} n \tag{5-23}$$

根据该式可进一步计算出分子平均自由程 $\overline{\lambda}$。由于一秒内每一分子平均走过的路程为 $\overline{v}$，而一秒内每一分子和其他分子碰撞的平均次数为 $\overline{Z}$，则平均自由程 $\overline{\lambda}$ 为

$$\overline{\lambda} = \frac{\overline{v}}{\overline{Z}} = \frac{1}{\sqrt{2}\pi d^2 n} \tag{5-24}$$

可见，平均自由程和分子密度成反比，与分子直径的平方成反比，而与平均速率无关。

根据 $P = nkT$，式（5-24）可写作

$$\overline{\lambda} = \frac{kT}{\sqrt{2}\pi d^2 P} \tag{5-25}$$

该式表明，当温度一定时，$\overline{\lambda}$ 与 P 成反比，压强越小，平均自由程越大。

表 5-2 给出了标准状态下几种气体的平均自由程。可以算出，这些气体分子的平均碰撞大约每秒几十亿次。可见大量分子的热运动是非常复杂的。

表 5-2　在标准状态下的平均自由程

气体	H_2	N_2	O_2	空气
$\bar{\lambda}(m)$	1.48×10^{-7}	8.54×10^{-8}	9.55×10^{-8}	8.45×10^{-8}

本章摘要

1. 气体的微观图像

（1）气体动理论的基本概念

①宏观物体由大量分子或原子组成。

②分子在永不停息地做无规则的热运动。

③分子之间有相互作用力：分子的有效直径的数量级为 10^{-10} m；分子的有效作用半径数量级为 10^{-9} m。

（2）分子热运动的统计规律

热平衡态下，大量分子的运动具有规律性，称为统计规律，统计假设为：

①在热动平衡状态下，气体分子的空间分布处处均匀。

②分子沿任一个方向运动的概率均等。

（3）理想气体的微观模型

①分子是质点。

②除碰撞瞬间外，分子之间以及分子与器壁之间的相互作用均可忽略。

③分子之间及分子与器壁之间的碰撞是完全弹性的。

2. 理想气体压强

大量分子与器壁相碰，宏观表现为气体对器壁的压强。

$$P = \frac{1}{3} nm \overline{v^2} = \frac{2}{3} n \left(\frac{1}{2} m \overline{v^2} \right)$$

压强具有统计意义。

3. 理想气体的温度

理想气体的平均平动动能与温度的关系为

$$\frac{1}{2} m \overline{v^2} = \frac{3}{2} kT$$

温度是气体分子平均平动动能的量度。理想气体的压强与温度的关系为

$$P = nkT$$

由上式可推出阿伏伽德罗定律与道尔顿分压定律。

4. 能量按自由度均分定理

①气体分子的自由度：单原子分子 $i = 3$；双原子分子 $i = 5$；多原子分子 $i = 6$。

②能量按自由度均分定理：平衡状态下，分子在每个自由度上都具有相同的平均动能 $\frac{1}{2} kT$。

③理想气体的内能公式：

$$E = \nu \frac{i}{2} RT$$

理想气体的内能是温度的单值函数。νmol 理想气体温度改变 ΔT 造成内能变化

$$\Delta E = \nu \frac{i}{2} R\Delta T$$

5. 气体分子速率的统计分布

①速率分布函数：热平衡态下，速率 v 处单位速率区间内的气体分子数占总分子数的百分比

$$f(v) = \lim_{\Delta v \to 0} \frac{\Delta N}{N\Delta v} = \frac{1}{N} \frac{dN}{dv}$$

②速率分布函数满足归一化条件：

$$\int_0^\infty f(v)\,dv = 1$$

③麦克斯韦速率分布函数能够定量描述气体分子的速率分布。

④三种速率：

a. 最概然速率

$$v_p = \sqrt{\frac{2kT}{m}} = \sqrt{\frac{2RT}{M}} \approx 1.41\sqrt{\frac{RT}{M}}$$

b. 平均速率

$$\bar{v} = \sqrt{\frac{8kT}{m}} = \sqrt{\frac{8RT}{\pi M}} \approx 1.60\sqrt{\frac{RT}{M}}$$

c. 方均根速率

$$\sqrt{\bar{v^2}} = \sqrt{\frac{3kT}{m}} = \sqrt{\frac{3RT}{M}} \approx 1.73\sqrt{\frac{RT}{M}}$$

6. 范德瓦尔斯方程

对高压或低温下的真实气体，不能忽略气体体积和气体分子之间的相互作用力这两个因素，必须对理想气体状态方程予以修正。在各种真实气体状态方程中，形式较为简单、物理意义比较明确的是范德瓦耳斯方程。

7. 分子的碰撞和平均自由程

单位时间内每个分子和其他分子碰撞的平均次数称为分子的平均碰撞次数

$$\bar{Z} = \sqrt{2}\pi d^2 \bar{v} n$$

分子在连续两次碰撞之间所经过的自由运动的平均路程称为分子的平均自由程

$$\bar{\lambda} = \frac{\bar{v}}{\bar{Z}} = \frac{1}{\sqrt{2}\pi d^2 n}$$

习　题

填空题

5-1　1mol 的氢气，温度为 T，视为刚性分子理想气体，则氢气分子的平均平动

动能为_____；氢分子的平均动能为_____。

5-2　νmol 的理想气体分子自由度为 i，温度升高 ΔT，内能增加_____。

5-3　压强、体积和温度都相同的氢气和氦气（均视为刚性分子的理想气体），它们的质量之比为 $m_1:m_2 =$ _____；它们的内能之比为 $E_1:E_2 =$ _____。（各量下角标 1 表示氢气，2 表示氦气，氦气的摩尔质量为 $4g\cdot mol^{-1}$。）

5-4　设氮气为刚性分子组成的理想气体，其分子的平动自由度为_____；转动自由度为_____。

5-5　_____是理想气体分子平均动能的量度。

5-6　容器内储有氧气（视为刚性双原子分子），其压强为 $4.14 \times 10^5 Pa$，温度为 27℃，则气体的分子数密度为_____ m^{-3}；分子的平均平动动能为_____ J。（$k = 1.38 \times 10^{-23} J\cdot K^{-1}$）

5-7　设 $f(v)$ 是麦克斯韦分子速率分布函数，则 $\int_0^\infty f(v) dv$ 的物理意义是_____。

5-8　若 $f(v)$ 为麦克斯韦速率分布函数，N 为分子总数，则 $N\int_0^\infty f(v) dv$ 的物理意义是_____。

5-9　设 $f(v)$ 是麦克斯韦分子速率分布函数，N 为总分子数，则在 $v \sim v + dv$ 速率区间出现的分子数为_____；在 $v_1 \sim v_2$ 速率区间内的分子数_____。

5-10　最概然速率 v_p、平均速率 $\bar{v}$、方均根速率 $\sqrt{\overline{v^2}}$ 的大小关系为_____。

5-11　对于真实气体，范德瓦耳斯方程所做的两项修正分别是_____和_____。

5-12　单位时间内每个分子和其他分子_____称为分子的平均碰撞次数；分子在连续两次碰撞之间所经过的_____称为分子的平均自由程。

选择题

5-13　对于刚性双原子气体分子，其自由度为_____。
A. 3　　　　　　　B. 5　　　　　　　C. 6　　　　　　　D. 7

5-14　有两瓶气体，一瓶是氦气，另一瓶是氮气，它们的压强相等，温度也相等，但体积不同，则_____。
A. 单位体积内气体的质量相等　　B. 单位体积内的气体的分子数相等
C. 单位体积内的原子数相等　　　D. 单位体积内的气体的内能相等

5-15　处于平衡状态的一瓶氦气和一瓶氮气的分子数密度相同，分子的平均平动动能也相同，则它们_____。
A. 温度，压强均不相同　　　　　B. 温度相同，但氦气压强大于氮气压强
C. 温度，压强都相同　　　　　　D. 温度相同，但氦气压强小于氮气压强

5-16　有关气体的温度的说法错误的是_____。
A. 温度表示每个分子的冷热程度　　B. 温度是大量分子热运动的集体表现
C. 温度是分子平均平动动能的量度　D. 温度反映分子热运动剧烈程度

5-17   两个相同的刚性容器，一个盛有氢气，一个盛有氦气(均视为刚性分子理想气体)，开始时它们的压强和温度都相等，现将3J热量传给氦气，使之升高到一定的温度，若使氢气也升高到同样的温度，则应向氢气传递的热量为_____。

A. 3J   B. 4J   C. 5J   D. 10J

5-18   1mol氦气和1mol氧气(视为刚性双原子分子理想气体)的当温度为 T 时，其内能分别为_____。

A. $\frac{3}{2}RT$, $\frac{5}{2}RT$ B. $\frac{3}{2}kT$, $\frac{5}{2}kT$ C. $\frac{3}{2}RT$, $\frac{3}{2}RT$ D. $\frac{3}{2}RT$, $\frac{5}{2}kT$

5-19   处于平衡态的某理想气体分子中以下面哪个速率运动的可能性最大_____。

A. 最概然速率   B. 方均根速率   C. 平均速率   D. 无法确定

5-20   对于一定量的理想气体，内能仅与哪些状态参量有关_____。

A. 压强   B. 体积   C. 温度   D. 与上述三个都有关

5-21   在标准状态下，氧气和氦气体积比为1/2，均为刚性分子理想气体，内能之比为_____。

A. 3/10   B. 1/2   C. 5/6   D. 5/3

5-22 n 为单位体积的分子数，$f(v)$ 为麦克斯韦速率分布函数，则 $nf(v)dv$ 表示_____。

A. 速率 v 附近，dv 区间内的分子数

B. 单位体积内速率在 $v\sim v+dv$ 区间内的分子数

C. 速率 v 附近，dv 区间内的分子数占总分子数的比率

D. 单位时间内碰到单位器壁上，速率在 $v\sim v+dv$ 区间内的分子数

计算题

5-23 2×10^{-13}kg 的氮气，在27℃时体积为2L，它的压强是多少？

5-24   氦氖气体激光器管内温度为27℃，压强是 3.2×10^2Pa。氦气和氖气的压强之比是7:1，管内氦气和氖气的分子数密度各为多少？

5-25   在容积为10L的容器中，装有100g气体。已知气体分子的方均根速率为200m·s^{-1}，气体的压强为多少？

5-26   在温度27℃时，1mol氢气和1mol氮气的内能为多少？1g氢气和1g氮气的内能为多少？

5-27 2.0×10^{-2}kg 氢气装在 4.0×10^{-3}m^3 的容器内，当容器内的压强为 3.90×10^5Pa时，氢气分子的平均平动动能为多大？

5-28   储有1mol氧气，容积为 1m^3 的容器以 $v=10$m·s^{-1} 的速度运动，设容器突然停止，其中氧气80%的机械运动动能转化为气体分子热运动动能。试求气体的温度及压强各升高了多少？

5-29   在容积为 2.0×10^{-3}m^3 的容器中，有内能为 6.75×10^2J 的刚性双原子分子的理想气体。求：①求气体的压强；②若容器中分子总数为 5.4×10^{22}m^{-3}，求分子的平均平动动能及气体的温度。

5-30   温度相同的氢气和氧气，若氢气分子的平均平动动能为 6.21×10^{-21}J，

求：①氧气分子的平均平动动能及温度；②氧气分子的最概然速率。

5-31　星际空间温度可达 2.7K，求温度为 300K 和 2.7K 的氢分子的平均速率、方均根速率及最概然速率。

5-32　声波在理想气体中传播的速率正比于气体分子的方均根速率，若这两种气体都为理想气体并具有相同的温度，声波通过氧气的速率与通过氢气的速率之比为多少？

5-33　已知氮气分子的有效直径为 3.13×10^{-10}m，求标准状态下氮气分子的平均碰撞次数和平均自由程。

第6章

热力学基础

　　热力学和气体动理论的研究对象都是热现象，但是二者的研究方法不同。在热力学中，不考虑物质系统的微观结构，而是以实验观测到的宏观现象和事实为依据，从能量转化的观点出发，研究系统的热平衡态及其在状态变化过程中有关宏观物理量之间的关系，导出热功转换的规律和条件，从而揭示出热现象的宏观规律。

　　按发展阶段的不同，热力学可分为平衡态热力学和非平衡态热力学。平衡态热力学研究系统从一个平衡态变化到另一个平衡态时的能量转化关系，其理论基础是热力学第一定律和热力学第二定律。非平衡态热力学研究系统从一个非平衡态演化到另一个非平衡态的条件，它涉及当今自然科学的许多重大问题。本章主要讨论平衡态热力学的基本原理。

6.1　热力学过程与第一定律

6.1.1　热力学系统、准静态过程

6.1.1.1　热力学系统

　　热力学问题的研究对象称为**热力学系统**，简称**系统**。热力学系统是由大量分子和原子组成的宏观物质的客体，一个气缸中的工作物质，一炉铁水，一株植物等，只要研究它们与热现象有关的变化，都可以看成热力学系统。围绕热力学系统的外界称为**环境**。与环境既没有物质交换，也没有能量交换的系统称为**孤立系统**；只有能量交换，没有物质交换的系统称为**封闭系统**；既有能量交换，又有物质交换的系统称为**开放系统**。

6.1.1.2　热平衡态

如果热力学系统与外界没有热量交换，内部也不发生任何形式的能量转化，经过足够长的时间后，可以达到宏观性质均匀稳定的状态，称为**热平衡态**，简称**平衡态**。达到热平衡态后，气体内部各处的压强、温度、密度都相等且不随时间变化，故一定质量的气体，可用一组状态参量 P（压强）、V（体积）、T（温度）来描述。考虑到这三个参量需要遵守理想气体状态方程，其中只有两个是独立的。若以 V 为横坐标、P 为纵坐标建立坐标系，则气体的平衡态对应于 P-V 图上一个点，如图 6-1 中的 A 和 B。

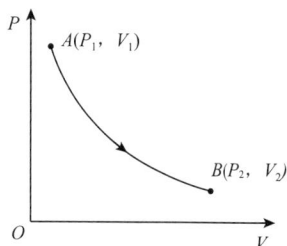

图 6-1　平衡态和准静态过程

6.1.1.3　准静态过程

热力学系统的宏观状态随时间的变化过程称为**热力学过程**。如果一个系统在其变化过程中所经历的每一中间状态都无限接近于热平衡态，这个过程就称为**准静态过程**。准静态过程是一个理想化过程。如果实际过程进行的足够缓慢，在整个过程中每当平衡态被破坏时，总有足够的时间，使系统恢复到新的平衡；这样，在过程进行的每一时刻，系统都无限接近于平衡态，这种过程就可看成是准静态过程。需要指出的是，衡量过程是否"足够缓慢"的标准，不是过程经历的时间长短，而是过程经历的每一状态有无足够时间使系统恢复新的平衡。例如，内燃机工作的时候，完成一个循环所经历的时间很短，但因为压强在气体中传递很快（以声速传播），使过程经历的每一时刻都处于临时平衡态，所以仍然可以看成是准静态过程。在 P-V 图上，准静态过程表示为一条曲线（图 6-1）。对于非准静态过程，由于中间状态的宏观量无确定值，非准静态过程不能在 P-V 图上表示出来。

6.1.2　内能　功

下面介绍内能、热量和功的概念以及它们之间的联系。

6.1.2.1　内能

热力学系统的内能包括系统内分子的各种动能与势能。对于理想气体来说，不考虑分子力，没有势能，内能是气体分子热运动的总动能。如前所述，理想气体的内能是温度的单值函数，即

$$E = \frac{M}{\mu}\frac{i}{2}RT \tag{6-1}$$

6.1.2.2　准静态过程的功

下面以气体膨胀为例，计算准静态过程的功。设一个气缸内气体压强为 P，活塞

面积为 S(图 6-2),气体作用在活塞上的压力

$$F = PS \tag{6-2a}$$

当气体膨胀,活塞移动 dl 时气体所做功

$$dA = PSdl = PdV \tag{6-2b}$$

式中 d$V = Sdl$ 为气体容积的增量。由图 6-2(b)可知,dA 等于过程曲线下方阴影部分的小面积。当系统由初始状态 A 经历一个有限的准静态过程变化到状态 B,系统的体积由 V_1 变化到 V_2,系统对外界做功

$$A = \int_A^B dA = \int_{V_1}^{V_2} PdV \tag{6-2c}$$

根据定积分的几何意义,上述定积分等于过程曲线下方的面积。由此可知,准静态过程的功等于 P-V 图上过程曲线下的面积,这就是**气体做功的几何意义**。可以想见,气体膨胀时,d$V > 0$,$A > 0$,系统对外做功;气体被压缩时,d$V < 0$,$A < 0$,外界对系统做功。

如果系统沿图 6-2(b)中虚线表示的过程进行,则气体做功等于虚线下方面积,它大于实线下方面积。由此可见,系统做功与系统所经历的过程有关,功是过程量。

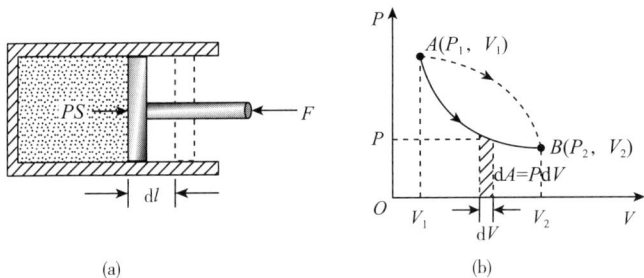

图 6-2   气体做功的计算

6.1.2.3   热量与热容

(1)热量

温度不同的物体相互接触时,通过分子间的相互作用,温度较高的物体就会把其一部分热运动能量传给温度较低的物体,这一个过程称为**传热**,该过程所传递的能量称为**热量**。在国际单位制中,热量的单位是焦耳(J)。

实验表明,同一物体经历不同的过程改变相同的温度时吸收或放出的热量不同,所以热量也是与过程有关的物理量,称为过程量。

(2)摩尔热容

1mol 物质温度改变 1K 时吸收或者放出的热量称为**摩尔热容**。设 1mol 某种物质温度改变 dT 时吸收或者放出的热量为 dQ,则该物质的摩尔热容

$$C_m = \frac{dQ}{dT} \tag{6-3a}$$

在国际单位制中,摩尔热容的单位是焦耳·摩尔$^{-1}$·绝对度$^{-1}$(J·mol^{-1}·K^{-1})。一般

情况可以认为气体的摩尔热容为常量，由式(6-3a)可得，质量为 M，摩尔质量为 μ 的物质温度改变 ΔT 时吸收或放出的热量

$$Q = \frac{M}{\mu} C_m \Delta T \tag{6-3b}$$

（3）比热容

单位质量的某种物质温度改变1℃时吸收或者放出的热量称为**比热容**。设单位质量的物质温度改变 Δt 时吸收或者放出的热量为 Q，则该物质比热容

$$c = \frac{Q}{\Delta t} \tag{6-4a}$$

在国际单位制中，比热容的单位是焦耳·千克$^{-1}$·度$^{-1}$（J·kg^{-1}·℃$^{-1}$）。由式(6-4a)可得，质量为 M 的物质，温度改变 Δt 时吸收或放出的热量

$$Q = Mc\Delta t \tag{6-4b}$$

6.1.3 热力学第一定律

在状态变化过程中，如果系统从外界吸收热量 Q，其内能从 E_1 改变到 E_2，同时对外界做功 A，则

$$Q = E_2 - E_1 + A = \Delta E + A \tag{6-5a}$$

这就是**热力学第一定律**。在国际单位制中，三个物理量的单位均为焦耳（J）。式(6-5a)表明系统从外界吸收的热量一部分用来增加系统内能，另一部分用来对外界做功。对于无限小的热力学过程，热力学第一定律可表示为微分形式：

$$dQ = dE + dA \tag{6-5b}$$

在式(6-5a)与式(6-5b)中，符号规定如下：

①系统吸热，Q 为正值；系统放热，Q 为负值。

②系统内能增加，ΔE 为正值；系统内能减少，ΔE 为负值。

③系统对外做功，A 为正值；外界对系统做功，A 为负值。

热力学第一定律是包括热量在内的能量转化和守恒定律，它是人们在长期的生产实践和科学实验中总结出来的一条普遍规律，它把各种自然现象用一个公共量度——能量联系起来，从而表明了包括热运动在内的任何形式的运动，都可以相互转化，但运动本身永远不会消失，也不能"创造"出来。

如前所述，做功和传热都能改变系统的内能，功和热量都是能量转化的一种度量，但是二者有着本质的区别。对系统做功改变其内能是机械能转变为分子热运动能量的过程；对系统传递热量改变其内能则是环境和系统分子热运动能量的相互转移。

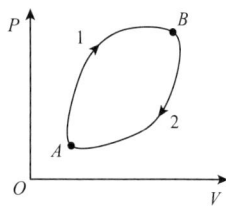

【例题 6-1】 系统由状态 A 沿路径 1 变到状态 B（图 6-3），吸热 800J，对外做功 500J，气体的内能改变了多少？如果该系统由状态 B 沿路径 2 回到状态 A 时，外界对系统做功 300J，系统放出多少热量？

图 6-3 例题 6-1 图

解: ①由热力学第一定律,系统由 A 沿路径 1 变到 B,其内能变化为

$$E_B - E_A = Q_1 - A_1 = 800 - 500 = 300 \quad (\text{J})$$

②系统由 B 经路径 2 回到 A 时内能改变

$$E_A - E_B = -(E_B - E_A) = -300 \quad (\text{J})$$

由题可知系统做功

$$A_2 = -300 \quad (\text{J})$$

由热力学第一定律,系统吸收的热量

$$Q_2 = (E_A - E_B) + A_2 = -300 - 300 = -600 \quad (\text{J})$$

负号表示系统放热。

6.2 理想气体的热功转换

下面将热力学第一定律应用到由理想气体组成的系统,研究理想气体在等体、等压、等温和绝热过程中的热功转换。

6.2.1 等体过程

系统体积不变的过程称为**等体过程**。如图 6-4 所示,等体过程的过程曲线在 P-V 图上是一条平行于纵轴 P 的线段,称为**等容线**。在等体过程中,气体的体积 V 是常量,体积改变量 $\Delta V = 0$,所以,系统做功

$$A = P\Delta V = 0$$

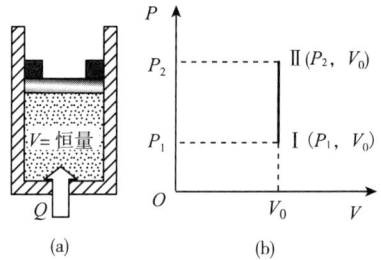

图 6-4 等体过程

由热力学第一定律可得系统在等体过程中吸收热量

$$\mathrm{d}Q_V = \mathrm{d}E \tag{6-6a}$$

或

$$Q_V = \Delta E \tag{6-6b}$$

由此可见,在等体过程中,系统不做功,系统从外界吸收的热量全部用来增加系统内能。

设 1mol 气体经等体过程温度改变 $\mathrm{d}T$ 时吸收或者放出热量为 $\mathrm{d}Q_V$,则该气体的等体摩尔热容

$$C_V = \frac{\mathrm{d}Q_V}{\mathrm{d}T} \tag{6-7a}$$

由式(6-6a)及(6-6b)可得

$$C_V = \frac{Q_V}{\Delta T} = \frac{\Delta E}{\Delta T} \tag{6-7b}$$

由于 1mol 理想气体的内能为 $E = \frac{i}{2}RT$,其温度增加 ΔT 时的内能增量

$$\Delta E = \frac{i}{2} R \Delta T$$

将该式带入式(6-7b)得

$$C_V = \frac{\frac{i}{2} R \Delta T}{\Delta T} = \frac{i}{2} R \qquad (6\text{-}7c)$$

由式(6-7b)得，1mol 理想气体的温度升高 ΔT 时的内能增量为

$$\Delta E = C_V \Delta T$$

质量为 M，摩尔质量为 μ 的理想气体的温度升高 ΔT 时内能增量为

$$\Delta E = \frac{M}{\mu} C_V \Delta T \qquad (6\text{-}8)$$

6.2.2　等压过程

　　系统压强不变的过程称为**等压过程**。等压过程的过程曲线是 $P\text{-}V$ 图上一条平行于 V 轴的线段，称为**等压线**(图 6-5)。由于等压过程气体的压强不变，当系统体积经等压过程由 V_1 变到 V_2 时，系统做功

$$A = P(V_2 - V_1) = P\Delta V \qquad (6\text{-}9)$$

由热力学第一定律可得系统吸热

$$Q_P = \Delta E + A \qquad (6\text{-}10)$$

图 6-5　等压过程

式中 ΔE 为系统经历该过程的内能改变量。式(6-10)表明，在等压过程中，系统吸收的热量一部分用来增加系统的内能，另一部分用来对外做功。

　　设在等压过程中，1mol 气体温度改变 dT 时吸收或者放出热量为 dQ_P，则该气体的**等压摩尔热容量**

$$C_P = \frac{dQ_P}{dT} \qquad (6\text{-}11a)$$

或

$$C_P = \frac{Q_P}{\Delta T} \qquad (6\text{-}11b)$$

将热力学第一定律

$$dQ = dE + dA$$

及

$$dA = PdV$$

代入得

$$C_P = \frac{dE + dA}{dT} = \frac{dE + PdV}{dT} = \frac{dE}{dT} + \frac{PdV}{dT} \qquad (6\text{-}12)$$

将 1mol 理想气体状态方程 $PV = RT$ 两边微分，考虑到压强不变，可得

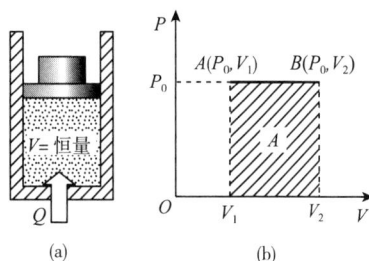

$$PdV = RdT$$

将此关系代入式(6-12) 并考虑式(6-7b)可得

$$C_P = \frac{dE}{dT} + \frac{RdT}{dT} = C_V + R \tag{6-13a}$$

将(6-7c)代入得

$$C_P = \frac{i}{2}R + R = \left(\frac{i}{2} + 1\right)R \tag{6-13b}$$

定义**比热容比**

$$\gamma = \frac{C_P}{C_V} \tag{6-14}$$

将式(6-7c)和式(6-13b)代入得

$$\gamma = \frac{C_P}{C_V} = \frac{\dfrac{i}{2}R + R}{\dfrac{i}{2}R} = \frac{i+2}{i} \tag{6-15}$$

6.2.3 等温过程

系统温度不变的过程称为**等温过程**，如图 6-6 所示。在 $P\text{-}V$ 图上，理想气体的等温过程曲线称为**等温线**，可以证明，等温线是一条反比例曲线。

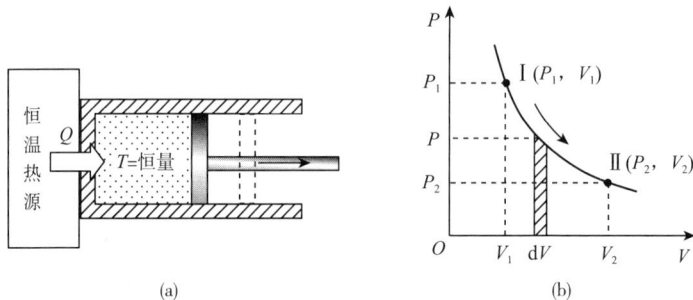

(a)   (b)

图 6-6 等温过程

考虑内能是温度的单值函数，且等温过程的温度不变，可知等温过程中理想气体的内能也不变，其内能改变量 $\Delta E = 0$，由热力学第一定律可得系统经等温过程吸收的热量

$$Q_T = A_T$$

式中 A_T 为气体经等温过程所做的功。上式表明，在等温过程中，系统所吸收的热量全部用来对外做功。等温过程是一个理想的热功转换过程。

设质量为 M、摩尔质量为 μ、温度为 T 的理想气体从状态 $1(P_1, V_1)$ 等温膨胀到状态 $2(P_2, V_2)$，则气体所做的功为

$$A_T = \int_{V_1}^{V_2} PdV = \int_{V_1}^{V_2} PV\frac{dV}{V} = \int_{V_1}^{V_2} \frac{M}{\mu}RT\frac{dV}{V}$$

由于等温过程中 T 是常量，所以

$$A_{\mathrm{T}} = \frac{M}{\mu}RT\int_{V_1}^{V_2}\frac{\mathrm{d}V}{V} = \frac{M}{\mu}RT\ln\frac{V_2}{V_1} \tag{6-16}$$

考虑等温过程中 $P_1V_1 = P_2V_2$，即

$$\frac{V_2}{V_1} = \frac{P_1}{P_2}$$

式(6-16)可以写成

$$A_{\mathrm{T}} = \frac{M}{\mu}RT\ln\frac{P_1}{P_2} \tag{6-17}$$

6.2.4　绝热过程

系统和环境没有热量交换的过程称为**绝热过程**（图 6-7）。

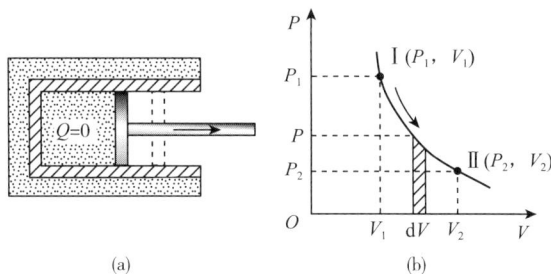

图 6-7　绝热过程

在实践中，除了把在良好的绝热材料包围的系统内发生的过程作为绝热过程外，还把一些进行得较快而来不及与外界交换热量的过程也看成绝热过程。绝热过程的特征是系统和环境交换的热量 $Q = 0$。在 P-V 图上，理想气体的绝热过程曲线称为**绝热线**，其形状如图 6-8 所示。考虑绝热过程的特征，由热力学第一定律得

$$0 = \Delta E + A \tag{6-18}$$

即

$$A = -\Delta E \tag{6-19}$$

由此可见，在绝热过程中，系统做功是以减少内能来实现的。

可以设想，气体经绝热膨胀做功，导致内能减少。在此过程中，系统的体积 V 增大，气体分子数密度 n 减小，温度降低，由 $P = nkT$ 可知，压强 P 也减小。可见，在绝热过程中，系统的 P、V、T 三个状态参量都是变化的，可以证明，这三个状态参量之间满足如下关系

$$PV^{\gamma} = C_1 \quad TV^{\gamma-1} = C_2 \quad P^{\gamma-1}T^{-\gamma} = C_3 \tag{6-20}$$

以上三式统称为理想气体的**绝热方程**。式中各个常量的大小与气体的质量及初始状态

有关，并且不一定相同。

在图6-8所示的 P-V 图上画出了同一理想气体的绝热线（实线）和等温线（虚线），两线的交点为 A。可以看出，在 A 点处，绝热线要比等温线陡峭，说明绝热过程中压强随体积的变化比等温过程剧烈。这是因为等温过程引起压强变化的原因只有一个：体积变化；而绝热过程引起体积变化的原因有两个：体积变化和温度变化。从分子运动论的观点看，等温过程压强的变化是由分子数密度变化一个原因引起的；而绝热过程的压强变化是由分子数密度变化和分子动能变化两个原因引起的。

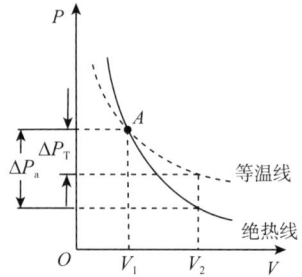

图6-8   绝热线与等温线的比较

理想气体的绝热线和等温线的关系也可以用数学方法来证明：根据等温方程

$$PV = C_1$$

和绝热方程

$$PV^\gamma = C_2$$

可以得出等温线的斜率

$$\left(\frac{dP}{dV}\right)_T = -\frac{P_A}{V_A} \tag{6-21}$$

绝热线的斜率

$$\left(\frac{dP}{dV}\right)_Q = -\gamma\frac{P_A}{V_A} \tag{6-22}$$

因为 $\gamma > 1$，绝热线比等温线陡峭。

6.3 循环过程的热功转换

6.3.1 循环过程

6.3.1.1 循环过程概述

如前所述，理想气体经历等压、等温、绝热膨胀过程都可以把系统吸收热量的一部分转变为功。然而，由于气体的膨胀过程不可能无限制地进行下去，仅靠气体的单一膨胀过程无法获得持续不断的功输出。为此，我们有必要研究一种能周而复始地循环动作的热功转换过程，该过程能使系统经过一系列变化后再回到原来的状态，称为**循环过程**，简称**循环**。循环过程包含的每一个阶段称为分过程，系统中参与工作的物质称为**工作物质**。如果系统完成一个循环经历的所有分过程都是准静态过程，这个循环过程就可以用 P-V 图上一条闭合曲线来表示（图6-9）。因为内能是状态的单值函数，工作物质经过一个循环过程后的内能改变量 $\Delta E = 0$，这是循

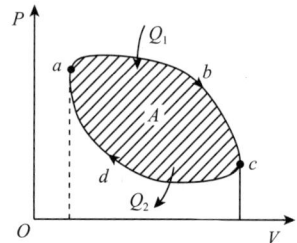

图6-9   循环过程

环过程的重要特征。

在不同的分过程中，系统可能吸热也可能放热，可能做正功也可能做负功。以 Q_+、Q_-、A_+、A_- 分别表示系统完成一个循环经历的所有分过程吸收热量的总和、放出热量的总和、所做正功总和、所做负功总和，则系统完成一个循环所吸收净热量

$$Q_{净} = Q_+ - Q_-$$

系统完成同一循环所做净功

$$A_{净} = A_+ - A_-$$

考虑循环过程 $\Delta E = 0$，由热力学第一定律得

$$Q_{净} = A_{净}$$

上式表明，系统完成一个循环所做净功等于该循环所吸收的净热量。

按照过程进行方向的不同，可将循环过程分为两类：在 P-V 图上沿顺时针方向进行的循环称为**正循环**；在 P-V 图上沿逆时针方向进行的循环称为**逆循环**。图 6-9 所示为正循环。

如图 6-9 所示，对于正循环，在过程 abc 中，工作物质体积膨胀，系统对外做功，其数值等于过程曲线 abc 下的面积；在过程 cda 中，工作物质体积缩小，系统对外做负功，即外界对系统做功，其数值等于过程曲线 cda 下的面积。由图 6-9 可见，系统完成一个正循环所做净功 $A_{净} > 0$，其数值等于过程曲线 $abcda$ 所包围的面积。同理可得：系统完成一个逆循环所做净功 $A_{净} < 0$，其数值也等于过程曲线 $adcba$ 所包围的面积。综上所述，循环过程系统所做的功等于过程曲线所包围的面积。

6.3.1.2　热机

在热工技术中，将工作物质做正循环的机器称为**热机**，它是把热量持续转化为功的机器，内燃机、蒸汽机等都是热机。

蒸气机是最早的热机，对它的研究加速了热机理论的发展。如图 6-10 所示，蒸气机的工作过程为：水泵将水池中的水抽入锅炉，水在锅炉中被加热成高温高压蒸汽，这是一个吸热而使内能增加的过程；然后蒸汽被送入气缸中，并在气缸中膨胀，推动活塞做功，同时蒸汽的内能减少，这是蒸汽通过做功将内能转化为机械能的过程；再后蒸汽变为废气被排入冷凝器中，经冷却凝结成水，这是一个放热而使内能减小的过程；最后水泵再把冷凝器中的水抽入水池，使循环持续进行。

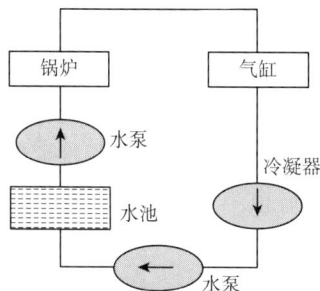

图 6-10　蒸汽机的工作过程

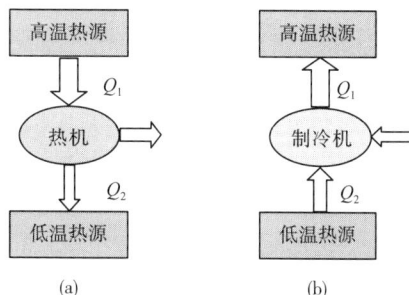

图 6-11　热机与致冷机的热功转换
（a）热机　（b）致冷机

如图 6-11(a)所示，热机完成一个正循环的热功转换为：系统从高温热源吸取热量 Q_1，对外做功 A，并将一部分热量 Q_2 传给低温热源，其中系统吸收净热量

$$Q_净 = Q_1 - Q_2$$

做净功

$$A_净 = Q_净 = Q_1 - Q_2$$

上式表明，系统从高温热源吸取的热量 Q_1 不能全部转化为功，为了使系统恢复到起始状态，必须有一部分热量向低温热源放出。设系统完成一个正循环从高温热源吸取热量 Q_1，对外做功 A，定义**热机效率**或**循环效率**

$$\eta = \frac{A}{Q_1} = \frac{Q_1 - Q_2}{Q_1} = 1 - \frac{Q_2}{Q_1} \tag{6-23}$$

热机效率是衡量热机工作效能的重要标志，热机效率越高，热机的热功转换效果越好。不同热机的循环过程不同，其热效率亦不同。

6.3.1.3　致冷机

工作物质做逆循环的机器称为**致冷机**，它是利用外力做功使热量从低温热源传向高温热源，从而实现致冷的机器。

致冷机的热功转换如图 6-11(b)所示，致冷机在外力做功 A 的作用下，从低温热源吸取热量 Q_2，并把 Q_2 与 A 一起以热量的形式传递给高温热源，传给高温热源的热量 $Q_1 = A + Q_2$。致冷机的功效用致冷机完成一个循环从低温热源吸取的热量 Q_2 与外力做功 A 的比值来衡量，称为致冷系数

$$\omega = \frac{Q_2}{A} = \frac{Q_2}{Q_1 - Q_2} \tag{6-24}$$

可以看出，致冷系数越大，致冷机从低温热源吸取一定热量所需外力做功越少，该致冷机的致冷效果越好。

电冰箱是一种常用的致冷机。如图 6-12 所示，致冷机由压缩机 A、冷凝器 B、节流阀 C 和蒸发器 D 四部分组成，工作物质一般选容易液化的气体，如氨、氟利昂等。致冷机的工作过程为：液态工作物质在蛇形蒸发器 D 中通过蒸发吸收冷库中的热量 Q_2，达到致冷效果；压缩机 A 的负压端把蒸发器中的气态工作物质吸走，以使蒸发过程持续进行。然后，气态工作物质在压缩机中被压缩成高温、高压的蒸汽，经正压端送入冷凝器中冷凝成液态，并放出热量 Q_1。最后，节流阀将冷凝下来的工作物质有节制地补充给蒸发器，使蒸发器能够持续不断地工作。

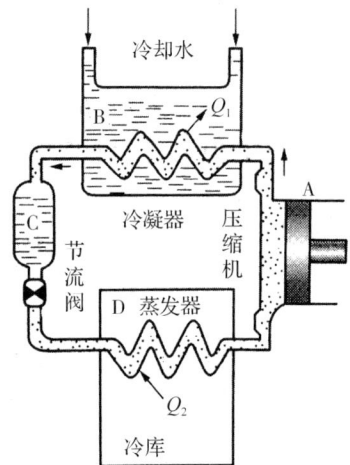

图 6-12　电冰箱原理

6.3.2　卡诺循环　卡诺热机

6.3.2.1　卡诺循环

　　热机的理论基础是循环过程。19 世纪上半叶，为了提高热机效率，人们从事了许多理论研究。1624 年，法国青年工程师卡诺提出一个可获得最大工效的理想热机循环，称为**卡诺循环**，卡诺循环工作在高低两个恒温热源之间，由两个等温过程和两个绝热过程组成(图 6-13)。

　　卡诺循环是一种理想循环，组成卡诺循环的分过程都是理想的准静态过程，因而可获得理想的循环效率。

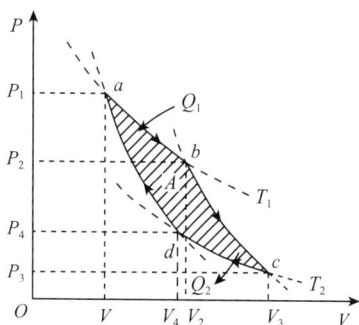

图 6-13　卡诺正循环

6.3.2.2　卡诺热机

　　按照卡诺正循环工作的机器称为卡诺热机。如图 6-13 所示，卡诺热机的循环过程为：

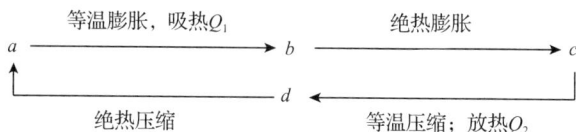

$$a \xrightarrow{\text{等温膨胀，吸热}Q_1} b \xrightarrow{\text{绝热膨胀}} c$$

$$d \xleftarrow{\text{等温压缩；放热}Q_2} c$$

$$a \xleftarrow{\text{绝热压缩}} d$$

　　下面讨论卡诺循环的特点及卡诺热机的效率。

　　①$a \to b$ 为等温膨胀过程，气体体积由 V_1 增大到 V_2，系统对外做功 A_1，从高温热源吸收的热量

$$Q_1 = \frac{M}{\mu} R T_1 \ln \frac{V_2}{V_1} \tag{6-25}$$

　　②$b \to c$ 为绝热膨胀过程，气体体积由 V_2 增大到 V_3，温度由 T_1 降为 T_2，并满足绝热方程

$$T_1 V_2^{\gamma-1} = T_2 V_3^{\gamma-1} \tag{6-26}$$

　　③$c \to d$ 为等温压缩过程，气体体积由 V_3 缩小到 V_4，外界对系统做功 A_3，系统从低温热源吸取热量

$$Q'_2 = \frac{M}{\mu} R T_2 \ln \frac{V_4}{V_3}$$

以 Q_2 表示系统向 T_2 放出的热量，则

$$Q'_2 = -Q_2$$

所以

$$Q_2 = -\frac{M}{\mu} R T_2 \ln \frac{V_4}{V_3}$$

$$= \frac{M}{\mu} R T_2 \ln \frac{V_3}{V_4} \tag{6-27}$$

④$d \rightarrow a$ 为绝热压缩过程，气体体积由 V_4 缩小到 V_1，温度由 T_2 升高为 T_1，并满足绝热方程

$$T_1 V_1^{\gamma-1} = T_2 V_4^{\gamma-1} \tag{6-28}$$

式(6-26)/式(6-28)得

$$\frac{V_2^{\gamma-1}}{V_1^{\gamma-1}} = \frac{V_3^{\gamma-1}}{V_4^{\gamma-1}}$$

即

$$\frac{V_2}{V_1} = \frac{V_3}{V_4} \tag{6-29}$$

代入式(6-27)得

$$Q_2 = -\frac{M}{\mu} R T_2 \ln \frac{V_2}{V_1} \tag{6-30}$$

式(6-25)/式(6-30)得

$$\frac{Q_1}{Q_2} = \frac{T_1}{T_2} \tag{6-31a}$$

即

$$\frac{Q_1}{T_1} = \frac{Q_2}{T_2} \tag{6-31b}$$

式(6-31a)和(6-31b)为卡诺循环所特有，是卡诺循环的重要特点。

如前所述，热机效率

$$\eta = \frac{A}{Q_1} = \frac{Q_1 - Q_2}{Q_1} = 1 - \frac{Q_2}{Q_1}$$

对于卡诺热机，将式(6-31a)代入上式得

$$\eta_c = 1 - \frac{T_2}{T_1} \tag{6-32}$$

综上所述，可以得出如下结论：

①完成一次卡诺循环必须有高温和低温两个热源。

②卡诺热机的效率只与高低温热源的温度有关，与工作物质无关。提高热机效率的有效途径是提高两个热源的温度差。

③由于 $Q_2 \neq 0$，$T_2 \neq 0$，卡诺循环的效率 $\eta_c < 1$。

【例题 6-2】 一台卡诺热机，每一循环从 $T_1 = 400\text{K}$ 的高温热源吸取热量 $Q_1 = 2.40 \times 10^3 \text{J}$，并向 $T_2 = 300\text{K}$ 的低温热源放热。求：①每一循环的热效率和净功；②如将高温热源的温度提高到 $T_1' = 500\text{K}$，每一循环的热效率和净功又是多少？

解：①$T_1 = 400\text{K}$ 时，热效率

$$\eta_{c1} = 1 - \frac{T_2}{T_1} = 1 - \frac{300}{400} = 25.0\%$$

净功
$$A = Q_1 \eta_{c1} = 0.250 \times 2.40 \times 10^3 = 600 \quad (J)$$

②$T'_1 = 500K$ 时，热效率
$$\eta_{c2} = 1 - \frac{T_2}{T'_1} = 1 - \frac{300}{500} = 40.0\%$$

净功
$$A = Q_1 \eta_{c2} = 0.40 \times 2.40 \times 10^3 = 900 \quad (J)$$

可见，提高高温热源的温度，可以有效地提高热机的效率。

6.3.3　卡诺致冷机

沿卡诺逆循环的方向工作的机器是卡诺致冷机，它的循环过程(图6-14)为：

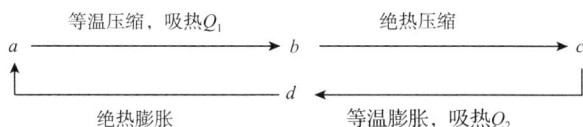

如前所述，致冷机的致冷系数
$$\omega = \frac{Q_2}{A} = \frac{Q_2}{Q_1 - Q_2}$$

对于卡诺循环，
$$\frac{Q_1}{T_1} = \frac{Q_2}{T_2}$$

所以，卡诺致冷机的致冷系数为
$$\omega_c = \frac{T_2}{T_1 - T_2} \qquad (6\text{-}33)$$

图 6-14　卡诺逆循环

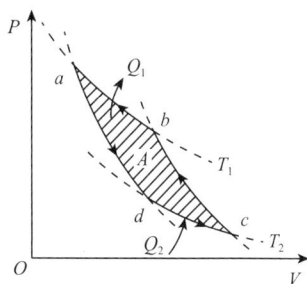

可以看出，低温热源的温度越低或高低温热源的温差越大，致冷系数 ω_c 越小，致冷机从低温热源吸取一定热量所消耗的功越多，致冷越困难。

应该指出，致冷机向高温热源放出的热量是可以利用的，如果把它作为提供热量的热源，就相当于热量从低温物体传向高温物体，故称为热泵。

【例题 6-3】 已知冰的溶解热为 $3.34 \times 10^5 J \cdot kg^{-1}$，室温为 27℃，若用卡诺致冷机使 1.00kg、273K 的水变成同温度的冰，需向制冷机做多少功，向环境放出多少热量。

解： 卡诺致冷机的致冷系数为
$$\omega_c = \frac{T_2}{T_1 - T_2} = \frac{273}{300 - 273} = \frac{273}{27} \approx 10.1$$

使 1.00kg 水变成冰，需放出的热量
$$Q_2 = 33.4 \times 10^4 \times 1.00 = 33.4 \times 10^4 \quad (J)$$

致冷机需做功

$$A = \frac{Q_2}{\omega_c} = \frac{33.4 \times 10^4}{10.1} \approx 3.34 \times 10^4 \quad (\text{J})$$

向环境放出热量

$$Q_1 = A + Q_2 = 3.34 \times 10^4 + 33.4 \times 10^4 \approx 3.67 \times 10^5 \quad (\text{J})$$

6.4 热力学第二定律

6.4.1 热力学第二定律的两种表述

根据卡诺循环的原理可知，热机必须工作在高温和低温两个热源之间，工作物质从高温热源吸收的热量必须有一部分释放给低温热源，因而循环的热效率总是小于 1，这意味着要想制成效率为 100% 的循环热机是不可能的。据此，英国物理学家汤姆孙在 1651 年得出结论：从单一热源吸取热量全部转化为功而不引起其他任何变化是不可能的，称为**热力学第二定律**的**开尔文表述**（该表述称为开尔文表述原因是汤姆孙曾因在热力学和电磁学等方面的贡献而被英国皇室封为开尔文勋爵）。历史上曾有许多人企图制造一种热机，它不需要高、低温两个热源，而只需从单一热源不断吸取热量而永远做功，称为第二类永动机。这并不违背热力学第一定律，但是历史事实证明，所有这种企图都失败了，其原因是该永动机违背了热力学第二定律。

根据致冷机的原理及对许多自然现象的观察，克劳修斯于 1650 年得出结论：热量不能自动地从低温物体传向高温物体。这一结论称为热力学第二定律的**克劳修斯表述**。

热力学第二定律的两种表述是完全等效的，可以用反证法来证明：

如图 6-15(a) 所示，设有一个不遵守克劳修斯表述的致冷机 S_1，它不需要外界做功就能从低温热源吸取热量 Q_2 传给高温热源。这样，可以再利用一个卡诺热机 S_2，从高温热源吸取热 Q_1，向低温热源放出热量 Q_2，并对外做功 $A = Q_1 - Q_2$。把 S_1 和 S_2 作为一个复合机，总体看来，低温热源没有任何变化，复合机只是从单一热源吸取热量 $Q_1 - Q_2$ 并全部转化为功，这就违背了开尔文表述。

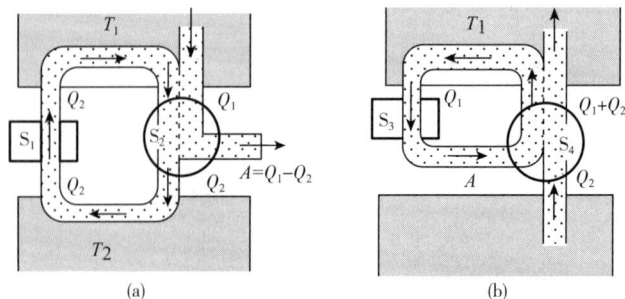

图 6-15   热力学第二定律两种表述的一致性

设有一个违背开尔文表述的热机 S_3，如图 6-15(b)所示，能够从高温热源吸取热量 Q_1 而全部转化为功 A，那么，利用一个卡诺致冷机 S_4 接受这个功，可从低温热源吸取热量 Q_2，同时将 $Q_2 + A = Q_2 + Q_1$ 的热量传给高温热源。把 S_3 和 S_4 作为复合机，即相当于仅使热量 Q_2 从低温热源送到高温热源，而不产生其他影响，这就违背了克劳修斯的表述。由此可见，违背第一种表述的系统必然违背第二种表述，反之亦然，这就表明两种表述是一致的。

上述两种表述，是分别从热功转换及热量传递的方向性问题来叙述热力学第二定律的。摩擦所消耗的功可以全部转变为热，热力学第二定律却说明在不引起其他变化的条件下，热不能全变为功；热量可以从高温物体自动传向低温物体，但热力学第二定律却说明热量不能从低物体自动传向高温物体。热力学第一定律说明了在任何过程中能量必须守恒；热力学第二律却说明，并非所有能量守恒的过程都能自动地进行。热力学第二定律指出过程是有方向性的，某些方向的过程可以自发进行，而另一方向的过程则不能自发进行。因此，满足热力学第一定律的过程能否实现，还必须用热力学第二定律来判断。两个定律彼此独立，相辅相成，都是自然界存在的基本定律，共同构成了热力学的理论基础。

6.4.2　可逆过程和不可逆过程

为了进一步研究热力学过程的方向性问题，有必要引入可逆过程和不可逆过程的概念。设一个系统由状态 A 经一个过程 P 变到状态 B，如果存在另一过程逆 R 能使系统从状态 B 恢复到状态 A，同时使环境也恢复到原状态，则原过程 P 称为**可逆过程**；反之，如果没有一个过程能使系统和环境都恢复到原状态，则原过程 P 为**不可逆过程**。

下面分析两个典型的不可逆过程。先以空气中小球下落为例，设一个小球自一定高度下落到一个平板后因碰撞而弹回，以下落为原过程，弹回为逆过程。若考虑空气阻力及小球与平板的碰撞不是完全弹性碰撞，则小球有一部分势能将变成热量而散失，从而使小球反跳后达不到原来的高度。由热力学第二定律可知，无论采用什么方法，都不可能把散失的热量全部转化为小球的势能而不引起其他任何变化。可见，有机械耗能(摩擦、非弹性碰撞等)的过程是不可逆过程。

再以气缸内气体的等温快速膨胀为例，当气体快速膨胀时，由于活塞附近气体较稀，活塞附近的压强小于平衡态压强 P，体积膨胀 ΔV 后所做功 $A_1 < P\Delta V$；将气体压回时，则由于活塞附近的气体较密，活塞附近的压强大于平衡态压强 P，外力做功 $A_2 > P\Delta V$。因此，气体快速膨胀后，虽然可以将其压回到原来的体积，但外力需多做功 $A_2 - A_1$，该功将变成热量而散失。可见，气体等温快速膨胀这一非准静态过程也是一个不可逆过程。

在无机械耗能的准静态过程中，系统在原过程和逆过程中产生的效果完全相反，因而，无机械耗能的准静态过程是可逆过程。显而易见，可逆过程是一种理想化的过程。对于实际过程，无摩擦、准静态等条件是不可能完全实现的，因而自然界的一切实际宏观过程都是不可逆过程。热力学第二定律反映的正是这一客观事实。

6.4.3 卡诺定理

如前所述,卡诺循环是由准静态过程组成的理想循环。正向循环时,气体从高温热源吸取热量,向低温热源放出热量,同时对外界做功;逆向循环时,外界对系统做功,气体从低温热源吸取热量,向高温热源放出热量。可以证明,若将卡诺正循环和逆循环整合起来,可以使系统和外界完全复原,不造成任何影响。因此,卡诺循环是可逆循环。

卡诺循环作为理想的可逆循环,其热效率也应该是最大的。据此,卡诺断言:

①在相同高温热源(T_1)和低温热源(T_2)之间工作的一切可逆热机,不论用什么工作物质,其效率都为

$$\eta = 1 - \frac{T_2}{T_1}$$

②在同样的高温热源(T_1)和低温热源(T_2)之间工作的一切不可逆热机的效率,不可能高于可逆热机,即

$$\eta = 1 \leqslant \frac{T_2}{T_1} \tag{6-34}$$

这一论断称为**卡诺定理**,式中等号对应于可逆循环,小于号对应于不可逆循环。从卡诺定理可以看出,热机的效率仅仅与高低温热源的温差有关。实际热机要提高效率,就过程而论,应尽量接近可逆热机;就温度而论,应尽可能增大高低温热源的温差。其中,用降低低温热源的温度以扩大热源温差,虽然可以提高热机效率,但必须依靠外力做功用到冷机保持低温热源的温度,因而是不经济的。所以,一般总是从提高高温热源温度着手,直到构成热机的材料强度不能承受为止。

6.4.4 克劳修斯不等式

若用$\eta = 1 - \dfrac{Q_2}{Q_1}$表示一般热机的效率,用$\eta_c = 1 - \dfrac{T_2}{T_1}$表示卡诺热机的效率,则由卡诺定理有

$$1 - \frac{Q_2}{Q_1} \leqslant 1 - \frac{T_2}{T_1}$$

用$\dfrac{Q_1}{T_2}$乘上式两边得

$$\frac{Q_1}{T_1} - \frac{Q_2}{T_2} \leqslant 0$$

式中Q_1表示工作物质完成一个循环从高温热源吸取热量的绝对值,Q_2表示向低温热源放出热量的绝对值。为方便起见,仍采用热力学第一定律关于热量正负号的规定,

上式改写为

$$\frac{Q_1}{T_1} + \frac{Q_2}{T_2} \leqslant 0 \qquad (6\text{-}35\mathrm{a})$$

对于一般的循环过程，不妨假设系统在循环过程中与温度分别为 T_1，T_2，$\cdots$，T_n 的 n 个热源接触，与这 n 个热源分别交换热量 Q_1，Q_2，$\cdots$，Q_n，与最后一个热源接触使系统回到初状态，完成循环。对此循环，参照式(6-35a)，存在不等式

$$\sum_{i=1}^{n} \frac{Q_i}{T_i} \leqslant 0 \qquad (6\text{-}35\mathrm{b})$$

当中间热源数目 $n \to \infty$，每一步的温差无限小，则式(6-35b)中的求和变为环路积分

$$\oint \frac{\mathrm{d}Q}{T} \leqslant 0 \qquad (6\text{-}35\mathrm{c})$$

式中等号对可逆过程成立，小于号对不可逆过程成立。式(6-35c)称为克劳修斯不等式。可以认为，它是热力学第二定律的一种数学表述。

6.4.5 热力学第二定律的统计意义

为了进一步理解热力学第二定律的本质，我们来考察一个包含有 4 个全同分子的孤立系统内所发生的自由膨胀过程。

在图 6-16 中，容器分为完全相同的 A、B 两室。开始时 A 室中有 4 个全同的分子 a、b、c、d。去掉 A 室和 B 室之间的隔板后，A 室中的分子将由 A 室向 B 室扩散，结果在 A、B 两室中有 16 种可能的分布状态，见表 6-1 所列。如果将每一种分布状态称为系统的一种**微观状态**，则系统共有 16 种微观状态。由于分子是全同的，A、B 两室中分子数相同的微观状态在宏观上不可区分，因此，可将 A、B 两室中分子数分布相同的微观状态统称为一个**宏观状态**。这样，系统共有 5 种宏观状态，每一种宏观状态包含的微观状态数不同。分子全部集中在 A 室或 B 室的宏观状态各有 1 个微观状态，3 个分子在 A 室(或 B 室)的宏观状态有 4 个微观状态，两个分子在 A 室、两个分子在 B 室的宏观状态有 6 个微观状态。

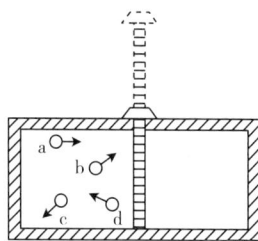

图 6-16 四分子系统的自由膨胀

表 6-1 自由膨胀过程中四分子系统的分布状态

A 室	abcd	abc	bcd	cda	abd	ab	ac	ad	bc	bd	cd	a	b	c	d	0
B 室	0	d	a	b	c	cd	bd	be	ad	ac	ah	bcd	acd	abd	abc	abcd
微观状态数	1		4					6						4		1
热力学概率	1		4					6						4		1
宏观状态出现概率	1/16		4/16					6/16						4/16		1/16

在热力学中，将系统某一宏观状态所包含的微观状态数称为**热力学概率**。这样，上述四分子系统的自由膨胀过程就是由热力学概率小的宏观状态向热力学概率大的宏观状态发展的过程。由于系统的微观状态数即热力学概率在本质上代表了系统的丰富程度或无序程度，因而上述自发过程也就是从无序程度小的宏观状态向无序程度大的宏观状态变化的过程，系统最终将达到一个最混乱和最无序的状态。

以上结果虽然是从四分子系统中推出的，显然，对于发生在由大量分子组成的实际系统中的自发过程，这一结论依然成立。由此可以得到如下热力学第二定律的统计意义：一个不受外界影响的孤立系统，其内部发生的过程总是由热力学概率小的宏观状态向热力学概率大的宏观状态进行，由无序程度小的宏观状态向无序程度大的宏观状态进行。

热力学第一定律说明了一切热力学过程能量要守恒的规则，而热力学第二定律则说明了大量分子运动的无序程度变化的规律。由于热力学第二定律是涉及大量分子运动无序性变化的规律，所以它是一条统计规律。也就是说，它只适用于包含大量分子的集体，而不适用于只有少量分子组成的系统。

6.5 熵

自发过程的方向，原则上可以用热力学第二定律来判断，但因该定律对于不同的过程具有不同的表述，实际应用时很不方便。为此，我们希望找到一个与具体过程无关的共同标准，用以判断过程进行的方向。热力学自发过程的初态和末态之间存在差异，这种差异决定了过程进行的方向，由此预期，可能存在一个新的态函数，这个态函数在始末状态的差异可以用来判断过程进行的方向和限度，我们把这一态函数称为**熵**。

6.5.1 熵的存在性

假定可逆循环(图 6-17)由状态 1 经过程 a 变到状态 2，又由状态 2 经过程 b 回到状态 1，则式(6-35c)可写成

$$\int_{1a2} \frac{dQ}{T} + \int_{2b1} \frac{dQ}{T} = 0 \qquad (6\text{-}36a)$$

用过程 1b2 表示过程 2b1 的逆过程，则

$$\int_{2b1} \frac{dQ}{T} = -\int_{1b2} \frac{dQ}{T}$$

图 6-17 熵的定义

式(6-36a)可写成

$$\int_{1a2} \frac{dQ}{T} - \int_{1b2} \frac{dQ}{T} = 0$$

即

$$\int_{1a2} \frac{dQ}{T} = \int_{1b2} \frac{dQ}{T} \qquad (6\text{-}36b)$$

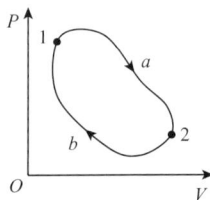

式(6-36b)表明，积分 $\int_1^2 \dfrac{\mathrm{d}Q}{T}$ 与过程无关。这就意味着系统存在一个态函数，克劳修斯将这个态函数定义为**熵**。以 S_1、S_2 分别表示系统在状态 1 和状态 2 的熵，则定义系统沿任一个可逆过程由状态 1 变到状态 2 的熵增量为

$$S_2 - S_1 = \int_1^2 \frac{\mathrm{d}Q}{T} \tag{6-37a}$$

对于无限小过程可表示为

$$\mathrm{d}S = \frac{\mathrm{d}Q}{T} \tag{6-37b}$$

式(6-37a)与式(6-37b)也称为熵的存在性原理。这就是说，系统在任意两个状态之间的熵差，等于沿连接这两个状态的任一可逆过程的热温比 $\dfrac{\mathrm{d}Q}{T}$ 的积分。实际上，对于具体的热力学问题，需要求的也正是始末两状态的熵差，而熵的绝对值往往不必分别求出。

根据热力学第一定律 $\mathrm{d}Q = \mathrm{d}E + \mathrm{d}W$，式(6-37b)可写成

$$T\mathrm{d}S = \mathrm{d}E + \mathrm{d}W \tag{6-38}$$

此式即为热力学基本微分方程。

6.5.2 熵的计算

如前所述，熵是状态的单值函数，系统的熵增量仅由始末状态决定，与系统所经历的过程无关。始末状态相同的任何过程(包括可逆过程和不可逆过程)，熵变都相同。所以，熵的计算可分为下列几种情况：

(1)可逆过程的熵变

可根据式(6-37a)直接计算，即

$$S_2 - S_1 = \int_1^2 \frac{\mathrm{d}Q}{T}$$

(2)不可逆过程的熵变

如果系统的变化过程是不可逆的，则不能用不可逆过程的热温比积分计算熵变，必须设想一个联系始末状态的可逆过程，沿此过程利用式(6-37a)计算熵变，就等于系统经历不可逆过程时的熵变。

(3)某一状态 B 的熵

须先选定某一状态 A 作为参考状态(类似于势能计算中的零势点)，然后计算状态 B 相对于状态 A 的熵差。为了计算方便，通常把参考状态的熵定为零，如化学上规定物质系统的熵在热力学零度时为零。

【**例题 6-4**】 在 $10^5\,\mathrm{Pa}$ 压强下，$1\,\mathrm{kg}$ $0\,℃$ 的冰在 $0\,℃$ 时完全融化成水，再被加热到 $100\,℃$。已知冰在 $0\,℃$ 时的熔解热 $\lambda = 3.33 \times 10^5\,\mathrm{J\cdot kg^{-1}\cdot K^{-1}}$，水的比热容 $\lambda = 3.33 \times 10^5\,\mathrm{J\cdot kg^{-1}}$，求该过程的熵变。

解：可将该过程分解为两个分过程，即 $0\,℃$ 的冰融化成 $0\,℃$ 的水，$0\,℃$ 的水再被加热

到 100℃。

（1）冰在 0℃ 时等温熔解，可以看成一个可逆等温吸热过程，这时

$$\Delta S_1 = \frac{Q_1}{T_1} = \frac{m\lambda}{T_1} = \frac{1 \times 3.33 \times 10^5}{273} = 1.22 \times 10^3 \quad (\text{J} \cdot \text{K}^{-1})$$

（2）0℃ 的水被加热到 100℃，可以看成一个可逆升温过程，于是有

$$\Delta S_2 = \int_2^3 \frac{\mathrm{d}Q}{T} = \int_2^3 \frac{mc\mathrm{d}T}{T} = mc \int_2^3 \frac{\mathrm{d}T}{T} = 1 \times 4.18 \times 10^3 \times \ln\frac{373}{273} = 1.30 \times 10^3 \quad (\text{J} \cdot \text{K}^{-1})$$

（3）总熵变

$$\Delta S = \Delta S_1 + \Delta S_2 = 1.22 \times 10^3 + 1.30 \times 10^3 = 1.52 \times 10^3 \quad (\text{J} \cdot \text{K}^{-1})$$

从解题过程可以看出，一个过程的总熵变等于各个分过程的熵变之和。

6.5.3　熵增加原理

下面讨论如何用"熵"来判断过程进行的方向。先以理想气体的自由膨胀为例，设膨胀前容积为 V_1，压强为 P_1，温度为 T，熵为 S_1；膨胀后容积为 V_2，压强为 P_2，温度仍为 T，熵为 S_2。为便于计算，设想一个可逆等温压缩过程，使系统由末状态 (V_2, P_2, T, S_2) 恢复到初状态 (V_1, P_1, T, S_1)，因为在等温过程中气体温度不变，外界对系统做功，同时系统向外界放出热量 $(Q < 0)$，该可逆过程的熵变为

$$S_1 - S_2 = \frac{Q}{T} < 0$$

气体自由膨胀的熵变

$$S_2 - S_1 = -(S_1 - S_2) > 0$$

该结果表明，气体自由膨胀这一不可逆过程是沿熵增加的方向进行的。

再以热传导为例，设由温度不同的两个物体 A、B 组成一个孤立系统，其温度分别为 T_A、T_B，且 $T_A > T_B$，设两物体接触一充分小时间 $\mathrm{d}t$，将有一个充分小热量 $\mathrm{d}Q$ 由 A 传到 B，则物体 A 的熵变为

$$\mathrm{d}S = -\frac{\mathrm{d}Q}{T_A} < 0$$

物体 B 的熵变为

$$\mathrm{d}S = \frac{\mathrm{d}Q}{T_B} > 0$$

系统总熵变为

$$\mathrm{d}S = \mathrm{d}S_A + \mathrm{d}S_B = -\frac{\mathrm{d}Q}{T_A} + \frac{\mathrm{d}Q}{T_B}$$

因为 $T_A > T_B$，所以 $\mathrm{d}S > 0$。可见，热传导这一不可逆过程也是沿着熵增加的方向进行的。

最后进行一般性推证。根据克劳修斯不等式（6-35a），对于不可逆循环有

$$\frac{Q_1}{T_1} + \frac{Q_2}{T_2} < 0$$

对于任一不可逆循环，可将上式推广为

$$\oint \frac{\mathrm{d}Q}{T} < 0$$

不妨假定，系统经过一个不可逆过程由初态 A 变到末态 B(图6-18)，又经过一个可逆过程由状态 B 回到状态 A，构成一个循环过程。由于这个循环过程中有一段是不可逆的，所以总起来，这个循环过程也是不可逆的。因此，

$$\oint \frac{\mathrm{d}Q}{T} = \int_{\mathrm{A(ir)}}^{\mathrm{B}} \frac{\mathrm{d}Q}{T} + \int_{\mathrm{B(i)}}^{\mathrm{A}} \frac{\mathrm{d}Q}{T} < 0$$

将熵的定义式

图 6-18　不可逆过程的熵变

$$S_{\mathrm{A}} - S_{\mathrm{B}} = \int_{\mathrm{B(r)}}^{\mathrm{A}} \frac{\mathrm{d}Q}{T}$$

代入上式得

$$S_{\mathrm{B}} - S_{\mathrm{A}} > \int_{\mathrm{B(ir)}}^{\mathrm{A}} \frac{\mathrm{d}Q}{T}$$

对于无限小的不可逆过程，则为

$$\mathrm{d}S > \frac{\mathrm{d}Q}{T}$$

综上所述，在一般情况下系统和环境有热量交换时($\mathrm{d}Q \neq 0$)，系统熵变为

$$S_{\mathrm{B}} - S_{\mathrm{A}} = \int_{\mathrm{A(r)}}^{\mathrm{B}} \frac{\mathrm{d}Q}{T} \tag{6-39a}$$

$$S_{\mathrm{B}} - S_{\mathrm{A}} > \int_{\mathrm{A(ir)}}^{\mathrm{B}} \frac{\mathrm{d}Q}{T} \tag{6-39b}$$

如果是孤立系统，系统和环境没有热量交换，$\mathrm{d}Q = 0$，则由上式可得

$$S_{\mathrm{B}} = S_{\mathrm{A}} \qquad (可逆过程) \tag{6-40a}$$

$$S_{\mathrm{B}} > S_{\mathrm{A}} \qquad (不可逆过程) \tag{6-40b}$$

由此可见，在孤立系统内发生的一切不可逆过程总是沿着熵增加的方向进行，可逆过程的熵是不变的。这一结论就是**熵增加原理**。在自然界，孤立系统内的任何自发过程都是不可逆过程，因此，孤立系统内发生的一切自发过程总是沿着熵增加的方向进行。当系统达到平衡后，熵函数达到最大值，不再变化。由此可知，我们可以根据熵的变化来判断实际过程进行的方向和限度。

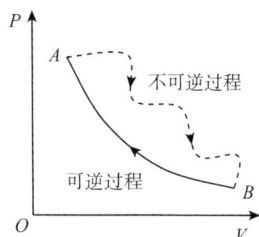

本章摘要

1. 热力学过程与第一定律

（1）热力学系统

热力学系统是由大量分子或原子组成的宏观物质的客体。热力学系统的类型包括：孤立系统、封闭系统和开放系统。

（2）准静态过程

系统宏观性质不随时间变化的稳定状态称为平衡态或热平衡态。如果一个系统在状态变化过程中经历的每一个中间状态都无限接近热平衡态，这个过程称为准静态过程。

（3）准静态过程的功

理想气体在准静态过程中所做的功

$$dA = PdV$$

或

$$A = \int_{V_1}^{V_1} PdV$$

（4）热力学第一定律

热力学系统在状态变化过程中遵守热力学第一定律

$$Q = E_2 - E_1 + A = \Delta E + A$$

其微分形式为

$$dQ = dE + dA$$

热力学第一定律是包括热量在内的能量转化和守恒定律，它指出一切可能发生的热力学过程能量都是守恒的。

2. 理想气体的热功转换

（1）气体的摩尔热容

气体等体摩尔热容量

$$C_V = \frac{dQ_V}{dT} = \frac{i}{2}R$$

等压摩尔热容量

$$C_P = \frac{dQ_P}{dT} = C_V + R = \frac{i}{2}R + R$$

比热容比

$$\gamma = \frac{C_P}{C_V} = \frac{i+2}{2}$$

（2）理想气体准静态过程的热功转换（表6-2）

表6-2 理想气体四个准静态过程的热功转换

过程	特征	传递热量 Q	做功 A	内能增量 A
等容	$V = $ 衡量	$\frac{M}{\mu}C_V(T_2 - T_1)$	0	$\frac{M}{\mu}C_V(T_2 - T_1)$
等压	$P = $ 衡量	$\frac{M}{\mu}C_P(T_2 - T_1)$	$P(V_2 - V_1)$ 或 $\frac{M}{\mu}R(T_2 - T_1)$	$\frac{M}{\mu}C_V(T_2 - T_1)$
等温	$T = $ 衡量	$\frac{M}{\mu}RT\ln\frac{P_1}{P_2}$ 或 $\frac{M}{\mu}RT\ln\frac{V_2}{V_1}$	$\frac{M}{\mu}RT\ln\frac{P_1}{P_2}$ 或 $\frac{M}{\mu}RT\ln\frac{V_2}{V_1}$	0
绝热	$Q = 0$	0	$-\frac{M}{\mu}C_V(T_2 - T_1)$	$\frac{M}{\mu}C_V(T_2 - T_1)$

3. 循环过程

（1）循环过程

系统经过一系列变化后再回到原来的状态的过程称为循环过程，在 P—V 图上为一条闭合曲线。沿顺时针方向进行的过程为正循环，沿逆时针方向进行的过程为逆循环。

沿正循环方向工作的机器称为热机，热机的热功转换过程为

$$Q_1 \rightarrow A + Q_2$$

热机的效率为

$$\eta = \frac{A}{Q_1} = 1 - \frac{Q_2}{Q_1}$$

沿逆循环方向工作的机器称为致冷机，致冷机的热功转换过程为

$$A + Q_2 \rightarrow Q_1$$

致冷机的致冷系数为

$$\omega = \frac{Q_2}{A} = \frac{Q_2}{Q_1 - Q_2}$$

（2）卡诺循环

卡诺循环是由两个等温过程和两个绝热过程组成的循环，其特点是

$$\frac{Q_1}{T_1} = \frac{Q_2}{T_2}$$

卡诺热机的效率为

$$\eta_c = 1 - \frac{T_2}{T_1}$$

提高卡诺热机效率的有效途径是增加高低温热源的温差。

卡诺致冷机的致冷系数为

$$\omega_c = \frac{Q_2}{A} = \frac{T_2}{T_1 - T_2}$$

4. 热力学第二定律

热力学第二定律的开尔文表述为：从单一热源吸取热量全部转化为功，而不引起其他任何变化是不可能的。

克劳修斯表述为：热量不能自动地从低温物体传向高温物体。

无机械耗能的准静态过程是可逆过程。自然界一切与热现象有关的实际过程都是不可逆过程。

热力学第二定律的统计意义是：一个孤立系统内部发生的过程，总是由概率小的状态向概率大的状态进行，由包含微观状态数目少的宏观状态向包含微观状态数目多的宏观状态进行。

5. 熵

为了判断过程进行的方向和限度，引入态函数熵

$$S_2 - S_1 = \int_1^2 \frac{\mathrm{d}Q}{T} \qquad （有限过程）$$

$$dS = \frac{dQ}{T}$$ （无限小过程）

对于孤立系统，$dQ = 0$，则有

$$S_2 - S_1 \geq 0$$

或

$$dS \geq 0$$

它表明在孤立系统中发生的不可逆过程总是沿着熵增加的方向进行的，这就是熵增加原理。据此可以判断过程进行的方向和限度。

习 题

填空题

6-1　热力学系统的类型包括_____ 、_____ 、_____。

6-2　系统宏观性质_____状态称为热平衡态。

6-3　如果一个系统在状态变化过程中经历的每一个中间状态都_____，这个过程称为准静态过程。

6-4　如题 6-4 图所示，系统从初状态 A 等压膨胀到 B 态，从 B 态等体增压到 C 态，再从 C 态压缩回到 A 态，每一过程中 Q、A、ΔE 的正负：

$A \rightarrow B$ 过程_____ 、_____ 、_____；

$B \rightarrow C$ 过程_____ 、_____ 、_____；

$C \rightarrow A$ 过程_____ 、_____ 、_____。

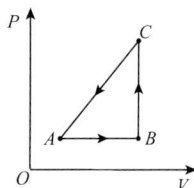

题 6-4 图

6-5　系统从状态 A 变为状态 C，从外界吸收热量326J，同时对外做功126J，系统内能增加_____。

6-6　5mol 理想气体经等温膨胀过程吸收热量100J，对外做功_____，内能增加_____；2mol 理想气体经绝热膨胀过程对外做功100J，内能增加_____J，吸收热量_____J。

6-7　1mol 理想在等体过程中温度升高 10K，吸收热量_____J，内能增加_____J。

6-8　同一理想气体从同一初始状态分别经等压、等温、绝热过程膨胀到体积 V，_____过程吸热最多；_____过程热效率最高。

6-9　定量理想气体在等体减压过程中 ΔE、ΔT、A 和 Q 如何变化：_____、_____、_____、_____。

6-10　定量理想气体在等压膨胀过程中 ΔE、ΔT、A 和 Q 如何变化：_____、_____、_____、_____。

6-11　两条绝热线和一条等温线_____（是或否）可以构成一个循环_____，因为_____。

6-12　如题 6-12 图所示，理想气体从状态 $A(P_0, V_0, T_0)$ 开始，分别经过等压过程、等温过程、绝热过程，使体积膨胀到 V_1。在_____情况下 Q、A、ΔE 最大；_____情况下 Q、A、ΔE 最小。

6-13　卡诺热机的气缸体积增大，过程曲线所包围的面积也增大，所做的净功_____变化，热机效率_____变化。

6-14　热力学第二定律的开尔文表述为：从单一热源吸取热量全部转化为功而_____是不可能的。

6-15　热力学第二定律的克劳修斯表述为：热量不能_____从低温物体传向高温物体。

6-16　无_____的_____过程是可逆过程。

6-17　自然界一切与_____有关的_____过程都是不可逆过程。

6-18　在孤立系统中发生的_____过程熵不变，_____过程沿着熵增加的方向进行。

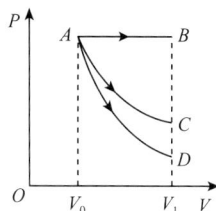

选择题

6-19　等温过程中，理想气体的状态函数中不变的是(　　　)。

A. 体积　　　　　　　B. 内能　　　　　　　C. 熵　　　　　　　D. 压强

6-20　系统从状态 A 变为到状态 B，从外界吸收热量500J，同时系统内能减少200J，对外做功_____。

A. 300J　　　　　　　B. 500J　　　　　　　C. 700J　　　　　　　D. 200J

6-21　下列说法中不正确的是_____。

A. 进行的无限缓慢的过程是准静态过程

B. 系统宏观性质不随时间变化的稳定状态称为热平衡态

C. 等温过程是理想的热功转换过程

D. 所有单原子理想气体的等体摩尔热容都一样

6-22　提高热机效率的有效途径是_____。

A. 增大气缸容积　　　　　　　　　　B. 增加工作物质的压强

C. 增加活塞的行程　　　　　　　　　D. 提高高低温热源的温差

6-23　高低温热源分别为327℃和27℃的卡诺热机的热效率为_____。

A. 30%　　　　　　　B. 40%　　　　　　　C. 50%　　　　　　　D. 60%

6-24　卡诺致冷机冷库温度为 $-13℃$，室温为27℃。该致冷机每消耗1000J的功从冷库吸出的热量为_____。

A. 3000J　　　　　　　B. 4000J　　　　　　　C. 5500J　　　　　　　D. 6500J

6-25　2mol 单原子理想气体经等压过程温度升高5K，吸收热量和内能增加分别是_____J 和_____J。

A. 25R 和 15R　　　　B. 30R 和 15R　　　　C. 25R 和 10R　　　D. 15R 和 10R

6-26　下列说法中不正确的是_____。

A. 系统完成一个循环过程的内能增量为零

B. 系统完成一个循环做功等于过程曲线所围面积

C. 提高致冷系数的途径是增加高低温热源的温差

题 6-12 图

D. 任何热机的热效率都不可能等于100%

6-27　系统完成一个循环过程的熵变_____。

A. $\Delta S > 0$　　　　B. $\Delta S = 0$　　　　C. $\Delta S < 0$　　　　D. 无法判断

6-28　理想气体在绝热膨胀过程中的内能 E、温度 T 如何变化_____。

A. $\Delta E < 0$　$\Delta T < 0$　B. $\Delta E > 0$　$\Delta T > 0$　C. $\Delta E > 0$　$\Delta T < 0$　D. $\Delta E < 0$　$\Delta T > 0$

6-29　热机气缸体积增大，高低温热源温度不变，完成一个循环所做的净功和热机效率如何变化_____。

　　A. 净功增大·热机效率提高　　　　　　B. 净功增大热机效率不变

　　C. 净功不变热机效率提高　　　　　　D. 净功不变热机效率不变

6-30　下列说法中不正确的是_____。

　　A. 从单一热源吸取热量全部转化为功而不引起其他任何变化是不可能的

　　B. 热量不能自动地从低温物体传向高温物体

　　C. 自然界一切与热现象有关的实际过程都是不可逆过程

　　D. 孤立系统中发生的可逆过程沿着熵增加的方向进行

计算题

6-31　位于委内瑞拉的安赫尔瀑布是世界上落差最大的瀑布，其高为979m。如果在降落过程中，水将其50%的重力势能转化成热量，使水的温度升高，求瀑布顶部与底部水的温差(水的比热容为 $4.18 \times 10^3 J \cdot kg^{-1}$)。

6-32　如题6-32图所示，系统由状态 A 沿过程 ABC 变到状态 C，吸热326J，对外做功126J，其内能改变多少？若系统由状态 C 沿另一曲线 CA 返回状态 A，外力对系统做功52J，则系统内能改变和吸收热量各是多少？

6-33　如题6-33图所示，系统由状态 A 沿过程1变到状态 B，吸收热量600J，对外做功350J，其内能增加多少？若系统由 A 沿过程2变到 B，吸收热量450J，系统做功多少？

6-34　如题6-34图所示，气体由状态 $A(P_1，V_1)$ 沿直线过程变到状态 $B(P_2，V_2)$，其中，$P_1 = 2.0 \times 10^5 Pa$、$V_1 = 2.0 \times 10^{-3} m^3$、$P_2 = 1.0 \times 10^5 Pa$、$V_2 = 3.0 \times 10^{-3} m^3$。求此过程中气体所做的功。若此过程中气体内能减少40J，求气体吸收的热量。

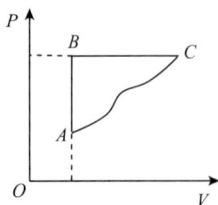　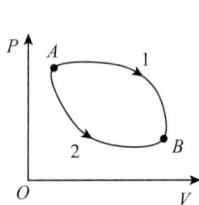　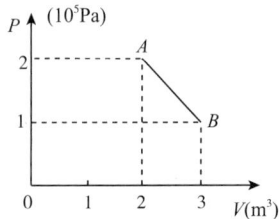

题 6-32 图　　　　　　题 6-33 图　　　　　　题 6-34 图

6-35　压强 $P_1 = 1.0 \times 10^5 Pa$，体积 $V_1 = 1.0 \times 10^{-2} m^3$ 的空气吸收了 $1.7 \times 10^3 J$ 的热量，等压膨胀到体积 $V_2 = 1.5 \times 10^{-2} m^3$，求空气对外所做的功和内能增量。

6-36　1mol氮气分别经过等体和等压过程从初始温度300K加热到400K，在这两个过程中氮气各吸收多少热量？哪一个过程所需热量多？为什么？

6-37　如题 6-37 图所示，使 1mol 氧气：①由 a 等温变到 b；②由 a 等体变到 c，再由 c 等压变到 b。分别计算气体所做的功和传递的热量。

6-38　把标准状态下 0.014kg 氮气分别通过等温过程和等压过程压缩到原体积的 1/2。分别求出这些过程中内能的改变、放出的热量和外界对气体所做的功。

6-39　如题 6-39 图所示，系统经过 $ABCDA$ 完成一个循环，其中 ABC 为等温过程，系统经此过程吸热量 200J。求：①系统经历三个分过程分别做的功；②系统经历该循环所做的净功；③吸收的净热量。

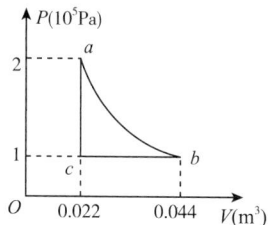
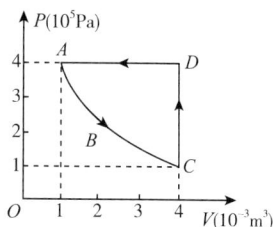

题 6-37 图　　　　　　题 6-39 图

6-40　一台热机从高温热源吸取热量 1.0×10^8 J，对外做功 10kW·h，该热机的热效率是多少？若将该热机的效率提高到 45%，吸取同样多的热量，可对外做功多少？

6-41　一台卡诺热机的高温热源 $T_1 = 375$ K，低温热源 $T_2 = 300$ K，每一循环从高温热源吸取热量 $Q_1 = 3.0 \times 10^3$ J。求：①每一循的热效率和净功；②如将高温热源的温度提高到 $T'_1 = 500$ K，每一循环的热效率和净功是多少？

6-42　一个平均输出功率为 5.0×10^4 kW 的发电厂，在 $T_1 = 1000$ K 和 $T_2 = 300$ K 热源下工作。求：①该电厂的理想热效率为多少？②若这个电厂只能达到理想热效率的 70%，实际热效率是多少？③为了产生 5.0×10^4 kW 的电功率，每秒需提供多少焦耳的热量？④如果冷却是由一条河来完成的，其流量为 10m³·s⁻¹，由于电厂释放热量而引起的温度升高是多少？

6-43　一台冰箱工作时，其冷冻室中的温度为 −10℃，室温为 15℃。若按卡诺致冷机计算，①该致冷机的致冷系数是多少？②该致冷机每消耗 1000J 的功可从冷冻室中带走多少热量？

6-44　一个卡诺致冷机从 0℃ 的水中吸收热量制冰，向 27℃ 的环境放热。若将 5.0kg 的水变成同温度的冰（冰的熔解热为 3035×10^5 J·kg⁻¹），求：①放到环境的热量为多少？②最少必须供给致冷机多少能量？

6-45　质量为 0.02kg，温度为 −10℃ 的冰在 1 大气压下变成 10℃ 的水，求此过程的熵变。已知冰的比热 $c_1 = 2.09 \times 10^3$ J·kg⁻¹·K⁻¹，冰的溶解热 $c_2 = 3.34 \times 10^3$ J·kg⁻¹；水的比热 $c_3 = 4.22 \times 10^3$ J·kg⁻¹·K⁻¹。

第 7 章

真空中的静电场

相对观察者静止的电荷在周围空间激发的电场叫做**静电场**。静电学主要研究静电场的基本性质和规律，导体和电介质在静电场中的电学特性等。本章只讨论真空中的静电场，主要内容包含：静电场的两个基本实验定律——库仑定律和电荷守恒定律；静电场的两个基本定理——高斯定理和环流定理；场强和电势的相互关系等。

7.1 电荷守恒定律 库仑定律

7.1.1 电荷的量子化与守恒定律

干燥的丝绸和玻璃棒、毛皮和硬橡胶棒互相摩擦后能吸引纸屑、羽毛类的轻小物体，这时，我们就说物体已经**带电**。带电的物体称为**带电体**。带电体吸引轻小物体的能力与其所带电荷的多少有关，量度物体所带电荷数量多少的物理量叫做**电量**，用符号 q 或 Q 表示。有时我们可用电荷一词指代带电体及其所带电荷的数量。

实验表明，自然界中只存在两种电荷：一种是与丝绸摩擦过的玻璃棒所带电荷相同，叫做**正电荷**，以"＋"表示；另一种则是与毛皮摩擦过的硬橡胶棒所带电荷相同，叫做负电荷，以"－"表示。

经过实验发现，电荷之间的相互作用规律是：同号电荷相互排斥，异号电荷相互吸引。排斥力或吸引力的大小与物体所带电量有关。

我们知道，原子是由带正电荷的原子核和带等量负电荷的核外电子组成，正常情况下，物体对外不显电性。但如果经过摩擦等某种外因作用，破坏了物体电中性状态，使物体(或它的一部分)失去或获得一定数量的电子时，物体就处于带电状态。失去电子，物体带正电荷；获得电子，物体带负电荷。物体带电，实质上就是电子的得失。

在国际单位制中，电量的单位为库仑（C）。单个质子或电子的带电量都等于一个基本的电荷量值，即

$$e = 1.602 \times 10^{-19} \text{C}$$

不难理解，自然界中任何带电体的带电量 q 都是基本电荷 e 的整数倍，即 $q = Ne$，其中 N 为整数。电荷只能取分立的、不连续的量值的性质，称为**电荷的量子化**。电量 e 称为**电荷的量子**。电荷的量子化是物质结构具有微粒性的反映。

不过，本书电磁学部分研究宏观带电体电量远大于单个电子电量，因此电荷的量子化性质常常被忽略，讨论问题时也常认为带电体的电量可取任意连续值。

物体带电的过程就是电子得失过程，只能从一个物体转移到另一个物体，或者从物体的一部分转移到另一部分，电荷不会凭空产生，也不会凭空消失。换言之，在一个与外界不发生电荷交换的孤立系统中，不论发生何种物理过程，系统电荷的代数和始终保持不变。我们称之为**电荷守恒定律**。它是自然界中的一条基本守恒定律，实践证明，无论在宏观或微观领域都是普遍适用的。

7.1.2　库仑定律

在处理某些问题中，如果带电体的几何形状没有影响或者影响可以忽略时，就可将带电体看成是一个带电的几何"点"，称之为**点电荷**。类似于力学中质点模型，一个带电体能否视为点电荷是有条件的，和所处理的问题密切相关。

1785 年，法国物理学家库仑用实验方法总结出了两个点电荷之间相互作用遵循的基本规律：真空中两个静止点电荷之间的相互作用大小，与它们所带的电量 q_1、q_2 乘积成正比，与它们之间的距离 r 的平方成反比；作用力的方向沿着两个点电荷的连线，同号电荷相斥，异号电荷相吸。

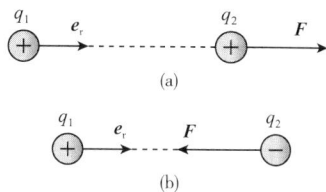

图 7-1　真空中点电荷间的作用力
（a）电荷同号时　（b）电荷异号时

这个规律称为**真空中的库仑定律**。如图 7-1 所示，两个点电荷 q_1 和 q_2 之间距离为 r，则 q_1 对 q_2 的作用力 $\boldsymbol{F}$ 可表示为

$$\boldsymbol{F} = \frac{1}{4\pi\varepsilon_0} \frac{q_1 q_2}{r^2} \boldsymbol{e}_\text{r} \tag{7-1}$$

式中 $\boldsymbol{e}_\text{r}$ 为从 q_1 指向 q_2 的单位矢量；$\boldsymbol{F}$ 常被称作**库仑力**；ε_0 叫做**真空电容率**，其值约为 $8.85 \times 10^{-12} \text{C}^2 \cdot \text{N}^{-1} \cdot \text{m}^{-2}$。

由式(7-1)，结合图 7-1 知，如 q_1、q_2 同号，则库仑力表现为排斥力，异号则为吸引力。

理论上，任何两个不能视为点电荷的带电体间的静电作用力，可使用微积分手段，先将带电体划分为若干个可视为点电荷的微元，再应用库仑定律分别计算各微元间的作用力，最后用矢量积分求出合力。

【例题 7-1】   在氢原子中，电子和原子核之间的距离 $r = 0.529 \times 10^{-10}$ m，电子质量 $m = 9.1 \times 10^{-34}$ kg，氢原子核质量 $M = 1.67 \times 10^{-27}$ kg。试比较氢原子内电子和原子核之间静电力和万有引力。

解： 由于原子核和电子的直径(10^{-15} m)都远小于它们之间的距离 $r(\approx 10^{-10}$ m)，可将之视为点电荷。由库仑定律算出它们之间的静电引力大小为

$$F_e = \frac{1}{4\pi\varepsilon_0} \frac{q_1 q_2}{r^2} = \frac{1}{4 \times 3.14 \times 8.85 \times 10^{-12}} \times \frac{(1.60 \times 10^{-19})^2}{(0.529 \times 10^{-10})^2} \approx 8.23 \times 10^{-8} \, (\text{N})$$

由万有引力定律算出电子和氢核间的万有引力大小为

$$F_m = G_0 \frac{mM}{r^2} = 6.67 \times 10^{-11} \times \frac{9.1 \times 10^{-31} \times 1.67 \times 10^{-27}}{(0.529 \times 10^{-10})^2} \approx 3.62 \times 10^{-47} \, (\text{N})$$

因此

$$\frac{F_e}{F_m} = 2.27 \times 10^{39}$$

可见，静电力比万有引力大得多，因此处理微观带电粒子相互作用时，常忽略万有引力的作用。

7.2   电场强度

7.2.1   电场

人们发现，静止电荷间的相互作用是通过中间物质媒介——**电场**来传递的，具体说来，电荷在周围空间激发了电场，电场对处在其中的其他电荷施加了力的作用，所以电场是电荷间作用力的传递者，电荷间的作用力本质上就是电场力。常把这个激发电场的电荷叫做**场源电荷**。

场是物质存在的一种特殊形式。但场具有不同于实物的特征：

①实物只能占据一定的空间位置，而场却能充满整个空间，即场具有"弥漫性"。因此，场函数的自变量至少包含空间坐标。

②实物占据空间具有"不可入性"，即两个实物不可能同时共同占据同一空间，而场却具有"叠加性"，即若干个电场能同时充满同一空间。因此，描述场的所有物理量也必然可以叠加。

场的这两个特征，我们在电磁学部分会经常使用到。

7.2.2   电场强度

静电场的基本性质是对放入其中的电荷有力的作用，常从这一基本性质入手，引入**检验电荷**探究静电场。显然检验电荷必须满足两个条件：①所带电量足够小，避免影响原电场分布；②几何线度足够小，以便能精确检测空间中某点的电场。也就是说，检验电荷是电量足够小的点电荷。

实验表明，同一检验电荷 q_0 放在场源电荷 q 产生的电场中的不同位置处，如图 7-2 所示的 a、b、c 处，所受到的电场力 $\boldsymbol{F}$ 的大小、方向各不相同，但比值 $\boldsymbol{F}/q_0$ 与检验电荷 q_0 所带电量无关，仅由 q 激发的电场决定，因此选它作为描述电场力学性质的一个物理量，称作**电场强度**，简称**场强**，用 $\boldsymbol{E}$ 表示，即

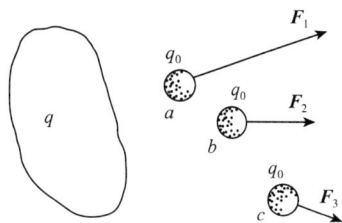

图 7-2　检验电荷在不同位置
受到的电场力

$$E = \frac{F}{q_0} \tag{7-2}$$

电场强度 $\boldsymbol{E}$ 的物理意义可表述为：电场中某一点的电场强度在数值上等于单位正电荷在该点所受电场力的大小，方向与正电荷所受电场力方向一致。电场强度是矢量，在国际单位制中，单位为牛顿·库仑$^{-1}$（N·C^{-1}）。

从式(7-2)可知，电场中每点都有确定的场强 $\boldsymbol{E}$。一般而言，场源电荷一定的电场，其电场强度 $\boldsymbol{E}$ 是空间坐标的函数，即 $\boldsymbol{E} = \boldsymbol{E}(x, y, z)$，表示电场内各点 $\boldsymbol{E}$ 的大小和方向各不相同，但并不随时间变化，这种电场叫做**非均匀电场**；如果 $\boldsymbol{E} = \boldsymbol{E}(x, y, z, t)$，表示电场内各点 $\boldsymbol{E}$ 的大小、方向各不相同，且随时间而改变，这种电场称为**非均匀变化电场**。如果 $\boldsymbol{E} = \boldsymbol{C}$（常矢量）表示电场内各点 $\boldsymbol{E}$ 的大小，方向处处相同，都不随时间变化，这种电场称为**均匀电场**。

如果将式(7-2)变形得：

$$F = q_0 E \tag{7-3}$$

从式(7-3)知，对正电荷，$q_0 > 0$，受力方向与场强相同，如果是负电荷，$q_0 < 0$，受力方向与场强方向相反。

场源电荷所在的位置称为**源点**，电场中检验电荷所在的位置称为**场点**。假设某场源点电荷 q 在真空中激发电场，引入检验电荷 q_0 来研究场强 $\boldsymbol{E}$ 的空间分布情况，结合式(7-1)和式(7-2)联解可得：

$$E = \frac{F}{q_0} = \frac{1}{4\pi\varepsilon_0} \frac{q}{r^2} e_r \tag{7-4}$$

式中 e_r 为由源点指向场点的单位矢量。式(7-4)就是场源点电荷激发的场强表达式。显然，当 $q > 0$ 时，场强 $\boldsymbol{E}$ 与 e_r 方向相同，当 $q < 0$ 时，场强 $\boldsymbol{E}$ 与 e_r 方向相反。

由式(7-4)不难看出，在真空中，场源点电荷 q 产生的电场的场强呈球对称分布，距源点等远的球面上各点场强大小相等，方向沿球半径方向，$q > 0$ 时向外，远离源点，$q < 0$ 时向内，指向源点。

7.2.3　电场强度的计算

我们知道，真空中场源点电荷激发的场强可以由式(7-4)求得，下面讨论其他更为复杂的情况。

（1）场源电荷为点电荷系

若干个点电荷组成的系统叫作**点电荷系**。假设由 q_1，q_2，…，q_i，…，q_n 组成的

点电荷系在空间激发电场 E，检验电荷 q_0 必然受到电场力 F，根据力的叠加原理和场强的定义，可得

$$E = \frac{F}{q_0} = \frac{F_1 + F_2 + \cdots + F_i + \cdots + F_n}{q_0} = \frac{F_1}{q_0} + \frac{F_2}{q_0} + \cdots + \frac{F_i}{q_0} + \cdots + \frac{F_n}{q_0}$$

式中 F_i 表示 q_i 单独存在时激发的电场对 q_0 的作用力，显然 F_i/q_0 等于 q_i 单独存在时在 q_0 处激发的电场 E_i，于是上式变成

$$E = E_1 + E_2 + \cdots + E_i + \cdots + E_n \tag{7-5}$$

式(7-5)表明，在点电荷系所激发的电场中，任一点的总场强，等于各个点电荷单独存在时在该点产生的场强的矢量和。式(7-5)习惯上称为**电场强度叠加原理**。它是静电场具有叠加性的具体表现。

再将点电荷场强式(7-4)代入得

$$E = \sum_{i=1}^{n} \frac{1}{4\pi\varepsilon_0} \frac{q_i}{r_i^2} e_{ri} \tag{7-6}$$

式中 e_{ri} 表示第 i 个场源点电荷 q_i 指向场点的单位矢量。式(7-6)常用作计算点电荷系场强分布的公式。

（2）场源电荷为电荷连续分布的带电体

由于场源电荷不能再视为点电荷，只能使用"微元分析法"，将带电体分割成许多微小的点电荷元 dq，对于每个点电荷元

$$dE = \frac{1}{4\pi\varepsilon_0} \frac{dq}{r^2} e_r \tag{7-7}$$

式中 e_r 为连续带电体上任一点电荷元 dq 指向场点的单位矢量，r 表示 dq 到场点的距离。由电场的叠加性可知，空间任一点的场强等于各点电荷元在该点产生的分场强的叠加，即

$$E = \int_V dE = \frac{1}{4\pi\varepsilon_0} \int_V \frac{dq}{r^2} e_r \tag{7-8}$$

式中 $\int_V$ 表示对整个带电体的分布区域进行积分。式(7-8)是已知电荷分布求电场强度空间分布的公式。

如果带电体的电荷是线分布、面分布或体分布，则电荷元相应可表示为 $dq = \lambda dl$、$dq = \sigma ds$ 或 $dq = \rho dV$，其中 λ、σ、ρ 分别表示单位长度、单位面积或单位体积中所带的电量，分别称为电荷的**线密度**、**面密度**和**体密度**。

下面通过具体例题来说明求电场强度的方法。

【例题 7-2】 等量异号的点电荷 $+q$ 和 $-q$ 之间的距离 l 远比场点到它们中心的距离 r 小得多时，这个电荷系统就称为电偶极子。定义由 $-q$ 指向 $+q$ 的径矢 l 为电偶极子的轴，$p = ql$ 为电偶极矩。试计算电偶极子垂直平分线上 A 点的场强。

解： 如图7-3所示，场源电荷到场点 A 的连线与轴线 l 的夹角 θ，按对称性可知 $+q$ 和 $-q$ 在 A 点产生的场强大小相同，由式(7-4)得

$$E_+ = E_- = \frac{q}{4\pi\varepsilon_0 \left(r^2 + \dfrac{l^2}{4} \right)}$$

场强的方向如图所示。根据相似三角形性质有

$$\frac{E_+}{E} = \frac{\sqrt{r^2 + (l/2)^2}}{l}$$

于是有

$$E = E_+ \frac{l}{\sqrt{r^2 + (l/2)^2}} = \frac{q}{4\pi\varepsilon_0\left(r^2 + \dfrac{l^2}{4}\right)} \frac{l}{\sqrt{r^2 + (l/2)^2}}$$

$$= \frac{ql}{4\pi\varepsilon_0\left(r^2 + \dfrac{l^2}{4}\right)^{\frac{3}{2}}}$$

因电偶极子满足场点 A 到电偶极子中心点 O 的距离 $r \gg l$，有 $(r^2 + l^2/4)^{\frac{3}{2}} \approx r^3$，即

$$E \approx \frac{ql}{4\pi\varepsilon_0 r^3} = \frac{p}{4\pi\varepsilon_0 r^3}$$

由于 $\boldsymbol{E}$ 的方向与电偶极矩 $\boldsymbol{p}$ 的方向相反，所以写成矢量表达式

$$\boldsymbol{E} = -\frac{1}{4\pi\varepsilon_0} \frac{\boldsymbol{p}}{r^3} \tag{7-9}$$

可以求得 x 轴上某点的场强为

$$\boldsymbol{E} = \frac{1}{4\pi\varepsilon_0} \frac{2\boldsymbol{p}}{r^3}$$

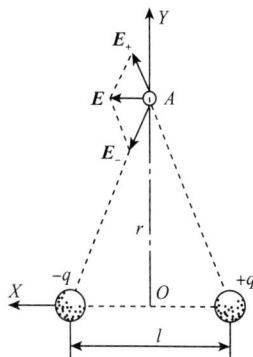

图 7-3　例题 7-2 图

【例题 7-3】　电量 q 均匀分布在半径为 R 的半圆环上，如图 7-4 所示。求环心 O 点的场强。

解：如图 7-4 建立 $x-y$ 坐标，因为半圆环是电荷连续分布的带电体，其上电荷线密度 $\lambda = q/\pi R$。半圆环上任一电荷元 $dq = \lambda dl = \dfrac{q}{\pi R}dl$，视为点电荷，由式(7-7)得

$$dE = \frac{1}{4\pi\varepsilon_0} \frac{dq}{R^2} = \frac{qdl}{4\pi^2\varepsilon_0 R^3}$$

方向如图所示。由对称性可知 $E_y = 0$，所以

$$E_x = \int dE\sin\theta = \int \frac{qdl}{4\pi^2\varepsilon_0 R^3}\sin\theta$$

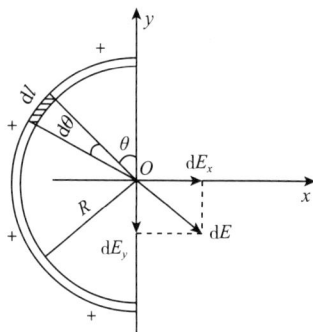

图 7-4　例题 7-3 图

选 θ 为自变量，则 $dl = Rd\theta$，于是，上述积分式改写为

$$E_x = \int_0^\pi \frac{q\sin\theta}{4\pi^2\varepsilon_0 R^2}d\theta = \frac{q}{2\pi^2\varepsilon_0 R^2}$$

可得 O 点场强为

$$\boldsymbol{E} = E_x\boldsymbol{i} = \frac{q}{2\pi^2\varepsilon_0 R^2}\boldsymbol{i}$$

7.3 电场强度通量

7.3.1 电场线

为了形象描述空间电场,我们在电场中画出一系列带箭头的假设曲线,这些曲线满足:①任一点的切线方向和该点场强 E 的方向一致,②曲线的密疏程度与该处 E 的大小相对应,这样的曲线可以形象地刻画电场强度的空间分布,称之为**电场线**。图 7-5 给出了一些典型电场的电场线。

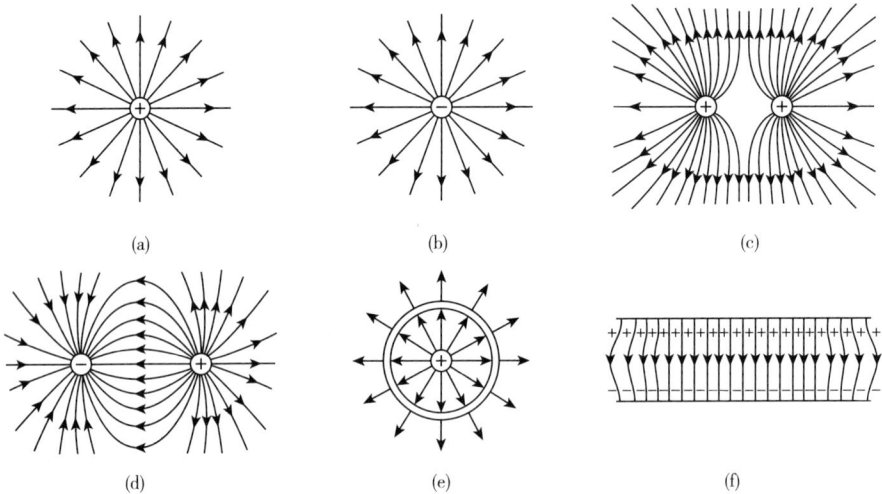

图 7-5 几种典型电场的电场线

(a)正点电荷 (b)负点电荷 (c)两个等量正点电荷 (d)电偶极子
(e)正点电荷位于导体球壳中心 (f)带等量异号电荷的长平行导体板

电场线具有如下基本性质:

①起自正电荷(或无限远处),止于负电荷(或无限远处),在无电荷的空间,电场线不中断,不增减;任意两条电场线不相交,不相切。

②电场线为非闭合曲线。

为了使电场线的密疏更好的表征场强的大小,常规定:在电场中,若有 dN 条电场线穿过某处垂直场强方向的面积微元 $dS_\perp$,则该处的电场强度大小

$$E = \frac{dN}{dS_\perp} \tag{7-10}$$

也就是说,通过垂直于场强 E 的单位面积的电场线条数,等于该面积处场强 E 的大小。显然,穿过 $dS_\perp$ 的电场线越多,该处场强越大。

7.3.2　电场强度通量

在电场中，通过某一面积的电场线条数，定义为通过该面积的**电场强度通量**，简称**电通量**或 **E 通量**，用 $\varPhi_e$ 表示，即

$$\varPhi_e = N \tag{7-11}$$

如图 7-6(a)所示，在均匀电场中，平面 S 垂直于电场线时，容易得到

$$\varPhi_e = ES$$

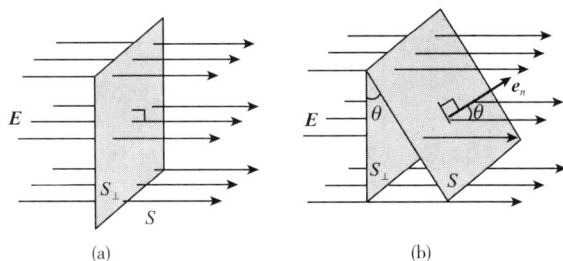

图 7-6　电场强度通量的计算

(a)S 垂直于电场线　　(b)S 不垂直于电场线

当平面 S 与电场线夹角为 θ 时，如图 7-6(b)所示，可将 S 向垂直于电场线方向投影得到 $S_\perp$，穿过 $S_\perp$ 和 S 的电场线条数相等，所以 $\varPhi_e = ES_\perp = ES\cos\theta$。如果引入面积矢量 S，大小等于平面面积 S，方向规定为平面的正法线方向 e_n，则 $S = Se_n$，那么

$$\varPhi_e = ES\cos\theta = E \cdot (Se_n) = E \cdot S$$

对于一般的电场，某一曲面上的面积元的电通量

$$\mathrm{d}\varPhi_e = E \cdot \mathrm{d}S \tag{7-12}$$

整个曲面的电场线条数应等于穿过该曲面上每一面积元上电场线条数之和，即

$$\varPhi_e = \int_S E \cdot \mathrm{d}S \tag{7-13}$$

式(7-12)和式(7-13)就是电场强度 E 的电通量的定义式。其中，$\mathrm{d}S$ 的方向规定为面积元的正法线方向。如果是平面面积元或不闭合曲面面积元的 $\mathrm{d}S$，法线的任一方向都可作为正法线方向，但对闭合曲面的面积元 $\mathrm{d}S$，正法线方向规定为外法线方向。因此，对闭合曲面而言，电场线穿出处电通量为正，穿入处为负。

7.4　高斯定理

7.4.1　高斯定理

进一步，我们来研究真空中场源电荷量和闭合曲面电通量的关系。

如图 7-7(a)所示，假定真空中只有一个点电荷 q，通过以点电荷为中心，半径为 r 的球面 S' 的电通量可以通过式(7-13)来求得。首先在球面上任取一微元，其上 E 和

dS 方向相同，结合式(7-4)和式(7-13)可得通过该球面的电通量：

$$\Phi_e = \int_{S'} \boldsymbol{E} \cdot \mathrm{d}\boldsymbol{S} = \oint_{S'} \frac{1}{4\pi\varepsilon_0} \frac{q}{r^2} \boldsymbol{e}_{\mathrm{r}} \cdot \mathrm{d}S\boldsymbol{e}_n = \oint_{S'} \frac{1}{4\pi\varepsilon_0} \frac{q}{r^2}\mathrm{d}S$$

$$= \frac{1}{4\pi\varepsilon_0} \frac{q}{r^2}\oint_{S'} \mathrm{d}S = \frac{1}{4\pi\varepsilon_0} \frac{q}{r^2}4\pi r^2 = \frac{q}{\varepsilon_0}$$

上述推算过程中，$\oint_{S'}$ 表示对闭合曲面积分。

如果真空中任意闭合曲面 S 内仅有一个电量为 q 的点电荷，如图 7-7(b)所示，那么 S 的电通量又为多少呢? 我们总可以找到一个完全位于 S 内、以点电荷为球心、半径为 $r(r>0)$ 的球面 S'，因为空间没有其他电荷，所以穿过球面 S' 和任意闭合曲面 S 的电场线条数必然相等，即它们的电通量必然相同。结合前面的推导，我们可以得出

$$\Phi_e = \oint_S \boldsymbol{E} \cdot \mathrm{d}\boldsymbol{S} = \oint_{S'} \boldsymbol{E} \cdot \mathrm{d}\boldsymbol{S} = \frac{q}{\varepsilon_0} \qquad (q \text{ 在 } S \text{ 之内}) \tag{7-14}$$

如果点电荷 q 位于任意闭合曲面之外，如图 7-7(c)所示，显然穿入和穿出的电场线条数相等，所以其电通量必然为零，即

$$\Phi_e = \oint_S \boldsymbol{E} \cdot \mathrm{d}\boldsymbol{S} = 0 \qquad (q \text{ 在 } S \text{ 之外}) \tag{7-15}$$

也就是说，位于闭合曲面之外的点电荷对闭合曲面的电通量没有贡献。

当空间分布着多个点电荷，q_1，q_2，$\cdots$，q_n 位于闭合曲面 S 内部，q_{n+1}，q_{n+2}，$\cdots$，q_{n+k} 位于闭合曲面 S 外部，因为外部电荷的通量为零，根据电场叠加原理式(7-5)，结合式(7-14)、式(7-15)，我们可以得到

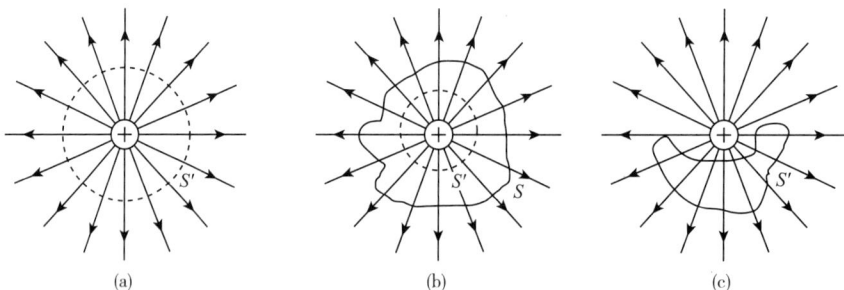

图 7-7　高斯定理推导

(a)点电荷位于球面中心　(b)点电荷位于任意曲面内　(c)点电荷位于曲面外

$$\Phi_e = \oint_S \boldsymbol{E} \cdot \mathrm{d}\boldsymbol{S} = \oint_S (\boldsymbol{E}_1 + \boldsymbol{E}_2 + \cdots + \boldsymbol{E}_n + \boldsymbol{E}_{n+1} + \boldsymbol{E}_{n+2} + \cdots + \boldsymbol{E}_{n+k}) \cdot \mathrm{d}\boldsymbol{S}$$

$$= \oint_S \boldsymbol{E}_1 \cdot \mathrm{d}\boldsymbol{S} + \oint_S \boldsymbol{E}_2 \cdot \mathrm{d}\boldsymbol{S} + \cdots + \oint_S \boldsymbol{E}_n \cdot \mathrm{d}\boldsymbol{S} + \oint_S \boldsymbol{E}_{n+1} \cdot \mathrm{d}\boldsymbol{S} + \oint_S \boldsymbol{E}_{n+2} \cdot \mathrm{d}\boldsymbol{S}$$

$$+ \cdots + \oint_S \boldsymbol{E}_{n+k} \cdot \mathrm{d}\boldsymbol{S}$$

$$= \frac{q_1}{\varepsilon_0} + \frac{q_2}{\varepsilon_0} + \cdots + \frac{q_n}{\varepsilon_0} = \frac{1}{\varepsilon_0}\sum_{i=1}^{n} q_i$$

于是得出：任意闭合曲面内包含多个点电荷时，该曲面的电通量等于曲面内所有电荷的代数和除以真空电容率。

上述结论显然可以推广到一般的带电体，如果用 q_i^{in} 表示闭合曲面内第 i 个带电体的电量，可得结论

$$\Phi_e = \oint_S \boldsymbol{E} \cdot \mathrm{d}\boldsymbol{S} = \frac{1}{\varepsilon_0} \sum_{i=1}^{n} q_i^{in} \tag{7-16}$$

式(7-16)可以表述成：在真空中的静电场内，通过任一闭合曲面 S（称为**高斯面**）的电场强度通量，等于该闭合曲面所包围的电荷代数和除以常数 ε_0。这就是**真空中静电场高斯定理**。

注意：

①电通量只决定于高斯面内的净余电荷，与电荷在曲面内的空间分布无关，与高斯面外的电荷无关，但高斯面上的电场强度却与高斯面内外每一个电荷以及空间位置有关。

②若 $\sum q_i^{in} > 0$ 时，则 $\Phi_e > 0$，表示穿出高斯面的电场线多于穿入高斯面内的电场线，即有净余电场线从高斯面内发出；类似的，若 $\sum q_i^{in} < 0$ 时，则 $\Phi_e < 0$，表示有净余电场线中止于高斯面内，所以高斯定理反映了电场线起始于正电荷、终止于负电荷这一基本性质，这也说明，静电场是有源场，场源是静止电荷。

③高斯定理虽然是从库仑定律推导出来的，但比库仑定律适用范围广泛，可以推广于任意电场。

7.4.2　高斯定理的应用

理论上，在知道电荷分布的情况下，可以通过式(7-6)和式(7-8)求出空间中某点的电场强度，但是这种方法往往运算比较复杂。有些特殊情况下，应用高斯定理可以很简便地求出电场强度的空间分布。不过，能用高斯定理求 $\boldsymbol{E}$ 分布的条件非常苛刻：场源电荷的空间分布具有严格的对称性，还需合理选取高斯面，使得闭合曲面积分能够求出解析结果。

【例题 7-4】　已知直线上电荷线密度为 λ，求无限长均匀带电直线外的电场分布。

解：电荷分布具有线对称性，无限长带电直线激发的电场分布具有轴对称性：电场强度方向处处垂直于带电直线，呈辐射状沿矢径方向指向远处，在离直线等距离的各点处，场强大小相等。

如图 7-8 所示，选取以带电直线为轴、任意距离 r 为半径、长为 l 的闭合圆柱面为高斯面，对此应用高斯定理，有

$$\oint_S \boldsymbol{E} \cdot \mathrm{d}\boldsymbol{S} = \int_{上底} \boldsymbol{E} \cdot \mathrm{d}\boldsymbol{S} + \int_{下底} \boldsymbol{E} \cdot \mathrm{d}\boldsymbol{S} + \int_{侧} \boldsymbol{E} \cdot \mathrm{d}\boldsymbol{S}$$

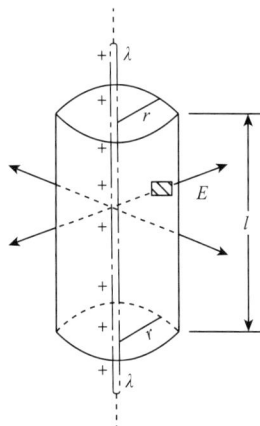

图 7-8　例题 7-4 图

$$= \int_{\text{上底}} E\mathrm{d}S\cos\frac{\pi}{2} + \int_{\text{下底}} \mathrm{d}S\cos\frac{\pi}{2} + \int_{\text{侧}} E\mathrm{d}S\cos 0$$

$$= \int_{\text{侧}} E\mathrm{d}S = E\int_{\text{侧}} \mathrm{d}S = ES_{\text{侧}} = E2\pi rl$$

而 $\dfrac{1}{\varepsilon_0}\sum q_i^{in} = \dfrac{1}{\varepsilon_0}\lambda L$，由高斯定理得

$$E2\pi rL = \frac{1}{\varepsilon_0}\lambda L$$

所以

$$E = \frac{\lambda}{2\pi\varepsilon_0 r} \tag{7-17}$$

式(7-17)表示：无限长均匀带电直线外任一点的场强大小与电荷线密度 λ 成正比，与该点到带电直线的距离成反比。如果直线带正电，$\boldsymbol{E}$ 的方向沿矢径指向远方；如果直线带负电，则 $\boldsymbol{E}$ 的方向沿矢径指向直线。

【例题 7-5】 已知均匀带正电荷薄球壳半径为 R，带电量为 Q，求空间场强分布。

解： 场源电荷在球壳上均匀分布，所以电荷分布与电场分布均具有球对称性。球壳带正电时，场强方向总是沿矢径向外。

选以球心为中心的同心球面为高斯面。高斯面在球壳内，记为 S_1；在球壳外，记为 S_2；如图 7-9(a) 所示。

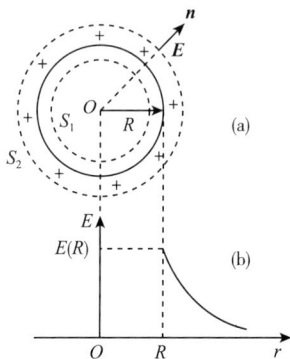

图 7-9　例题 7-5 图
(a)高斯面选取示意 (b) $E\text{-}r$ 曲线

由对称性可知，同一高斯面上各点场强的大小相等，方向和该点处的正法线矢量方向一致。所以

$$\Phi_e = \oint_e E\cos 0\mathrm{d}S = E\oint_s \mathrm{d}S = E4\pi r^2 = \sum q_i^{in}/\varepsilon_0$$

因此

$$E = \frac{\sum q_i^{in}}{4\pi\varepsilon_0 r^2} \tag{7-18}$$

① 当 $r < R$ 时，高斯面为 S_1，S_1 内所包围的电荷为零，即 $\sum q_i^{in} = 0$，所以 $E_{\text{内}} = 0$。

② 当 $r > R$ 时，高斯面 S_2 所包围的电荷为 Q，即 $\sum q_i^{in} = Q$，所以 $E_{\text{外}} = \dfrac{Q}{4\pi\varepsilon_0 r^2}$。

场强方向沿半径向外，大小为

$$E = \begin{cases} 0, & (r < R), \\ \dfrac{1}{4\pi\varepsilon_0}\dfrac{Q}{r^2}, & (r > R). \end{cases} \tag{7-19}$$

均匀带电球壳内、外空间场强分布的 $E\text{-}r$ 曲线如图 7-9(b) 所示。

【例题 7-6】　已知无限大均匀带电平面的电荷面密度为 σ，求空间场强分布。

解：由题可知，距离无限大带电平面两侧的距离相等处的场强大小相等，方向垂直于带电平面。现选中心轴线垂直于带电平面的闭合圆柱面为高斯面，并且圆柱体两底到无限大带电平面等距，如图 7-10 所示。利用高斯定理有

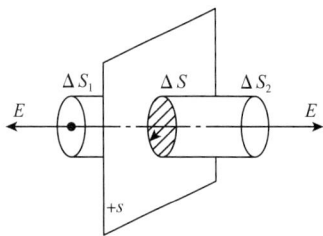

图 7-10　例题 7-6 图

$$\oint_S \boldsymbol{E} \cdot \mathrm{d}S = \int_{左} E\mathrm{d}S\cos 0 + \int_{右} E\mathrm{d}S\cos 0 + \int_{侧} E\mathrm{d}S\cos\frac{\pi}{2}$$

$$= E_{左}\int_{左}\mathrm{d}S + E_{右}\int_{右}\mathrm{d}S$$

$$= E_{左}\cdot\Delta S + E_{右}\cdot\Delta S$$

$$= 2E\cdot\Delta S$$

$$= \frac{\sum q_i^{in}}{\varepsilon_0} = \frac{\sigma\Delta S}{\varepsilon_0}$$

即

$$E = \frac{\sigma}{2\varepsilon_0} \tag{7-20}$$

式 (7-20) 表示："无限大"带电平面产生的电场是均匀电场，方向与带电平面垂直。

结合场强叠加原理，容易求得均匀带有等量异号电荷的两个"无限大"平行平面间的电场大小

$$E = \frac{\sigma}{\varepsilon_0} \tag{7-21}$$

平行板之外的场强大小

$$E = 0 \tag{7-22}$$

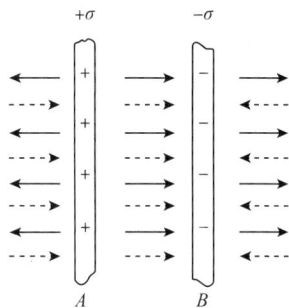

图 7-11　无限大均匀带等量异号电荷的平行平板间的电场

如图 7-11 所示。这就是说，两无限大均匀带等量异号电荷的平行平板产生的电场是均匀电场，全部集中在两板之间。

7.5　电场力的功　电势

前面基于放入电场中的电荷要受到电场力作用这一事实，引入了电场强度 $\boldsymbol{E}$，从"力"的角度来描述了电场的性质。现在我们将基于电荷在电做中移动时电场力将对电荷做功的事实，从"功"和"能"的角度研究静电场的性质，并引入描述静电场性质的另一重要物理量——**电势**。

7.5.1　静电场力的功　静电场的环路定理

在静电场中沿路径 l 移动电荷 q_0 所做的功为

$$W = \int_l \boldsymbol{F} \cdot \mathrm{d}\boldsymbol{l} = \int_l q_0 \boldsymbol{E} \cdot \mathrm{d}\boldsymbol{l} = \int_l q_0 E\cos\theta \mathrm{d}l \tag{7-23}$$

式(7-23)中 θ 为 $\boldsymbol{E}$ 和 $\mathrm{d}\boldsymbol{l}$ 方向间的夹角。

可以证明，在极坐标下力和做功的表达式

$$\boldsymbol{F} = F_r \boldsymbol{e}_r + F_\theta \boldsymbol{e}_\theta \tag{7-24}$$

$$W = \int_l dW = \int_l F_r \mathrm{d}r + F_\theta r \mathrm{d}\theta \tag{7-25}$$

上面两式中，$\boldsymbol{e}_r$ 和 $\boldsymbol{e}_\theta$ 是极坐标系的基矢。

利用上述结论，我们来研究这种情形下做功的问题：检验电荷 q_0 在点电荷 q 所激发的电场中，沿任意路径 acb 从 a 点移动到 b 点，如图 7-12 所示。

在移动的路径上任选一点 c，q_0 所受的电场力

$$\boldsymbol{F} = F_r \boldsymbol{e}_r + F_\theta \boldsymbol{e}_\theta = \frac{1}{4\pi\varepsilon_0} \frac{qq_0}{r^2} \boldsymbol{e}_r$$

所以，$F_r = \dfrac{1}{4\pi\varepsilon_0} \dfrac{qq_0}{r^2}$，$F_\theta = 0$

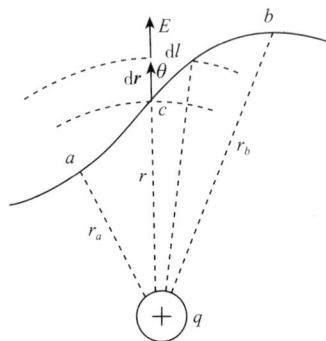

图 7-12　移动检验电荷时电场力做功

结合式(7-25)，在 c 点附近位移元 $\mathrm{d}\boldsymbol{l}$ 上所做的元功为

$$\mathrm{d}W = F_r \mathrm{d}r + F_\theta r \mathrm{d}\theta = \frac{1}{4\pi\varepsilon_0} \frac{qq_0}{r^2} \mathrm{d}r$$

检验电荷 q_0 从 a 点移动到 b 点的过程中，电场力做的总功为

$$W = \int_l \mathrm{d}W = \int_l F_r \mathrm{d}r + F_\theta r \mathrm{d}\theta = \int_{r_a}^{r_b} \frac{1}{4\pi\varepsilon_0} \frac{qq_0}{r^2} \mathrm{d}r \tag{7-26}$$

$$= \frac{qq_0}{4\pi\varepsilon_0}\left(\frac{1}{r_a} - \frac{1}{r_b}\right)$$

式中 r_a、r_b 分别为检验电荷移动的起点、终点到场源电荷 q 的距离。式(7-26)表明，在点电荷 q 激发的静电场中移动检验电荷 q_0 时，电场力所做的功只与路径的起点和终点的位置有关，而与移动的具体路径无关。

上述结论可以推广到任意带电体激发的静电场，因为任意带电体都可切分为若干个可视为点电荷的微元，所以，如果将检验电荷在任意静电场中经任意闭合路径 l 移动一周，终点回到起点时，电场力做的总功等于零，即

$$W = \oint_L \boldsymbol{F} \cdot \mathrm{d}\boldsymbol{l} = 0$$

由此可见，静电场力也是一种保守力，静电场和重力场一样，是保守力场。

在静电场中，结合式(7-23)有

$$\oint_L \boldsymbol{E} \cdot \mathrm{d}\boldsymbol{l} = 0 \tag{7-27}$$

在矢量场中，矢量沿闭合路径的线积分称为该矢量的**环流**。所以，式(7-27)可叙述为：静电场中电场强度矢量 $\boldsymbol{E}$ 的环流恒为零。这个结论称为**静电场的环路定理**。它表明了静电场是保守力场。

7.5.2　电势能

我们知道，物体在保守力场中具有与保守力相关的势能。保守力所做的功等于其相关势能的减少量。静电场是保守力场，应遵循这一规律。

将电荷在静电场中具有的势能称为**电势能**，用 E_p 表示。设检验电荷 q_0 在场中 a 点和 b 点的电势能分别为 E_{pa} 和 E_{pb}，则 q_0 从 a 点移动到 b 点过程中，电场力所做的功 W_{ab} 应为

$$W_{ab} = E_{pa} - E_{pb} \tag{7-28}$$

结合式(7-23)，可得

$$E_{pa} - E_{pb} = \int_a^b q_0 \boldsymbol{E} \cdot \mathrm{d}\boldsymbol{l} \tag{7-29}$$

即

$$E_{pa} = \int_a^b q_0 \boldsymbol{E} \cdot \mathrm{d}\boldsymbol{l} + E_{pb} \tag{7-30}$$

式(7-29)说明，电势能差是一个确定值。而式(7-30)表明，电势能值 E_{pa} 只有相对意义，只有确定 E_{pb} 值之后才能具体确定。

当场源电荷分布在有限空间时，通常选取无限远处为零电势能参考点，即 $E_{p\infty}=0$。这样，式(7-30)可改写为

$$E_{pa} = q_0 \int_a^\infty \boldsymbol{E} \cdot \mathrm{d}\boldsymbol{l} \qquad (E_{p\infty} = 0) \tag{7-31}$$

从式(7-31)可以看出，检验电荷 q_0 在静电场中某点的电势能，量值上等于把电荷 q_0 从该点移到无限远处电场力所做的功。

注意：①式(7-30)与式(7-31)是计算电势能的常用公式。②电势能为检验电荷与场源电荷组成的系统共有。不过在静电场中，因场源电荷静止，系统能量的变化仅由检验电荷位置变化引起，所以，习惯上有"某电荷在某点具有电势能"的说法。

在国际单位制中，电势能的单位是焦耳(J)。

7.5.3　电势　电势差

式(7-30)表明，电势能不仅与电场性质有关，还与检验电荷有关，若能去除检验电荷的因素，就可用它从"功"或"能"的角度反映与描述电场性质。为此，我们定义

$$V_a = \frac{E_{pa}}{q_0} \qquad (7\text{-}32)$$

式(7-32)中 V_a 称为静电场中某点(a 点)的**电势**，它在量值上等于单位正电荷在该点所具有的电势能。

联立式(7-30)、(7-31)和(7-32)，可以推出

$$V_a = \int_a^b \mathbf{E} \cdot \mathrm{d}\mathbf{l} + V_b \qquad (7\text{-}33)$$

$$V_a = \int_a^\infty \mathbf{E} \cdot \mathrm{d}\mathbf{l} \qquad (V_\infty = 0) \qquad (7\text{-}34)$$

式(7-33)告诉我们，静电场中某点的电势等于把单位正电荷从该点移动到电势参考点的过程中，电场力所做的功与参考点电势之和。式(7-34)则说明，静电场中某点的电势，等于把单位正电荷从该点移动到无限远处的过程中，电场力所做的功，显然将无穷远处选作了零电势点。

类似于电势能，电势的值也具有相对意义，只有在选定了电势参考点之后，静电场中各点的电势才有确定的量值。原则上，电势零点的选取是任意的，但计算一个有限大小的带电体的电势时，通常选无限远处的电势为零，在许多实际问题中，又常常选地球的电势为零。

电势是标量，有正负高低之分。如果电场力把正检验电荷从 a 点移到 b 点做正功，即 $A_{ab} > 0$，此时 a 点电势高，b 点电势低。反之，若 $A_{ab} < 0$，则 a 点电势低，b 点电势高。静电场中任意两点 a、b 电势之差称为**电势差**，记为 U_{ab}，在生产和生活中也常称为**电压**。

$$U_{ab} = V_a - V_b = \int_a^b \mathbf{E} \cdot \mathrm{d}\mathbf{l} \qquad (7\text{-}35)$$

上式可理解为，静电场中任意两点 a、b 间的电势差，在量值上等于单位正电荷由 a 点经任意路径到达 b 点过程中电场力所做的功。

综合式(7-23)、(7-28)、(7-29)、(7-32)、(7-35)，有：

$$W_{ab} = -\Delta E_p = E_{pa} - E_{pb} = q_0(V_a - V_b) = q_0 U_{ab} = \int_a^b q_0 \mathbf{E} \cdot \mathrm{d}\mathbf{l} \qquad (7\text{-}36)$$

在国际单位制中，电势和电势差的单位为焦耳/库仑或伏特(V)。伏特的定义是：1 库仑的电荷在静电场中某点具有 1 焦耳的电势能，则该点的电势规定为 1 伏特。电势或电势差的辅助单位有千伏(kV)和毫伏(mV)。

$$1\,\mathrm{kV} = 10^3\,\mathrm{V}$$

$$1\,\mathrm{mV} = 10^{-3}\,\mathrm{V}$$

如果电场是点电荷 q 激发的，利用式(7-26)、(7-29)可得

$$E_{pa} = \frac{1}{4\pi\varepsilon_0} \frac{qq_0}{r_a} \qquad (7\text{-}37)$$

结合(7-32)式可推出

$$V_a = \frac{1}{4\pi\varepsilon_0} \frac{q}{r_a} \qquad (7\text{-}38)$$

如果场源电荷为 q_1，q_2，…，q_n 组成的点电荷系，根据式(7-34)，利用场强叠加

原理，可作如下推导：

$$V_a = \int_a^\infty \boldsymbol{E} \cdot \mathrm{d}\boldsymbol{l} = \int_a^\infty (\boldsymbol{E}_1 + \boldsymbol{E}_2 + \cdots + \boldsymbol{E}_n) \cdot \mathrm{d}\boldsymbol{l}$$

$$= \int_a^\infty \boldsymbol{E}_1 \cdot \mathrm{d}\boldsymbol{l} + \int_a^\infty \boldsymbol{E}_2 \cdot \mathrm{d}\boldsymbol{l} + \cdots + \int_a^\infty \boldsymbol{E}_n \cdot \mathrm{d}\boldsymbol{l}$$

$$= V_{a1} + V_{a2} + \cdots + V_{an}$$

上式中，$\boldsymbol{E}_1$，$\boldsymbol{E}_2$，$\cdots$，$\boldsymbol{E}_n$ 和 V_{a1}，V_{a2}，$\cdots$，V_{an} 表示点电荷 q_1，q_2，$\cdots$，q_n 单独存在时激发的电场中 a 点场强和电势。这一结论可推广到场源电荷为多个任意带电体

$$V_a = V_{a1} + V_{a2} + \cdots + V_{an} \tag{7-39}$$

也就是说，空间任意场点的电势等于每个场源电荷单独存在时在该点激发电场的电势的代数和。这个性质称为**电势的叠加原理**。将式(7-38)代入后

$$V_a = \frac{1}{4\pi\varepsilon_0} \frac{q_1}{r_{a1}} + \frac{1}{4\pi\varepsilon_0} \frac{q_2}{r_{a2}} + \cdots + \frac{1}{4\pi\varepsilon_0} \frac{q_n}{r_{an}} = \sum_{i=1}^n \frac{1}{4\pi\varepsilon_0} \frac{q_i}{r_{ai}} \tag{7-40}$$

上式表明，在点电荷系激发的静电场中，某点的电势等于每一个点电荷单独在该点所激发的电势的代数和。如果是电荷连续分布的带电体，则

$$V_a = \int \frac{1}{4\pi\varepsilon_0} \frac{\mathrm{d}q}{r} \tag{7-41}$$

7.5.4　电势的计算

电势的计算一般分为两种情形：

①已知电场强度 $\boldsymbol{E}$ 的空间分布求电势，可使用式(7-33)完成，此时技巧性地选取积分路径有利于简化积分计算。

②已知电荷的空间分布求电势，可使用式(7-40)式(7-41)完成。

【例题 7-7】　已知半径为 R、均匀带电为 Q 的球壳在真空中激发电场，求其空间电势分布。

解：根据(7-19)式，可知空间电场分布

$$E = \begin{cases} 0, & (r < R), \\ \dfrac{1}{4\pi\varepsilon_0} \dfrac{Q}{r^2}, & (r > R). \end{cases}$$

选用式(7-33)计算，任意点 A 若在球面之外，则是

$$V_A = \int_r^\infty \boldsymbol{E} \cdot \mathrm{d}\boldsymbol{l} = \int_r^\infty \frac{Q}{4\pi\varepsilon_0 r^2} \mathrm{d}r = \frac{1}{4\pi\varepsilon_0} \frac{Q}{r}$$

若 A 点在球面内，则有

$$V_A = \int_r^\infty \boldsymbol{E} \cdot \mathrm{d}\boldsymbol{l} = \int_r^R \boldsymbol{E} \cdot \mathrm{d}\boldsymbol{l} + \int_R^\infty \frac{Q}{4\pi\varepsilon_0 r^2} \mathrm{d}r = \frac{1}{4\pi\varepsilon_0} \frac{Q}{R}$$

即均匀带电球面产生的电势分布为

$$V_A = \begin{cases} \dfrac{1}{4\pi\varepsilon_0} \dfrac{Q}{R}, & r < R, \\[2mm] \dfrac{1}{4\pi\varepsilon_0} \dfrac{Q}{r}, & r > R. \end{cases} \tag{7-42}$$

式(7-19)表明，均匀带电球壳球外任意点的场强等同于把全部电荷集中于球心产生的场强，球内的场强为零；式(7-42)表明，均匀带电球壳外任意点的电势，等同于把全部电荷集中在球心时该点产生的电势，而球内任意点和球面上的电势相等。电势分布如图7-13所示。

【例题7-8】 已知均匀带电直线上电荷线密度为 λ，长为 l，A 点距直线最近一端的距离为 l_0，如图7-14所示，求点 A 的电势。

解： 如图建立坐标，选取带电直线中某一电荷元 $dq = \lambda dl$，dq 在 A 点产生的电势为

$$dV = \frac{1}{4\pi\varepsilon_0}\frac{\lambda dl}{x}$$

式中 x 为图7-14中的坐标。整个直线在 A 点(也就是坐标原点)处的电势为

$$V_A = \int dV = \int_{l_0}^{l_0+l} \frac{1}{4\pi\varepsilon_0}\frac{\lambda dx}{x} = \frac{\lambda}{4\pi\varepsilon_0}\ln\frac{l_0+l}{l_0}$$

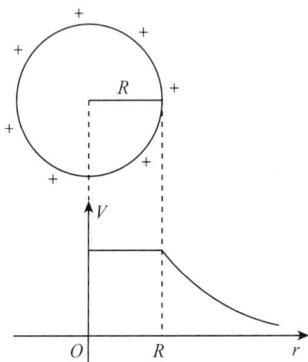

图7-13   例题7-7图

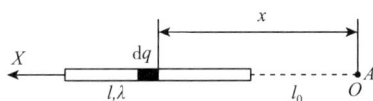

图7-14   例题7-8图

7.6   等势面   场强和电势的微分关系

7.6.1   等势面

用电场线可以形象地描绘出空间电场强度的分布情况，那么又该如何形象地描述电势的分布呢？为此，引入了等势面。

电场中电势相等的点所组成的空间曲面称为**等势面**。为了让等势面能形象而准确地描绘电势空间分布，特对等势面疏密规定：任意相邻两等势面间的电势差为一常数。

对于点电荷产生的电场，离场源点电荷等远处各点电势相等，电势的空间分布呈球对称性，因此等势面是以点电荷为球心的一系列同心球面，根据式(7-38)，结合等势面疏密规定，我们不难得出离带电体越近，等势面越密集，如图7-15中虚线所示。图中也给出了带箭头的电场线。仔细研究后发现：①电场线与等势面处处正交，即场强方向与等势面垂直，且电场线方向指向电势降落的方向；②等势面的密疏程度可以

反映出电场的强弱，即等势面密集的区域，电场线也密集，该处场强较大。其实，任何电场中，等势面和电场线都有如上关系。图 7-16(a)和(b)还给出了两种典型电场的等势面和电场线。

静电场中 $W_{ab} = \int_a^b q_0 \boldsymbol{E} \cdot \mathrm{d}\boldsymbol{l} = q_0(V_a - V_b) = q_0 U_{ab}$，如果在同一等势面上移动 q_0，根据等势面的定义有 $U_{ab} = V_a - V_b = 0$，所以上式中 $W_{ab} = 0$，可推出 $\int_a^b \boldsymbol{E} \cdot \mathrm{d}\boldsymbol{l} = 0$，而 $\mathrm{d}\boldsymbol{l}$ 在等势面上，因此可得出等势面的基本性质：

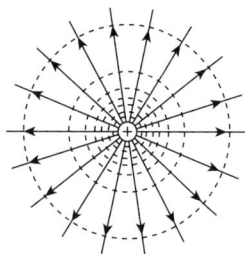

图 7-15　点电荷电场的
电感线和等势面

①电荷沿等势面移动时，电场力不做功；

②场强方向总与等势面垂直，并指向电势降落的方向。

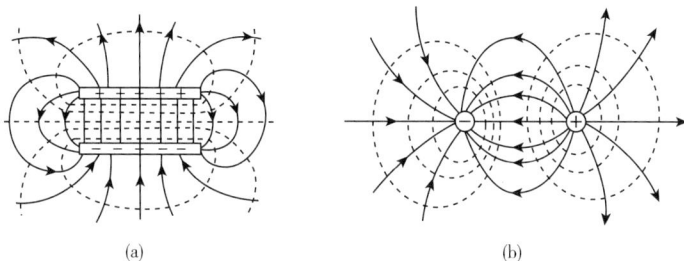

图 7-16　两种典型电场的等势面和电场线

(a)带等量异号电荷的平行版　(b)电偶极子

7.6.2　场强与电势的微分关系

上面讨论了电场线和等势面在几何图像上的关系，现进一步讨论场强与电势的微分关系。

高等数学中，我们学过：

如果函数 $f(x)$ 在闭区间 $[a, b]$ 上连续，则在闭区间 $[a, b]$ 上任意一点 x，积分的上限函数 $F(x) = \int_a^x f(t) \mathrm{d}t$ 的导数存在，且导数为

$$\frac{\mathrm{d}F(x)}{\mathrm{d}x} = \frac{\mathrm{d}}{\mathrm{d}x}\left[\int_a^x f(t)\,\mathrm{d}t\right] = f(x) \qquad (a \leqslant x \leqslant b) \tag{7-43}$$

亦表述成：积分对其上限的导数等于被积函数在其上限处的值。

现将(7-33)式进行变形

$$V_a = \int_a^b \boldsymbol{E} \cdot \mathrm{d}\boldsymbol{l} + V_b = \int_a^b E\cos\theta \mathrm{d}l + V_b = \int_a^b E_l \mathrm{d}l + V_b$$

上式中 $E_l = E\cos\theta$，表示 $\boldsymbol{E}$ 在 $\mathrm{d}\boldsymbol{l}$ 方向的投影。如果认为 a 点为一固定点，b 为静电场中任一点，所以我们可以去掉 V_b 的下标，直接记作 V。于是

$$V_a = \int_a^b E_l \mathrm{d}l + V$$

上式两边同时对 l 进行求导，利用式(7-43)可得

$$0 = \frac{\mathrm{d}}{\mathrm{d}l}\left[\int_a^b E_l \mathrm{d}l\right] + \frac{\mathrm{d}V}{\mathrm{d}l} = E_l + \frac{\mathrm{d}V}{\mathrm{d}l}$$

所以

$$E_l = -\frac{\mathrm{d}V}{\mathrm{d}l} \tag{7-44}$$

式(7-44)表示：静电场中某点场强 E 在任一方向上的分量大小等于沿该方向电势变化率的负值，或者场强在某方向的分量等于电势在该方向的方向导数的负值。

我们知道，电场强度在等势面的法线方向，因此把 l 方向选作法线方向，此时方向导数应该取得最大值，也就是

$$E = E_n = -\frac{\mathrm{d}V}{\mathrm{d}l_n}$$

上式表明，电场中任一点的电场强度 E 的大小，等于电势沿等势面法线方向单位长度的改变量的负值。其中，负号表示场强方向与电势增加的方向相反。写成矢量表达式为

$$E = -\frac{\mathrm{d}V}{\mathrm{d}l_n}e_n \tag{7-45}$$

式(7-45)的 e_n 表示等势面的法线方向。

在直角坐标系中，如果式(7-44) l 方向分别选取 x 方向、y 方向、z 方向，同时考虑 V 是坐标的函数 $V = V(x, y, z)$，导数应该变成偏导数，则可得场强在 x 方向、y 方向、z 方向的分量

$$E_x = -\frac{\partial V}{\partial x}, \ E_y = -\frac{\partial V}{\partial y}, \ E_z = -\frac{\partial V}{\partial z} \tag{7-46}$$

因此，可以得到

$$E = E_x i + E_y j + E_z k = -\frac{\partial V}{\partial x}i - \frac{\partial V}{\partial y}j - \frac{\partial V}{\partial z}k \tag{7-47}$$

在数学上，函数 f 的梯度记作 $\mathrm{grad}f$，并定义成

$$\mathrm{grad}f \equiv \frac{\partial f}{\partial x}i + \frac{\partial f}{\partial y}j + \frac{\partial f}{\partial z}k \tag{7-48}$$

哈密顿算子被定义成

$$\boldsymbol{\nabla} \equiv \frac{\partial}{\partial x}i + \frac{\partial}{\partial y}j + \frac{\partial}{\partial z}k \tag{7-49}$$

借助式(7-48)和式(7-49)可以把式(7-47)和式(7-45)写成

$$E = -\mathrm{grad}V = -\boldsymbol{\nabla}V = -\frac{\mathrm{d}V}{\mathrm{d}l_n}e_n \tag{7-50}$$

式(7-50)就是电场强度和电势之间的关系。它表明场强与电势的变化率有关，而不直接与电势数值有关。因此电势为零处，场强不一定为零；反之，场强为零处，电势也不一定为零。

此外，式(7-50)给我们提供了另一种求场强的方法：先求空间电势的分布 V，然

后通过偏导数获得场强。这种方式的优点在于，V 是标量，E 是矢量，由电荷分布求解电势往往比场强更容易一些。

【例题 7-9】　已知真空中存在电偶极矩 $\boldsymbol{p} = q\boldsymbol{r}_0$ 的电偶极子，试求空间中任意一点 A 的电势和场强。

解： 如图 7-17 所示建立坐标，$+q$ 和 $-q$ 在场点 A 的电势分别为

$$V_+ = \frac{1}{4\pi\varepsilon_0}\frac{q}{r_+} \text{ 和 } V_- = -\frac{1}{4\pi\varepsilon_0}\frac{q}{r_-}$$

对于电偶极子，$r_0 \ll r$，所以，$r_- - r_+ \approx r_0\cos\theta$，$r_- r_+ \approx r_0^2$，又根据电势的叠加原理，场点 A 的电势为

$$V = V_+ + V_- = \frac{1}{4\pi\varepsilon_0}\left(\frac{q}{r_+} - \frac{q}{r_-}\right) = \frac{q}{4\pi\varepsilon_0}\frac{r_- - r_+}{r_+ r_-}$$

$$\approx \frac{q}{4\pi\varepsilon_0}\frac{r_0\cos\theta}{r^2} = \frac{1}{4\pi\varepsilon_0}\frac{p\cos\theta}{r^2}$$

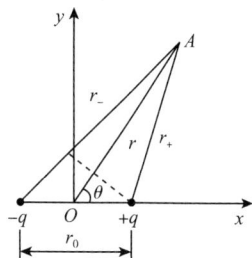

图 7-17　例题 7-9 图

在直角坐标系中，电势可写成

$$V = \frac{p}{4\pi\varepsilon_0}\frac{x}{(x^2+y^2)^{3/2}}$$

根据式(7-50)可得

$$\boldsymbol{E} = -\boldsymbol{\nabla}V = -\left(\frac{\partial V}{\partial x}\boldsymbol{i} + \frac{\partial V}{\partial y}\boldsymbol{j}\right)$$

$$= -\left(\frac{p}{4\pi\varepsilon_0}\frac{y^2 - 2x^2}{(x^2+y^2)^{5/2}}\boldsymbol{i} + \frac{p}{4\pi\varepsilon_0}\frac{3xy}{(x^2+y^2)^{5/2}}\boldsymbol{j}\right)$$

显然，当场点 A 位于 x 轴上时，$y = 0$，于是上式变为

$$\boldsymbol{E} = \frac{p}{4\pi\varepsilon_0}\frac{2}{x^3}\boldsymbol{i} = \frac{1}{4\pi\varepsilon_0}\frac{2\boldsymbol{p}}{x^3}$$

当场点 A 位于 y 轴上时，$x = 0$，于是上式变为

$$\boldsymbol{E} = -\frac{p}{4\pi\varepsilon_0}\frac{1}{y^3}\boldsymbol{i} = -\frac{1}{4\pi\varepsilon_0}\frac{\boldsymbol{p}}{y^3}$$

结果和【例题 7-2】一致。

本章摘要

1. 电荷守恒定律　库仑定律

（1）电荷的量子化　电荷守恒定律

一个基本的电荷量值 $e = 1.602 \times 10^{-19}\text{C}$。

电荷守恒定律：在一个与外界不发生电荷交换的孤立系统中，不论发生何种物理过程，系统电荷的代数和始终保持不变。

（2）库仑定律

真空中两个静止点电荷 q_1 和 q_2 之间距离为 r，则 q_1 对 q_2 的作用力 $\boldsymbol{F}$ 可表示为

$$F = \frac{1}{4\pi\varepsilon_0} \frac{q_1 q_2}{r^2} e_r$$

2. 电场强度

（1）电场

静止电荷间的相互作用是通过电场来传递的，激发电场的电荷叫做场源电荷。

场具有不同于实物的特征：

①场具有"弥漫性"，场函数的自变量至少包含空间坐标。

②场具有"叠加性"，描述场的所有物理量也必然可以叠加。

（2）电场强度

检验电荷是电量足够小的点电荷。

电场强度，简称场强，用 E 表示，即

$$E = \frac{F}{q_0}$$

电荷在电场中受到的电场力

$$F = q_0 E$$

场源电荷所在的位置称为源点，电场中检验电荷所在的位置称为场点。某场源点电荷 q 在真空中激发电场

$$E = \frac{F}{q_0} = \frac{1}{4\pi\varepsilon_0} \frac{q}{r^2} e_r$$

（3）电场强度的计算

①场源电荷为点电荷系

电场强度叠加原理

$$E = E_1 + E_2 + \cdots + E_i + \cdots + E_n$$

场源点电荷系激发的电场

$$E = \sum_{i=1}^{n} \frac{1}{4\pi\varepsilon_0} \frac{q_i}{r_i^2} e_{ri}$$

②场源电荷为电荷连续分布的带电体

$$E = \int_V dE = \frac{1}{4\pi\varepsilon_0} \int_V \frac{dq}{r^2} e_r$$

电荷的线密度 $\lambda = \dfrac{dq}{dl}$，电荷的面密度 $\sigma = \dfrac{dq}{ds}$，电荷的体密度 $\rho = \dfrac{dq}{dV}$。

电偶极子由等量异号的点电荷构成且场点到点电荷的距离远大于点电荷间的距离。电偶极子的轴：由 $-q$ 指向 $+q$ 的径矢 l，电偶极矩 $p = ql$。

3. 电场强度通量

（1）电场线

电场线满足：①任一点的切线方向和该点场强 E 的方向一致；②曲线的密疏程度与该处 E 的大小相对应。

电场线具有如下基本性质：①起自正电荷（或无限远处），止于负电荷（或无限远

处），在无电荷的空间，电场线不中断，不增减；任意两条电场线不相交，不相切。②电场线为非闭合曲线。

电场线的密疏规定

$$E = \frac{\mathrm{d}N}{\mathrm{d}S_\perp}$$

（2）电场强度通量

电场强度通量，简称电通量或 E 通量，某一曲面上的面积元的电通量

$$\mathrm{d}\Phi_e = \boldsymbol{E} \cdot \mathrm{d}\boldsymbol{S}$$

整个曲面

$$\Phi_e = \int_S \boldsymbol{E} \cdot \mathrm{d}\boldsymbol{S}$$

其中，$\mathrm{d}\boldsymbol{S}$ 的方向规定为面积元的正法线方向。

4. 高斯定理

（1）高斯定理

真空中静电场高斯定理

$$\Phi_e = \oint_S \boldsymbol{E} \cdot \mathrm{d}\boldsymbol{S} = \frac{1}{\varepsilon_0} \sum_{i=1}^{n} q_i^{in}$$

（2）高斯定理的应用

无限长均匀带电直线外的电场分布

$$E = \frac{\lambda}{2\pi\varepsilon_0 r}$$

均匀带电薄球壳的空间场强分布

$$E = \begin{cases} 0, & (r < R), \\ \dfrac{1}{4\pi\varepsilon_0} \dfrac{Q}{r^2}, & (r > R). \end{cases}$$

无限大均匀带电平面的空间场强分布

$$E = \frac{\sigma}{2\varepsilon_0}$$

均匀带有等量异号电荷的两个"无限大"平行平面间的电场大小 $E = \dfrac{\sigma}{\varepsilon_0}$，平行板之外的场强大小 $E = 0$。

5. 电场力的功　电势

（1）静电场力的功　静电场的环路定理

在静电场中沿路径 $\boldsymbol{l}$ 移动电荷 q_0 所做的功为

$$W = \int_l \boldsymbol{F} \cdot \mathrm{d}\boldsymbol{l} = \int_l q_0 \boldsymbol{E} \cdot \mathrm{d}\boldsymbol{l} = \int_l q_0 E \cos\theta \mathrm{d}l$$

检验电荷 q_0 从 a 点移动到 b 点的过程中，电场力做的总功

$$W = \frac{q q_0}{4\pi\varepsilon_0} \left(\frac{1}{r_a} - \frac{1}{r_b} \right)$$

静场力也是一种保守力，静电场是保守力场。

静电场的环路定理

$$\oint_L \boldsymbol{E} \cdot \mathrm{d}\boldsymbol{l} = 0$$

（2）电势能

常使用的表达式

$$W_{ab} = E_{pa} - E_{pb} \qquad E_{pa} = \int_a^b q_0 \boldsymbol{E} \cdot \mathrm{d}\boldsymbol{l} + E_{pb}$$

当场源电荷分布在有限空间时，通常选取无限远处为零电势能参考点，有

$$E_{pa} = q_0 \int_a^\infty \boldsymbol{E} \cdot \mathrm{d}\boldsymbol{l} \qquad (E_{p\infty} = 0)$$

（3）电势　电势差

电势定义

$$V_a = \frac{E_{pa}}{q_0}$$

电势差常称为电压

$$U_{ab} = V_a - V_b = \int_a^b \boldsymbol{E} \cdot \mathrm{d}\boldsymbol{l}$$

综合表达式

$$W_{ab} = -\Delta E_p = E_{pa} - E_{pb} = q_0(V_a - V_b) = q_0 U_{ab} = \int_a^b q_0 \boldsymbol{E} \cdot \mathrm{d}\boldsymbol{l}$$

电场点电荷 q 激发的电场公式

$$E_{pa} = \frac{1}{4\pi\varepsilon_0} \frac{q q_0}{r_a}$$

$$V_a = \frac{1}{4\pi\varepsilon_0} \frac{q}{r_a}$$

电势的叠加原理

$$V_a = V_{a1} + V_{a2} + \cdots + V_{an}$$

场源点电荷系的电势

$$V_a = \sum_{i=1}^n \frac{1}{4\pi\varepsilon_0} \frac{q_i}{r_{ai}}$$

电荷连续分布的带电体电势

$$V_a = \int \frac{1}{4\pi\varepsilon_0} \frac{\mathrm{d}q}{r}$$

（4）电势的计算

均匀带电球壳的空间电势分布

$$V = \begin{cases} \dfrac{1}{4\pi\varepsilon_0} \dfrac{Q}{R}, & r < R, \\[3mm] \dfrac{1}{4\pi\varepsilon_0} \dfrac{Q}{r}, & r > R. \end{cases}$$

6. 等势面 场强和电势的微分关系

（1）等势面

等势面疏密规定：任意相邻两等势面间的电势差为一常数。

等势面特征：①电场线与等势面处处正交；②等势面的密疏程度可以反映出电场的强弱。

等势面的基本性质：①电荷沿等势面移动时，电场力不做功；②场强方向总与等势面垂直，并指向电势降落的方向。

（2）场强与电势的微分关系

电势的方向导数

$$E_l = -\frac{\mathrm{d}V}{\mathrm{d}l}$$

场强与电势的微分关系

$$\boldsymbol{E} = -\mathrm{grad}V = -\boldsymbol{\nabla}V = -\frac{\mathrm{d}V}{\mathrm{d}l_n}\boldsymbol{e}_n$$

习 题

填空题

7-1 根据定义，静电场中某点的电场强度为置于该点的＿＿＿＿＿＿ 所受到的电场力。

7-2 电力线稀疏的地方电场强度＿＿＿＿；稠密的地方电场强度＿＿＿＿。

7-3 均匀带电细圆环在圆心处的场强为＿＿＿＿＿。

7-4 一电偶极子，带电量为 $q = 2 \times 10^{-5}\mathrm{C}$，间距 $L = 0.5\mathrm{cm}$，则它的电矩为＿＿＿＿库仑米。

7-5 电量为 $4 \times 10^{-9}\mathrm{C}$ 的试验电荷放在电场中某点时，受到 $8 \times 10^{-9}\mathrm{N}$ 的向下作用力，则该点的电场强度大小为＿＿＿＿；方向＿＿＿＿＿。

7-6 在静电场中，任意作一闭合曲面，通过该曲面的电场强度通量的值取决于＿＿＿＿。

7-7 半径为 R 的半球面置于场强为 $\boldsymbol{E}$ 的均匀电场中，其对称轴与场强方向一致．则通过该半球面的电场强度通量为＿＿＿＿。

7-8 两个平行的"无限大"均匀带电平面，其电荷面密度分别为 $+\sigma$ 和 $-\sigma$，则两平面之间的电场强度为＿＿＿＿。

7-9 真空中电荷分别为 q_1 和 q_2 的两个点电荷，当它们相距为 r 时，该电荷系统的相互作用电势能 $W =$ ＿＿＿＿。（设当两个点电荷相距无穷远时电势能为零）

7-10 一个均匀带电球面半径为 R，带电量 Q。在距球心 r 处 $(r < R)$ 电势为＿＿＿＿＿。

7-11 两同心带电球面，内球面半径为 $r_1 = 5\mathrm{cm}$，带电荷 $q_1 = 3 \times 10^{-8}\mathrm{C}$；外球面半径为 $r_2 = 20\mathrm{cm}$，带电荷 $q_2 = -6 \times 10^{-8}\mathrm{C}$。设无穷远处电势为零，则在两球面间另

一电势为零的球面半径 $r =$ _____。

7-12   在电荷为 q 的点电荷的静电场中，将一电荷为 q_0 的试验电荷从 a 点经任意路径移动到 b 点，外力克服静电场力所做的功 $W =$ _____。

7-13   一均匀静电场，电场强度 $E = (50i + 20j)\,\text{V}\cdot\text{m}^{-1}$，则点 $a(4,\,2)$ 和点 $b(2,\,0)$ 之间的电势差_____。（点的坐标 x、y 以 m 计）

7-14   已知某静电场的电势分布为 $U = 8x + 12x^2y - 20y^2$，则场强分布 $E =$ _____。

选择题

7-15   电场强度 $E = F/q_0$ 这一定义的适用范围是_____。

A. 点电荷产生的电场   B. 静电场   C. 匀强电场   D. 任何电场

7-16   在边长为 b 的正方形中心放置一点电荷 Q，则正方形顶角处的场强为_____。

A. $\dfrac{Q}{4\pi\varepsilon_0 b^2}$ B. $\dfrac{Q}{2\pi\varepsilon_0 b^2}$ C. $\dfrac{Q}{3\pi\varepsilon_0 b^2}$ D. $\dfrac{Q}{\pi\varepsilon_0 b^2}$

7-17   一"无限大"均匀带电平面 A 的附近放一与它平行的"无限大"均匀带电平面 B。已知 A 上的电荷面密度为 σ，B 上的电荷面密度为 2σ，如果设向右为正方向，则两平面之间和平面 B 外的电场强度分别为_____。

A. $\dfrac{\sigma}{\varepsilon_0}$, $\dfrac{2\sigma}{\varepsilon_0}$ B. $\dfrac{\sigma}{\varepsilon_0}$, $\dfrac{\sigma}{\varepsilon_0}$ C. $\dfrac{\sigma}{2\varepsilon_0}$, $\dfrac{3\sigma}{3\varepsilon_0}$ D. $\dfrac{\sigma}{\varepsilon_0}$, $\dfrac{\sigma}{2\varepsilon_0}$

7-18   一带有电荷 Q 的肥皂泡在静电力的作用下半径逐渐变大，设在变大的过程中其球心位置不变，其形状保持为球面，电荷沿球面均匀分布，则在肥皂泡逐渐变大的过程中_____。

A. 始终在泡内的点的场强变小   B. 始终在泡外的点的场强不变

C. 被泡面掠过的点的场强变大   D. 以上说法都不对

7-19   两个同心均匀带电球面，半径分别为 R_a 和 $R_b(R_a < R_b)$，所带电荷分别为 Q_a 和 Q_b。设某点与球心相距 r，当 $R_b < r$ 时，该点的电场强度的大小为_____。

A. $\dfrac{1}{4\pi\varepsilon_0}\left(\dfrac{Q_a}{r^2} + \dfrac{Q_b}{R_b^2}\right)$ B. $\dfrac{1}{4\pi\varepsilon_0}\dfrac{Q_a + Q_b}{r^2}$

C. $\dfrac{1}{4\pi\varepsilon_0}\dfrac{Q_a - Q_b}{r^2}$ D. $\dfrac{1}{4\pi\varepsilon_0}\dfrac{Q_a}{r^2}$

7-20   关于高斯定理的理解有下面几种说法，其中正确的是_____。

A. 如果高斯面内有净电荷，则通过高斯面的电通量必不为零

B. 如果高斯面内无电荷，则高斯面上 E 处处为零

C. 如果高斯面上 E 处处不为零，则该面内必有电荷

D. 高斯定理仅适用于具有高度对称性的电场

7-21   相距为 r_1 的两个电子，在重力可忽略的情况下由静止开始运动到相距为 r_2，从相距 r_1 到相距 r_2 期间，两电子系统的下列哪一个量是不变的_____。

A. 动能总和   B. 电势能总和   C. 动量总和   D. 电相互作用力

7-22　在已知静电场分布的条件下，任意两点 P_1 和 P_2 之间的电势差决定于_____。

A. P_1 和 P_2 两点的位置　　　　B. P_1 和 P_2 两点处的电场强度的大小和方向

C. 试验电荷所带电荷的正负　　　D. 试验电荷的电荷量

7-23　根据静电场中电势的定义，静电场中某点电势的数值等于_____。

A. 单位试验电荷置于该点时具有的电势能

B. 试验电荷 q_0 置于该点时具有的电势能

C. 把单位正电荷从该点移到电势零点时外力所做的功

D. 单位试验正电荷置于该点时具有的电势能

计算题

7-24　两个质量都为 m 的相同小球，各用长为 l 的细线悬挂于同一点。若使它们带上等值同号的电荷 q，平衡时两线之间的夹角为 2θ。当小球的半径可以忽略不计时，求每个小球上所带的电量。

7-25　在直角三角形 ABC 的 A 点上，有点电荷 $q_1 = 1.8 \times 10^{-9}\mathrm{C}$，$B$ 点上有点电荷 $q_2 = -4.8 \times 10^{-9}\mathrm{C}$，如题 7-25 图所示，已知 $BC = 0.04\mathrm{m}$，$AC = 0.03\mathrm{m}$，求 C 点处场强。

7-26　厚度为 $0.5\mathrm{cm}$ 的无限大薄板，均匀带电，电荷体密度为 $1.0 \times 10^{-4}\mathrm{C \cdot m^{-3}}$，求：①薄板中央的电场强度；②薄板外的电场强度。

7-27　一电子绕一均匀带电的直导线以 $2 \times 10^4 \mathrm{m \cdot s^{-1}}$ 的速率作匀速圆周运动，圆面与导线垂直，问导线上的电荷线密度是多少？

7-28　两个无限长同轴圆柱面，半径分别为 R_1 和 $R_2(R_2 > R_1)$，带有等量异种电荷，每单位长度的电量为 λ（即电荷线密度）试求：①$r < R_1$；②$r > R_2$；③$R_1 < r < R_2$ 时，三种区域内离轴线为 r 处的电场强度。

7-29　一均匀带电的球层，其电荷体密度为 ρ，球层内表面半径为 R_1，外表面半径为 R_2，设无穷远处为电势零点，求球层内外表面的电势。

7-30　一均匀带电的球体，电荷密度为 ρ、半径为 a，求球内、外的场强分布和电势分布。

7-31　在玻尔的氢原子模型中，电子沿半径为 $0.53 \times 10^{-10}\mathrm{m}$ 的圆周绕原子核旋转，①若把电子从原子中拉出来需要克服电场力作多少功？②电子的电离能为多少？

7-32　如题 7-32 图所示，同心导体球壳 A 和 B，半径分别为 R_1、R_2，分别带电量 q、Q，请计算内球 A 的电势。

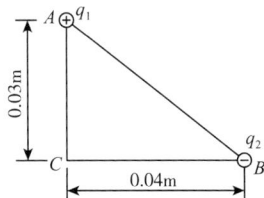

题 7-25 图

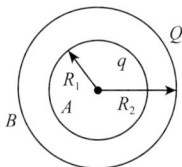

题 7-32 图

第8章

静电场中的导体和电介质

第7章讨论了真空中的静电场，但实际上，空间中常常分布着导体或电介质。静电场的作用会导致导体或电介质内电荷重新分布，而重新分布的电荷又会改变原来静电场的状况，本章将探讨当空间中存在导体和电介质时，静电场出现的新的电学特性。

8.1 静电场中的导体

8.1.1 导体的静电平衡条件

这里的导体是指金属导体，微观上是由带正电的晶体点阵和带负电的自由电子构成的。没有外电场时，自由电子做无规则热运动，整个导体或其中任一部分宏观上都不显电性。

如将导体置于外电场 E_0 中，如图 8-1(a)所示，自由电子受到电场力作用，必将逆着电场线方向运动，如图 8-1(b)所示，在导体一侧堆积负电荷，而在另一侧出现等量的正电荷，这种电荷称为**感应电荷**。因外电场作用使得导体上出现电荷重新分布的现象，就是**静电感应现象**。感应电荷的出现必将激发电场，这样在导体内新产生一个附加电场 E'，E' 与 E_0 方向相反。随着感应电荷增多，产生的 E' 就越大，合场强 E（$E_0 + E'$）将逐渐变小，自由电子继续逆电场线方向运动，感应电荷继续增多，不过堆积速度变慢。当 E' 增大到与 E_0 相等时，导体内合成场强 $E = E_0 + E' = 0$。这时自由电子所受电场力为零，将停止宏观的定向运动，导体上的电荷分布和空间的电场分布都达到稳定状态，我们称之为**静电平衡状态**，如图 8-1(c)所示。

因此导体处于静电平衡状态时，导体内部场强处处为零。导体表面上各点的场强

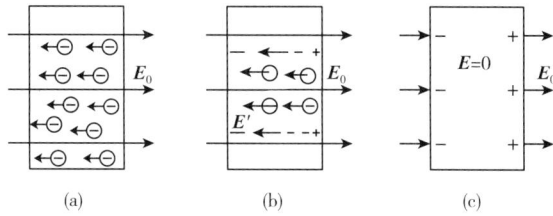

图 8-1 金属导体的静电感应现象

(a)导体刚放入电场时 (b)导体内电场不等于零时 (c)静电平衡时

大小不一定为零，但方向必然与表面垂直，或者说表面场强的切向分量必为零，否则导体表面的电荷必然因为受到静电力而运动。所以静电平衡的条件是：①导体内部场强处处为零；②导体表面上各点的场强处处与表面垂直。从电势角度则可将静电平衡条件表述为：①导体是一个等势体；②导体表面是一个等势面。也就是导体处于静电平衡时，导体内部或表面上任意两点的电势都是相等的。这两种表述是完全等价的。

8.1.2 静电平衡时导体的电荷分布

不论带电实心导体，如图 8-2(a)所示，还是带电的空腔导体，如图 8-2(b)所示，总可在导体内做任意高斯面 S(图中虚线所示)，应用高斯定理

$$\oint_S \boldsymbol{E} \cdot \mathrm{d}\boldsymbol{S} = \frac{1}{\varepsilon_0} \sum q_i^{in}$$

静电平衡时导体内部 $\boldsymbol{E}$ 处处为零，所以上式左边必为零

$$0 = \frac{1}{\varepsilon_0} \sum q_i$$

即 $\sum q_i = 0$，这表明，静电平衡导体内，任意高斯面 S 所包围的净电荷均为零。也就是说，处于静电平衡时，带电导体内部无净电荷，电荷只能分布于导体的表面上。这是导体上电荷分布的基本结论。

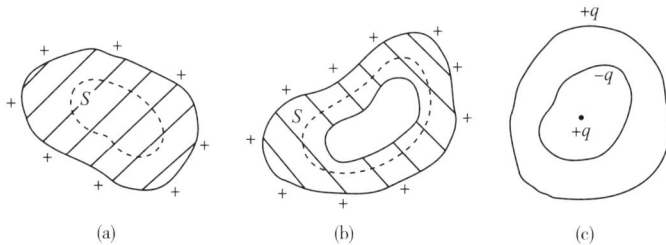

图 8-2 静电平衡时导体的电荷分布

(a)实心导体 (b)空腔导体且腔内无电荷 (c)空腔导体且腔内有电荷

对于空腔导体，可用高斯定理证明，还有以下两条结论：①如空腔内部无电荷，则导体内表面上无感应电荷，如图 8-2(b)所示；②如空腔内有电荷，则导体内表面上分布有等量异号的感应电荷，而导体外表面上则增加等量同号的感应电荷，如图 8-2(c)所示。

导体外紧靠导体表面的各点场强方向处处与表面垂直，那么场强大小等于多少呢？如图 8-3 所示，在导体表面附近选取一圆柱体表面作为高斯面，要求该圆柱体母线与导体表面垂直，上底面在导体外且紧靠导体表面，下底面位于导体内部，底面 ΔS 足够小，使得导体表面位于高斯面内的电荷面密度 σ 可视为恒量。对此高斯面应用高斯定理得

$$\oint_S \boldsymbol{E} \cdot \mathrm{d}\boldsymbol{S} = \int_{上底} \boldsymbol{E} \cdot \mathrm{d}\boldsymbol{S} + \int_{下底} \boldsymbol{E} \cdot \mathrm{d}\boldsymbol{S} + \int_{侧面} \boldsymbol{E} \cdot \mathrm{d}\boldsymbol{S} = \int_{上底} E \cdot \mathrm{d}S\cos\theta = E\Delta S$$

$$= \frac{1}{\varepsilon_0} \sum_i q_i^{in} = \frac{1}{\varepsilon_0}\sigma\Delta S$$

上式中下底处场强为 0，上底处 $\boldsymbol{E}$ 和 $\mathrm{d}\boldsymbol{S}$ 夹角为 0，侧面处要么场强为 0，要么 $\boldsymbol{E}$ 和 $\mathrm{d}\boldsymbol{S}$ 正交，所以

$$E = \frac{\sigma}{\varepsilon_0} \tag{8-1}$$

上式中 σ 是导体表面某处的电荷面密度；而 $\boldsymbol{E}$ 是空间所有场源电荷产生的合电场。式 (8-1) 表示，导体外紧靠导体表面的各点场强与该点表面电荷密度成正比。

对于孤立带电导体而言，电荷面密度的大小与导体表面的弯曲程度密切相关。尖端部分曲率半径小，电荷面密度大，由式 (8-1) 可知附近的场强也就大；平缓部分曲率半径大，电荷面密度小，附近的场强也会较小，如图 8-4 所示。不难理解，孤立导体球或无限大带电平面表面各处曲率半径相等，因此电荷均匀分布。

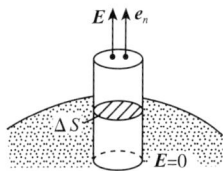

图 8-3 带电导体表面场强的计算

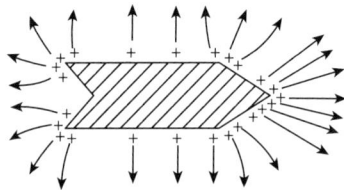

图 8-4 电场强度和曲率半径的关系

带电导体尖端部分电荷面密度大，附近场强也很大，当场强增大到一定程度时，尖端附近空气中的残留离子将在电场作用下加速运动，并与空气分子激烈碰撞而产生大量新的离子。这些离子中，与尖端上电荷同号的离子，因排斥而加速离开尖端，形成一股强烈的"离子风"（又称电风）；与尖端上电荷异号的大量离子，则吸引到尖端，与尖端上的电荷中和，释放出巨大的光能、声能和热能（即闪电），这一现象称为尖端放电。

夏天，带有大量电荷的雷雨云层接近地面时，在地面的凸起部分如楼房等建筑物上感应出大量电荷，因其电荷面密度很大，激发出强大的电场，使空气电离，从而在云层与建筑物之间形成剧烈放电，发生雷击。人们常常安装接地良好的避雷针，避免雷击现象发生。

8.1.3 静电屏蔽

由前面的论述可知，若把不带电的空腔导体放在静电场中，感应电荷只分布在导

体外表面上，导体内部和空腔内任何一点的场强都为零，电场线仅存在于外部并垂直于外表面，如图 8-5 所示。因此，位于导体空腔内不受任何外电场的影响。

若在导体 A 的空腔内放入 +q 的带电体 B，如图 8-6 所示。此时，空腔导体 A 内外表面将分别感应出电量为 +q 和 -q 感应电荷，电场线如图 8-6(a) 所示。显然，对导体外的空间，B 所带的电荷和感应电荷 -q 产生的影响正好抵消，只有空腔导体外表面的感应电荷 +q 激发电场，对外界产生影响。如图 8-6(b) 所示，如果把导体 A 接地，则 A 外表面的感应电荷因接地而中和，导体外的电场也随之消失。由此看来，空腔外表面接地可使得导体空腔内的带电体对导体外的空间不产生任何影响。

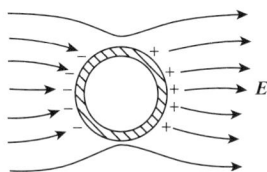

图 8-5　空腔导体屏蔽外电场

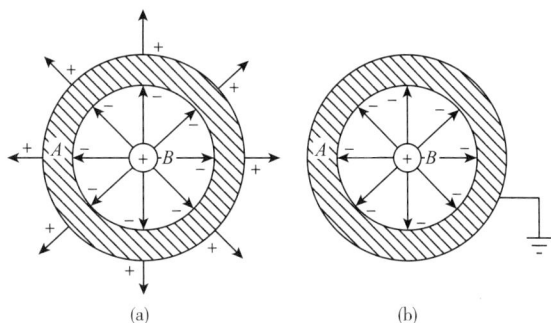

图 8-6　腔内带电体对腔外电场的影响
(a) 未接地时　(b) 接地时

总而言之，对于接地的空腔导体，外界的电场不会影响腔内电场分布，腔内带电体对腔外电场分布也没有影响。接地空腔导体的这种作用称为**静电屏蔽**。

静电屏蔽在工程技术上有着十分广泛的应用。在精密的电磁仪器外面加上金属网罩，在几十万伏超高压下带电作业的工人全身穿戴有金属丝网制成的工作服，就是利用了金属导体的静电屏蔽作用，有效阻隔外电场的影响。

【例题 8-1】　如图 8-7 所示，真空中存在同心导体球 A 和导体球壳 B，球 A 上带电量 q_1，半径为 R_1；球壳 B 带电量 q_2，内外半径分别为 R_2、R_3（$R_1 < R_2 < R_3$）。问：静电平衡时，①A、B 上的电荷分布如何？②求 A、B 间的电势差。③用导线将球壳 B 接地后再求问题①、②。

解：①根据高斯定理，B 上电荷在小于 R_2 的区域内产生的电场为零，A 相当于孤立导体，静电平衡时电荷 q_1 均匀分布在 A 球外表面上。而 ε_r 处于 A 产生的电场中，内表面 R_2 上将有 $-q_1$ 的感应电荷产生，外表面必有 $+q_1$ 的感应电荷产生。而 B 原来所带电荷 q_2 必须分布于外表面上，所以 R_3 面上带电量为 $q_1 + q_2$。

图 8-7　例题 8-1 图

②由上知，静电平衡时有三个均匀分布的场源电荷：R_1 面上的 q_1，R_2 面上的 $-q_1$，R_3 面上的（$q_1 + q_2$）。它们的场强分布都具有球对称性，根据【例题 7-7】的结论，电势分别为

$$U_A = \frac{q_1 + q_2}{4\pi\varepsilon_0 R_3} - \frac{q_1}{4\pi\varepsilon_0 R_2} + \frac{q_1}{4\pi\varepsilon_0 R_1}$$

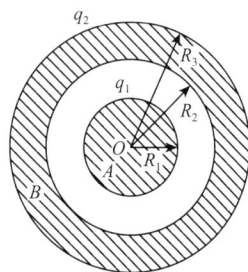

$$U_B = \frac{q_1 + q_2}{4\pi\varepsilon_0 R_3} - \frac{q_1}{4\pi\varepsilon_0 R_2} + \frac{q_1}{4\pi\varepsilon_0 R_2}$$

A、B 间的电势差

$$U_{AB} = \frac{q_1}{4\pi\varepsilon_0}\left(\frac{1}{R_1} - \frac{1}{R_2}\right)$$

③当 B 接地时，R_3 面上电荷被中和，电量为零，其余电荷分布不变，即 R_1 面仍带电 q_1，R_2 面上的感应电荷仍为 $-q_1$。所以根据高斯定理，A、B 间的电场强度 E 不变，由 $U_{AB} = \int_{R_1}^{R_2} E \cdot dl$ 可知电势差不会改变，仍与②情况相同，即

$$U_{AB} = \frac{q_1}{4\pi\varepsilon_0}\left(\frac{1}{R_1} - \frac{1}{R_2}\right)$$

【例题 8-2】 真空中存在同心导体球(半径为 r)和导体球壳(半径为 R，且 $r < R$)，分别带电 q 和 Q。①外球壳接地时，求两球所带电量各为多少？②导体球接地时，求两球所带电量各为多少？

解： ①如图 8-8(a)所示外球壳接地时，导体球壳处于导体球所产生的电场中，球壳内、外表面分别感应出 $-q$ 和 $+q$ 的电荷。结果球壳内表面带电 $-q$，外表面则荷电 $(q + Q)$。

由于球壳所带电荷不会在半径小于 R 的区域内产生场强，所以导体球相当于孤立导体，静电平衡时，r 外表面均匀分布电荷 q。

当导体球壳外表面接地时，球壳内表面

图 8-8   例题 8-2 图

电荷 $-q$ 因受导体球上 q 的库仑力吸引不作改变，而外表面上的 $(q + Q)$ 受导体球电荷 q 的排斥将通过导线进入大地。最终，外壳接地时，只剩导体球上均匀分布的电荷 q 与球壳内表面均匀分布的 $-q$。

②导体球接地时，如图 8-8(b)所示。这时导体球上的自由电荷有了运动的通路，但由于受外金属壳上电荷作用，导体球 r 仍有电荷存在，可假设为 q'。

根据静电平衡条件，整个空间将仍有三个电荷：导体球外表面均匀分布的 q'，导体球壳内表面均匀分布的 $-q'$，外表面均匀分布的 $(q' + Q)$。

由于球体接地，其电势为零，因此

$$V_r = V_{q'} + V_{-q'} + V_{q'+Q}$$

根据【例题 7-7】的结论，有

$$V = \frac{q'}{4\pi\varepsilon_0 r} + \frac{-q'}{4\pi\varepsilon_0 R} + \frac{q' + Q}{4\pi\varepsilon_0 R} = 0$$

解得

$$q' = -\frac{r}{R}Q$$

显然，从导体球流入地下的电荷为 $q + \dfrac{r}{R}Q$，不能认为球体上的电荷全部流入地

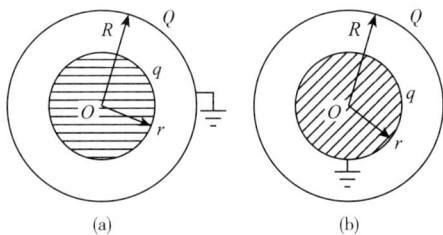

下，否则有悖于球体接地(电势为零)这一条件。

可见，接地导体所带电荷应该由静电平衡条件和接地情况共同决定，接地的作用在于提供自由电荷运动的通路以及确定零电势参考点。

【**例题 8-3**】　如图 8-9 所示，真空中有彼此靠得很近的两块无限大平行金属板 A、B，如果 A 板带有面密度为 σ_A 的电荷，B 板不带电，求静电平衡后，A、B 板上的电荷分布。

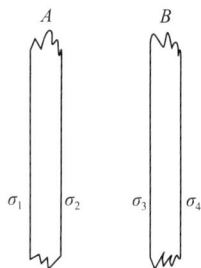

解： 本题中可认为电荷均匀分布在导体板的表面上。静电平衡时，两板都应满足静电平衡条件和电荷守恒定律。设 A、B 板四个表面的电荷面密度分别为 σ_1 和 σ_2、σ_3 和 σ_4，如图 8-9 所示。应用电荷守恒定律，

A 板 $\qquad\qquad\qquad \sigma_1 + \sigma_2 = \sigma_A$ ①

B 板 $\qquad\qquad\qquad \sigma_3 + \sigma_4 = 0$ ②

静电平衡时导体内部场强 $E = 0$，即

$$E = E_1 + E_2 + E_3 + E_4$$

选场强方向向右为正，应用式(7-20)，则

A 板 $\qquad \dfrac{\sigma_1}{2\varepsilon_0} - \dfrac{\sigma_2}{2\varepsilon_0} - \dfrac{\sigma_3}{2\varepsilon_0} - \dfrac{\sigma_4}{2\varepsilon_0} = 0$ ③

B 板 $\qquad \dfrac{\sigma_1}{2\varepsilon_0} + \dfrac{\sigma_2}{2\varepsilon_0} + \dfrac{\sigma_3}{2\varepsilon_0} - \dfrac{\sigma_4}{2\varepsilon_0} = 0$ ④

联立式①②③④，得

$$\sigma_1 = \sigma_2 = \sigma_4 = \frac{\sigma_A}{2}$$

$$\sigma_3 = -\sigma_4 = -\frac{\sigma_A}{2}$$

图 8-9　例题 8-3 图

8.2　静电场中的电介质

电介质就是通常所说的绝缘体或绝缘物质，它们不具有导电性。

8.2.1　电介质的极化

一般地，电介质分子中正负电荷并不集中分布，但可以将每个分子中的全部正电荷和负电荷看成分别集中在一个点(即分子的**正电荷中心**和**负电荷中心**)上。

电介质可分为两类：一类是在不存在外界电场时，每个分子的正、负电荷中心重合，这类电介质叫做**无极分子电介质**，如氢气、甲烷等；另一类则是每个分子的正负电荷中心不重合，我们称之为**有极分子电介质**，如水、二氧化硫等。有极分子中正、负电荷中心所带电量等值异号，并且有一个微小的距离，于是可视之为一个电偶极子，故有极分子电介质具有固有分子电偶极矩，显然无极分子电偶极矩为零。

　　如果将电介质放入电场 E_0 中，实验发现，两类电介质表面上都会出现等量异号的电荷，这种现象称作**电介质的极化现象**，但它不同于导体的静电平衡。

　　没有外电场时，无极分子的正负电荷中心重合，如图 8-10(a)所示，有外电场作用时，正负电荷中心将出现微小的位移 l，形成电偶极子，电偶极矩的方向与外电场方向一致，这种电偶极矩，称作**诱导电偶极矩**，如图 8-10(b)所示。对于各向同性的均匀电介质来说，外电场作用下每个分子形成了电偶极子，电偶极矩的排列方向与外场方向大致相同。因此，在电介质内部任一宏观小体积内，对外不显电性，而在与外电场垂直的两表面上，将分别出现宏观的正、负电荷，称作**极化电荷**，如图 8-10(c)所示。不过，这种极化电荷不同于自由电荷，不能用诸如接地之类的方法使之脱离原子核的束缚而单独存在，所以又称为**束缚电荷**。无极分子的极化是分子正、负电荷中心发生了位移而产生的，故这种极化被称作**位移极化**。

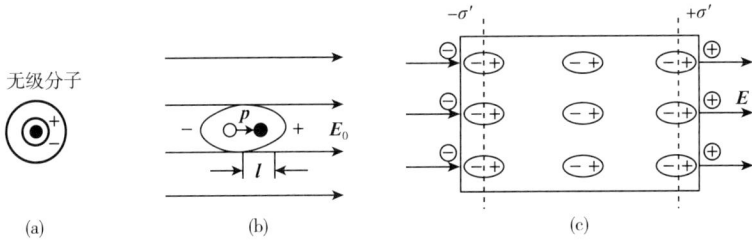

图 8-10　无极分子电介质的极化
(a)无外电场时单个无机分子　(b)外电场对无极分子作用　(c)介质表面出现极化电荷

　　在无外界电场的情况下，有极分子虽存在固有电偶极矩，但热运动使之取向杂乱无章，在任一宏观区域，分子电偶极矩的矢量和均为零，如图 8-11(a)所示。在外电场的作用下，每个分子固有电偶极矩受电场力矩作用而转向，使得分子的电偶极矩取向与外电场方向趋于一致，如图 8-11(b)所示。于是对整个电介质来说，在垂直电场方向的两个表面上，仍然有极化电荷产生，如图 8-11(c)所示。这种由于分子电偶极矩转向外电场方向而引起的极化称为**转向极化**。在有极分子电介质的极化过程中，同时存在位移极化和转向极化，但后者要强得多。

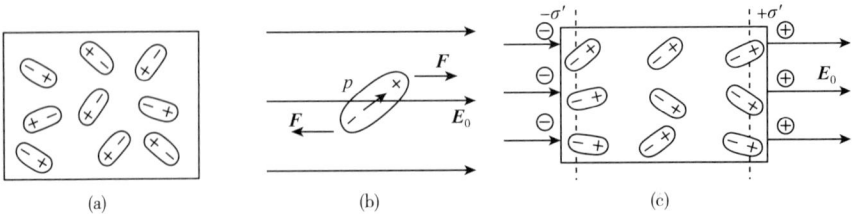

图 8-11　有极分子电介质的极化
(a)无外电场时固有电偶极矩取向杂乱　(b)外电场对有极分子作用　(c)介质表面出现极化电荷

　　两类电介质极化的微观机理虽然不同，但宏观效果上都是在电介质表面产生极化电荷。一般的，外电场越强，电介质的极化程度就越高。不过，当外电场增大到一定程度时，电介质的束缚电荷将会挣脱原子核的束缚而变为自由电荷，电介质变为导体，失去绝缘性，这种现象叫做**电介质击穿**，电介质被击穿时的外场强叫做**击穿场**

强，其数值与电介质本身的性质密切相关。

8.2.2 电极化强度

在电介质内部，任取一宏观小体积 ΔV，极化前，电偶极矩都为零，极化后，电偶极矩矢量和却不再为零，即 $\sum\limits_i \boldsymbol{p}_i \neq 0$，如果外电场越强，极化程度就越高，$\sum\limits_i \boldsymbol{p}_i$ 就越大，所以可用单位体积内分子电偶极矩的矢量和来表示电介质的极化程度，于是定义

$$\boldsymbol{P} = \lim_{\Delta V \to 0} \frac{\sum\limits_i \boldsymbol{p}_i}{\Delta V} \tag{8-2}$$

式中 $\lim\limits_{\Delta V \to 0}$ 表示 ΔV 趋向于宏观无限小的极限。$\boldsymbol{P}$ 叫做**电极化强度**，用来定量地描述电介质的电极化程度，在国际单位制中，单位是库仑·米$^{-2}$（C·m^{-2}）。

式(8-2)说明：电介质中某点的电极化强度为矢量，在数值上等于该点附近单位体积内分子电偶极矩矢量和的大小，方向与分子电偶极矩矢量和方向相同。$\boldsymbol{P}$ 值越大，说明电极化程度越高，反之，则极化程度越低。

如果电介质中各点电极化程度彼此不同，即 $\boldsymbol{P} = \boldsymbol{P}(x, y, z)$，称为**电介质的非均匀极化**。如果各点电极化程度相同，即 $\boldsymbol{P} = \boldsymbol{C}$，称为**电介质的均匀极化**。本书仅研究后一种情形。

实验证明，对于各向同性的电介质，电极化强度矢量 $\boldsymbol{P}$ 与电介质内的总场强 $\boldsymbol{E}$ 成正比，即

$$\boldsymbol{P} = \chi \varepsilon_0 \boldsymbol{E} \tag{8-3}$$

式(8-3)中 χ 称为**电极化率**，它是表征电介质材料性质的一个常数。

电介质极化后产生的一切宏观效应，都是通过极化电荷来体现的。事实上，电介质极化程度除了用电极化强度矢量 $\boldsymbol{P}$ 来描述外，还可以用极化电荷面密度 σ' 和极化电荷的电量 q' 来描述。不难理解，极化程度越高，σ' 和 $\boldsymbol{P}$ 值也越大，那么这两个量之间的量化关系如何呢？

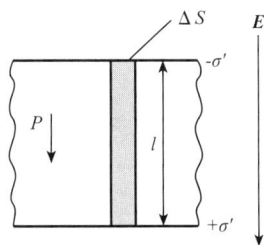

图 8-12 电极化强度和极化电荷面密度之间的关系

设均匀电场 E 中放置一块厚度为 l 可均匀极化的电介质薄片，极化电荷面密度为 $+\sigma'$ 和 $-\sigma'$，如图 8-12 所示，现选取底面积为 ΔS、高为 l 的直棱柱，则直棱柱体内所有分子电偶极矩的矢量和的大小为

$$\left| \sum_i \boldsymbol{p}_i \right| = \sigma' \Delta S l$$

根据式(8-2)可得

$$|\boldsymbol{P}| = \lim_{\Delta V \to 0} \frac{\left| \sum\limits_i \boldsymbol{p}_i \right|}{\Delta V} = \frac{\sigma' \Delta S l}{\Delta S l} = \sigma'$$

也就是

$$P = \sigma' \tag{8-4}$$

式(8-4)表明：均匀电介质的电极化强度的大小，等于极化电荷面密度。这里假定电介质薄片表面与 $\boldsymbol{E}$ 垂直。一般情况下，有结论

$$\sigma' = \boldsymbol{P} \cdot \boldsymbol{e}_n = P_n \tag{8-5}$$

$$q' = -\oint_s \boldsymbol{P} \cdot \boldsymbol{e}_n \mathrm{d}S = -\oint_s P \mathrm{d}S \tag{8-6}$$

式(8-5)中 $\boldsymbol{e}_n$ 为沿电介质界面正法线方向的单位矢量，q' 表示 S 面内所包含的极化电荷总量。

8.2.3 电介质中的电场

如用 $\boldsymbol{E}_0$ 表示外电场场强，$\boldsymbol{E}'$ 表示极化电荷产生的场强，则电介质内各点的场强 $\boldsymbol{E}$ 可表为

$$\boldsymbol{E} = \boldsymbol{E}_0 + \boldsymbol{E}' \tag{8-7}$$

现在我们研究这样一种情形：两块平行的无限大导体平板上自由电荷面密度分别为 $+\sigma_0$ 和 $-\sigma_0$，板间充满同种均匀电介质，如图 8-13 所示。

根据式(7-21)，导体平板上的自由电荷 $\pm\sigma_0$ 产生的外电场

$$E_0 = \frac{\sigma_0}{\varepsilon_0}$$

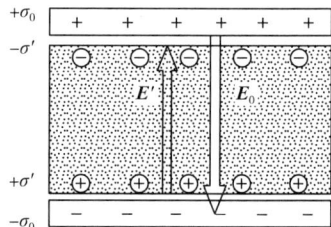

图 8-13 $\boldsymbol{E}$ 和 $\boldsymbol{E}_0$，σ' 和 σ_0 的关系

均匀电介质位于外电场 $\boldsymbol{E}_0$ 中，将产生面极化电荷。设极化电荷密度分别为 $\pm\sigma'$，有

$$E' = \frac{\sigma'}{\varepsilon_0}$$

两者方向相反。所以电介质内总场强 $\boldsymbol{E}$ 的大小为

$$E = E_0 - E' = \frac{1}{\varepsilon_0}(\sigma_0 - \sigma')$$

$\boldsymbol{E}$ 的方向垂直于电介质表面，与 $\boldsymbol{E}_0$ 方向相同。由式(8-3)和式(8-4)，得

$$\sigma' = \chi \varepsilon_0 E$$

$$E = \frac{\sigma_0}{(1+\chi)\varepsilon_0}$$

$$\sigma' = \frac{\chi}{1+\chi}\sigma_0$$

令 $\varepsilon_r = 1 + \chi$，$\varepsilon = \varepsilon_0 \varepsilon_r$ 上述结果改为

$$E = \frac{\sigma_0}{\varepsilon_0 \varepsilon_r} = \frac{\sigma_0}{\varepsilon} \tag{8-8}$$

$$E = \frac{E_0}{\varepsilon_r} \tag{8-9}$$

$$\sigma' = \frac{\varepsilon_r - 1}{\varepsilon_r} \sigma_0 \tag{8-10}$$

式(8-10)中，ε 叫做电介质的**电容率**，ε_r 叫做电介质的**相对电容率**，它们都是表征电介质材料性质的常数。

式(8-10)表明，电介质表面的极化电荷面密度 σ' 总是比导体板上的自由电荷面密度 σ_0 小，因而 E' 不能完全抵消 E_0，电介质内的合电场强度不为零，方向与 E_0 相同，而静电平衡时导体内场强恒为零，这是导体与电介质在外电场作用下具有不同性质的典型表现。

事实上，式(8-9)可以推广应用于任意两等势面之间充满同种均匀电介质或整个电场内充满同种均匀电介质的情况。

8.3　电位移　有电介质时的高斯定理

电介质是通过极化电荷产生的附加电场影响空间电场分布的，如果将极化电荷视为场源电荷，高斯定理就可应用于电介质中存在的空间。形式为

$$\oint_S (E_0 + E') \cdot dS = \frac{1}{\varepsilon_0} \left[\sum q_{i0} + \sum q_i' \right] = \frac{1}{\varepsilon_0} (q_0 + q')$$

利用式(8-6)和式(8-7)，整理得 $\oint_S (\varepsilon_0 E + P) \cdot dS = q_0$，令 $D = \varepsilon_0 E + P$，则

$$\oint_S D \cdot dS = q_0 \tag{8-11}$$

式中 D 叫做**电位移矢量**，在国际单位制中，单位是库仑·米$^{-2}$（$C \cdot m^{-2}$）。式(8-11)是电介质中高斯定理的常用表达式，可表述为：通过电场中任意高斯面的电位移矢量通量，等于该高斯面所包围的自由电荷的代数和。可见，物理量 D 的通量只与自由电荷有关。

根据 D 的定义式

$$D = \varepsilon_0 E + P \tag{8-12}$$

对于均匀电介质，结合式(8-3)，有

$$D = \varepsilon_0 E + \chi \varepsilon_0 E = \varepsilon_0 E (1 + \chi) = \varepsilon_0 \varepsilon_r E = \varepsilon E$$

因此，均匀电介质中

$$D = \varepsilon E \tag{8-13}$$

物理量 D 是一个复合型物理量，它反映了电介质中总场强 E，还反映了电介质的极化程度 P；D 是一个重要的辅助量，在均匀电介质中，D 与 E 方向相同，大小也一一对应并且避开了极化电荷。所以，人们常先通过介质中的高斯定理求 D 分布，然后求 E 分布。

仿照电场线，可用电位移矢量线来形象地表示 D 的空间分布：电位移矢量线从正自由电荷（或无穷远）出发，终止于负自由电荷（或无穷远）。在无自由电荷存在的空间内，电位移线是不中断不增减的连续曲线。

【**例题 8-4**】　半径为 R、带电为 $+q$ 的金属球，放在相对电容率为 ε_r 的无限大均匀电

介质中，求球外空间场强的分布。

解：欲求电介质中场强分布，选择先求 D 后求 E 的方法处理。

金属球上自由电荷的分布具有球对称性，所以 D 也有相应对称性，如图 8-14 选同心球面 S 为高斯面，面上 D 的大小处处相等，方向与球面正交，沿半径 r 向外，金属球外空间，应用介质中的高斯定理得

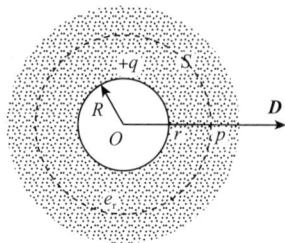

图 8-14　例题 8-4 图

$$\oint_S \boldsymbol{D} \cdot d\boldsymbol{S} = \oint_S D \cdot dS\cos\theta = D4\pi r^2 = q$$

所以

$$D = \frac{q}{4\pi r^2}$$

对于均匀电介质，$D = \varepsilon_0\varepsilon_r E$，所以

$$E = \frac{D}{\varepsilon_0\varepsilon_r} = \frac{q}{4\pi\varepsilon_0\varepsilon_r r^2}$$

E 与 D 的方向相同，即沿半径方向向外，因此

$$\boldsymbol{E} = \frac{\boldsymbol{D}}{\varepsilon_0\varepsilon_r} = \frac{q}{4\pi\varepsilon_0\varepsilon_r r^2}e_r \quad (r > R) \tag{8-14}$$

由本例可以看出，第 7 章中由场源电荷求真空中电场 E_0 分布的方法，均可移植到本章通过自由电荷求 D 分布的题目，结果亦相似。

【例题 8-5】　如图 8-15 所示，两块面积为 S、相距为 $d(S \gg d^2)$ 的平行导体板带等量异号电荷 q，现在两板间平行放入一厚度为 $a(a < d)$、相对电容率为 ε_r、面积也为 S 的电介质板。求①两板间空气中和电介质中的场强；②两导体板间的电势差 ΔU。

解：电位移矢量 D 的分布仅由自由电荷决定，所以平板间的电位移矢量分布不受电介质的影响，如图 8-15 虚线所示选取圆柱体，上底在导体平板内，母线与电位

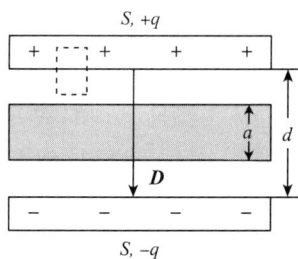

图 8-15　例题 8-5 图

移矢量线平行，将该圆柱体表面作为高斯面，利用介质中的高斯定理，可得：

$$D = \sigma_0$$

D 的方向垂直平板，由 $+q$ 指向 $-q$。

①应用式(8-13)和 $\varepsilon_r = 1 + \chi$、$\varepsilon = \varepsilon_0\varepsilon_r$，两板间空气中，$\chi = 0$，$\varepsilon_r = 1$，所以在空气中

$$E = \frac{\sigma_0}{\varepsilon_0} = \frac{q}{\varepsilon_0 S}$$

在电介质中

$$E = \frac{\sigma_0}{\varepsilon_0\varepsilon_r} = \frac{q}{\varepsilon_0\varepsilon_r S}$$

方向均垂直于平行板，从 $+q$ 指向 $-q$。

可见，两导体板间为分段均匀电场，电介质两表面均为等势面。

②应用电势差的定义式并考虑到两板间为分段均匀电场

$$\Delta U = \int_{\text{上}}^{\text{下}} \boldsymbol{E} \cdot \mathrm{d}\boldsymbol{l} = \int_{\text{空气}} \boldsymbol{E} \cdot \mathrm{d}\boldsymbol{l} + \int_{\text{介质}} \boldsymbol{E} \cdot \mathrm{d}\boldsymbol{l} = \frac{q}{\varepsilon_0 S}(d - a) + \frac{q}{\varepsilon_0 \varepsilon_r S} a$$

8.4 电容 电容器

8.4.1 电容器的电容

导体容纳电荷的能力，称为导体的**电容量**，简称**电容**。它是导体或导体组具有的一个重要电学性质。在国际单位制中，电容的单位为法拉（F），简称法。1 法拉 = 1 库仑·1 伏特$^{-1}$。实际应用中，更常用微法（μF）、皮法（pF）。

$$1F = 10^6 \mu F = 10^{12} pF$$

任意形状的孤立导体所带电量 q，电势为 V，定义

$$C = \frac{q}{V} \tag{8-15}$$

上式中 C 为孤立导体的电容。式(8-15)表明，C 在数值上等于使导体电势升高一个单位时所需的电量。C 值越大，电势升高一个单位所需的电量就越多，可见 C 是导体容纳电荷的能力的体现。

地球作为导体，其电容约有 7×10^{-4} 法拉。孤立导体的电容量太小，没有实际应用价值。为增大电容量，我们常使用导体组。其中最简单的形式就是两块靠得很近的导体组成的导体组，习惯上称为**电容器**；这两个导体则称作**电极**或**极板**。

当电容器两极板分别带 $+q$ 和 $-q$ 电量时，两板间电势分别为 V_A 和 $V_B(V_A > V_B)$，电容器的电容定义为

$$C = \frac{q}{V_A - V_B} \tag{8-16}$$

也就是说，电容器的电容在数值上等于两极板间电势差为 1 单位时，每一极板所带电量的绝对值，是表征电容器容电能力大小的物理量。

电容器是电工、电子设备中广泛应用的一种电学元件。基本结构都是以彼此靠得很近的两个金属薄片（或金属箔）构成的。按极板间填充的电介质，电容器可分为空气电容器、纸介电容器、瓷介电容器、云母电容器、电解电容器等；按电容量是否可变，电容器可分为可变电容器、半可变电容器和固定电容器。

8.4.2 电容器电容量的计算

计算电容器电容的步骤一般是：依据电荷及分布，得到电场分布，再推算极板间的电势差，最后根据电容的定义求出电容。

（1）孤立球形导体电容器

假设相对电容率为 ε_r 的电介质中存在一个半径为 R、带电荷 q 的导体球，根据【例题 8-4】可知，在选 $V_\infty = 0$ 时，导体球的电势为 $V = \dfrac{q}{4\pi\varepsilon_0\varepsilon_r R}$，可见

$$C = \frac{q}{V} = 4\pi\varepsilon_0\varepsilon_r R \qquad (8\text{-}17)$$

这表示导体球的电容是一个只与导体形状大小（R）有关的常数，它不依赖于电量 q 和电势 V。

仿照上述过程可求得真空中的孤立球形导体电容器的电容

$$C_0 = 4\pi\varepsilon_0 R \qquad (8\text{-}18)$$

（2）平行板电容器

两块靠得很近、彼此绝缘的平行金属板组成了**平行板电容器**。设两极板面积 S，相距为 d，板间充满电介质 ε_r。如两极板 A 和 B 分别均匀带等量异号电荷 $\pm q$，两板间的电场可看作是两无限大平行平面间的电场，如图 8-16 所示，利用【例题 8-5】结论，即

$$E = \frac{\sigma}{\varepsilon_0\varepsilon_r} = \frac{q}{\varepsilon_0\varepsilon_r S} = \frac{q}{\varepsilon S}$$

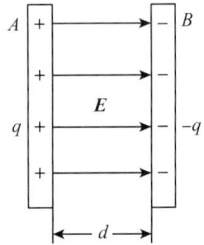

图 8-16   平行板电容器

两板间电势差按电势差定义式计算

$$V_A - V_B = \int_A^B \boldsymbol{E}\cdot\mathrm{d}\boldsymbol{l} = Ed = \frac{qd}{\varepsilon_0\varepsilon_r S} = \frac{qd}{\varepsilon S}$$

再应用电容器电容的定义，有

$$C = \frac{q}{V_A - V_B} = \frac{\varepsilon_0\varepsilon_r S}{d} = \frac{\varepsilon S}{d} \qquad (8\text{-}19)$$

仿照上述步骤可求得真空中平行板电容器的电容

$$C_0 = \frac{\varepsilon_0 S}{d} \qquad (8\text{-}20)$$

如果把真空看成 $\varepsilon_r = 1$ 的电介质，于是就可以由式（8-19）获得式（8-20），因此，极板间充满电介质前后电容器电容量的关系

$$C = \varepsilon_r C_0 \qquad (8\text{-}21)$$

事实上，这一结论可以推广到其他电容器，即：电容器充满电介质时的电容量为其真空时电容量的 ε_r 倍。

（3）球形电容器

球形电容器是由两个彼此绝缘的同心导体球壳组成的。若球半径分别为 R_A、R_B，现假定两同心球壳分别带电 $\pm q$，如图 8-17 所示。应用【例题 8-4】结论，得两球壳间的场强分布为

$$\boldsymbol{E} = \frac{q}{4\pi\varepsilon_0\varepsilon_r r^2}\boldsymbol{e}_r = \frac{q}{4\pi\varepsilon r^2}\boldsymbol{e}_r \quad (R_A < r < R_B)$$

应用电势差定义得两球壳间电势差为

$$V_A - V_B = \int_{R_A}^{R_B} \boldsymbol{E} \cdot \mathrm{d}\boldsymbol{l} = \int_{R_A}^{R_B} \frac{q}{4\pi\varepsilon r^2}\mathrm{d}r = \frac{q}{4\pi\varepsilon}\left(\frac{1}{R_A} - \frac{1}{R_B}\right)$$

所以

$$C = \frac{q}{V_A - V_B} = \frac{4\pi\varepsilon R_A R_B}{R_B - R_A} \tag{8-22}$$

同样，令 $\varepsilon_r = 1$，可得真空中球形电容器的电容量

$$C = \frac{q}{V_A - V_B} = \frac{4\pi\varepsilon_0 R_A R_B}{R_B - R_A} \tag{8-23}$$

比较式(8-22)和式(8-23)，不难验证，式(8-21)依然成立。

另外，如果 $R_B \gg R_A$，则式(8-22)变成 $C \approx 4\pi\varepsilon_0\varepsilon_r R_A$，即为孤立导体球电容器，所以孤立导体球电容器可看成孤立导体球和无穷远组成两个电极的球形电容器。

如果用 d 表示两极间的距离，即 $R_A = R_B - d$，当 $R_B \gg d$，则

$$C = \frac{4\pi\varepsilon R_A R_B}{R_B - R_A} = \frac{4\pi\varepsilon R_B(R_B - d)}{d} \approx \frac{4\pi\varepsilon R_B^2}{d} = \frac{\varepsilon S}{d}$$

即为平行板电容器电容。

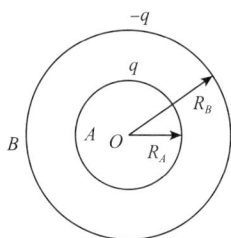

图 8-17　球形电容器　　　　　图 8-18　圆柱形电容器

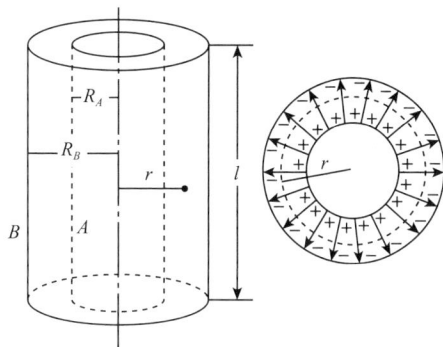

(4)圆柱形电容器

圆柱形电容器是由半径不等的两同轴圆柱导体面构成，且母线长度远大于半径。如图 8-18 所示，设圆柱形电容器的极板半径分别为 R_A 和 R_B，母线长度为 l，极板间填充相对电容率为 ε_r 的电介质，假定极板上均匀带上电荷，线密度为 λ，仿照【例题 7-4】，应用介质中的高斯定理，可得距离轴 r 远处的场强大小

$$E = \frac{\lambda}{2\pi\varepsilon_0\varepsilon_r r}$$

电势差

$$V_A - V_B = \int_{R_A}^{R_B} \boldsymbol{E} \cdot \mathrm{d}\boldsymbol{r} = \int_{R_A}^{R_B} \frac{\lambda}{2\pi\varepsilon_0\varepsilon_r r}\mathrm{d}r = \frac{\lambda}{2\pi\varepsilon_0\varepsilon_r}\ln\frac{R_B}{R_A}$$

由于 $Q = \lambda l$，所以圆柱形电容器的电容

$$C = \frac{Q}{V_A - V_B} = \frac{2\pi\varepsilon_0\varepsilon_r l}{\ln\dfrac{R_B}{R_A}} \tag{8-24}$$

如果用 d 表示两极间的距离，即 $R_B = R_A + d$，当 $d \ll R_A$ 时，则

$$C = \frac{2\pi\varepsilon_0\varepsilon_r l}{\ln\dfrac{R_B}{R_A}} = \frac{2\pi\varepsilon_0\varepsilon_r l}{\ln\left(1 + \dfrac{d}{R_A}\right)} \approx \frac{2\pi\varepsilon_0\varepsilon_r l}{\dfrac{d}{R_A}} = \frac{\varepsilon_0\varepsilon_r 2\pi R_A l}{d} = \frac{\varepsilon S}{d}$$

即为平行板电容器电容。

由上面几种电容器电容的表达式可以看出，C 值仅与电容器的形状、尺寸以及两板间的电介质有关，而与 q 和 $V_A - V_B$ 无关。

8.4.3 电容器的并联和串联

在实际电路中，常将多个电容器组合使用。电容器的基本连接方法有串联和并联两种。

（1）串联

如图 8-19 所示，有 n 个电容器串联在电路 A、B 两端。串联后，最靠近 A、B 两端电容器极板上分别带有 $+q$ 和 $-q$ 的电量，则其他各极板应分别感应出电荷 $+q$ 或 $-q$。因此串联的特征是每个电容器都带有相等的电量。各个电容器上的电压为

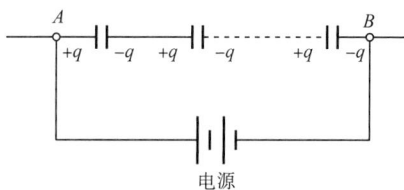

图 8-19 电容器串联

$$U_1 = \frac{q}{C_1}, \quad U_2 = \frac{q}{C_2}, \quad \cdots, \quad U_n = \frac{q}{C_n}$$

而串联电容器组两端的电压，等于各个电容器上电压之和，即

$$U_{AB} = U_1 + U_2 + \cdots + U_n \tag{8-25}$$

电容串联后的总电容为

$$C = \frac{q}{U_{AB}} = \frac{q}{\dfrac{q}{C_1} + \dfrac{q}{C_2} + \cdots + \dfrac{q}{C_n}} = \left[\frac{1}{C_1} + \frac{1}{C_2} + \cdots + \frac{1}{C_n}\right]$$

即

$$\frac{1}{C} = \frac{1}{C_1} + \frac{1}{C_2} + \cdots + \frac{1}{C_n} \tag{8-26}$$

上式表明，串联电容器的等效电容的倒数等于各个电容器电容的倒数之和。式（8-26）说明电容器串联后将小于其中任一个电容器的电容，式（8-25）告诉我们，电容器串联后提高耐压能力。

（2）并联

将电容分别为 C_1，C_2，$\cdots$，C_n 的 n 个电容器并联，如图 8-20 所示。每个电容器的两极板都分别接在电源的 A、B 两端，所以，电容器并联的特征是每个电容器两极板间电压都相等。

并联电容器所容纳的总电量

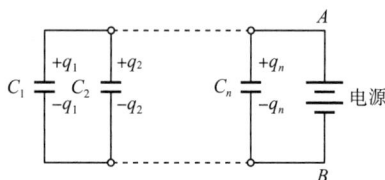

图 8-20 电容器并联

$$q = q_1 + q_2 + \cdots + q_n$$

电容器并联后的总电容为

$$C = \frac{q}{U_{AB}} = \frac{q_1 + q_2 + \cdots + q_n}{U_{AB}} = \frac{q_1}{U_{AB}} + \frac{q_2}{U_{AB}} + \cdots + \frac{q_n}{U_{AB}} = C_1 + C_2 + \cdots + C_n$$

即

$$C = C_1 + C_2 + \cdots + C_n \tag{8-27}$$

这表明，电容器并联后的等效电容等于各电容器电容之和。可见总电容增大了。在实际电路设计，常使用混联形式，既有串联又有并联。

【例题 8-6】 如图 8-21 所示平行板电容器，两极板面积 S。板间充满两层平行均匀电介质，厚度分别 d_1、d_2，且 $d_1 + d_2 = d$，介质相对电容率分别为 ε_{r1}、ε_{r2}。求此电容器的电容量。

解： 将所求电容器视为两个电容器的串联，即有

$$C = \left[\frac{1}{C_1} + \frac{1}{C_2} \right]^{-1}$$

而已知

$$C_1 = \varepsilon_{r1} \varepsilon_0 \frac{S}{d_1}, \quad C_2 = \varepsilon_{r2} \varepsilon_0 \frac{S}{d_2}$$

所以

$$C = \left(\frac{d_1}{\varepsilon_0 \varepsilon_{r1} S} + \frac{d_2}{\varepsilon_0 \varepsilon_{r2} S} \right)^{-1} = \frac{\varepsilon_0 \varepsilon_{r1} \cdot \varepsilon_{r2} S}{d_1 \varepsilon_{r2} + d_2 \varepsilon_{r1}}$$

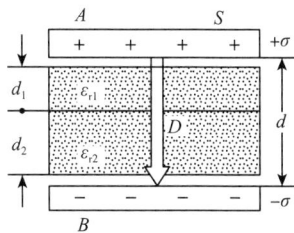

图 8-21 例题 8-6 图

8.5 电场的能量

将充电的电容器两极板用导线连接，可以看到放电的火花，释放的热能显然是由充电电容器的能量转换来的，所以充电的电容器具有能量。

如图 8-22 所示，电容为 C 的平行板电容器极板已分别带上 $\pm q$ 的电荷时，电势差为 $V_+ - V_- = q/C$，如果从负极板到正极板再搬运电荷 dq，外力就必须做功

$$dW = dq(V_+ - V_-)$$

图 8-22 电容器电能研究

所以电容器从带电量从 0 变为 $\pm Q$ 时，外力做的功为

$$W = \int_0^Q (V_+ - V_-) dq = = \int_0^Q \frac{C}{q} dq = \frac{1}{2} \frac{Q^2}{C}$$

根据能量守恒定律，电容器的电场能量 W_e 应该等于电容器建立电场时外力所做的功 W，即

$$W_e = W = \frac{1}{2} \frac{Q^2}{C} \tag{8-28}$$

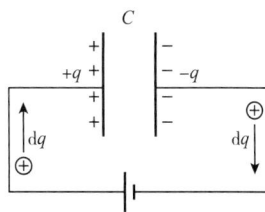

利用电容的定义式可得

$$W_e = \frac{1}{2}C(V_+ - V_-)^2 = \frac{1}{2}Q(V_+ - V_-) \tag{8-29}$$

由式(8-28)可看出，W_e 与电容器所带电量 Q 密切相关，所以 W_e 被称为**电容器所存储的电荷能量**。

因为 $(V_+ - V_-) = Ed$，$C = \varepsilon \dfrac{S}{d}$，代入式(8-29)得

$$W_e = \frac{1}{2}\varepsilon E^2 Sd \tag{8-30}$$

上式中可看出，W_e 与电场强度 E 密切相关，所以，W_e 也称为**电场能量**。式(8-30)中 Sd 是平行板电容器两极板之间的体积，也正好是电场能量分布的空间，于是单位体积内的电场能量

$$w_e = \frac{1}{2}\varepsilon E^2 \tag{8-31}$$

上式中，w_e 称为**电场能量体密度**。这一结论也适用于任意静电场，所以，对于任意电场的电场能量有

$$W_e = \int_V w_e \mathrm{d}V = \int_V \frac{1}{2}\varepsilon E^2 \mathrm{d}V \tag{8-32}$$

式(8-32)表示电场能量与电荷直接相关联，可认为能量是存储在电荷上，电荷是能量的携带者。但式(8-31)、式(8-32)则表示电场的能量与电场相关联，而且与电场占的空间大小有关，这又说明能量是存储于整个电场之中，电场是能量的携带者。在静电场中，电场总是和电荷相伴随而存在，因此这两种观点等效。不过，电磁波的电能和磁能可以脱离电荷而传播，就直接证实了电能存储于电场中，电场是能量的携带者。

【例题 8-7】 真空中有一均匀带电量为 q、半径为 R 的金属球，试求：①带电球体激发电场的总能量；②在球体周围空间多大半径的球面内，存储的电能为总能量的一半。

解： ①均匀带电金属球在空间激发具有球对称分布的非均匀电场，场强分布为

$$E = \begin{cases} 0, & r < R, \\ \dfrac{q}{4\pi\varepsilon_0 r^2}, & r > R. \end{cases}$$

应用式(8-31)，得

$$w_e = \frac{1}{2}\varepsilon_0 E^2 = \frac{q^2}{32\pi^2\varepsilon_0 r^4} \quad (r > R)$$

因为体积元 $\mathrm{d}V = 4\pi r^2 \mathrm{d}r$，利用式(8-32)，则总能量为

$$W = \int_V w_e \mathrm{d}V = \int_R^\infty \frac{q^2}{32\pi^2\varepsilon_0 r^4} 4\pi r^2 \mathrm{d}r$$

$$= \int_R^\infty \frac{q^2}{8\pi\varepsilon_0 r^2}\mathrm{d}r = \frac{q^2}{8\pi\varepsilon_0 R}$$

孤立球体的电容为 $C = 4\pi\varepsilon_0 R$，代入式(8-28)则得

$$W_e = \frac{1}{2}\frac{q^2}{C} = \frac{q^2}{8\pi\varepsilon_0 R}$$

这个结果与静电场能公式计算结果相同，说明在静电场中，两种观点是等价的。

（2）设半径为 R_1 的空间范围内，存储的电能为总能量的一半，因此有

$$\int_R^{R_1} \frac{q^2}{8\pi\varepsilon_0 r^2}\mathrm{d}r = \frac{1}{2}W_e = \frac{q^2}{16\pi\varepsilon_0 R}$$

即

$$\frac{q^2}{8\pi\varepsilon_0}\left(\frac{1}{R} - \frac{1}{R_1}\right) = \frac{q^2}{16\pi\varepsilon_0 R}$$

所以

$$R_1 = 2R$$

本章摘要

1. 静电场中的导体

（1）导体的静电平衡条件

因外电场作用使得导体上出现电荷重新分布的现象，就是静电感应现象。导体上的电荷分布和空间的场分布都达到稳定状态，我们称之为静电平衡状态。

静电平衡的条件是：①导体内部场强处处为零；②导体表面上各点的场强处处与表面垂直。从电势角度则可将静电平衡条件表述为：①导体是一个等势体；②导体表面是一个等势面。

（2）静电平衡时导体的电荷分布

静电平衡时导体上电荷分布的基本结论：带电导体内部无净电荷，电荷只能分布于导体的表面上。

静电平衡时空腔导体结论：①如空腔内部无电荷，则导体内表面上无感应电荷；②如空腔内有电荷，则导体内表面上分布有等量异号的感应电荷，而导体外表面上则增加等量同号的感应电荷。

导体外紧靠导体表面的各点场强方向处处与表面垂直，场强大小

$$E = \frac{\sigma}{\varepsilon_0}$$

（3）静电屏蔽

不带电的空腔导体放在静电场中，位于导体空腔内不受任何外电场的影响。

对于接地的空腔导体，外界的电场不会影响腔内电场分布，腔内带电体对腔外电场分布也没有影响。接地空腔导体的这种作用称为静电屏蔽。

接地导体所带电荷应该由静电平衡条件和接地情况共同决定，接地的作用在于提供自由电荷运动的通路以及确定零电势参考点。

2. 静电场中的电介质

（1）电介质的极化

电介质可分为两类：无极分子电介质和有极分子电介质。有极分子电介质具有固

有分子电偶极矩，显然无极分子电偶极矩为零。

如果将电介质放入电场 $\boldsymbol{E}_0$ 中，实验发现，两类电介质表面上都会出现等量异号的电荷，这种现象称作电介质的极化现象。无极分子极化时只有位移极化，而有极分子同时存在位移极化和转向极化，但以后者为主。

极化电荷不同于自由电荷，不能用诸如接地之类的方法使之脱离原子核的束缚而单独存在。

（2）电极化强度

电极化强度定义

$$P = \lim_{\Delta V \to 0} \frac{\sum_i \boldsymbol{p}_i}{\Delta V}$$

各向同性的电介质，电极化强度矢量 $\boldsymbol{P}$ 与电介质内的总场强 $\boldsymbol{E}$ 关系

$$\boldsymbol{P} = \chi \varepsilon_0 \boldsymbol{E}$$

一般情况下

$$\sigma' = \boldsymbol{P} \cdot \boldsymbol{e}_n = P_n$$

$$q' = -\oint_S \boldsymbol{P} \cdot \boldsymbol{e}_n \mathrm{d}S = -\oint_S \boldsymbol{P} \cdot \mathrm{d}\boldsymbol{S}$$

（3）电介质中的电场

如用 $\boldsymbol{E}_0$ 表示外电场场强，$\boldsymbol{E}'$ 表示极化电荷产生的场强，则电介质内各点的场强 $\boldsymbol{E}$ 可表为

$$\boldsymbol{E} = \boldsymbol{E}_0 + \boldsymbol{E}'$$

任意两等势面之间充满同种均匀电介质或整个电场内充满同种均匀电介质的情况有

$$E = \frac{\sigma_0}{\varepsilon_0 \varepsilon_r} = \frac{\sigma_0}{\varepsilon} \qquad E = \frac{E_0}{\varepsilon_r} \qquad \sigma' = \frac{\varepsilon_r - 1}{\varepsilon_r} \sigma_0$$

3. 电位移　有电介质时的高斯定理

电介质中高斯定理

$$\oint_S \boldsymbol{D} \cdot \mathrm{d}\boldsymbol{S} = q_0$$

电位移矢量 $\boldsymbol{D}$ 的定义式

$$\boldsymbol{D} = \varepsilon_0 \boldsymbol{E} + \boldsymbol{P}$$

均匀电介质中

$$\boldsymbol{D} = \varepsilon \boldsymbol{E}$$

4. 电容　电容器

（1）电容器的电容

导体容纳电荷的能力称为导体的**电容量**，简称**电容**。单位为法拉(F)，简称法。

电容器的电容定义

$$C = \frac{q}{V_A - V_B}$$

（2）电容器电容量的计算

孤立球形导体电容器

$$C = \frac{q}{V} = 4\pi\varepsilon_0\varepsilon_r R$$

平行板电容器

$$C = \frac{\varepsilon S}{d}$$

球形电容器

$$C = \frac{4\pi\varepsilon_0 R_A R_B}{R_B - R_A}$$

圆柱形电容器

$$C = \frac{2\pi\varepsilon_0\varepsilon_r l}{\ln\dfrac{R_B}{R_A}}$$

（3）电容器的并联和串联

串联的特征是每个电容器都带有相等的电量。

$$U_{AB} = U_1 + U_2 + \cdots + U_n$$

$$\frac{1}{C} = \frac{1}{C_1} + \frac{1}{C_2} + \cdots + \frac{1}{C_n}$$

电容器并联的特征是每个电容器两极板间电压都相等。

$$q = q_1 + q_2 + \cdots + q_n$$

$$C = C_1 + C_2 + \cdots + C_n$$

5. 电场的能量

电容器所存储的电荷能量

$$W_e = W = \frac{1}{2}\frac{Q^2}{C}$$

电容器所存储的电场能量

$$W = \frac{1}{2}\varepsilon E^2 Sd$$

任意静电场电场能量体密度

$$w_e = \frac{1}{2}\varepsilon E^2$$

任意电场的电场能量有

$$W_e = \int_V w_e \mathrm{d}V = \int_V \frac{1}{2}\varepsilon E^2 \mathrm{d}V$$

电能存储于电场中，电场是能量的携带者。

习 题

填空题

8-1 将一负电荷从无穷远处移到一个不带电的导体附近，则导体内的电场强度_____，导体的电势_____。

8-2 两带电导体球半径分别为 R 和 $r(R > r)$，它们相距很远，用一根导线连接起来，则两球表面的电荷面密度之比 $\sigma_R : \sigma_r = $ _____。

8-3 三个半径相同的金属小球，其中甲、乙两球带有等量同号电荷，丙球不带电。已知甲、乙两球间距离远大于本身直径，它们之间的静电力为 F，现用带绝缘柄的丙球先与甲球接触，再与乙球接触，然后移去，则此时甲、乙两球间的静电力为_____。

8-4 在一个带负电荷的金属球附近，放一个带正电的点电荷 q_0，测得 q_0 所受的力为 F，则 F/q_0 的值一定_____于不放 q_0 时该点原有的场强大小(填大、等、小)。

8-5 选无穷远处为电势零点，半径为 R 的导体球带电后，其电势为 U_0，则球外离球心距离 r 处的电场强度的大小为_____。

8-6 分子的正负电荷中心重合的电介质叫做_____电介质。在外电场作用下，分子的正负电荷中心发生相对位移，形成_____。

8-7 在相对电容率为 ε_r 的各向同性的电介质中，电位移矢量 D 与场强 E 之间的关系是_____。

8-8 带电棒能吸引轻小物体的原因是_____。

8-9 一平行板电容器充电后切断电源，若使两电极板距离增加。则两极板间电势差将_____，电容将_____。(填增大、减小或不变)

8-10 在电容为 C_0 的空气平行板电容器中，平行地插入一厚度为两极板距离一半的金属板，则电容器的电容 $C = $ _____。

8-11 对下列问题选取"增大""减小""不变"作答。①平行板电容器保持板上电量不变(即充电后切断电源)。现在使两板的距离增大，则：两板间的电势差_____，电场强度_____，电容_____，电场能量_____。②如果保持两板间电压不变(即充电后与电源连接着)。则两板间距离增大时，两板间的电场强度_____，电容_____，电场能量_____。

8-12 一平行板电容器中充满相对介电常数为 ε_r 的各向同性均匀电介质。已知介质表面极化电荷面密度为 $\pm\sigma$，则极化电荷在电容器中产生的电场强度的大小为_____。

8-13 电介质在电容器中的作用是：①_____；②_____。

8-14 一平行板电容器，充电后切断电源，然后使两极板间充满相对介电常数为 ε_r 的各向同性均匀电介质，此时两极板间的电场强度是原来的_____倍；电场能量是原来的_____倍。

选择题

8-15 带电导体达到静电平衡时，其正确结论是_____。

A. 导体表面上曲率半径小处电荷密度较小

B. 表面曲率较小处电势较高

C. 导体内部任一点电势都为零

D. 导体内任一点与其表面上任一点的电势差等于零

8-16　将一个带正电的带电体 A 从远处移到一个不带电的导体 B 附近，导体 B 的电势将_____。

　A. 升高　　　　　　B. 降低　　　　　C. 不会发生变化　　D. 无法确定

8-17　一带正电荷的物体 M，靠近一不带电的金属导体 N，N 的左端感应出负电荷，右端感应出正电荷。若将 N 的左端接地，则_____。

　A. 负电荷入地　　B. 正电荷入地　　C. 电荷不动　　　　D. 所有电荷都入地

8-18　静电场中，作闭合曲面 S，若有 $\oint_S \boldsymbol{D} \cdot \mathrm{d}\boldsymbol{S} = 0$，则 S 面内必定 。

　A. 既无自由电荷，也无束缚电荷　　　　B. 没有自由电荷

　C. 自由电荷和束缚电荷的代数和为零　D. 自由电荷的代数和为零

8-19　如果电容器两极间的电势差保持不变，这个电容器在电介质存在时所储存的自由电荷与没有电介质(即真空)时所储存的电荷相比 _____。

　A. 增多　　　　　　B. 减少　　　　　C. 相同　　　　　　D. 不能比较

8-20　一个平行板电容器，充电后与电源断开，当用绝缘手柄将电容器两极板间距离拉大，则两极板间的电势差 U，电场强度的大小 E，电场能量 W，将发生如下变化 _____。

　A. U 减小，E 减小，W 减小　　　　B. U 增大，E 增大，W 增大

　C. U 增大，E 不变，W 增大　　　　D. U 减小，E 不变，W 不变

8-21　一平行板电容器充电后切断电源，若改变两极间的距离，则下述物理量哪个保持不变？

　A. 电容器的电容量　　　　　　　　　B. 两极板间的场强

　C. 两极板间的电势差　　　　　　　　D. 电容器储存的能量

8-22　如果某带电体，电荷体密度 ρ 增大为原来的 2 倍，则其电场的能量变为原来的_____。

　A. 2 倍　　　　　　B. 1/2 倍　　　　C. 4 倍　　　　　　D. 1/4 倍

8-23　一球形导体，带电量 q，置于一任意形状的空腔导体中，当用导线将两者连接后，则与未连接前相比系统静电场能将_____。

　A. 增大　　　　　　　　　　　　　　B. 减小

　C. 不变　　　　　　　　　　　　　　D. 如何变化无法确定

8-24　一平行板电容器充电后与电源连接，若用绝缘手柄将电容器两极板间距离拉大，则极板上的电量 Q，电场强度的大小 E 和电场能量 W 将发后如下变化_____。

　A. Q 增大，E 增大，W 增大　　　　B. Q 减小，E 减小，W 减小

　C. Q 增大，E 减小，W 增大　　　　D. Q 增大，E 增大，W 减小

8-25　一空气平行板电容器，充电后把电源断开，这时电容器中储存的能量为 W_0，然后在两极之间充满相对介电常数为 ε_r 的各向同性均匀电介质，则该电容器中

储存的能量 W 为 _____。

A. $W = \varepsilon_r W_0$

B. $W = \dfrac{W_0}{\varepsilon_r}$

C. $W = (1 + \varepsilon_r) W_0$

D. $W = W_0$

计算题

8-26 一金属球壳的内外半径分别为 R_1、R_2，带电荷为 Q，在球心处有一电荷为 q 的点电荷，求此壳外表面上的电荷面密度。

8-27 如题 8-27 图所示，在真空中将半径为 R 的金属球接地，在与球心 O 相距为 r（$r > R$）处放置一点电荷 $-q$，不计接地导线上电荷的影响，则金属球表面上的感应电荷总量为？金属球表面电势为？

8-28 如题 8-28 图所示，半径为 R_1 和 R_2（$R_1 < R_2$）的同心球壳均匀带电，小球壳带有电荷 $+q$，大球壳内表面带有电荷 $-q$，外表面带有电荷 $+q$，求：①小球壳内，两球壳间及大球壳外任一点的电势；②两球壳的电势差。

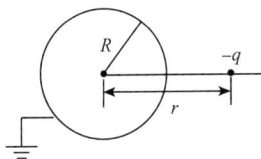
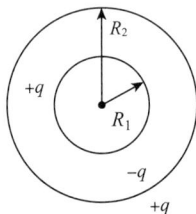

题 8-27 图   题 8-28 图

8-29 三块平行导体平板 A、B、C 的面积均为 S，其中 A 板带电 Q，B、C 板不带电，A 和 B 间相距为 d_1，A 和 C 间相距为 d_2。求：①各导体板上的电荷分布和导体板间的电势差；②将 B、C 导体板分别接地，再求导体板上的电荷分布和导体板间的电势差。

8-30 在内极板半径为 a，外极板半径为 b 的圆柱形电容器内，装入一层相对介电常数为 ε_r 的同心圆柱壳体（内径为 r_1，外径为 r_2），则其电容变为原来电容的多少倍？

8-31 一个电容器，电容 $C_1 = 20.0\mu F$，用电压 $U = 100V$ 的电源使之带电。然后切断电源，使该电容器与另一未充电的电容器 $C_2 = 5.0\mu F$ 相并联，求：①两电容器各带电多少？②第一个电容器两端的电势差为多大？

8-32 一平板电容器两极板相距为 2.0mm，电压为 400V，其间充满了相对介电常数 $\varepsilon_r = 5.0$ 的玻璃片。略去边缘效应，则玻璃表面上极化电荷面密度 σ' 为多少？

8-33 地球和电离层可当做一个球形电容器，它们之间相距约为 100km，试估算地球—电离层系统的电容（设地球与电离层之间为真空）。

8-34 有一平板电容器，充电后极板上电荷面密度为 $\sigma_0 = 4.5 \times 10^{-5} C \cdot m^{-2}$，现将两极板与电源断开，然后再把相对电容率为 $\varepsilon_r = 2.0$ 的电介质插入两极板之间。此时电介质中的 D，E 和 P 各为多少？

8-35 半径为 R，相对介电常数为 ε_r 的均匀介质球中心放有点电荷 Q，球外是空气。求：①球内外的电场强度 E 和电势 U 的分布；②如果要使球外的电场强度为零且球内的电场强度不变，则球面上需要有面密度为多少的电荷？

8-36　一平板电容器的两极板间有两层均匀电介质，一层电介质 $\varepsilon_{r1} = 4.0$，厚度 $d_1 = 2.0\text{mm}$；一层电介质 $\varepsilon_{r2} = 2.0$；厚度 $d_2 = 3.0\text{mm}$，极板面积 $S = 40\text{cm}^2$，两极板间电压为 200V。则每层电介质中的电场能量密度为多少？每层介质中的总能量为多少？用公式 $\frac{1}{2}qU$ 计算，电容器的总能量为多少？

8-37　一平行板空气电容器，极板面积为 S，极板间距为 d，充电至带电 Q 后与电源断开，然后用外力缓缓地把两极间距拉开到 $2d$，求：①电容器能量的改变；②在此过程中外力所做的功，并讨论此过程中的功能转换关系。

第 9 章

稳恒磁场

运动的电荷在空间将会激发磁场。磁场和电场一样，都是物质存在的一种形态，磁场还会对运动的电荷有力的作用。本章将系统地介绍恒定电流、真空中的磁场、磁场对电流及运动电荷的作用以及物质的磁性等内容。

9.1 恒定电流

9.1.1 电流密度 恒定电流连续性原理

电荷定向移动形成**电流**，电荷的携带者称为**载流子**。电流可分为传导电流和运流电流两类。载流子在导体中的定向运动形成的电流称为**传导电流**。带电物体或带电粒子在空间的机械运动形成的电流称为**运流电流**，本章仅研究传导电流。

如果在一段时间间隔 Δt 内通过导体某横截面的电量为 Δq，则

$$I = \lim_{\Delta t \to 0} \frac{\Delta q}{\Delta t} = \frac{\mathrm{d}q}{\mathrm{d}t} \tag{9-1}$$

I 称为**电流强度**。式(9-1)就是电流强度的定义式。电流的方向规定为正电荷运动的方向，而电流的大小用电流强度 I 来描述。I 恒定不变的电流称为**恒定电流**，又称**直流电**，简称**直流**。如果 $I = I(t)$，则为**变化电流**，如照明用的交流电。

电流强度是标量，在国际单位制中，单位为安培（A），简称安，是国际单位制中七个基本单位之一。

电流强度只能描述电流通过导体截面的整体特征。如图 9-1 所示，用电阻法勘探矿藏时，大地中的电流各部分的电流大小和方向并不相同，为了精确描述导体中各点的电流分布，必须使用电流密度物理量。

在导体中某点取垂直电流方向（即场强 **E** 方向）面积元 $dS_\perp$，如图 9-2 所示，如通过面积元的电流强度为 dI，我们定义

$$\boldsymbol{j} = \frac{\mathrm{d}I}{\mathrm{d}S_\perp}\boldsymbol{e}_n \tag{9-2}$$

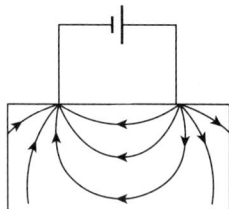

图 9-1　电阻法勘探矿藏时大地中的电流　　　　图 9-2　I 和 j 的关系

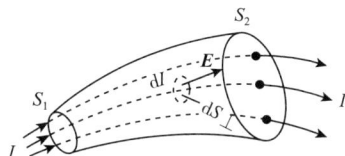

式中 $\boldsymbol{e}_n$ 为电流方向或者 **E** 方向的单位矢量，$\boldsymbol{j}$ 就是**电流密度**，它是一个矢量，在国际单位制中，单位为安·米$^{-2}$（A·m^{-2}）。$\boldsymbol{j}$ 的大小等于通过与该点场强方向垂直的单位截面的电流强度，方向与该点的场强方向相同。

对于导体中任一面积元 $d\boldsymbol{S}$，则有

$$\mathrm{d}I = \boldsymbol{j}\cdot\mathrm{d}\boldsymbol{S} \tag{9-3}$$

也就是说，通过导体中任一面积元 $d\boldsymbol{S}$ 的电流强度等于流过该面积元 $d\boldsymbol{S}$ 的电流密度 $\boldsymbol{j}$ 的元通量。

因此，通过导体任一曲面 S 的电流

$$I = \int_S \boldsymbol{j}\cdot\mathrm{d}\boldsymbol{S} \tag{9-4}$$

简言之，曲面的电流就是它的电流密度通量。

如果闭合曲面的正法线规定为外法线方向，则任一闭合曲面的电流密度通量就是向外流出的电流，应等于单位时间流出该曲面的电荷量。根据电荷守恒定律，它也应该等于单位时间该曲面电荷减少量。设曲面内电荷为 q，则

$$\oint_S \boldsymbol{j}\cdot\mathrm{d}\boldsymbol{S} = -\frac{\mathrm{d}q}{\mathrm{d}t} \tag{9-5}$$

称为**电流连续性方程**。

显然恒定电流各点的 $\boldsymbol{j}$ 都不会随时间而变，空间各点的电荷密度也必然不随时间而变，导体中任意两点的电势差也保持不变，其物理图像是：导体内各处载流子整体向前移动，但它们原来的位置又迅速被后续载流子所填充，换言之，任何闭合曲面内的载流子总保持动态守恒，没有电荷的累积，即

$$\oint_S \boldsymbol{j}\cdot\mathrm{d}\boldsymbol{S} = 0 \tag{9-6}$$

称为恒定电流的条件。

9.1.2　电阻率　欧姆定律

实验表明，对于粗细均匀的同种导体，其电阻与导体的长度 l 成正比，与导体的

横截面积成反比，即

$$R = \rho \frac{l}{S} \tag{9-7}$$

这一结论称为**电阻定律**，是一个实验定律。上式中 ρ 是由导体材料性质决定的，称为该材料的**电阻率**。电阻率的倒数

$$\gamma = \frac{1}{\rho} \tag{9-8}$$

γ 称为这种材料的**电导率**。在国际单位制中，电阻率单位为欧姆·米（$\Omega \cdot m$），电导率单位为西门子·米$^{-1}$（$s \cdot m^{-1}$）。

对于同种材料的导体，如果形状不规则，则可用使用下式计算电阻

$$R = \int_L dR = \int_L \rho \frac{dl}{S} \tag{9-9}$$

一段均匀导线，当其温度一定时，导线中的电流强度 I 与导线两端的电势差 U 成正比，即

$$I = \frac{U}{R} \tag{9-10}$$

这就是我们熟知的**均匀电路欧姆定律**，下面进一步讨论其物理实质。

如图 9-3 所示，在通电导体内取一长 dl、底面 dS、母线与 E 平行的微小直圆柱体，设上下底电势分别为 V 和 $V + dV$，dI 为垂直通过底面 dS 的电流。由式（9-7）知该微小直圆柱体的电阻为 $\rho \frac{dl}{dS}$，所以利用欧姆定律得

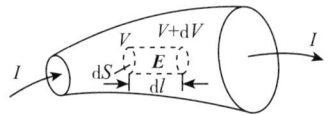

图 9-3 j 和 E 的关系

$$dI = \frac{V - (V + dV)}{\rho \dfrac{dl}{dS}} = -\frac{1}{\rho} \frac{dS}{dl} dV$$

根据式（9-3），上式变为 $jdS = -\dfrac{1}{\rho} \dfrac{dS}{dl} dV$。在此微小圆柱体中，场强与电势的关系 $E = -\dfrac{dV}{dl}$，再利用式（9-8），同时考虑到 E 和 j 方向相同，有

$$j = \gamma E \tag{9-11}$$

式（9-11）称为**欧姆定律的微分形式**。它说明导体中任一点的电流密度与该点的场强成正比，揭示出导体中的电流是电场力驱使载流子定向运动的结果。恒定电流要求导体中各点的 j 保持不变，那么 E 必然不变，这意味着导体内的电场不会随时间而变。

9.1.3   电动势   闭合电路欧姆定律

电源是一种把其他形式的能量转换为电能的装置。电源正极的正电荷经外电路流向负极的同时，电源通过非静电力将正电荷经电源内部从负极搬运于正极，从而为外电路提供恒定的电势差。

在只含有一个电源的闭合电路中，电源内部电荷 q 受到非静电力 $\boldsymbol{F}_k$，建立非静电场 $\boldsymbol{E}_k$，而外电路中 $\boldsymbol{F}_k$ 和 $\boldsymbol{E}_k$ 均为零。所以，电荷 q 在闭合电路内运动一周非静电力所做的功

$$W = \oint_L \boldsymbol{F}_k \cdot \mathrm{d}\boldsymbol{l} = \oint_L q\boldsymbol{E}_k \cdot \mathrm{d}\boldsymbol{l} = \int_-^+ q\boldsymbol{E}_k \cdot \mathrm{d}\boldsymbol{l}$$

定义

$$E = \frac{W}{q} = \oint_L \boldsymbol{E}_k \cdot \mathrm{d}\boldsymbol{l} = \int_-^+ \boldsymbol{E}_k \cdot \mathrm{d}\boldsymbol{l} \tag{9-12}$$

式(9-12)中 E 称为电源的**电动势**，它在数值上等于电源内部非静电力将单位正电荷从负极移动到正极所做的功，也是单位正电荷绕闭合回路运动一周时电源的非静电力所做的功。

电动势是一个标量，为了方便起见，我们规定由电源负极经内部指向正极的方向为电动势的正方向。

图 9-4 是只含一个电源的简单闭合电路。电源的电动势为 E，内阻为 r（为了直观起见，等效画成一个电动势为 E 的无内阻电源和电阻 r 的形式），外电路的电阻为 R，电路中流过的电流强度为 I。从图中 A 点出发，单位正电荷沿顺时针方向绕行一周回到 A 点，电场力所做的功为零，即

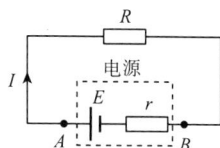

图 9-4 闭合电路欧姆定律

$$V_A - V_A = (V_A - V_B) + (V_B - V_A) = 0$$

经过外电路电阻 R 时，电势降落（电势差）$(V_A - V_B)$ 为 IR，经过内电路时，电源使电势升高了 E（即电势降落了 $-E$），但内电阻使电势降落为 Ir。所以上式为

$$IR - E + Ir = 0$$

即

$$I = \frac{E}{R + r} \tag{9-13}$$

上式称为**闭合电路的欧姆定律**。它表示，闭合电路的电流强度 I 在数值上等于电源的电动势与电路中总电阻之比，电流的方向在外电路中从电源正极流向负极，在内电路中则从电源负极流向正极。

9.1.4 基尔霍夫定律

对于许多复杂电路，欧姆定律往往无能为力，这时，我们常用基尔霍夫定律进行处理。基尔霍夫定律包含基尔霍夫第一定律和基尔霍夫第二定律。

在电路中，三条及以上支路交汇点叫做节点，所以支路就是两节点之间的电路。恒定电流满足式(9-6)，结合式(9-4)和式(9-5)可得流出的电流等于流入的电流，如图 9-5 所示的节点，有 $I_1 + I_2 = I_3 + I_4$，变形为

$$-I_1 - I_2 + I_3 + I_4 = 0$$

如果规定流入的电流为"$-$"，流出的电流为"$+$"，可将之推广并写成普遍形式

$$\sum_{i=1}^{p} (\pm I_i) = 0 \tag{9-14}$$

此即为**基尔霍夫第一定律**，又称为**节点电流定律**。p 表示支路数量。式(9-14)可表述为：恒定电流条件下，节点的电流代数和为 0。

回路是由若干条支路组成的闭合电路，特征是：如果切断回路中任一条支路，电路将不再闭合。显然，沿回路绕行一周，电势降落为 0，即

$$\sum (\pm E_i) + \sum (\pm I_i R_i) = 0 \tag{9-15}$$

此即为**基尔霍夫第二定律**，又称为**回路电压定律**。一般的，我们规定沿绕行方向电势降落为" + "，电势升高为" - "。

对于 n 个节点、p 条支路的复杂电路，可以列出 $n-1$ 个独立的节点电流方程和 $p-n+1$ 个独立的回路电压方程，原则上利用基尔霍夫定律可计算任一电路问题。在实际解题中，需要根据具体情况，先对每个支路假设其电流方向，对每个回路选定绕行方向，然后根据基尔霍夫定律列出 p 个独立方程求解。

【例题 9-1】 如图 9-6 所示，求惠斯通电桥中电流计的电流 I_G。

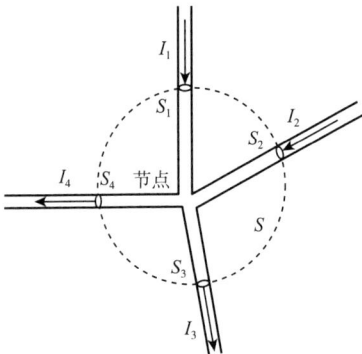

图 9-5   基尔霍夫第一定律

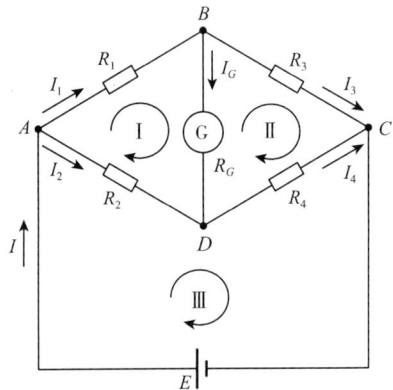

图 9-6   例题 9-1 图

解：因有 4 个节点，6 条支路，所以可列出 3 个独立的节点电流方程，3 个独立的回路电压方程。假定电流方向如图 9-6 示，针对 A、B、C 三个节点列出节点电流方程：

A：$-I + I_1 + I_2 = 0$

B：$-I_1 + I_3 + I_G = 0$

C：$I - I_3 - I_4 = 0$

选定如图箭头绕行方向，对回路 Ⅰ、Ⅱ、Ⅲ 列出回路电压方程：

Ⅰ：$I_1 R_1 + I_G R_G - I_2 R_2 = 0$

Ⅱ：$I_3 R_3 - I_4 R_4 - I_G R_G = 0$

Ⅲ：$I_2 R_2 + I_4 R_4 - E = 0$

联立以上 6 个方程解得：

$$I_G = \frac{(R_2 R_3 - R_1 R_4) E}{R_1 R_3 (R_2 + R_4) + R_2 R_4 (R_1 + R_3) + R_G (R_1 + R_3)(R_2 + R_4)} \tag{9-16}$$

当 $I_G = 0$，我们说电桥平衡，由式(9-16)可知电桥平衡的充要条件是

$$R_2 R_3 = R_1 R_4 \quad \text{或} \quad \frac{R_1}{R_2} = \frac{R_3}{R_4} \tag{9-17}$$

同时，我们也看到如果 $R_2 R_3 - R_1 R_4 > 0$ 时，$I_G > 0$，I_G 实际方向与假设方向一致；反之，如果 $R_2 R_3 - R_1 R_4 < 0$，$I_G < 0$，I_G 实际方向与假设方向相反。

9.2 磁感应强度 磁场中的高斯定理

能吸引铁、钴、镍及其合金的性质称为**磁性**。具有磁性的物体称为**磁体**。上古时代我国就发现了天然磁铁，春秋战国时期有了对磁现象认识和应用的文字记载。我国四大发明之一的指南针，就是中华民族对世界文明的重大贡献。英国科学家吉尔伯特在 1600 年发表《论磁体》，第一次较为全面的对磁学进行了论述。

早期磁现象的研究发现天然磁铁的磁极总是成对出现的，条形磁铁的两端磁性最强(称作**磁极**)，中间部分的磁性最弱。能自由转动的磁铁的磁极具有指示南北的性质，于是把磁极分别称为**北极**(用 N 表示)和**南极**(用 S 表示)。同名磁极相互排斥，异名磁极相互吸引。

1819 年，丹麦科学家奥斯特发现载流导线周围的磁针因受磁力而偏转，有力地说明了电流具有磁效应。随后安培发现同向平行载流导线相互吸引，反向平行载流导线相互排斥，1822 年安培还提出了分子电流假说，对早期磁现象给予了满意的解释。

9.2.1 磁感应强度

静止电荷间的相互作用是通过静电场进行的。运动电荷(或电流)在其周围空间要激发一种特殊的物质——**磁场**，磁现象中的一切磁相互作用，就是其中一方激发的磁场对另一方施加作用的结果。磁场对运动电荷或电流的作用力称为**磁场力**，简称**磁力**。

磁场的基本性质就是对放入其中的运动电荷(或载流导线、载流线圈或小磁针)有力的作用，因此，可引入运动点电荷 q 作为研究磁场的试探电荷，实验发现：

①试探电荷 q 受到的磁力 F 的大小，与其电量 q 和运动速率 v 的乘积成正比，即 $F \propto qv$；

②当试探电荷沿某一特定的方向运动时，$F = 0$；当沿着与之垂直的另一方向运动时，所受的磁力有最大值 F_{max}。

③作用在试探电荷上的磁力 F 的方向，总是同时垂直于电荷运动速度 v 和 $F = 0$ 时试探电荷运动方向组成的平面。

依据上述实验事实，引入**磁感应强度矢量**(记作 B)来描述磁场，将 B 的方向规定为：磁场力为零时正电荷的运动方向，且与该点处小磁针静止时 N 极指向相同的方向为该点的磁感应强度 B 的方向，B 的大小定义为

$$B = \frac{F_{max}}{qv} \tag{9-18}$$

在国际单位制中，磁感应强度 B 的单位是牛·秒·(库·米)$^{-1}$，称为特斯拉(T)，简称特。

如 $B = B(x, y, z)$，虽磁场内不同点处的磁感应强度大小与方向不一定相同，但各点的 B 值都不随时间而变化，这样的磁场称为**稳恒磁场**或**静磁场**；特别地，$B = C$，表示磁场内不同点处的磁感应强度的大小与方向均相同，且不随时间变化，这样的磁场称为**匀强磁场**或**均匀磁场**；如 $B = B(x, y, z, t)$，则是**变化磁场**，即各点的 B 的大小方向一般不相同，且要随时间变化。

9.2.2　磁感线　磁通量

类似于电场线，可用磁感线来形象地描述磁感应强度 B 的空间分布。**磁感线**也是磁场中一系列假想曲线，它满足：①曲线上任意一点的切线方向为该点的磁感应强度 B 的方向；②通过任一点且与 B 垂直的单位面积的磁感线的条数（称为**磁感线密度**），在数值上等于该处的磁感应强度 B 的大小，即

$$B = \frac{\mathrm{d}N}{\mathrm{d}S_{\perp}} \tag{9-19}$$

图 9-7 给出了几种典型的场源电流产生磁场的磁感线，它们是围绕电流、无头无尾、互不相交的连续闭合线，磁感线的方向与场源电流方向遵从安培定则（或称右手螺旋定则）。

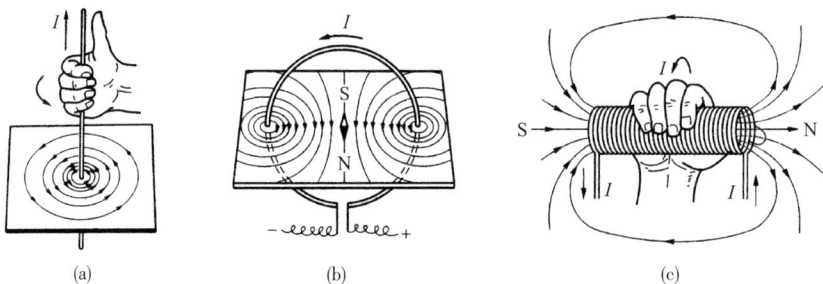

图 9-7　典型的场源电流和磁感线
(a)通电直导线　(b)通电环形导线　(c)通电螺线管

通过磁场中任意曲面 S 的磁感线条数，称为该曲面 S 的磁感应强度通量，简称磁通量或磁通，用 $\varPhi_{\mathrm{B}}$ 表示。

按磁通量的定义，结合式(9-19)，类似电场强度通量，对任一曲面 S 有

$$\varPhi_{\mathrm{B}} = \int_S B\mathrm{d}S_{\perp} = \int_S B\mathrm{d}S\cos\theta = \int_S B \cdot \mathrm{d}S \tag{9-20}$$

上式为磁通量定义式，其中 θ 为磁感应强度 B 与面积元 $\mathrm{d}S$ 的法线方向间的夹角。对于闭合曲面，同样规定外法线方向为正法线方向。

在国际单位制中，磁通量的单位是特·米^2，称为韦伯(Wb)。

9.2.3 磁场中的高斯定理

因为磁感线是环绕场源电流的连续闭合曲线，所以磁场内任一个闭合曲面 S，穿出和穿入的磁感线条数必然相等，所以

$$\Phi_{\mathrm{B}} = \oint_S \boldsymbol{B} \cdot \mathrm{d}\boldsymbol{S} = 0 \tag{9-21}$$

式(9-21)就是**磁场中的高斯定理**。它说明：磁场中，通过任一闭合曲面的磁通量总为零。这个基本性质也称为磁场的涡旋性。

【例题 9-2】 均匀磁场 $\boldsymbol{B}$ 中，有一半径 R 的球面被一垂直于磁感线的平面切去了一部分，如图 9-8 所示，求通过剩余球面 S 的磁通量。

解： 将平面和球体的切口面记作 S'，则 S 和 S' 构成一封闭曲面，选外法线方向作为正法线方向，由磁场中高斯定理可得

$$\Phi_{\mathrm{B}} = \int_S \boldsymbol{B} \cdot \mathrm{d}S = -\int_{S'} \boldsymbol{B} \cdot \mathrm{d}S = -\int_{S'} B \mathrm{d}S$$
$$= -\pi r^2 B = -\pi (^R\sin 45°)^2 B = -0.5\pi R^2 B$$

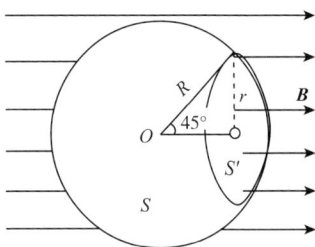

图 9-8　例题 9-2 图

9.3 毕奥—萨伐尔定律及应用

9.3.1 毕奥—萨伐尔定律

法国物理学家毕奥和萨伐尔通过大量实验研究得出了真空中线电流元产生的 $\mathrm{d}\boldsymbol{B}$ 的空间分布表达式为

$$\mathrm{d}\boldsymbol{B} = \frac{\mu_0}{4\pi} \frac{I\mathrm{d}\boldsymbol{l} \times \boldsymbol{e}_\mathrm{r}}{r^2} = \frac{\mu_0}{4\pi} \frac{I\mathrm{d}\boldsymbol{l} \times \boldsymbol{r}}{r^3} \tag{9-22}$$

式(9-22)为毕奥—萨伐尔定律，简称毕—萨定律。其中，$\boldsymbol{r}$ 为线电流元 $I\mathrm{d}\boldsymbol{l}$ 指向场点的矢经，$\boldsymbol{e}_\mathrm{r}$ 为 $\boldsymbol{r}$ 方向的单位矢量，μ_0 为真空磁导率，$\mu_0 = 4\pi \times 10^{-7} \mathrm{N} \cdot \mathrm{A}^2$，$\mathrm{d}\boldsymbol{B}$ 垂直于 $I\mathrm{d}\boldsymbol{l}$ 与 $\boldsymbol{r}$ 所组成的平面，方向如图 9-9 所示，由式(9-22)利用矢量矢积方向规定进行确定。

注意，毕—萨定律是分析大量实验结果并经过科学抽象得出来的，事实上不存在单独的线电流元，因此毕—萨定律不能用实验直接验证。但由此导出的一系列结果都与实验符合得很好。

由微元分析法与场的叠加性可推知，任意电流激发的磁场的磁感应强度

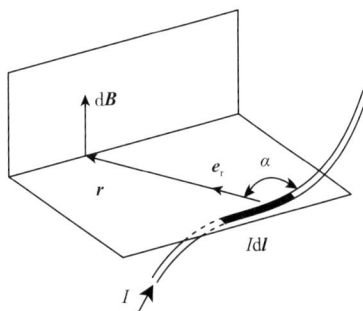

图 9-9　电流源激发磁场的方向

$$\boldsymbol{B} = \int_L \frac{\mu_0}{4\pi} \frac{Id\boldsymbol{l} \times \boldsymbol{e}_r}{r^2} = \int_L \frac{\mu_0}{4\pi} \frac{Id\boldsymbol{l} \times \boldsymbol{r}}{r^3} \tag{9-23}$$

9.3.2 运动电荷的磁场

由于电流是导体中大量载流子定向运动形成的，所以电流产生的磁场，应是运动电荷产生的磁场的叠加结果。据此，我们从毕奥—萨伐尔定律出发推导运动电荷产生的磁场分布公式。

如图 9-10 所示，电流元 $Id\boldsymbol{l}$ 的横截面是 S，单位体积内参加导电的运动电荷 q 的个数为 n，在电场作用下产生定向运动的平均速度（称为**漂移速度**）为 $\boldsymbol{v}$，电流强度可表示为

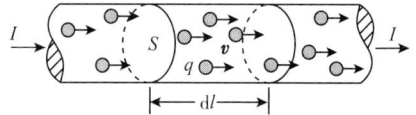

图 9-10　电流元中的运动电荷

$$I = \frac{\mathrm{d}Q}{\mathrm{d}t} = \frac{qnS\mathrm{d}l}{\mathrm{d}t} = \frac{qnSv\mathrm{d}t}{\mathrm{d}t} = qnSv \tag{9-24}$$

由于电流元 $Id\boldsymbol{l}$ 的方向与正电荷漂移速度 $\boldsymbol{v}$ 方向相同，将上式代入毕—萨定律有

$$\mathrm{d}\boldsymbol{B} = \frac{\mu_0}{4\pi} \frac{Id\boldsymbol{l} \times \boldsymbol{e}_r}{r^2} = \frac{\mu_0}{4\pi} \frac{qnSv\mathrm{d}\boldsymbol{l} \times \boldsymbol{e}_r}{r^2} = \frac{\mu_0}{4\pi} \frac{qnS\mathrm{d}l\,\boldsymbol{v} \times \boldsymbol{e}_r}{r^2}$$

由于电流元中的运动电荷的总数目 $\mathrm{d}N = nS\mathrm{d}l$，所以，一个运动电荷 q 产生的磁场为

$$\boldsymbol{B} = \frac{\mathrm{d}\boldsymbol{B}}{\mathrm{d}N} = \frac{\mu_0}{4\pi} \frac{qnS\mathrm{d}l\,\boldsymbol{v} \times \boldsymbol{e}_r}{r^2 nS\mathrm{d}l} = \frac{\mu_0}{4\pi} \frac{q\boldsymbol{v} \times \boldsymbol{e}_r}{r^2} \tag{9-25}$$

在实验中，利用阴极射线管内的电子射线就可以验证上式。

9.3.3 毕奥—萨伐尔定律的应用

（1）直线电流产生的磁场

假设真空中有一段直线电流 I，任一点 P 到载流导线的垂直距离 a，载流导线两端指向场点的矢径与电流方向的张角分别为 α_1、α_2，如图 9-11 所示。

在载流直导线 CD 上任取电流元 $Id\boldsymbol{l}$，它在 P 点产生的磁感应强度大小

$$\mathrm{d}B = \frac{\mu_0}{4\pi} \frac{I\sin\alpha}{r^2}\mathrm{d}l$$

由于载流直导线上各电流元在 P 点产生的 $\mathrm{d}\boldsymbol{B}$ 方向都垂直纸面向里，所以 $\boldsymbol{B}$ 的方向垂直纸面向里，大小为

$$B = \int_{CD} \frac{\mu_0}{4\pi} \frac{I\sin\alpha}{r^2}\mathrm{d}l$$

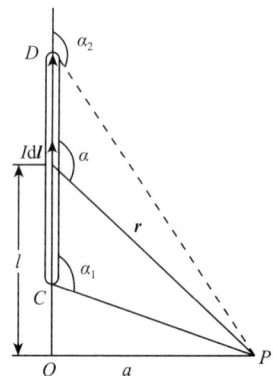

图 9-11　直线电流产生的磁场

选 α 为自变量，将 l、r 表成 α 的函数

$$l = a\cot(\pi - \alpha) = -a\cot\alpha$$

$$a = r\sin(\pi - \alpha) = r\sin\alpha$$

$$\mathrm{d}l = \frac{a\mathrm{d}\alpha}{\sin^2\alpha}$$

所以

$$B = \int_{\alpha_1}^{\alpha_2} \frac{\mu_0 I}{4\pi a}\sin\alpha\mathrm{d}\alpha = \frac{\mu_0 I}{4\pi a}(\cos\alpha_1 - \cos\alpha_2) \tag{9-26}$$

讨论：如果电流是无限长直电流，此时 $\alpha_1 = 0$，$\alpha_2 = \pi$，则式（9-26）变为

$$B = \frac{\mu_0 I}{2\pi a} \tag{9-27}$$

如果是半无限长直导线，此时 $\alpha_1 = \dfrac{\pi}{2}$，$\alpha_2 = \pi$，或 $\alpha_1 = 0$，$\alpha_2 = \dfrac{\pi}{2}$，式（9-26）变为

$$B = \frac{\mu_0 I}{4\pi a} \tag{9-28}$$

（2）一段圆弧电流在圆心处产生的磁场

如图 9-12 所示，半径为 R，对应的圆心角为 θ 的圆弧导线，通有电流 I，不难判定在圆心 O 处激发磁场的磁感应强度 $\boldsymbol{B}$ 垂直纸面向内。

任选电流元 $I\mathrm{d}l$，在 O 处产生的磁场大小

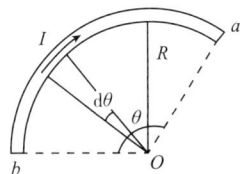

图 9-12　圆弧电流产生的磁场

$$\mathrm{d}B = \frac{\mu_0}{4\pi}\frac{I\mathrm{d}l\sin\pi/2}{R^2} = \frac{\mu_0}{4\pi}\frac{I\mathrm{d}l}{R^2}$$

O 点的总磁感应强度

$$B = \int_{ab}\frac{\mu_0}{4\pi}\frac{I\mathrm{d}l}{R^2} = \frac{\mu_0 I}{4\pi R^2}\int_{ab}\mathrm{d}l = \frac{\mu_0 I}{4\pi R^2}R\theta = \frac{\mu_0 I}{4\pi R}\theta$$

当 $\theta = 2\pi$，可得圆形电流在圆心处的磁感应强度大小

$$B = \frac{\mu_0 I}{2R} \tag{9-29}$$

9.4　安培环路定理及应用

9.4.1　安培环路定理

如图 9-13 所示，真空中有一无限长直导线，通有电流 I，方向垂直纸面向里。根据式（9-27），可得积分路径 L 任一点 A 的磁感应强度

$$\boldsymbol{B} = \frac{\mu_0 I}{2\pi r}\boldsymbol{e}_\theta$$

仿照 7.5.1 中的处理办法有

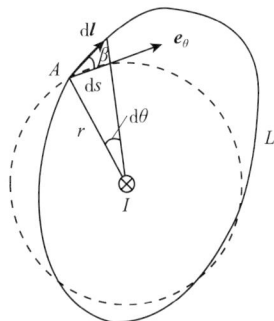

图 9-13　安培环路定理的推导

$$\int_L \boldsymbol{B} \cdot \mathrm{d}\boldsymbol{l} = \int_L \frac{\mu_0 I}{2\pi r} \boldsymbol{e}_\theta \cdot \mathrm{d}\boldsymbol{l} = \int_L \frac{\mu_0 I}{2\pi r} r\mathrm{d}\theta$$

$$= \frac{\mu_0 I}{2\pi} \int_L \mathrm{d}\theta = \mu_0 I$$

值得注意的是，上式要求电流的正方向与积分方向成右手螺旋关系，否则 I 取负值。

如果实际积分路径没有在与直导线垂直的平面内，可在实际路径上选取路径微元 $\mathrm{d}\boldsymbol{l}$，将之向垂直通电直导线的平面和平行通电直导线方向分解，分别得到 $\mathrm{d}\boldsymbol{l}_\perp$ 和 $\mathrm{d}\boldsymbol{l}_{/\!/}$，后者与 $\boldsymbol{B}$ 垂直，积分结果为 0，前者积分则转化成了与电流垂直平面内路径积分，因此依然得到上述结果。

再根据场的叠加性，我们可得到一般性结论：

$$\int_L \boldsymbol{B} \cdot \mathrm{d}\boldsymbol{l} = \mu_0 \sum I_i \tag{9-30}$$

上式为**真空中磁场的安培环路定理**，可叙述为：磁感应强度矢量 $\boldsymbol{B}$ 沿任意闭合路径的线积分，等于此闭合回路所围绕的电流的代数和再乘以常数 μ_0。需要注意：上式中的 $\boldsymbol{B}$ 是空间所有场源电流的总贡献，$\sum I_i$ 是闭合路径 L 所围绕电流的代数和，若电流方向与沿闭合路径积分方向构成右手螺旋系，求和时 I_i 取正号，反之则取负号。

静电场环路定理说明 $\boldsymbol{E}$ 为无旋场，而安培环路定理则表明 $\boldsymbol{B}$ 为涡旋场。

9.4.2　安培环路定理的应用

如果场源电流和磁场的空间分布都具有严格对称性，往往应用安培环路定理可方便地求出 $\boldsymbol{B}$ 的空间分布。

（1）无限长载流圆柱导体的空间磁场分布

流过载流长直导线的电流均匀分布在圆柱体的横截面上，显然，电流分布是轴对称的。

在垂直于圆柱体轴线的平面内，选择以轴为圆心、半径为 r 的圆周 $L(r<R)$ 和 $L'(r>R)$ 作为闭合积分路径，积分方向如图 9-14 所示，积分路径 L' 包围的电流为 I，而积分路径 L 围绕的电流

$$\sum I_i = \frac{1}{\pi R^2}\pi r^2 = \frac{Ir^2}{R^2}$$

利用安培环路定理有

$$\oint_L \boldsymbol{B} \cdot \mathrm{d}\boldsymbol{l} = \oint_L B\mathrm{d}l = B\oint_L \mathrm{d}l = 2\pi rB = \mu_0 \sum I_i$$

无限长载流圆柱导体的空间磁场大小

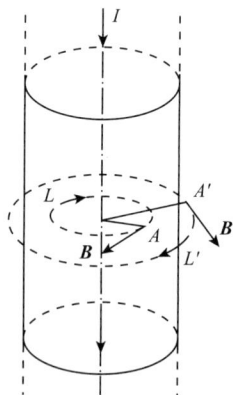

图 9-14　无限长载流圆柱导体激发的磁场

$$B = \begin{cases} \dfrac{\mu_0 I}{2\pi R^2}r, & r<R, \\[3mm] \dfrac{\mu_0 I}{2\pi r}, & r>R. \end{cases} \tag{9-31}$$

B 的方向与电流方向满足右手螺旋定则。

（2）载流密绕无限长直螺线管内部磁场分布

载流密绕的无限长直螺线管内部的磁场等于各个载流圆线圈激发的磁场进行叠加，场源电流和内部磁场的分布都具有轴对称性，螺线管中轴线为对称轴。

如图 9-15 所示，选择任意矩形回路 abcda 为积分闭合路径，其中 ab 平行于螺线管中轴线，其上各点 **B** 相同；cd 位于螺线管外紧贴螺线管，**B** = 0；da、bc 上 **B** 垂直于积分路径微元。积分方向如图 9-15 所示，利用安培环路定理有

$$\oint_L \boldsymbol{B} \cdot \mathrm{d}\boldsymbol{l} = \int_{ab} \boldsymbol{B} \cdot \mathrm{d}\boldsymbol{l} + \int_{bc} \boldsymbol{B} \cdot \mathrm{d}\boldsymbol{l} + \int_{cd} \boldsymbol{B} \cdot \mathrm{d}\boldsymbol{l} + \int_{da} \boldsymbol{B} \cdot \mathrm{d}\boldsymbol{l}$$

$$= \int_{ab} B \mathrm{d}l = B l_{ab} = \mu_0 \sum I_i = \mu_0 n l_{ab} I$$

式中 n 为螺线管上单位长度内线圈匝数。所以密绕无限长直螺线管内部磁场

$$B = \mu_0 n I \tag{9-32}$$

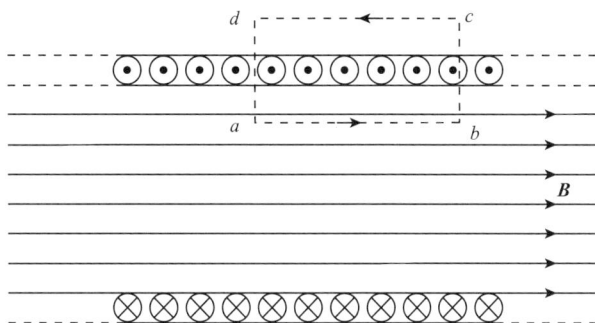

图 9-15 无限长载流密绕直螺线管内部磁场

可见，无限长直螺线管内部可视为均匀磁场。实际应用中，长度远大于截面直径的密线有限长直螺线管内部磁场也可以用式（9-32）近似计算。但要注意，在螺线管的两端处，磁场是不均匀的，端口的磁感应强度 **B** 的大小为

$$B = \frac{1}{2} \mu_0 n I \tag{9-33}$$

9.5 磁场对运动电荷的作用

9.5.1 带电粒子在电磁场中的运动

实验表明，磁场对运动电荷要施加作用力，这种磁场力称为**洛仑兹力**。电量为 q，运动速度为 **v** 的电荷在磁场 **B** 中运动时，所受到的洛仑兹力 **F** 可表示为

$$\boldsymbol{F} = q\boldsymbol{v} \times \boldsymbol{B} \tag{9-34}$$

式（9-34）称为洛仑兹力公式。由于 **F** ⊥ **v**，因此，洛仑兹力对运动电荷并不做功，只能改变运动速度的方向。

电量为 q、质量为 m 的带电粒子在电场 $\boldsymbol{E}$ 和磁场 $\boldsymbol{B}$ 同时存在的空间中以速度 $\boldsymbol{v}$ 运动时，将同时受到电场力和磁场力，分别为

$$f_e = q\boldsymbol{E}, \quad f_m = q\boldsymbol{v} \times \boldsymbol{B}$$

若略去重力，根据牛顿第二定律，有

$$q\boldsymbol{E} + q\boldsymbol{v} \times \boldsymbol{B} = m\frac{\mathrm{d}\boldsymbol{v}}{\mathrm{d}t} = m\boldsymbol{a} \tag{9-35}$$

（1）当 $\boldsymbol{B} = 0$，$\boldsymbol{E}$ 为均匀电场时，式（9-35）变为

$$q\boldsymbol{E} = m\frac{\mathrm{d}\boldsymbol{v}}{\mathrm{d}t} = m\boldsymbol{a} \tag{9-36}$$

这时，带电粒子以恒定加速度 $\boldsymbol{a}$ 运动，类似于重力场中抛体运动。

（2）当 $\boldsymbol{E} = 0$，$\boldsymbol{B}$ 为匀强磁场时，式（9-35）变为

$$q\boldsymbol{v} \times \boldsymbol{B} = m\frac{\mathrm{d}\boldsymbol{v}}{\mathrm{d}t} = m\boldsymbol{a} \tag{9-37}$$

①$\boldsymbol{v}_0$ 和 $\boldsymbol{B}$ 方向相同，则 $f_m = 0$，带电粒子在 $\boldsymbol{B}$ 方向做匀速直线运动。

②当 $\boldsymbol{v}_0 \perp \boldsymbol{B}$ 时，磁场力大小为 $f = qvB$，方向与 $\boldsymbol{v}$ 垂直，带电粒子作匀速率圆周运动，运动学方程为 $qvB = mv^2/R$，进而求得圆周运动半径 R 和运动周期 T

$$R = \frac{mv}{qB} \tag{9-38}$$

$$T = \frac{2\pi R}{v} = \frac{2\pi m}{qB} \tag{9-39}$$

③当 $\boldsymbol{v}_0$ 与 $\boldsymbol{B}$ 夹角为 θ 时，此时将 $\boldsymbol{v}$ 沿与 $\boldsymbol{B}$ 垂直和平行方向分解，如图9-16所示。可得

$$\boldsymbol{v}_0 = \boldsymbol{v}_\perp + \boldsymbol{v}_{/\!/} = v_0\sin\theta \boldsymbol{i} + v_0\cos\theta \boldsymbol{k}$$

上式中，$\boldsymbol{v}_\perp$ 使带电粒子在 xy 平面内作匀速率圆周运动，$\boldsymbol{v}_{/\!/}$ 使之沿 z 轴做匀速直线运动。所以运动方程为

$$x^2 + y^2 = R^2, \quad z = v_{/\!/}t = v_0\cos\theta t$$

带电粒子的运动轨迹是螺旋线，如图9-16所示。根据式（9-38）和（9-39），螺旋线的半径和运动一周的时间为

$$R = \frac{mv_0\sin\theta}{qB}, \quad T = \frac{2\pi m}{qB}$$

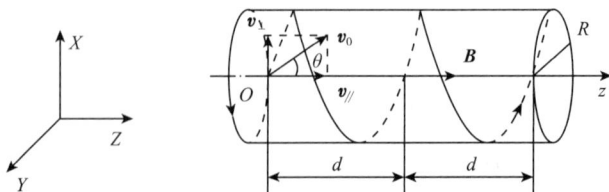

图9-16 带电粒子在均匀磁场中的螺旋运动

在一周期内沿 $\boldsymbol{B}$ 方向前进的距离，即**螺距**为

$$d = v_{/\!/}T = \frac{2\pi m}{qB}v_0\cos\theta$$

利用上述结论可以实现磁聚焦，它在电子光学中有着广泛的应用。

9.5.2　质谱仪

质谱仪是一种分析同位素的仪器，它是利用带电粒子在磁场和电场中运动的规律制成的。

图 9-17 是质谱仪的示意图。初速不同的离子组成的离子流垂直射入狭缝 S_1 后，被狭缝挡板 S_1、S_2 间的加速电场加速，之后通过狭缝 S_2 进入由极板 P_1、P_2 构成的速度选择器。极板 P_1、P_2 间不仅存在从 P_1 指向 P_2 的均匀电场 E，还同时存在垂直于纸面向外的均匀磁场 B。带正电离子 q 在此区域将同时受到方向相反的电场力和磁场力

$$f_e = qE, f_m = qv \times B$$

如果离子的速率刚好满足 $v = E/B$，那么其合力 $f = f_e + f_m = 0$，离子将做匀速直线运动而通过狭缝 S_3，否则离子将会坠落在 P_1 或 P_2 板上，无法到达 S_3，所以这种装置称为速度选择器。

通过狭缝 S_3 的离子进入只有磁场 B' 的区域，磁场 B' 方向垂直纸面向外，与离子的运动方向垂直，因此离子作匀速圆周运动，根据式(9-38)可得

$$m = \frac{qB'R}{V}$$

因此，如果离子中有不同质量的同位素，那么轨道半径将不一样，打在照相底片上的位置不相同，于是在照相底板上就形成若干线状的细条纹，称为**质量谱线**。反过来，从条纹位置可测出轨道半径，从而算出相应的质量，这就是质谱仪的工作原理。

9.5.3　霍尔效应

将宽为 b、厚为 h 的导体(或半导体)板放在与之垂直的均匀磁场 B 中，如图 9-18 所示通以电流 I，实验发现在导体板横向两表面 A、A' 间出现一恒定的电势差 U_H，这一现象称为**霍尔效应**。这个电势差称为**霍尔电压**。

进一步实验发现，霍尔电压 U_H 的大小满足

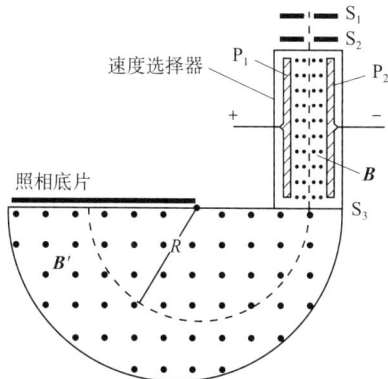

图 9-17　质谱仪的工作原理示意图

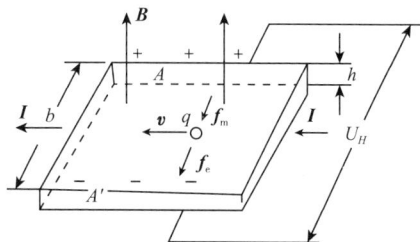

图 9-18　霍尔效应示意图

$$U_H = R_H \frac{IB}{h} \tag{9-40}$$

上式中比例系数 R_H 称为**霍尔系数**，它与导体板材料性质有关。

如果电流是由带正电的载流子 q 以漂移速度 $\boldsymbol{v}$ 运动形成的，则载流子受到洛仑兹力 $f_{\mathrm{m}}(= q\boldsymbol{v} \times \boldsymbol{B})$ 作用，使得 A、A' 侧表面开始逐渐堆积正、负电荷，两表面间附加电场 $\boldsymbol{E}_H$（称为**霍尔电场**）也就随之建立，所以载流子还将受到电场力 $f_e(= q\boldsymbol{E}_H)$ 作用。直到 $f_e = f_{\mathrm{m}}$ 时，两侧的电荷不再增加，形成了稳定的霍尔电压 U_H，此时 $qvB = qE_H$，即

$$E_H = vB$$

应用式(9-24)可得电流 $I = nqSv = nqbhv$，所以霍尔电压

$$U_H = E_H b = vBb = \frac{I}{nqbh}Bb = \frac{1}{nq}\frac{IB}{h}$$

将上式和式(9-40)比较，可得霍尔系数

$$R_H = \frac{1}{nq} \tag{9-41}$$

至此，我们不仅解释了霍尔效应现象，而且推导出霍尔系数与载流子浓度和电量有关。

如果载流子带负电，则产生的霍尔电压是负值。所以，可以通过霍尔电压的正负来判断载流子所带电量的正负。另外，通过霍尔系数的大小来计算载流子的浓度，在半导体领域有着重要的应用。

9.6　磁场对载流导线的作用

9.6.1　安培力

载流导线在磁场中所受的磁场力称为安培力。实验发现线电流元 Idl 在 $\boldsymbol{B}$ 中所受到的磁场力 $\mathrm{d}\boldsymbol{F}$ 满足

$$\mathrm{d}\boldsymbol{F} = Id\boldsymbol{l} \times \boldsymbol{B} \tag{9-42}$$

上式称为**安培定律**或**安培力公式**，它可以从洛仑兹力公式推导出来。

为了简单起见，线电流元 Idl 被认为是横截面积为 S 的圆柱导体，从微观角度来看，线电流元 Idl 内存大量的载流子 q，其漂移速度为 $\boldsymbol{v}$，载流子密度记作 n，每个载流子受到洛仑兹力 $f_{\mathrm{m}} = q\boldsymbol{v} \times \boldsymbol{B}$，显然 $d\boldsymbol{l}$ 和 $\boldsymbol{v}$ 方向一致，根据式(9-24)电流 $I = qnSv$，可得线电流元 Idl 中的所有载流子所受的合力

$$\mathrm{d}\boldsymbol{F} = nSdlf_{\mathrm{m}} = nSdlq\boldsymbol{v} \times \boldsymbol{B} = qnSvd\boldsymbol{l} \times \boldsymbol{B} = Id\boldsymbol{l} \times \boldsymbol{B}$$

这正是式(9-43)的结果，所以，安培力实质上就是载流导线上所有载流子受到洛仑兹力的结果。

【**例题 9-3**】　如图 9-19 所示，将半圆形闭合电流 I 放在与之平行的均匀磁场 $\boldsymbol{B}$ 中，求它受到的安培力。已知半径为 R。

解： 半圆形闭合电流 I 所受的安培力 $\boldsymbol{F}$ 等于半圆弧 $\overset{\frown}{amb}$ 和直线段 ba 两部分载流导线所受安培力的矢量和，即

$$\boldsymbol{F} = \boldsymbol{F}_{\overset{\frown}{amb}} + \boldsymbol{F}_{ba}$$

直线电流 ba 受力大小

$$F_{ba} = \int_b^a IdlB\sin\frac{\pi}{2} = 2RBI$$

方向垂直纸面向外。

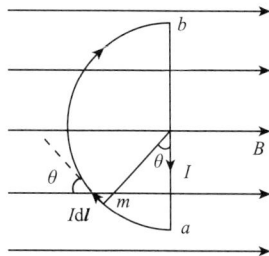

图 9-19　例题 9-3 图

在半圆弧 $\overset{\frown}{amb}$ 上取线电流元 Idl，作用在其上的安培力垂直纸面向内，大小为

$$F_{\overset{\frown}{amb}} = \int_{\overset{\frown}{amb}} IdlB\sin(\pi - \theta) = \int_{\overset{\frown}{amb}} IdlB\sin\theta = \int_0^\pi IB\sin\theta Rd\theta = 2IBR$$

合力

$$\boldsymbol{F} = \boldsymbol{F}_{\overset{\frown}{amb}} + \boldsymbol{F}_{ba} = 0$$

也就是整个回路所受磁力为零。事实上，均匀磁场中任意形状载流闭合回路所受的安培力都恒为零。

9.6.2　均匀磁场对载流线圈的作用

载流闭合回路在均匀磁场中所受的安培力等于零，但其磁力矩却不一定为零，因此回路可能会发生转动。下面研究载流矩形线圈这种特殊的载流闭合回路，对于匝数为 N、面积为 S、流过的电流为 I 的线圈，我们定义

$$\boldsymbol{P}_m = NIS\boldsymbol{e}_n \tag{9-43}$$

为载流线圈的**磁矩**，它由载流线圈自身性质决定，可用以表征载流线圈的磁学性质。式(9-43)中 $\boldsymbol{e}_n$ 表示线圈平面法向单位矢量，规定为：当右手弯曲的四指顺着电流方向时，大拇指的指向就是载流线圈平面的法线方向。磁矩的单位是：安培·米^2（A·m^2）。

如图 9-20(a)所示，在均匀磁场 $\boldsymbol{B}$ 中，有一边长为 l_1 和 l_2 的刚性矩形线圈 $abcda$ 载有电流 I，ab 边和 cd 边都和磁场垂直，线圈平面的法向方向 $\boldsymbol{e}_n$ 与 $\boldsymbol{B}$ 的夹角是 ϕ，矩形线圈 $abcda$ 平面与 $\boldsymbol{B}$ 的夹角是 θ，显然，$\theta + \phi = \pi/2$，如图 9-20(b)所示。

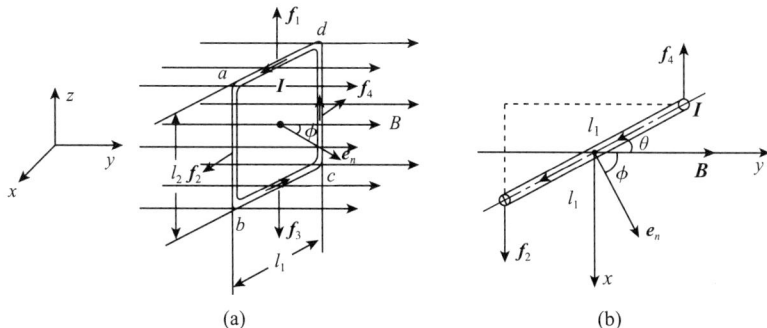

图 9-20　载流矩形线圈在均匀磁场中受到的力和力矩

(a)立体图　(b)俯视图

根据安培力公式知，da、bc 边所受安培力的大小为 $f_1 = IBl_1\sin(\pi - \theta) = IBl_1\sin\theta$，$f_3 = IBl_1\sin\theta$，加之二力方向相反，并且在同一直线上，所以是一对平衡力。

导线 ab 和 cd 段所受安培力的大小相等，即 $f_2 = f_4 = IBl_2$，方向相反，但不在同一直线上，是一对力偶，由图 9-20(b) 看出，力偶臂是 $l_1\cos\theta$，所以力矩

$$M = f_2 l_1\cos\theta = IBl_2 l_1\cos\theta = IBS\cos\theta = IBS\sin\phi$$

式中 $S = l_1 l_2$，为线圈面积。

对 N 匝线圈，其力矩大小 $M = NISB\sin\varphi$，而平面线圈的磁力矩大小 $P_m = NIS$，代入得 $M = P_m B\sin\varphi$，同时考虑矢量 $\boldsymbol{M}$、$\boldsymbol{P}_m$、$\boldsymbol{B}$ 的方向，即有

$$\boldsymbol{M} = \boldsymbol{P}_m \times \boldsymbol{B} \tag{9-44}$$

由式(9-44)可以看出，当 $\varphi = 0$ 时，即线圈法向和磁场同向时，磁力矩 $\boldsymbol{M} = 0$，线圈处于稳定平衡状态；当 $\varphi = \pi$，即线圈法向与磁场反向时，磁力矩 $\boldsymbol{M} = 0$，线圈处于不稳平衡状态；当 $\varphi = \pi/2$，即线圈法向与磁场垂直时，磁力矩有最大值 $M_{max} = NISB$。

此外，在均匀磁场中，式(9-44)可推广到任意形状的平面载流线圈都适用。电动机、动圈式电表和磁电式电流计都是利用上述原理制成的。

9.6.3 "安培"的定义

首先来研究无限长平行载流直导线间的相互作用。假设无限长平行载流直导线 l_1 和 l_2 相距为 a，分别通有同方向电流 I_1 和 I_2，如图 9-21 所示。I_2 在 l_1 处激发的磁场大小 $B_2 = \dfrac{\mu_0 I_2}{2\pi a}$，方向垂直纸面向外。在 l_1 上选取线电流元 $I_1 \mathrm{d}l_1$，受到场源电流 I_2 产生磁场的作用力大小

$$\mathrm{d}f = I_1\mathrm{d}l_1 B_2 = \dfrac{\mu_0 I_1 I_2}{2\pi a}\mathrm{d}l_1$$

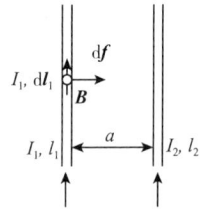

图 9-21 平行导线间的安培力

所以 l_1 上单位长度导线所受的磁场力大小为

$$\dfrac{\mathrm{d}f}{\mathrm{d}l_1} = \dfrac{\mu_0 I_1 I_2}{2\pi a} \tag{9-45}$$

方向在 l_1、l_2 的平面内，垂直于 l_1 指向 l_2。类似推导可得，导线 l_1 和 l_2 上单位长度导线受力的大小相等，但方向相反。所以，同向平行直线电流间的安培力为相互吸引力；进一步研究可得，反向平行直线电流间的安培力为相互排斥力。

在国际单位制中，电流强度单位安培正是根据图 9-21 所示的物理情景来定义的：将真空中两条无限长平行细直导线各通以相等的恒定电流，两导线相距为 1m，若每条导线的每 1m 长度上受力为 2×10^{-7}N 时，则各条导线上的电流强度就为 1A。据此，在式(9-45)中，$I_1 = I_2 = 1$A，$a = 1$m 时，如果恰有

$$\dfrac{\mathrm{d}f}{\mathrm{d}l} = 2 \times 10^{-7}\mathrm{N \cdot m^{-1}}$$

则可得

$$\mu_0 = 4\pi \times 10^{-7} \text{N} \cdot \text{A}^{-2}$$

由此可见，真空中的磁导率是一个导出量。

9.7 物质的磁性

前面探讨了真空中磁场的性质和规律，接着进一步介绍磁场中的磁介质对磁场的影响以及磁介质中磁场遵循的规律。

9.7.1 磁介质

在磁场的作用下发生变化，并反过来影响磁场的介质称为**磁介质**。磁介质在磁场的作用下发生变化称为**磁化**。事实上，任何介质都是磁介质。类似于电介质的极化，磁介质在磁场中磁化后也会影响空间的磁场分布，满足

$$\boldsymbol{B} = \boldsymbol{B}_0 + \boldsymbol{B}' \tag{9-46}$$

式中 $\boldsymbol{B}$ 为磁介质中的磁场强度；$\boldsymbol{B}_0$ 为真空中的磁感应强度；$\boldsymbol{B}'$ 为磁介质磁化后产生的附加磁感应强度。

研究表明，磁介质可分为三类：①抗磁质：$B < B_0$，如惰性气体、铜、汞、硅、磷等，绝大部分为有机化合物，均属于抗磁质；②顺磁质：B 略大于 B_0，如过渡金属元素及其化合物、碱金属等；③铁磁质：$B \gg B_0$，如铁、钴、镍及其合金等。其中顺磁质和抗磁质合称为**非铁磁质**。

一个磁介质分子中，电子运动对外产生的磁效应，可用圆电流的作用来等效，其相应的磁矩称为**分子磁矩**，以 $\boldsymbol{p}_\text{m}$ 表示。设磁介质中宏观无限小体积元 ΔV 内的分子磁矩矢量和为 $\sum \boldsymbol{p}_\text{m}$，则定义

$$\boldsymbol{M} = \frac{\sum \boldsymbol{p}_\text{m}}{\Delta V} \tag{9-47}$$

$\boldsymbol{M}$ 称为 ΔV 处的**磁化强度**，是表征磁介质磁化程度的物理量。在国际单位制中，单位为安·米$^{-1}$（$\text{A} \cdot \text{m}^{-1}$）。

9.7.2 非铁磁质的磁化

无外磁场时，抗磁质每个分子的磁矩为零，磁介质对外不显示磁性；顺磁质每个分子的磁矩虽不为零，但热运动使得分子磁矩的取向杂乱无章，所以宏观无限小体积元的分子磁矩矢量和为零，对外也不显磁性。

在外磁场 $\boldsymbol{B}_0$ 作用下，非铁磁质中每个分子的电子因受到洛仑兹力作用，都要产生方向和外磁场相反的附加的磁矩。在抗磁质中，附加磁矩成了它对外产生磁效应的唯一原因，所以磁化强度 $\boldsymbol{M}$ 与外磁场 $\boldsymbol{B}_0$ 方向相反，相应产生的附加磁场 $\boldsymbol{B}'$ 也和 $\boldsymbol{B}_0$ 相反，于是 $B < B_0$，这就是**抗磁性**。

在顺磁质中，也会出现抗磁性，即产生和外磁场方向相反的附加磁矩，但更重要的是，外磁场使得原来杂乱无章的分子磁矩取向与外磁场 $\boldsymbol{B}_0$ 的方向趋于一致，并且其效果远大于附加磁矩的影响，因而磁化后表现为和外磁场方向一致的分子磁矩，故而磁化强度 $\boldsymbol{M}$ 与外磁场方向相同，顺磁质磁化所产生的附加磁场 $\boldsymbol{B}'$ 和 $\boldsymbol{B}_0$ 方向相同，于是 $B > B_0$，这就是所谓的**顺磁性**。

实验表明，各向同性的非铁磁质满足

$$\boldsymbol{M} = g\boldsymbol{B} \tag{9-48}$$

式中 g 为一个与 $\boldsymbol{B}$ 无关、反映磁介质磁化特性的物理量。很显然，顺磁质，$g > 0$，$\boldsymbol{M}$ 和 $\boldsymbol{B}$ 同向；抗磁质，$g < 0$，$\boldsymbol{M}$ 和 $\boldsymbol{B}$ 反向。

在外磁场 $\boldsymbol{B}_0$ 的作用下，磁介质中分子磁矩矢量和不再为零，这些分子电流宏观上整体表现为沿介质表面（或边界）流动的不为零的环形电流，称作**磁化面电流**，简称**磁化电流**。磁化电流和传导电流不同，它不伴随任何带电粒子的宏观位移，因此又被称作**束缚电流**。式（9-46）中的 $\boldsymbol{B}'$ 就是由磁化电流激发磁场的磁感应强度。

磁化强度矢量 $\boldsymbol{M}$ 和磁化电流 I' 都可以描述磁介质磁化强弱，可以证明，它们的关系为

$$I' = \oint_L \boldsymbol{M} \cdot \mathrm{d}\boldsymbol{l} \tag{9-49}$$

9.7.3 磁场强度磁介质中的安培环路定理

无论是传导电流还是磁化电流，都是产生磁场的场源电流。所以，将真空中安培定律推广到磁介质中

$$\oint_L (\boldsymbol{B}_0 + \boldsymbol{B}') \cdot \mathrm{d}\boldsymbol{l} = \mu_0 (I_0 + I') \tag{9-50}$$

对上式变形，并利用式（9-46）和（9-49）有

$$\oint_L \frac{\boldsymbol{B}}{\mu_0} \cdot \mathrm{d}\boldsymbol{l} - I' = \oint_L \frac{\boldsymbol{B}}{\mu_0} \cdot \mathrm{d}\boldsymbol{l} - \oint_L \boldsymbol{M} \cdot \mathrm{d}\boldsymbol{l} = \oint_L \left(\frac{\boldsymbol{B}}{\mu_0} - \boldsymbol{M} \right) \cdot \mathrm{d}\boldsymbol{l} = I_0$$

令

$$\boldsymbol{H} = \frac{\boldsymbol{B}}{\mu_0} - \boldsymbol{M} \tag{9-51}$$

则

$$\oint_L \boldsymbol{H} \cdot \mathrm{d}\boldsymbol{l} = I_0 \tag{9-52}$$

式（9-52）称为**磁介质中的安培环路定理**，说明 $\boldsymbol{H}$ 是一个涡旋场。其中 $\boldsymbol{H}$ 称为**磁场强度**，式（9-51）就是它的一般定义式。

对各向同性的磁介质来说，结合式（9-48）和（9-51），可以得到

$$\boldsymbol{H} = \frac{\boldsymbol{B}}{\mu_0} - \boldsymbol{M} = \frac{\boldsymbol{B}}{\mu_0} - g\boldsymbol{B} = \frac{1}{\mu_0}(1 - \mu_0 g)\boldsymbol{B}$$

令 $\mu_r = \dfrac{1}{1 - \mu_0 g}$，$\mu = \mu_0 \mu_r$，则上式变成

$$\boldsymbol{B} = \mu_0\mu_r\boldsymbol{H} = \mu\boldsymbol{H} \tag{9-53}$$

其中 μ_r 称为磁介质的相对磁导率，μ 称为磁介质的磁导率。

另外，**磁介质中的高斯定理**在形式上与真空中高斯定理相同，仍为

$$\oint_S \boldsymbol{B} \cdot \mathrm{d}\boldsymbol{S} = 0 \tag{9-54}$$

式(9-52)、(9-53)和(9-54)为各向同性均匀磁介质中稳恒磁场的三个基本方程式。

值得注意的是，式(9-46)、(9-47)、(9-49)、(9-51)、(9-52)和(9-54)适用于铁磁质，式(9-48)和式(9-53)不适用于铁磁质，不过粗略讨论时有时也把式(9-53)用于铁磁质。

【**例题 9-4**】　相对磁导率为 μ_{r1}、半径为 R_1 的无限长圆柱形导体中通有电流 I，其外包裹着一层相对磁导率为 μ_{r2}、厚度为 $R_2 - R_1$ 的无限长圆筒形均匀磁介质，试求磁感应强度的空间分布。

解：传导电流 I 的分布具有轴对称性，距离圆柱中轴等远点处 $\boldsymbol{H}$ 的大小相等。在垂直圆柱导体的平面，选择半径为 r 的同心圆周为计算 $\boldsymbol{H}$ 环流的积分路径，沿 $\boldsymbol{H}$ 方向作为积分计算进行方向，利用安培环路定理有

$$\oint_L \boldsymbol{H} \cdot \mathrm{d}\boldsymbol{l} = H\oint_L \mathrm{d}l = 2\pi r H = \sum I_i = \begin{cases} \dfrac{I}{\pi R_1^2}\pi r^2, & r < R_1, \\[2mm] I, & r > R_1. \end{cases}$$

所以

$$H = \frac{\sum I_i}{2\pi r} = \begin{cases} \dfrac{I}{2\pi R_1^2}r, & r < R_1 \\[2mm] \dfrac{I}{2\pi r}, & r > R_1. \end{cases}$$

利用式(9-53)可得

$$\boldsymbol{B} = \begin{cases} \dfrac{\mu_0\mu_{r1}}{2\pi R_1^2}Ir, & r < R_1, \\[3mm] \dfrac{\mu_0\mu_{r2}}{2\pi r}I, & R_1 < r < R_2, \\[3mm] \dfrac{\mu_0}{2\pi r}I, & r > R_2. \end{cases}$$

$\boldsymbol{B}$ 的方向与电流 I 方向满足右手螺旋法则。

9.7.4　铁磁质

实验发现，铁磁质相对磁导率 μ_r 很大，被磁化时产生的附加磁场 $\boldsymbol{B}'$ 远大于外磁场 $\boldsymbol{B}_0$，数值上甚至达到几十万倍。这一性质被广泛地应用在生产中，如电磁铁、电机、变压器等设备中，可获得强磁场。铁磁质有着与抗磁质和顺磁质不同的磁学性质。

实验结果表明，铁磁质的 **$\boldsymbol{B}$—$\boldsymbol{H}$ 曲线**（即**磁化曲线**）是一条非线性曲线，如

图9-22所示。最初铁磁质未被磁化，磁化场 **H**（即外磁场 $H = \mu_0 B_0$）为零，**B** 也等于零，即 O 点；当 **H** 从零开始增大时，**B** 随之增大，即 Oa_1 段；**H** 继续增大时，**B** 急剧上升，即 $a_1 a_2$ 段；随后 **B** 又放缓了增加的速度，即 $a_2 a_3$ 段；到达 a 点后，**H** 再增大时，**B** 几乎不再增加了，稳定在 B_m 处，称 B_m 为**饱和磁感应强度**。曲线 Oa 就是铁磁质的**起始磁化曲线**，它反映了铁磁质的起始磁化过程。当 **B** 达到 B_m 后，若减小 **H** 到 $-H_m$，再增大至 H_m，则 **B** 沿曲线 abcdefa 变化，形成的闭合曲线称为**磁滞回线**，从磁滞回线可看出：①磁化过程是不可逆的；②**B** 的变化总是滞后于 **H** 的变化（称作**磁滞**）；③**B**、**H** 间不是线性关系，也不是单值对应关系。

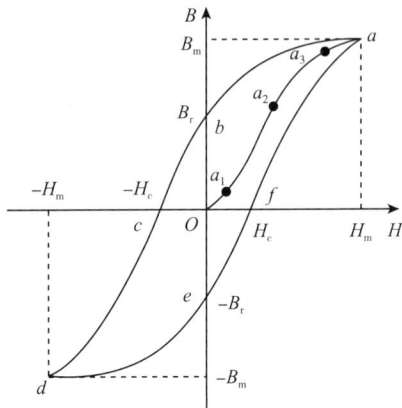

图 9-22　起始磁化曲线和磁滞回线

在磁滞回线中，**H** 减小到零时，$B = B_r > 0$（图中 b 点），说明撤去磁化磁场后，铁磁质仍保留相当的磁性，这就是铁磁质的**剩磁现象**，B_r 称为铁磁质的**剩磁**，若要 $B = 0$，则需将 **H** 反向逐渐增大到 $-H_c$（图中 c 点），H_c 反映了铁磁质保持剩磁状态的能力，称作铁磁质的**矫顽力**。当 **H** 达到 $\pm H_m$，铁磁质都达到饱和状态。

不同的铁磁质的磁滞回线形状也不相同。硬磁材料的磁滞回线宽，矫顽力较大，如图9-23（a）所示，能保留较强的剩磁而且不易消除，多用它作永磁铁。软磁材料的磁滞回线窄，矫顽力小，如图9-23（b）所示，它易于磁化也易于消磁，多用于电磁铁，变压器等的铁芯。图9-23（c）则表示的是矩磁铁氧体材料的磁滞回线，形状近似矩形，适合于作计算机的记忆元件。

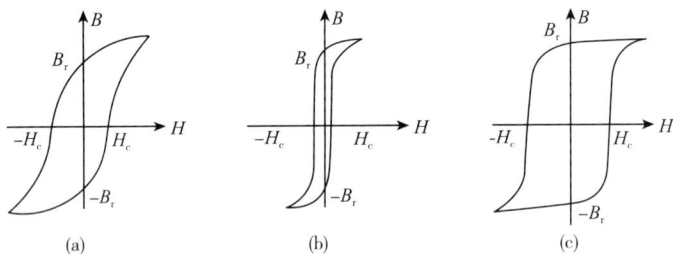

图 9-23　几种典型的磁滞回线
（a）硬磁材料　（b）软磁材料　（c）矩磁铁氧体材料

本章摘要

1. 恒定电流

（1）电流密度　恒定电流连续性原理
电流强度定义

$$I = \lim_{\Delta t \to 0} \frac{\Delta q}{\Delta t} = \frac{dq}{dt}$$

电流密度定义

$$j = \frac{\mathrm{d}I}{\mathrm{d}S_\perp} e_n$$

电流密度和电流强度间的关系

$$\mathrm{d}I = j \cdot \mathrm{d}S \quad I = \int_S j \cdot \mathrm{d}S$$

电流连续性方程

$$\oint_S j \cdot \mathrm{d}S = -\frac{\mathrm{d}q}{\mathrm{d}t}$$

恒定电流的条件

$$\oint_S j \cdot \mathrm{d}S = 0$$

（2）电阻率　欧姆定律

电阻定律

$$R = \rho \frac{l}{S} \quad R = \int_L \mathrm{d}R = \int_L \rho \frac{\mathrm{d}l}{S}$$

电阻率和电导率关系

$$\gamma = \frac{1}{\rho}$$

均匀电路欧姆定律

$$I = \frac{U}{R}$$

欧姆定律的微分形式

$$j = \gamma E$$

（3）电动势　闭合电路欧姆定律

电动势在数值上等于电源内部非静电力将单位正电荷从负极移动到正极所做的功。

闭合电路的欧姆定律

$$I = \frac{E}{R + r}$$

（4）基尔霍夫定律

基尔霍夫第一定律又称为节点电流定律

$$\sum_{i=1}^p (\pm I_i) = 0$$

基尔霍夫第二定律，又称为回路电压定律

$$\sum (\pm E_i) + \sum (\pm I_i R_i) = 0$$

对于 n 个节点、p 条支路的复杂电路，可以列出 $n-1$ 个独立的节点电流方程和 $p - n + 1$ 个独立的回路电压方程。

惠斯通电桥电桥平衡的充要条件是

$$R_2R_3 = R_1R_4 \quad 或 \quad \frac{R_1}{R_2} = \frac{R_3}{R_4}$$

2. 磁感应强度　磁场中的高斯定理

（1）磁感应强度

磁感应强度矢量 $\boldsymbol{B}$ 的方向规定为：磁场力为零时正电荷的运动方向，且与该点处小磁针静止时 N 极指向相同的方向为该点的磁感应强度 $\boldsymbol{B}$ 的方向，$\boldsymbol{B}$ 的大小定义为

$$B = \frac{F_{max}}{qv}$$

在国际单位制中，磁感应强度 $\boldsymbol{B}$ 的单位是特斯拉（T），简称特。

（2）磁感线　磁通量

磁感线是磁场中一系列假想曲线，用来形象地描述磁感应强度 $\boldsymbol{B}$ 的空间分布。它满足：①曲线上任意一点的切线方向为该点的磁感应强度 $\boldsymbol{B}$ 的方向；②通过任一点且与 $\boldsymbol{B}$ 垂直的单位面积的磁感线的条数，磁感线是围绕电流、无头无尾、互不相交的连续闭合线，磁感线的方向与场源电流方向遵从安培定则（或称右手螺旋定则）。

通量的定义

$$\Phi = \int_S B\mathrm{d}S_\perp = \int_S B\mathrm{d}S\cos\theta = \int_S \boldsymbol{B}\cdot\mathrm{d}\boldsymbol{S}$$

在国际单位制中，磁通量的单位是韦伯（Wb）。

（3）磁场中的高斯定理

磁场中的高斯定理

$$\Phi = \oint_S \boldsymbol{B}\cdot\mathrm{d}\boldsymbol{S} = 0$$

3. 毕奥—萨伐尔定律及应用

（1）毕—萨定律

毕—萨定律

$$\mathrm{d}\boldsymbol{B} = \frac{\mu_0}{4\pi}\frac{I\mathrm{d}\boldsymbol{l}\times\boldsymbol{e}_r}{r^2} = \frac{\mu_0}{4\pi}\frac{I\mathrm{d}\boldsymbol{l}\times\boldsymbol{r}}{r^3}$$

$$\boldsymbol{B} = \int_L \frac{\mu_0}{4\pi}\frac{I\mathrm{d}\boldsymbol{l}\times\boldsymbol{e}_r}{r^2} = \int_L \frac{\mu_0}{4\pi}\frac{I\mathrm{d}\boldsymbol{l}\times\boldsymbol{r}}{r^3}$$

（2）运动电荷的磁场

一个运动电荷 q 产生的磁场为

$$\boldsymbol{B} = \frac{\mu_0}{4\pi}\frac{q\boldsymbol{v}\times\boldsymbol{e}_r}{r^2}$$

（3）毕—萨定律的应用

①直线电流产生的磁场

$$B = \int_{\alpha_1}^{\alpha_2} \frac{\mu_0 I}{4\pi a}\sin\alpha\mathrm{d}\alpha = \frac{\mu_0 I}{4\pi a}(\cos\alpha_1 - \cos\alpha_2)$$

如果电流是无限长直电流

$$B = \frac{\mu_0 I}{2\pi a}$$

如果是半无限长直导线

$$B = \frac{\mu_0 I}{4\pi a}$$

②一段圆弧电流在圆心处产生的磁场

$$B = \frac{\mu_0 I}{4\pi R}\theta$$

圆形电流在圆心处的磁感应强度大小

$$B = \frac{\mu_0 I}{2R}$$

4. 安培环路定理及应用

（1）安培环路定理

真空中磁场的安培环路定理

$$\oint_L \boldsymbol{B} \cdot \mathrm{d}\boldsymbol{l} = \mu_0 \sum I_i$$

注意：若电流方向与沿闭合路径积分方向构成右手螺旋系，求和时 I_i 取正号，反之则取负号。

（2）安培环路定理的应用

①无限长载流圆柱导体的空间磁场分布

$$B = \begin{cases} \dfrac{\mu_0 I}{2\pi R^2}r, & r < R, \\[2mm] \dfrac{\mu_0 I}{2\pi r}, & r > R. \end{cases}$$

$\boldsymbol{B}$ 的方向与电流方向满足右手螺旋定则。

②载流密绕无限长直螺线管内部磁场分布

密绕无限长直螺线管内部磁场

$$B = \mu_0 nI$$

端口的磁感应强度 $\boldsymbol{B}$ 的大小为

$$B = \frac{1}{2}\mu_0 nI$$

5. 磁场对运动电荷的作用

（1）带电粒子在电磁场中的运动

洛仑兹力

$$\boldsymbol{F} = q\boldsymbol{v} \times \boldsymbol{B}$$

电量为 q、质量为 m 的带电粒子在电场 $\boldsymbol{E}$ 和磁场 $\boldsymbol{B}$ 同时存在的空间中以速度 $\boldsymbol{v}$ 运动时动力学方程为

$$q\boldsymbol{E} + q\boldsymbol{v} \times \boldsymbol{B} = m\frac{\mathrm{d}\boldsymbol{v}}{\mathrm{d}t} = m\boldsymbol{a}$$

① 当 $B=0$，E 为匀强电场时，动力学方程为 $qE=m\dfrac{\mathrm{d}\boldsymbol{v}}{\mathrm{d}t}=m\boldsymbol{a}$，带电粒子以恒定加速度 $\boldsymbol{a}$ 运动。

② 当 $E=0$，B 为匀强磁场时，动力学方程为 $q\boldsymbol{v}\times\boldsymbol{B}=m\dfrac{\mathrm{d}\boldsymbol{v}}{\mathrm{d}t}=m\boldsymbol{a}$

$\boldsymbol{v}_0$ 和 B 方向相同，则 $f_{\mathrm{m}}=0$，带电粒子在 B 方向做匀速直线运动。

当 $\boldsymbol{v}_0\perp B$ 时，带电粒子作匀速率圆周运动，运动学方程为 $qvB=mv^2/R$，圆周运动半径 $R=\dfrac{mv}{qB}$ 运动周期 $T=\dfrac{2\pi R}{v}=\dfrac{2\pi m}{qB}$。

当 $\boldsymbol{v}_0$ 与 B 夹角为 θ 时，带电粒子的运动轨迹是螺旋线，螺旋线的半径 $R=\dfrac{mv_0\sin\theta}{qB}$，运动一周的时间 $T=\dfrac{2\pi m}{qB}$，螺距 $d=\dfrac{2\pi m}{qB}v_0\cos\theta$。

（2）质谱仪

质谱仪是一种分析同位素的仪器，是利用带电粒子在磁场和电场中运动的规律制成的。

（3）霍尔效应

霍尔电压

$$U_H=R_H\frac{IB}{h}$$

霍尔系数

$$R_H=\frac{1}{nq}$$

6. 磁场对载流导线的作用

（1）安培力

安培定律

$$\mathrm{d}\boldsymbol{F}=I\mathrm{d}\boldsymbol{l}\times\boldsymbol{B}$$

均匀磁场中任意形状载流闭合回路所受的安培力都恒为零。

（2）均匀磁场对载流线圈的作用

载流线圈的磁矩定义

$$\boldsymbol{P}_{\mathrm{m}}=NIS\boldsymbol{e}_n$$

任意形状的平面载流线圈所受力矩

$$\boldsymbol{M}=\boldsymbol{P}_{\mathrm{m}}\times\boldsymbol{B}$$

（3）"安培"的定义

无限长平行载流直导线单位长度导线所受的磁场力大小为

$$\frac{\mathrm{d}f}{\mathrm{d}l_1}=\frac{\mu_0I_1I_2}{2\pi a}$$

同向平行直线电流间的安培力为相互吸引力，反向平行直线电流间的安培力为相互排斥力。

在国际单位制中，电流强度单位安培定义：将真空中两条无限长平行细直导线各通以相等的恒定电流，两导线相距为 1m，若每条导线的每 1m 长度上受力为 2×10^{-7} N 时，则各条导线上的电流强度就为 1A。据此，可得 $\mu_0 = 4\pi \times 10^{-7}$N·A^{-2}。

7. 物质的磁性

（1）磁介质

磁介质磁化后空间的磁场

$$\boldsymbol{B} = \boldsymbol{B}_0 + \boldsymbol{B}'$$

磁介质可分为三类：①抗磁质：$B < B_0$；②顺磁质：B 略大于 B_0；③铁磁质：$B \gg B_0$。其中顺磁质和抗磁质合称为非铁磁质。

磁化强度定义

$$\boldsymbol{M} = \frac{\sum \boldsymbol{p}_m}{\Delta V}$$

（2）非铁磁质的磁化

无外磁场时，抗磁质分子的磁矩为零，顺磁质分子磁矩不为零，但取向杂乱无章，对外都不显磁性。

在外磁场 $\boldsymbol{B}_0$ 作用下，抗磁质出现抗磁性：磁化强度 $\boldsymbol{M}$ 与外磁场 $\boldsymbol{B}_0$ 方向相反，$\boldsymbol{B}'$ 也和 $\boldsymbol{B}_0$ 相反，$B < B_0$；顺磁质出现顺磁性：主要因为磁矩取向与外磁场 $\boldsymbol{B}_0$ 的方向趋于一致，磁化强度 $\boldsymbol{M}$ 与外磁场方向相同，$\boldsymbol{B}'$ 和 $\boldsymbol{B}_0$ 方向相同，$B > B_0$。

各向同性的非铁磁质满足

$$\boldsymbol{M} = g\boldsymbol{B}$$

磁化强度矢量 $\boldsymbol{M}$ 和磁化电流 I' 的关系为

$$I' = \oint_L \boldsymbol{M} \cdot \mathrm{d}\boldsymbol{l}$$

（3）磁场强度磁介质中的安培环路定理

磁场强 $\boldsymbol{H}$ 度定义

$$\boldsymbol{H} = \frac{\boldsymbol{B}}{\mu_0} - \boldsymbol{M}$$

磁介质中的安培环路定理

$$\oint_L \boldsymbol{H} \cdot \mathrm{d}\boldsymbol{l} = I_0$$

对各向同性的磁介质

$$\boldsymbol{B} = \mu_0 \mu_r \boldsymbol{H} = \mu \boldsymbol{H}$$

磁介质中的高斯定理

$$\oint_S \boldsymbol{B} \cdot \mathrm{d}\boldsymbol{S} = 0$$

（4）铁磁质

磁滞回线特征：①磁化过程是不可逆的；②磁滞；③$\boldsymbol{B}$、$\boldsymbol{H}$ 间不是线性关系，也不是单值对应关系。

铁磁质出现剩磁现象，矫顽力反映了铁磁质保持剩磁状态的能力。

习 题

填空题

9-1 单位时间里通过导体任一横截面的电量称为_____。

9-2 截面积为 $10mm^2$ 的铜线，允许的电流为 60A，试计算铜线中的允许电流密度_____。

9-3 把一根金属丝拉长为原来的 n 倍，拉长后金属丝的电阻将是原来的_____倍。

9-4 电源的电动势在数值上等于_____。

9-5 一磁场的磁感强度为 $B = ai + bj + ck$，则通过一半径为 R，开口向 z 轴正方向的半球壳表面的磁通量的大小为_____ Wb。

9-6 有一载有稳恒电流 I 的细线圈，通过包围该线圈的封闭曲面 S 的磁通量 $\varphi =$ _____。

9-7 若通过 S 面上某面元 dS 的元磁通为 $d\varphi$，而线圈中的电流增加为 $2I$ 时，通过同一面元的元磁通为 $d\varphi'$，则 $d\varphi : d\varphi' =$ _____。

9-8 沿着弯成直角的无限长直导线，流有电流 $I = 10A$。在直角所决定的平面内，距两段导线的距离都是 $a = 20cm$ 处的磁感强度 $B =$ _____。

9-9 在安培环路定理 $\oint_L B \cdot dl = \mu_0 \sum I_i$ 中，$\sum I_i$ 是指环路 L _____，B 是指环路 L 上的_____，它是由环路 L _____决定的。

9-10 一长圆形螺线管，沿圆周方向的面电流密度为 i，在线圈内部的磁感应强度为_____。

9-11 两个带电粒子，以相同的速度垂直磁感线飞入匀强磁场，它们的质量之比是 1:4，电荷之比是 1:2，它们所受的磁场力之是_____，运动轨迹半径之比是_____。

9-12 一带电粒子平行磁感线射入匀强磁场，则它作_____运动；一带电粒子垂直磁感线射入匀强磁场，则它作_____运动；一带电粒子与磁感线成任意交角射入匀强磁场，则它作_____运动。

9-13 带电粒子沿垂直于磁感线的方向飞入有介质的匀强磁场中。由于粒子和磁场中的物质相互作用，损失了自己原有动能的一半。路径起点的轨道曲率半径与路径终点的轨道曲率半径之比为_____。

9-14 电子在磁感强度为 B 的匀强磁场中垂直于磁力线运动，若轨道的曲率半径为 R，则磁场作用于电子上力的大小 $F =$ _____。

9-15 一面积为 S，载有电流 I 的平面闭合线圈置于磁感强度为 B 的均匀磁场中，此线圈受到的最大磁力矩的大小为_____，此时通过线圈的磁通量为_____。当此线圈受到最小的磁力矩作用时通过线圈的磁通量为_____。

9-16 在磁场中某点放一很小的试验线圈，若线圈的面积增大一倍，且其中电流也增大一倍，该线圈所受的最大磁力矩将是原来的_____倍。

9-17　一个单位长度上密绕有 n 匝线圈的长直螺线管，每匝线圈中通有强度为 I 的电流，管内充满相对磁导率为 μ_r 的磁介质，则管内中部附近磁感强度 $B =$ _____，磁场强度 $H =$ _____。

选择题

9-18　两个截面积不同、长度相同的铜棒串联在一起，两端加有一定的电压 V，下列说法正确的是_____。

　A. 两铜棒中电流密度相同　　　　　　B. 两铜棒上的端电压相同

　C. 两铜棒中电场强度大小相同　　　　D. 通过两铜棒截面上的电流强度相同

9-19　在氢放电管中充有气体，当放电管两极间加上足够高的电压时，气体电离。如果氢放电管中每秒有 4×10^{18} 个电子和 1.5×10^{18} 个质子穿过放电管的某一截面向相反方向运动，则此氢放电管中的电流为_____。

　A. 0.40 A　　　　B. 0.64 A　　　　C. 0.88 A　　　　D. 0.24 A

9-20　室温下，铜导线内自由电子数密度 $n = 8.85 \times 10^{28} \, \mathrm{m}^{-3}$，导线中电流密度 $j = 2 \times 10^6 \, \mathrm{A \cdot m}^{-2}$，则电子定向漂移速率为_____。

　A. $1.4 \times 10^{-4} \, \mathrm{m \cdot s}^{-1}$　　　　　　B. $1.4 \times 10^{-2} \, \mathrm{m \cdot s}^{-1}$

　C. $5.4 \times 10^{2} \, \mathrm{m \cdot s}^{-1}$　　　　　　D. $1.1 \times 10^{5} \, \mathrm{m \cdot s}^{-1}$

9-21　在铜导线外涂一银层后将其两端接入稳恒电源，则在铜线和银层中_____。

　A. 电流相等　　　B. 电流密度相等　　C. 电场相等　　　D. 以上都不等

9-22　磁场中高斯定理：$\oint_S \boldsymbol{B} \cdot \mathrm{d}\boldsymbol{S} = 0$，以下说法正确的是_____。

　A. 只适用于封闭曲面中没有永磁体和电流的情况

　B. 只适用于稳恒磁场

　C. 只适用于封闭曲面中没有电流的情况

　D. 也适用于交变磁场

9-23　在地球北半球的某区域，磁感应强度的大小为 4×10^{-5} T，方向与铅直线成 $60°$ 角。则穿过面积为 $1 \mathrm{m}^2$ 的水平平面的磁通量为_____ Wb。

　A. 0　　　　　　B. 4×10^{-5}　　　C. 2×10^{-5}　　　D. 3.46×10^{-5}

9-24　一边长为 2 m 的立方体在坐标系的正方向放置，其中一个顶点与原点重合。一均匀磁场 $\boldsymbol{B} = (10\boldsymbol{i} + 6\boldsymbol{j} + 3\boldsymbol{k})$ 通过立方体所在区域，通过立方体的总的磁通量为_____ Wb。

　A. 0　　　　　　B. 40　　　　　　C. 24　　　　　　D. 12

9-25　有一个圆形回路 1 及一个正方形回路 2，圆直径和正方形的边长相等，二者中通有大小相等的电流，它们在各自中心产生的磁感强度的大小之比 B_1 / B_2 为_____。

　A. 0.90　　　　　B. 1.00　　　　　C. 1.11　　　　　D. 1.22

9-26　若空间存在两根无限长直载流导线，空间的磁场分布就不具有简单的对称性，则该磁场分布_____。

A. 不能用安培环路定理来计算

B. 可以直接用安培环路定理求出

C. 只能用毕奥—萨伐尔定律求出

D. 可用安培环路定理和磁感应强度叠加原理求出

9-27 距一根载有电流为 3×10^4A 的电线 1m 处的磁感强度的大小为_____T。

A. 3×10^{-5}　　　　B. 6×10^{-3}　　　　C. 1.9×10^{-2}　　　　D. 0.6

9-28 A、B 两个电子都垂直于磁场方向射入一均匀磁场而作圆周运动，A 电子的速率是 B 电子速率的两倍。设 R_A、R_B 分别为 A 电子与 B 电子的轨道半径；T_A、T_B 分别为它们各自的周期，则_____。

A. $R_A : R_B = 2$，$T_A : T_B = 2$　　　　　　B. $R_A : R_B = \dfrac{1}{2}$，$T_A : T_B = 1$

C. $R_A : R_B = 1$，$T_A : T_B = \dfrac{1}{2}$　　　　D. $R_A : R_B = 2$，$T_A : T_B = 1$

9-29 一运动电荷 q，质量为 m，进入均匀磁场中_____。

A. 其动能改变，动量不变　　　　B. 其动能、动量都改变

C. 其动能不变，动量改变　　　　D. 其动能、动量都不变

9-30 一根长为 L，载流 I 的直导线置于均匀磁场 B 中，计算安培力大小的公式是 $F = IBL\sin\theta$，这个式中的 θ 代表_____。

A. 直导线 L 和磁场 B 的夹角

B. 直导线中电流方向和磁场 B 的夹角

C. 直导线 L 的法线和磁场 B 的夹角

D. 因为是直导线和均匀磁场，则可令 $\theta = 90°$

9-31 长直电流 I_2 与圆形电流 I_1 共面，并与其直径相重合(但两者绝缘)。设长直导线不动，则圆形电流将_____。

A. 绕 I_2 旋转　　　　B. 向右运动　　　　C. 向左运动　　　　D. 不动

9-32 磁介质有三种，用相对磁导率 μ_r 表征它们各自的特性时_____。

A. 顺磁质 $\mu_r > 0$，抗磁质 $\mu_r < 0$，铁磁质 $\mu_r \gg 1$

B. 顺磁质 $\mu_r > 1$，抗磁质 $\mu_r = 1$，铁磁质 $\mu_r \gg 1$

C. 顺磁质 $\mu_r > 1$，抗磁质 $\mu_r < 1$，铁磁质 $\mu_r \gg 1$

D. 顺磁质 $\mu_r < 0$，抗磁质 $\mu_r < 1$，铁磁质 $\mu_r > 0$

计算题

9-33 有两个同轴导体圆柱面，它们的长度均为 20m，内圆柱面的半径为 3.0mm，外圆柱面的半径为 9.0mm，若两圆柱面之间有 10μA 电流沿径向流过，求通过半径为 6.0mm 的圆柱面上的电流密度。

9-34 截圆锥体电阻率为 ρ，长为 l，两端面半径分别为 R_1 和 R_2，求此锥体两端面之间的电阻。

9-35 如题 9-35 图所示的电路中，$E_1 = 6.0$V，$E_2 = 2.0$V，$R_1 = 1.0\Omega$，

$R_2 = 2.0\Omega$，$R_3 = 3.0\Omega$，求：①流过各电阻的电流；②A、B 两点的电势差 U_{AB}。

9-36 如题 9-36 图所示，$E_1 = 2.0V$，$E_2 = E_3 = 4.0V$，$R_1 = R_3 = 1.0\Omega$，$R_2 = 2.0\Omega$，$R_4 = R_5 = 3.0\Omega$。求：①电路中各支路的电流；②A、B 两点的电势差 U_{AB}。

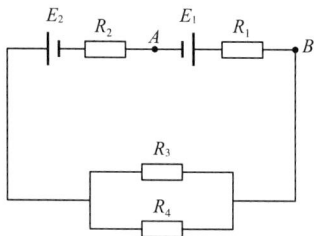 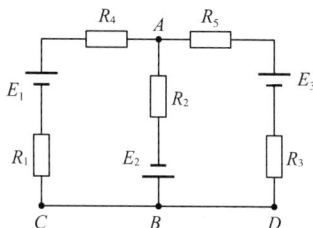

题 **9-35** 图　　　　　　　　题 **9-36** 图

9-37 一蓄电池充电时，通过的电流为 3.0A，蓄电池上的端电压为 4.25V。当该蓄电池放电时，通过的电流为 4.0A，蓄电池上的端电压为 3.90V。试计算蓄电池的电动势和内电阻。

9-38 已知 $10mm^2$ 裸铜线允许通过 50A 的电流而不致导线过热，电流在导线横截面上均匀分布。求：①导线内外磁感强度的分布；②导线表面的磁感强度。

9-39 已知地面上空某处地磁场的磁感强度 $B = 0.4 \times 10^{-4}T$，方向向北，若宇宙射线中有一速率 $v = 5.0 \times 10^7 m \cdot s^{-1}$ 的质子垂直地通过该处，求：①洛仑磁力的方向；②洛仑磁力的大小，并与该质子受到的万有引力相比较。

9-40 一质谱仪的构造原理如题 9-40 图所示。离子元 S 产生质量为 m、电荷量为 q 的离子，离子产生出来时速度很小，可以看做是静止的；离子由 S 产生后经过电压 V 加速，进入磁感应强度为 B 的均匀磁场，沿着半个圆周运动，达到记录他的底片上的 P 点，可测得 P 点的位置到入口处的距离为 x，试证这个离子的质量为 $m = \dfrac{qB^2}{8V}x^2$。

9-41 有一个正电子，动能为 $2.0 \times 10^3 eV$，在 $B = 0.1T$ 的均匀磁场中运动，它的速度 $\boldsymbol{v}$ 与 $\boldsymbol{B}$ 成 $60°$，所以它沿一条螺旋线运动，求螺旋线运动的周期 T、半径 R 和螺距 h。

9-42 如题 9-42 图所示，A 点的电子初速度为 $v_0 = 1.0 \times 10^7 m/s$，问：①磁感应强度的大小和方向应如何，才能使电子沿图中半圆周从 A 运动到 B？②电子从 A 运动到 B 需要多长时间？

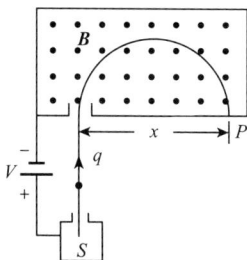 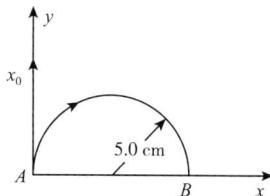

题 **9-40** 图　　　　　　　　题 **9-42** 图

9-43　载有电流 $I = 20\text{A}$ 的长直导线 AB 旁有一同平面的导线 ab，ab 长为 9cm，通以电流 $I_1 = 20\text{A}$。求当 ab 垂直 AB，a 与垂足 O 点的距离为 1cm 时，导线 ab 所受的力，以及对 O 点的力矩的大小。

9-44　有一匝数为 10，长为 0.25m，宽为 0.01m 的矩形线圈，在 $B = 1.0 \times 10^{-3}\text{T}$ 的均匀磁场中，通以 15A 的电流，试求它所受的最大磁力矩。

9-45　在实验室，为了测试某种磁性材料的相对磁导率 μ_r，常将这种材料做成截面为矩形的环形样品，然后用漆包线绕成一螺绕环，设圆环的平均周长为 0.10m，横截面积为 $0.50 \times 10^{-4}\text{m}^2$ 线圈的匝数为 200 匝，当线圈通以 0.10A 的电流时测得穿过圆环横截面积的磁通为 $6.0 \times 10^{-5}\text{Wb}$，求此时该材料的相对磁导率 μ_r。

9-46　环形螺线管，已知其中心线周长为 $l = 20\text{cm}$，线圈总匝数 $N = 300$ 匝，线圈中通以电流 $I = 0.2\text{A}$，求：①若管内是真空，求管内的 H、B、M 值；②若管内充满 $\mu_r = 200$ 的磁介质，求管内的 H、B、M 值。

第 10 章

电磁感应

电流磁效应的发现表明电流可以产生磁场。那么，由磁场能否产生电流呢？法拉第电磁感应现象的发现对这一问题给出了肯定的回答。电磁感应现象的发现是电磁学的重大发现之一，这个发现进一步揭示了电和磁之间的联系，为麦克斯韦电磁理论的创立奠定了基础。本章介绍电磁感应的基本规律、感应电动势产生的机理、自感与互感、磁场的能量和麦克斯韦电磁理论等。

10.1 电磁感应定律

10.1.1 电磁感应现象

1820 年奥斯特发现电流磁效应后，科学家们便开始思考和探索相反的问题：用磁产生电流。经过 10 余年的不懈努力，法拉第于 1831 年在一个紧缠着两组线圈的铁环（图 10-1）上完成了关于电磁感应现象的第一次成功的实验，发现在其中一组线圈通电或断电的瞬间，会导致另一组线圈中产生短暂的电流。下面介绍几个电磁感应现象的经典实验。

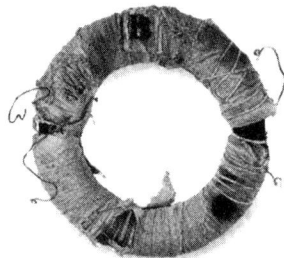

图 10-1　法拉第线圈

实验 1　如图 10-2（a）所示，线圈 L 和检流计 G 构成闭合回路，由于闭合回路没有电源，电流为零，检流计指针不发生偏转。当有磁铁插入线圈时，检流计指针向一侧偏转，表明线圈中有电流通过。当磁铁从线圈中抽出，检流计指针向另一侧偏转，表明此时电流方向与磁铁插入时相反。若将磁铁固定，把线圈推向或拉离磁铁，也会出现与上述同样的现象。这个实验表明，当线圈与磁铁间有相对运动时，线圈中产生感应电流。

  实验 2 在图 10-2(b)中，两个线圈套在一起且相对静止。当调节变阻器使里层线圈中的电流增大时，检流计指针偏转，表明外层线圈中产生了电流；当调节变阻器使外层线圈中电流减小时，检流计指针也偏转，但偏转的方向相反。这个实验表明，里层线圈中电流变化时，外层线圈中产生了感应电流。

  实验 3 在图 10-2(c)所示的磁场中，一组导体与检流计 G 构成闭合回路。若将回路的一边 *ab* 向左或向右移动，检流计的指针就偏向一侧或另一侧。若将闭合回路整体相对于磁场平移，则检流计指针不偏转。

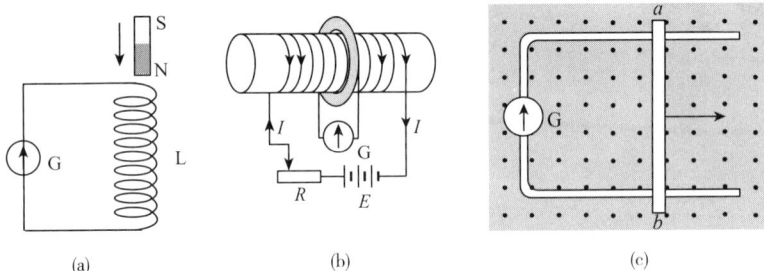

图 10-2 电磁感应实验

  综合分析上述实验可以看出，三个实验产生电流的具体方式虽然各不相同，但都是通过引起闭合回路所包围的磁通量变化来实现的。由此可见，当穿过导体闭合回路的磁通量发生变化时，导体回路中产生电流，这种现象称为**电磁感应现象**，由此产生的电流称为**感应电流**。在电磁感应实验中，如果导体回路不闭合，回路中没有感应电流，但是在回路两端会形成电动势，称为**感应电动势**。

10.1.2 楞次定律

  1834 年，出生在德国的爱沙尼亚物理学家楞次提出了一个判断感应电流方向的法则，称为**楞次定律**，表述为：闭合回路中感应电流的方向总是要用自己激发的磁场来阻碍原来磁场的变化。如图 10-3(a)所示，当磁铁接近闭合回路时，穿过闭合回路的磁场增强；闭合回路中感应电流产生的磁场方向与原来磁场方向相反，以阻碍原来磁场的增强。如图 10-3(b)所示，当磁铁离开闭合回路时，穿过闭合回路的磁场减弱；闭合回路中感应电流产生的磁场方向与原来磁场方向相同，以阻碍原来磁场的减弱。

  楞次定律的实质是能量转换与守恒定律在电磁感应现象中的反映。如图 10-3(a)所示，磁铁插入线圈时，线圈中感应电流产生的磁场方向与磁铁磁场的方向相反，阻碍磁铁的插入。为使磁铁继续插入线圈，必须对磁铁施加外力以克服该阻力做功。与此同时，感应电流在回路中流动也会消耗电能，产生热量。由能量守恒定律可知，感应电流所消耗电能是由外力做功转化而来的。

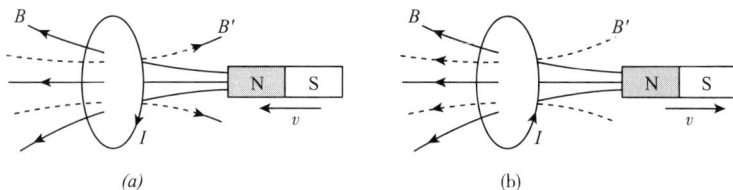

图 10-3　楞次定律

10.1.3　法拉第电磁感应定律

1875 年德国物理学家纽曼在法拉第工作的基础上，从理论上导出了磁通量变化与感应电动势之间的定量关系，称为**法拉第电磁感应定律**，表述为：通过导体回路所包围的磁通量发生变化时，回路中产生的感应电动势 ε_i 与磁通量 Φ_m 对时间的变化率成负正比，即

$$\varepsilon_i = -K\frac{\mathrm{d}\Phi_m}{\mathrm{d}t} \tag{10-1}$$

式中 K 为比例系数。在国际单位制中 $K=1$，所以

$$\varepsilon_i = -\frac{\mathrm{d}\Phi_m}{\mathrm{d}t} \tag{10-2}$$

其中，负号表示感应电动势的方向与磁通量对时间的变化率的关系满足负右螺旋法则，具体方法为：将右手拇指指向磁感应强度的方向，四指沿回路握成螺旋状；如图 10-4(a) 所示，当回路范围内的磁通量增加，即

$$\frac{\mathrm{d}\Phi_m}{\mathrm{d}t} > 0$$

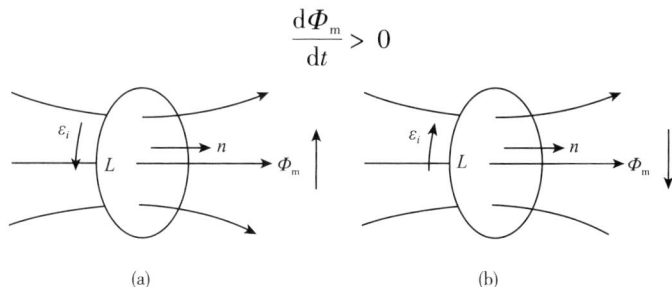

图 10-4　感应电动势的方向

感应电动势 ε_i 为负值，ε_i 的方向与四指所指方向相反；如图 10-4(b) 所示，当回路范围内的磁通量减少，即

$$\frac{\mathrm{d}\Phi_m}{\mathrm{d}t} < 0$$

感应电动势 ε_i 取正值，ε_i 的方向与四指所指方向相同。

式(10-2) 只适用于单匝线圈构成的闭合回路，如果回路由 N 匝线圈串联而成，则

$$\varepsilon_i = -N\frac{\mathrm{d}\Phi_m}{\mathrm{d}t} \tag{10-3}$$

在图 10-4 中用楞次定律判断感应电动势的方向可以发现，其结果与用法拉第电磁感应定律的结果相同。由此可见，式(10-2)和式(10-3)中的负号实际上就是楞次定律的数学表达。

10.2 动生电动势和感生电动势

法拉第电磁感应定律表明，只要穿过闭合回路的磁通量发生变化就能产生感应电动势。造成磁通量变化的原因不外乎两种情况：其一，磁感应强度不变，回路或回路的一部分相对于磁场运动，由此产生的电动势称为**动生电动势**；其二，回路不动，感应电动势由磁感应强度的变化引起，这种电动势称为**感生电动势**。

10.2.1 动生电动势

动生电动势可以看成是洛仑兹力引起的。在图 10-5 中，一个矩形导线框放在均匀磁场中（磁场方向垂直纸面向外），其中导体 ab 边长为 l，沿 ad 和 bc 边滑动。当 ab 以速度 $\boldsymbol{v}$ 向右滑动时，ab 边内的电子也随之向右移动，每个电子所受的洛仑兹力为

$$\boldsymbol{f} = -e\boldsymbol{v} \times \boldsymbol{B} \qquad (10\text{-}4)$$

洛仑兹力 $\boldsymbol{f}$ 的方向由 b 指向 a。在洛仑兹力的作用下，自由电子沿 ba 方向运动，使自由电子向 a 端聚集，结果使 a 端带负电，b 端带正电。此时，若将运动导体 ba 看成一个电源，该电源的非静电力就是作用在单位正电荷上的洛仑兹力

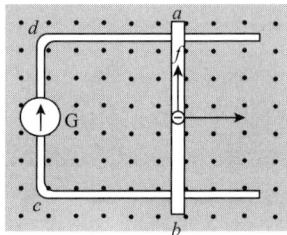

图 10-5 动生电动势

$$F_{\mathrm{k}} = \frac{\boldsymbol{f}}{-e} = \boldsymbol{v} \times \boldsymbol{B} \qquad (10\text{-}5)$$

由电动势的定义，动生电动势为

$$\varepsilon = \int_{-}^{+} \boldsymbol{F}_{\mathrm{k}} \cdot \mathrm{d}\boldsymbol{l} = \int_{b}^{a} (\boldsymbol{v} \times \boldsymbol{B}) \cdot \mathrm{d}\boldsymbol{l} \qquad (10\text{-}6)$$

在图 10-5 所示的情况下，$\boldsymbol{v} \perp \boldsymbol{B}$，且 $\boldsymbol{v} \times \boldsymbol{B}$ 与 $\mathrm{d}\boldsymbol{l}$ 同向，故有

$$\varepsilon = vBl \qquad (10\text{-}7)$$

由式(10-6)可以看出，若 $\boldsymbol{v}$、$\boldsymbol{B}$ 和 l 中任意两个量互相平行，则 ε 为零。这些情况分别对应于导体 ab 沿着磁场方向放置($\boldsymbol{B} \parallel l$)、导体 ab 沿着磁场方向运动($\boldsymbol{v} \parallel \boldsymbol{B}$)和导体 ab 沿着自身方向运动($\boldsymbol{v} \parallel l$)。在这些情况下，导体 ab 的运动都不切割磁感应线。所以，可以形象地说，导体作切割磁感应线运动时产生的电动势为动生电动势。

【例 10-1】 一根长为 L 的铜棒在均匀磁场 $\boldsymbol{B}$ 中绕其一端以角速度 ω 匀速转动，转动平面与磁场方向垂直(图 10-6)。求铜棒两端的电动势。

解： 在铜棒 OA 上距离 O 点 l 处取一小段线元 $\mathrm{d}l$，其速度 $v = \omega l$，该线元的电动势

$$d\varepsilon = (\boldsymbol{v} \times \boldsymbol{B}) \cdot d\boldsymbol{l} = B\omega l dl$$

铜棒上的总电动势

$$\varepsilon = \int d\varepsilon = \int_0^l B\omega l dl = \frac{1}{2}B\omega L^2$$

电动势方向由 A 指向 O，故 O 端电势高，A 端电势低。

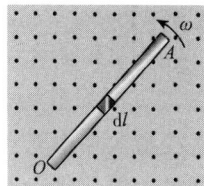

图 10-6　例题 10-1 图

10.2.2　感生电动势　感生电场

实验表明，当导体回路静止，通过导体回路磁通量的变化仅由磁场变化引起时，导体中也会产生感应电动势，这种电动势称为**感生电动势**。

关于感生电动势的成因，麦克斯韦在分析电磁感应现象的基础上提出了一个假设。他认为，即使不存在导体回路，变化的磁场也会在空间激发出一种电场，称为**感生电场**或**涡旋电场**。感生电场对电荷的作用与静电场相同。感生电场与静电场的区别在于感生电场不是由电荷激发，而是由变化磁场激发。据此，设感生电场的场强为 $\boldsymbol{E}_\text{k}$，则置于其中的电荷 q 受到的电场力 $F = qE_\text{k}$。于是，闭合回路中就有电流产生。由此可见，产生感生电动势的非静电力来源于感生电场。

由电动势的定义和法拉第电磁感应定律可知感生电动势

$$\varepsilon = \oint_l \boldsymbol{E}_\text{k} \cdot d\boldsymbol{l} = -\frac{d\boldsymbol{\Phi}_\text{m}}{dt} \tag{10-8}$$

由于闭合回路是固定的，磁通量的变化仅由磁场的变化引起，因而上式又可改写为

$$\oint_l \boldsymbol{E}_\text{k} \cdot d\boldsymbol{l} = -\frac{d}{dt}\iint_S \boldsymbol{B} \cdot d\boldsymbol{S} \tag{10-9}$$

该式反映了变化磁场与感生电场之间的联系。

感生电场有许多重要的应用。例如，电子感应加速器利用感生电场不断对电子加速可以获得高能量的电子束；高频感应冶金炉利用感生电场在金属中产生很强的感应电流(俗称涡电流)，可以产生大量热量使金属熔化。有时候涡电流是有害的，需要加以限制。例如变压器和电动机的铁芯中的涡流，在造成能量损耗的同时还会使铁芯温度升高，影响变压器和电动机的正常工作。为此，变压器和电动机的铁芯都用表面涂有绝缘漆的很薄的硅钢片做成，以减小涡流(图 10-7)。

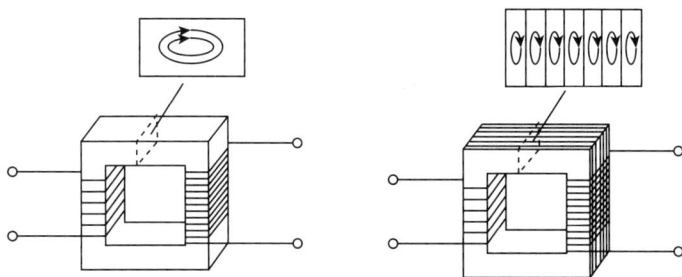

图 10-7　变压器铁芯中的涡流及改善措施

【例 10-2】   利用涡旋电场对电子进行加速的装置称为电子感应加速器。如图 10-8 所示，在电磁铁两极间有一环形真空室，电磁铁受交变电流激励，在两磁极间产生交变磁场，从而在真空室内产生很强的感生电场，其电场线为同心圆（图 10-9）。试证明，为了使射入环形真空室的电子维持在恒定的圆形轨道中加速，轨道平面上的平均磁感应强度必须是轨道上的磁感应强度的两倍。

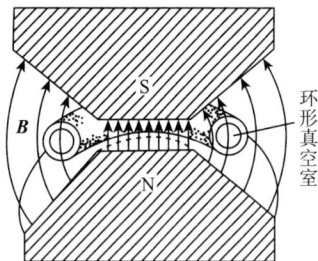

图 10-8   电子感应加速器结构图

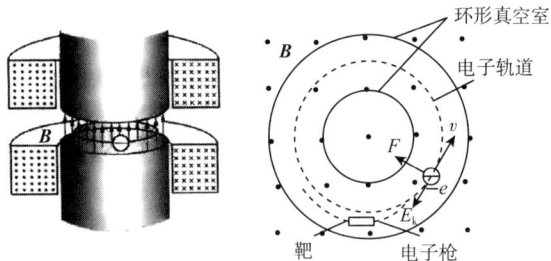

图 10-9   电子感应加速器原理

解：环形真空室的电子既要受到感应电场 E_k 的作用而加速，同时又要受到磁场的洛仑兹力作用，使它沿圆形轨道运动。为了使电子在半径为 R 的轨道上作圆周运动，此时洛仑兹力为向心力，应有

$$evB_R = m\frac{v^2}{R}$$

即

$$B_R = \frac{mv}{eR}$$

式中 B_R 为电子轨道上的磁感强度，R 为轨道半径，v 为电子运动速度。

设轨道平面上的平均磁感强度为 $\overline{B}$，则通过轨道圆面积的磁通量为

$$\varPhi_m = \overline{B}S = \overline{B}\pi R^2$$

由于

$$\oint_l \boldsymbol{E}_k \cdot \mathrm{d}\boldsymbol{l} = E_k 2\pi R$$

而

$$\frac{\mathrm{d}\varPhi_m}{\mathrm{d}t} = \pi R^2 \frac{\mathrm{d}\overline{B}}{\mathrm{d}t}$$

由式（10-8）可知

$$E_k 2\pi R = -\pi R^2 \frac{\mathrm{d}\overline{B}}{\mathrm{d}t}$$

由此解出半径为 R 处的感生电场的大小为

$$|E_k| = \frac{R}{2}\frac{\mathrm{d}\overline{B}}{\mathrm{d}t}$$

电子受到的切向力大小，即感应电场力的大小为

$$F = e|E_k| = \frac{eR}{2}\frac{\mathrm{d}\overline{B}}{\mathrm{d}t}$$

其方向与 E_k 的方向相反。该力为电子在圆形轨道切线上所受的力，考虑牛顿第二定律有

$$F = \frac{\mathrm{d}}{\mathrm{d}t}(mv) = \frac{\mathrm{d}}{\mathrm{d}t}(eRB_R) = eR\frac{\mathrm{d}B_R}{\mathrm{d}t}$$

比较上两式得

$$\frac{\mathrm{d}B_R}{\mathrm{d}t} = \frac{1}{2}\frac{\mathrm{d}\overline{B}}{\mathrm{d}t}$$

即

$$B_R = \frac{\overline{B}}{2}$$

满足上式条件，被加速的电子就可以稳定在半径为 R 的圆形轨道上。

10.3 电感 磁场的能量

10.3.1 自感

如图 10-10 所示，当流过一个回路的电流发生变化时，它所激发的磁场产生的通过自身回路的磁通量也会发生变化，这种变化将在自身回路中产生感应电动势，这种现象称为**自感现象**，所产生的电动势称为**自感电动势**。

由毕奥—萨伐尔定律可知，回路中的电流激发的磁感应强度 B 与电流 I 成正比，因此通过回路的磁通量 Φ_m 也正比于电流 I，即

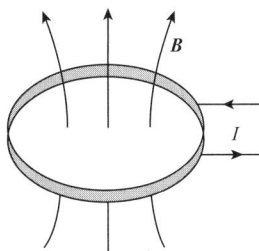

图 10-10 自感现象

$$\Phi_m = LI \tag{10-10}$$

式中的比例系数 L 称为电感。由于磁通量是因自身回路的电流引起的，该比例系数又称**自感系数**。自感系数的大小由回路的大小、形状及周围的介质等因素决定。在国际单位制中，自感系数的单位是享利(H)。

设回路的自感系数 L 不变，由法拉第电磁感应定律可得回路的自感电动势

$$\varepsilon_i = -\frac{\mathrm{d}\Phi_m}{\mathrm{d}t} = -L\frac{\mathrm{d}I}{\mathrm{d}t} \tag{10-11}$$

式中的负号表明自感电动势阻碍回路中电流的变化。

由式(10-11)可以看出，对于相同的电流变化，自感系数 L 越大，回路所产生的自感电动势越大，自感作用越强。

【**例 10-3**】 设长直螺线管的长为 l，截面积为 S，线圈总匝数为 N，求其自感系数。

解：忽略边缘效应，当螺线管中通有电流 I 时，管内的磁感应强度为

$$B = \mu_0 nI = N\mu_0\frac{N}{l}I$$

通过螺线管的磁通量为

$$\Phi_{\mathrm{m}} = NBS = N\mu_0 \frac{N}{l} I$$

则螺线管的自感系数为

$$L = \frac{\Phi_{\mathrm{m}}}{I} = \mu_0 \frac{N^2}{l} S = \mu_0 \frac{N^2}{l^2} lS = \mu_0 n^2 V$$

式中 $V = LS$ 为螺线管的体积。

10.3.2 互感

如图 10-11 所示，对于两个邻近的载流回路 1 和 2，当回路 1 中的电流变化时，电流所激发的变化磁场会在回路 2 中产生感应电动势；同理，回路 2 中的变化电流也会在回路 1 中产生感应电动势。这种现象称为**互感现象**，对应的电动势称为**互感电动势**。

设回路 1 中的电流 I_1 在回路 2 中产生的磁通量为 Φ_{21}；回路 2 中的电流 I_2 在回路 1 中产生的磁通量为 Φ_{12}，由毕奥—萨伐尔定律可知，$\Phi_{21} \propto I_1$，$\Phi_{12} \propto I_2$，写成等式有

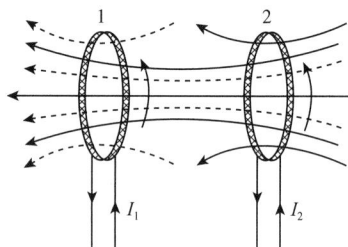

图 10-11 互感现象

$$\Phi_{21} = M_{21} I_1 \tag{10-12}$$

$$\Phi_{12} = M_{12} I_2 \tag{10-13}$$

式中比例系数 M_{21} 和 M_{12} 也称电感。为了与自感系数相区别，在互感现象中将其称为**互感系数**。互感系数的值与两个回路的大小、形状、相对位置及周围介质有关。互感系数的单位也是亨利（H）。

可以证明，M_{21} 和 M_{12} 是相等的，将它们统一用 M 表示，即

$$M = M_{21} = M_{12}$$

则式（10-12）和式（10-13）可写成

$$\Phi_{21} = MI_1 \tag{10-14}$$

$$\Phi_{12} = MI_2 \tag{10-15}$$

由电磁感应定律可得，回路 1 中的电流 I_1 变化时，在回路 2 中产生的互感电动势为

$$\varepsilon_{21} = -\frac{\mathrm{d}\Phi_{21}}{\mathrm{d}t} = -M \frac{\mathrm{d}I_1}{\mathrm{d}t} \tag{10-16}$$

同理，回路 2 中电流 I_2 变化时在回路 1 中产生的互感电动势为

$$\varepsilon_{12} = -\frac{\mathrm{d}\Phi_{12}}{\mathrm{d}t} = -M \frac{\mathrm{d}I_2}{\mathrm{d}t} \tag{10-17}$$

互感在电工和无线电技术中也有广泛的用途，通过互感回路能使能量或信号由一个回路传递到另一个回路。电工和无线电技术中使用的各种变压器都是互感器件。

在有些情况下互感是有害的。例如，有线电话会由于两路电话之间的互感而引起串音，无线电设备中也会由于导线或器件间的互感作用妨碍设备的正常工作。对于这

些情况，需要设法避免互感的产生。

【**例 10-4**】　如图 10-12 所示为两个共轴长直螺线管，长为 l，截面积为 S，其中一个螺线管（称为原线圈）共有 N_1 匝；另一个螺线管（称为副线圈）共有 N_2 匝。螺线管内磁介质的磁导率为 μ。求这两个共轴螺线管的互感系数。

解：设原线圈中通有电流 I_1，则管内磁感应强度为

$$B = \mu \frac{N_1}{l} I_1$$

图 10-12　例题 10-4 图

通过副线圈的磁通量为

$$\Phi_{21} = N_2 BS = \mu \frac{N_1 N_2 I_1}{l} S$$

两个线圈的互感系数为

$$M = \frac{\Phi_{21}}{I_1} = \mu \frac{N_1 N_2}{S}$$

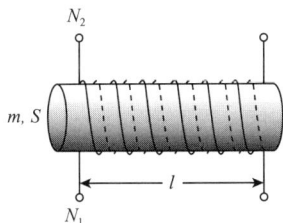

10.3.3　磁场的能量

磁场和电场一样也具有能量。电容器是储存电能的器件，而载流线圈是储存磁能的器件。下面通过分析自感线圈中的能量转换来介绍磁场的能量。

图 10-13 所示为一个含有纯电阻和纯电感线圈的电路。当电源开关 K 接通后，经历时间 $\mathrm{d}t$ 电路中的电流变化 $\mathrm{d}i$，线圈产生的自感电动势

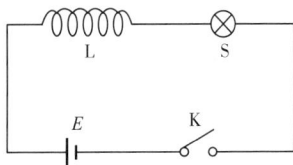

图 10-13　磁场的能量

$$\varepsilon_i = -L \frac{\mathrm{d}i}{\mathrm{d}t} \tag{10-18}$$

此时电源除供给电阻产生焦耳热的能量外，还要克服因电流增大而产生的反向自感电动势做功，其值为

$$\mathrm{d}A = \varepsilon_i i \mathrm{d}t = -\left(-L \frac{\mathrm{d}i}{\mathrm{d}t}\right) i \mathrm{d}t = Li \mathrm{d}t$$

当回路中的电流从零增加到某一数值 I 时，电源反抗自感电动势所作的总功为

$$A = \int \mathrm{d}A = \int_0^I Li \mathrm{d}i = \frac{1}{2} LI^2 \tag{10-19}$$

该功以能量的形式储存在线圈内，称为自感磁能。因而，线圈的自感磁能等于电源克服自感电动势所做的功，即

$$W_m = A = \frac{1}{2} LI^2 \tag{10-20}$$

上式与电容器所储电能公式 $W_e = \frac{1}{2} CU^2$ 在形式上是类似的。

如前所述，电场的能量与描述电场性质的电场强度 $\boldsymbol{E}$ 相关联。由此推想，自感

磁能也应该与磁感应强度 $\boldsymbol{B}$ 有关。下面以长直螺线管为例来分析该问题。

设长直螺线管长度为 l，总匝数为 N，通过螺线管的电流为 I，则螺线管内的磁感应强度 $B = \mu nI$，磁场强度 $H = nI$。由自感系数的定义式可得螺线管的自感系数为

$$L = \frac{\Phi_{\mathrm{m}}}{I} = \frac{NBS}{I} = \frac{N\mu nISl}{Il} = \mu n^2 V$$

式中 $V = Sl$，$n = N/l$。由式（10-20）可得在螺线管中储存的总能量

$$W_{\mathrm{m}} = \frac{1}{2}LI^2 = \frac{1}{2}\mu n^2 VI^2 = \frac{1}{2}(\mu nI)(nI)V$$

即

$$W_{\mathrm{m}} = \frac{1}{2}BHV \qquad\qquad (10\text{-}21)$$

由此可见，自感磁能实际上是磁场所具有的能量，它分布在磁场之中。

由于长直螺线管内的磁场是均匀磁场，其能量也是均匀分布的。定义单位体积中的磁场能量为磁场能量密度，用 ω_{m} 表示，则

$$\omega_{\mathrm{m}} = \frac{W_{\mathrm{m}}}{V} = \frac{1}{2}BH = \frac{1}{2}\boldsymbol{B}\cdot\boldsymbol{H} \qquad\qquad (10\text{-}22)$$

对于分布在有限体积 V 内的非均匀磁场，其中任意位置无限小体积元 $\mathrm{d}V$ 的磁场能量

$$\mathrm{d}W_{\mathrm{m}} = \omega_{\mathrm{m}}\mathrm{d}V$$

体积 V 内磁场总能量

$$W_{\mathrm{m}} = \int_V \omega_{\mathrm{m}}\mathrm{d}V = \frac{1}{2}\int_V BH\mathrm{d}V \qquad\qquad (10\text{-}23)$$

其中，V 遍及磁场分布的整个空间。

【例 10-5】 如图 10-14 所示，同轴电缆由同轴的圆柱体导体和薄圆管导体组成。设圆柱体导体的半径为 R_1，薄圆管导体半径为 R_2，流过内、外导体的电流均为 I。求单位长度电缆的磁场能量，并由此计算电缆的自感系数。

解： 由安培环路定理可求得两筒之间距离轴线 r 处的磁感应强度与磁场强度分别为

$$B = \frac{\mu I}{2\pi r}$$

$$H = \frac{I}{2\pi r}$$

考虑到 $\boldsymbol{B}$ 与 $\boldsymbol{H}$ 方向相同，且在 $r < R_1$ 和 $r > R_2$ 区域内 $B = 0$，单位长度电缆的磁场能量为

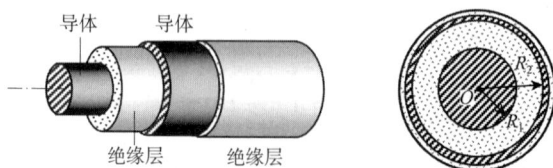

图 10-14　例 10-15 图

$$W_m = \frac{1}{2}\int BH dV = \frac{1}{2}\int \frac{\mu I}{2\pi r}\cdot\frac{I}{2\pi r}2\pi r dr$$

$$= \frac{\mu I^2}{4\pi}\int_{R_1}^{R_2}\frac{dr}{r} = \frac{\mu I^2}{4\pi}\ln\frac{R_2}{R_1}$$

由式(10-20)可得单位长度电缆的自感系数为

$$L = \frac{2W_m}{I^2} = \frac{\mu}{2\pi}\ln\frac{R_2}{R_1}$$

10.4　电磁场与电磁波

10.4.1　位移电流

如前所述，稳恒电流的磁场遵守安培环路定理

$$\oint_l \boldsymbol{H}\cdot d\boldsymbol{l} = \sum_l I_i$$

式中 $\sum_l I_i$ 表示闭合回路所围稳恒传导电流的代数和，这
表明稳恒电流是产生稳恒磁场的源。为了探讨对于非稳
恒电流安培环路定理是否成立，下面分析电容器的充放
电过程。

图 10-15 表示平行板电容器的充电过程，该过程是
一个非稳恒过程，传导电流 I 随时间变化，且在两极板
间中断。如果围绕导线取一个闭合回路 L，并以 L 为周
界作两个曲面，其中曲面 S_1 与导线相交，曲面 S_2 穿过电
容两极板之间，S_1 和 S_2 构成了一个闭合曲面。对曲面 S_1 应用安培环路定理有

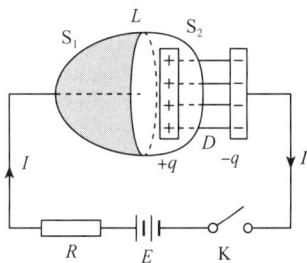

图 10-15　位移电流

$$\oint_l \boldsymbol{H}\cdot d\boldsymbol{l} = I$$

对曲面 S_2 应用安培环路定理有

$$\oint_l \boldsymbol{H}\cdot d\boldsymbol{l} = 0$$

这表明，虽然 S_1 和 S_2 都是以 L 为周界的曲面，但由于穿过它们的电流不相同，使用
安培环路定理会得到两个不同的结果。显然，安培环路定理失效的原因是因为对电容
器而言电流只进不出，电量积存在由 S_1 和 S_2 构成的闭合曲面内的缘故。可见，在非
稳恒电流的条件下，安培环路定理不成立。

为此，麦克斯韦提出，考虑电位移通量

$$\Phi_D = \iint_S \boldsymbol{D}\cdot d\boldsymbol{S}$$

设电流

$$I_d = \frac{d\Phi_D}{dt} = \frac{d}{dt}\iint_S \boldsymbol{D}\cdot d\boldsymbol{S} = \iint_S \frac{d\boldsymbol{D}}{dt}\cdot d\boldsymbol{S} \tag{10-24}$$

由其将在闭合曲面内中断的传导电流连续起来。由于 I_d 具有电流的量纲，故称之为**位移电流**。于是，式（10-27）可以修改为

$$\oint_l \boldsymbol{H} \cdot \mathrm{d}\boldsymbol{l} = I_0 + \iint_S \frac{\mathrm{d}\boldsymbol{D}}{\mathrm{d}t} \cdot \mathrm{d}\boldsymbol{S} \tag{10-25}$$

该式适用于非稳恒电流的情况。显然，在麦克斯韦的假说中位移电流名为电流，实为变化的电场。如果在传导电流不连续的地方代之以位移电流，就可以保持非稳恒电路中电流的连续性。

实际上，麦克斯韦位移电流假说的意义并不仅仅在于对安培环路定理进行修正，使之适用于非稳恒的情况。它提供了一个极为重要的信息，即位移电流和传导电流一样，也是产生磁场的源泉，位移电流产生磁场的实质是变化的电场激发了涡旋磁场。在麦克斯韦预言存在位移电流 60 年之后的 1929 年，范可文用实验证实了位移电流的存在。

10.4.2 麦克斯韦方程组

综合静电场和稳恒磁场的基本性质，可得到如下四个方程：

（1）静电场的高斯定理

$$\oint_S \boldsymbol{D} \cdot \mathrm{d}\boldsymbol{S} = \sum_i q_i \tag{10-26}$$

式中 $\sum_i q_i$ 为闭合曲面 S 内的自由电荷代数和。

（2）稳恒磁场的高斯定理

$$\oint_S \boldsymbol{B} \cdot \mathrm{d}\boldsymbol{S} = 0 \tag{10-27}$$

（3）静电场的环路定理

$$\oint_l \boldsymbol{E} \cdot \mathrm{d}\boldsymbol{l} = 0 \tag{10-28}$$

（4）稳恒磁场的安培环路定理

$$\oint_l \boldsymbol{H} \cdot \mathrm{d}\boldsymbol{l} = \sum_i I_i \tag{10-29}$$

式中 $\sum_i I_i$ 表示闭合回路所围稳恒传导电流的代数和。

下面分析对于变化的电场和变化的磁场这四个方程是否成立。将式（10-26）与式（10-9）两端分别相加，以 $\boldsymbol{E}$ 代表静电场和涡旋电场的和，则有

$$\oint_l \boldsymbol{E} \cdot \mathrm{d}\boldsymbol{l} = 0 - \frac{\mathrm{d}}{\mathrm{d}t} \oint_S \boldsymbol{B} \cdot \mathrm{d}\boldsymbol{S}$$

即

$$\oint_l \boldsymbol{E} \cdot \mathrm{d}\boldsymbol{l} = -\oint \frac{\mathrm{d}}{\mathrm{d}t} \boldsymbol{B} \cdot \mathrm{d}\boldsymbol{S} \tag{10-30}$$

该式概括了变化的磁场和稳恒磁场的两种情况，说明变化的磁场可以产生涡旋电场，而静电场的环路定理只是其特例。

除了以上修正以外，麦克斯韦还假定式(10-24)和式(10-25)对于非稳恒的情况也是成立的。这样，就可以得到如下一组描述任何电场和磁场的方程组：

$$\oiint_S \boldsymbol{D} \cdot \mathrm{d}\boldsymbol{S} = \sum_i q_i \tag{10-31}$$

$$\oint_l \boldsymbol{E} \cdot \mathrm{d}\boldsymbol{l} = -\oint_S \frac{\mathrm{d}}{\mathrm{d}t} \boldsymbol{B} \cdot \mathrm{d}\boldsymbol{S} \tag{10-32}$$

$$\oiint_S \boldsymbol{B} \cdot \mathrm{d}\boldsymbol{S} = 0 \tag{10-33}$$

$$\oint_l \boldsymbol{H} \cdot \mathrm{d}\boldsymbol{l} = I_0 + \iint_S \frac{\mathrm{d}\boldsymbol{D}}{\mathrm{d}t} \cdot \mathrm{d}\boldsymbol{S} \tag{10-34}$$

这四个方程构成了著名的麦克斯韦方程组。有介质存在时，$\boldsymbol{E}$ 和 $\boldsymbol{B}$ 都与介质的特性有关，需要补充描述介质性质的方程

$$\boldsymbol{D} = \varepsilon\boldsymbol{E} \tag{10-35}$$

$$\boldsymbol{B} = \mu\boldsymbol{H} \tag{10-36}$$

$$\boldsymbol{j} = \sigma\boldsymbol{E} \tag{10-37}$$

在式(10-37)中，$\boldsymbol{j}$ 是穿过垂直于电流方向的单位截面的电流强度，称为电流密度；σ 是导体的电导率。这样，以上四式构成了完整的描述电磁场的理论体系，原则上，所有经典电磁场问题都可以通过这一理论体系来解决。

10.4.3　电磁波

10.4.3.1　电磁波的产生和传播

电磁振动在空间的传播形成**电磁波**。电磁波的产生和传播同样需要波源和介质。任何物质都是电磁介质，所以电磁波能在任何物质中传播。分子、原子的振动、原子和原子核的能级跃迁都可以发射电磁波，都是电磁波的波源。最典型的电磁波波源是一个 L-C 振荡电路。

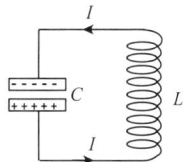

图 10-16　L-C 振荡电路

在图 10-16 中，充电后的电容器 C 与一个自感系数为 L 的线圈连接成闭合回路。闭合回路接通后，电容器将通过自感线圈放电。由于自感电动势的存在，当电容器放电结束(极板电荷 $q = 0$)时，自感电动势将继续推动电荷移动，使电容器反向充电。如此循环往复，形成电磁振动。

由图 10-17(a)可知，在闭合的 L-C 振荡电路中，其电场局限在两极板之间，电场能量不能向外辐射。为此，必须对电路加以改造，改造的趋势是按图 10-17(a)(b)(c)的顺序减小电容器极板面积加大极板间距离，同时减少自感线圈匝数，最后形成一个全开放的 L-C 振荡电路，如图 10-17(c)所示。全开放的 L-C 电路能够有效地向外辐射电场能量。

在实际的电磁振荡电路中，由于导线电阻的存在和电场能量的向外辐射，电路中

的能量不断被消耗。为了维持电路的等幅振荡，必须有外加周期性电动势的策动作用，以补充电路中的能量损耗。当策动电动势的角频率等于振荡电路的固有频率

$$\omega = \frac{1}{\sqrt{LC}}$$

时，才能引起谐振，有效地辐射电磁波。可见，电磁波的发射装置（图 10-18）需要由电磁振荡器和发射天线组成。发射天线是一个全开放的 L-C 振荡电路。

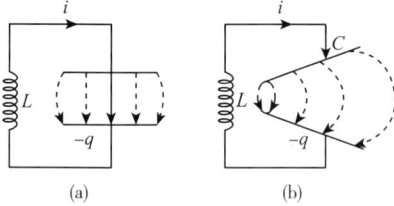

图 10-17　开放的 L-C 振荡电路　　　图 10-18　电磁波的发射

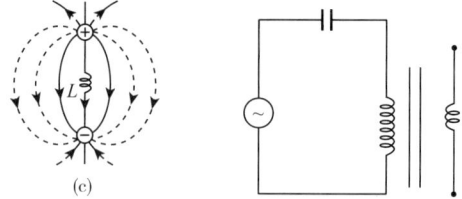

电磁波的传播过程可用图 10-19 形象地表示：波源的发射天线在其周围激发变化的涡旋磁场，该磁场又在自己周围激发变化的涡旋电场，变化的涡旋电场和变化的磁场交替相互激发，使电磁场由近及远传播出去，形成电磁波。

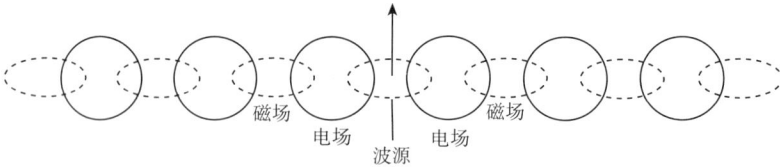

图 10-19　电磁波的传播过程

10.4.3.2　电磁波的性质

电磁波的性质可由麦克斯韦方程组导出。电磁波是球面波，但是在远离波源的自由空间中传播的电磁波可近视为平面波。自由平面电磁波具有下列性质：

①E 和 H 都按正弦或余弦规律变化，且相位相同。

②电磁波是横波。在传播过程中，E 和 B 的振动方向与传播方向三者相互垂直；E、H 与传播方向成右手螺旋关系，如图 10-20 所示。

③E 和 H 的振幅成比例，满足关系

图 10-20　电磁波的传播模式

$$\sqrt{\varepsilon}E = \sqrt{\mu}H \tag{10-38}$$

④电磁波的传播速度

$$v = \frac{1}{\sqrt{\varepsilon\mu}} \tag{10-39}$$

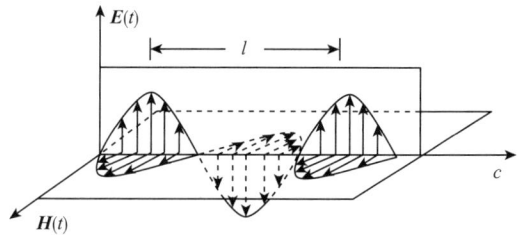

式中 ε 和 μ 分别为介质的电容率和磁导率。在真空中 $\varepsilon_0 = 8.8542 \times 10^{-12}\,\text{F} \cdot \text{m}^{-1}$，$\mu_0 = 4\pi \times 10^{-7}\,\text{H} \cdot \text{m}^{-1}$。由此可知，电磁波在真空中的传播速度为

$$C = \frac{1}{\sqrt{\varepsilon_0 \mu_0}} = 2.9979 \times 10^8 \,\mathrm{m \cdot s^{-1}} \tag{10-40}$$

此结果与实验所测定的真空中的光速一致。

10.4.3.3　电磁波的能量

由于电磁波中既有电场分量又有磁场分量，所以电磁波的能量应包括电场能量和磁场能量，其中电场能量密度为

$$\omega_e = \frac{1}{2} \boldsymbol{D} \cdot \boldsymbol{E}$$

磁场能量密度为

$$\omega_m = \frac{1}{2} \boldsymbol{B} \cdot \boldsymbol{H}$$

电磁场总能量密度为

$$\omega = \omega_e + \omega_m = \frac{1}{2} \boldsymbol{D} \cdot \boldsymbol{E} + \frac{1}{2} \boldsymbol{B} \cdot \boldsymbol{H} \tag{10-41}$$

定义单位时间内通过垂直于传播方向的单位截面的电磁波能量为电磁波的**能流密度**，用 $\boldsymbol{S}$ 表示，则

$$\boldsymbol{S} = \boldsymbol{E} \times \boldsymbol{H} \tag{10-42}$$

$\boldsymbol{S}$ 称为**坡印亭矢量**，$\boldsymbol{S}$ 与 $\boldsymbol{E}$、$\boldsymbol{H}$ 满足右手螺旋关系。

能流密度越大，单位时间内通过单位截面的电磁波能量越大，电磁波越强，所以，电磁波的能流密度也称为电磁波的辐射强度。

10.4.3.4　电磁波谱

电磁波的范围很广，无线电波、红外线、可见光、紫外线、X 射线、γ 射线都是电磁波。所有电磁波本质上完全相同，只是频率或波长不同而已。在真空中，不同频率的电磁波具有相同的传播速度，因而其波长和频率具有确定的对应关系。按照频率或波长的顺序把各种电磁波排列起来就构成了**电磁波谱**，如图 10-21 所示。

在电磁波谱中，无线电波的波长最长，其波长从厘米到千米，按不同波长可分为长波、中波、短波、超短波等。长波主要用于长距离通信和导航；中波多用于航海、航空定向和无线电广播；短波多用于无线电广播、电报通信；超短波多用于电视、雷

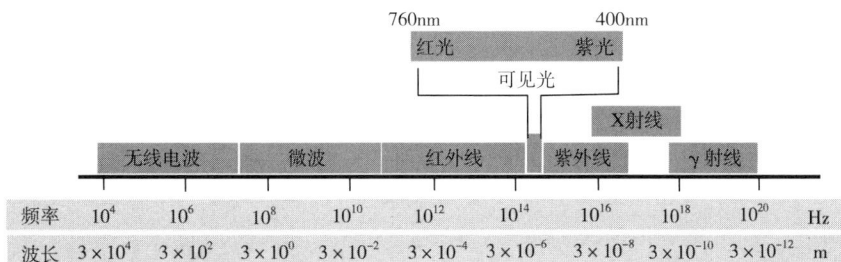

图 **10-21**　电磁波谱

达、无线电导航等。

波长约在 1m ~ 1mm 的电磁波称为微波，按波长不同，可将其细分为分米波（1m > λ > 10cm）、厘米波（10cm > λ > 1cm）和毫米波（1cm > λ > 1mm）。由于微波具有宽频带特性（3MHz ~ 300GHz，频带宽度达 229.7GHz）和极高的频率，可以穿透电离层等特点，从而在移动通信、卫星通信、宇宙通信等现代通信技术中发挥越来越重要的作用。在农业上，微波应用最广泛的是其与物质相互作用时产生的热效应。各种农业物料的微波干燥，生物制品的微波解冻和食品的微波灭菌等都是这方面的典型例子。

红外线分布在微波和可见光之间，且仅能够在聚集热的地方探测到。蛇和其他一些生物对红外线很敏感。红外线不能透过玻璃，这一特性可以解释温室效应。晴天时，经过温室玻璃的可见光被室内植物吸收，而红外线被再次辐射，被玻璃捕获的红外线引起温室内部的温度升高。

频率高于可见光的是紫外线（UV），它不能引起视觉，但会对生命造成危害。来自太阳的紫外线几乎被大气中的臭氧完全吸收，臭氧保护着地球上的生命，少量透过大气的紫外线会晒黑皮肤，严重的可导致皮肤癌的发生。红外线造成的温室效应和大气中臭氧对紫外线的吸收无疑是当今科学关注的重大问题。

比紫外线波长还短的电磁波称为 X 射线，它们很易穿过大多数物质。致密的物质、固体材料比稀疏物质容易吸收更多的 X 射线，这就是为什么在 X 射线照片上显现的是骨骼而不是骨骼周围的组织。

在电磁波谱中波长最短、波长尺寸约为原子核大小量级的波是 γ 射线和宇宙射线。γ 射线产生于核反应及其他特殊的激发过程，宇宙射线来自地球之外的空间。

不同波长的电磁波，其产生方法和机理不同。无线电波由开放的电磁振荡电路产生；红外线、可见光和紫外线由分子或原子外层电子能级跃迁时发生；X 射线由原子内层电子跃迁产生；γ 射线则由原子核改变运动状态或发生衰变辐射产生。

本章摘要

1. 电磁感应定律

（1）电磁感应现象

穿过闭合导体回路所包围面积的磁通量发生变化时，导体回路中产生电流，称为电磁感应现象，由此产生的电流称为感应电流。相应的电动势称为感应电动势。

（2）楞次定律

闭合回路中感应电流的方向总是要用自己激发的磁场来阻碍原来磁场的变化。

（3）法拉第电磁感应定律

通过导体回路所包围面积的磁通量发生变化时，回路中产生的感应电动势 ε_i 与磁通量 Φ_m 对时间的变化率成负正比，即

$$\varepsilon_i = -\frac{d\Phi_m}{dt}$$

如果回路由 N 匝线圈串联而成，则

$$\varepsilon_i = - N \frac{\mathrm{d}\Phi_m}{\mathrm{d}t}$$

2. 动生电动势和感生电动势

磁感应强度不变，回路或回路的一部分相对于磁场运动，产生的电动势称为动生电动势；回路不动，由磁感应强度的变化引起的感应电动势称为感生电动势。

（1）动生电动势

$$\varepsilon = \int_-^+ \boldsymbol{F}_k \cdot \mathrm{d}\boldsymbol{l} = \int_b^a (\boldsymbol{v} \times \boldsymbol{B}) \cdot \mathrm{d}\boldsymbol{l}$$

当 $\boldsymbol{v} \perp \boldsymbol{B}$，且 $\boldsymbol{v} \times \boldsymbol{B}$ 与 $\mathrm{d}\boldsymbol{l}$ 同向，则有

$$\varepsilon = vBl$$

动生电动势是由导体作切割磁感应线运动时产生的。

（2）感生电动势　感生电场

变化的磁场会在空间激发出一种电场，称为感生电场或涡旋电场。产生感生电动势的非静电力来源于感生电场。

感生电场能够产生涡流，变压器和电动机的铁芯中的涡流是有害的，变压器和电动机的铁芯都用表面涂有绝缘漆的很薄的硅钢片制成，以减小涡流。

3. 电感　磁场的能量

（1）自感

流过回路的电流发生变化时，在自身回路中产生感应电动势的现象称为自感现象，自感系数是描述自感现象强弱的物理量。自感系数 L 与线圈匝数 n 的关系是 $L \propto n^2$。

（2）互感

两个邻近的载流回路在对方回路中相互产生感应电动势的现象称为互感现象，对应的电动势称为互感电动势。互感系数是描述互感现象强弱的物理量。互感系数 M 与线圈匝数 n 的关系是 $M \propto n^2$。

（3）磁场的能量

磁场具有能量。线圈的自感磁能

$$W_m = A = \frac{1}{2} L I^2$$

磁场能量密度

$$\omega_m = \frac{W_m}{V} = \frac{1}{2} BH = \frac{1}{2} \boldsymbol{B} \cdot \boldsymbol{H}$$

4. 电磁场与电磁波

（1）位移电流

变化的电场能够在其周围产生变化的磁场，其效果类似于电流的磁效应，称为位移电流。在传导电流不连续的地方代之以位移电流，就可以保持非稳恒电路中电流的连续性。

（2）麦克斯韦方程组

麦克斯韦方程组构成了完整描述电磁场的理论体系，所有经典电磁场问题都可以

通过这一理论体系来解决。

（3）电磁波

电磁振动在空间的传播形成**电磁波**。电磁波能在任何物质中传播。分子和原子的振动、原子和原子核的能级跃迁都可以发射电磁波，都是电磁波的波源。最典型的电磁波波源是一个 $L—C$ 振荡电路。

①电磁波的性质

E 和 H 都按正弦或余弦规律变化，且相位相同；

电磁波是横波；

E 和 H 的振幅成比例；

电磁波的传播速度

$$C = \frac{1}{\sqrt{\varepsilon_0 \mu_0}} = 2.9979 \times 10^8 \, \text{m·s}^{-1}$$

②电磁波的能量

电磁场总能量密度为

$$\omega = \omega_e + \omega_m = \frac{1}{2} D \cdot E + \frac{1}{2} B \cdot H$$

电磁波的**能流密度**

$$S = E \times H$$

电磁波的能流密度也称为电磁波的辐射强度。

③电磁波谱

无线电波、红外线、可见光、紫外线、X 射线、γ 射线都是电磁波。

无线电波由开放的电磁振荡电路产生；红外线、可见光和紫外线由分子或原子外层电子能级跃迁发生；X 射线由原子内层电子跃迁产生；γ 射线由原子核改变运动状态或发生衰变辐射产生。

习　题

填空题

10-1　穿过闭合导体回路所包围面积的_____发生变化时，导体回路中产生电流，称为电磁感应现象；由此产生的电流称为_____；相应的电动势称为_____。

10-2　获得磁感应电流的方法有：磁铁向闭合导体线圈中_____；闭合导体回路的_____做切割磁感应线的运动；穿过闭合导体回路的_____随时间变化。

10-3　闭合回路中感应电流的方向总是要用自己激发的磁场来_____原来磁场的变化。

10-4　感应电动势的大小与导体回路所围面积的磁通量_____成正比。

10-5　回路或回路的一部分_____运动，产生的电动势称为动生电动势；回路不动，由_____的_____变化引起的感应电动势称为感生电动势。

10-6 变化的磁场会在空间激发出一种电场，称为_____或_____。

10-7 流过回路的电流发生变化时，在自身回路中_____的现象称为自感现象。

10-8 为使金属线绕制的标准电阻无自感，应该怎样绕制_____。

10-9 两个共轴长线圈的耦合系数 $k=1$，自感系数分别是 L_1 和 L_2，这两个线圈的互感系数是_____。

10-10 空间一点的磁场强度为 H，磁感应强度为 B，该点的磁能量密度为_____。

10-11 波长大于 740nm 的光称为_____；波长小于 400nm 的光称为_____。

10-12 无线电波由_____产生。

选择题

10-13 以下那一项不会造成穿过闭合导体回路所围面积的磁通量变化_____。

A. 磁铁插入导体线圈

B. 穿过闭合导体回路的磁感应强度随时间变化

C. 磁铁从导体线圈中拔出

D. 闭合导体回路做切割磁感应线的平动

10-14 如题 10-14 图所示，磁铁 N 极向左或向右移动时感应电流产生的磁场方向_____。

A. 向左或向右　　　B. 向右或向左

C. 都向左　　　　　D. 都向右

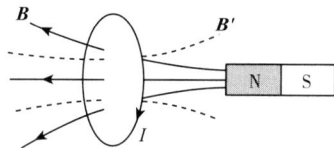

题 10-14 图

10-15 导体 l 以速度 v 在磁感应强度为 B 的磁场中运动，能产生动生电动势的情况是_____。

A. $l /\!/ v$　$v \perp B$　　　　　　B. $l \perp v$　$v \perp B$

C. $l \perp v$　$v /\!/ B$　　　　　　D. $l /\!/ v$　$v /\!/ B$

10-16 产生感生电动势的非静电力来源于_____。

A. 匀强静场　　B. 非匀强静场　　C. 动生电场　　D. 感生电场

10-17 变压器和电动机的铁芯都用表面涂有绝缘漆的很薄的硅钢片做成，其目的是_____。

A. 减小涡流　　B. 增大涡流　　C. 提高绝缘效果　　D. 提高散热效果

10-18 自感线圈匝数增加到原来的 2 倍，其自感系数增加到原来的_____倍。

A. 1/2　　　　B. $\sqrt{2}$　　　　C. 2　　　　D. 4

10-19 流过自感系数为 L 的线圈的电流强度为 I，该线圈的自感磁能为_____。

A. LI^2　　　　B. $\dfrac{1}{2}LI^2$　　　　C. $\dfrac{1}{2}LI$　　　　D. LI

10-20 下列说法中正确的是_____。

A. 位移电流只能产生变化的磁场

B. 位移电流只能产生稳恒的磁场

C. 位移电流能产生变化或稳恒磁场

D. 位移电流能产生变化和稳恒的磁场

10-21 下列关于电磁波的说法中不正确的是_____。

A. E 和 H 都按正弦规律变化

B. 电磁波是横波

C. E 和 H 的振幅成比例

D. 电磁波的传播速度与介质无关

10-22 可见光和 X 射线分别由原子的_____电子跃迁产生。

A. 外层和内层

B. 内层和外层

C. 外层和外层

D. 内层和内层

10-23 真空的介电常数为 ε_0，导磁率为 μ_0，光在真空中的传播速度为_____。

A. $\varepsilon_0\mu_0$
B. $\sqrt{\varepsilon_0\mu_0}$
C. $\dfrac{1}{\sqrt{\varepsilon_0\mu_0}}$
D. $\dfrac{1}{\varepsilon_0\mu_0}$

10-24 可见光的波长范围是_____。

A. $300\sim650\text{nm}$
B. $400\sim740\text{nm}$
C. $500\sim780\text{nm}$
D. $600\sim850\text{nm}$

计算题

10-25 如题 10-25 图所示，在通有电流 I 的无限长直导线近旁有一导线 ab，长为 l，离长直导线的距离为 d。当它沿平行于长直导线的方向以速度 v 平移时，导线中的感应电动势有多大？a、b 哪端的电势高？

10-26 如题 10-26 图所示，无限长直导线通有电流 $I=5\sin100\pi t(\text{A})$，另一个矩形线圈共 1×10^3 匝，宽 $a=10\text{cm}$，长 $L=20\text{cm}$，以 $v=2\text{m}\cdot\text{s}^{-1}$ 的速度向右运动。当 $d=10\text{cm}$ 时，求：①线圈中的动生电动势；②线圈中的感生电动势；③线圈中的感应电动势。

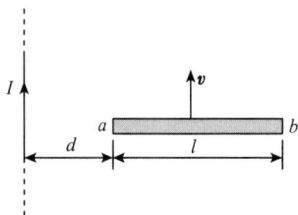 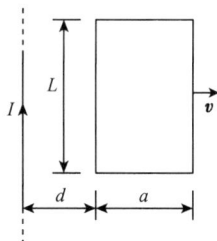

题 10-25 图   题 10-26 图

10-27 只有一根辐条的轮子在均匀外磁场 B 中转动，轮轴与 B 平行，如题 10-27 图所示。轮子和辐条都是导体，辐条长为 R，轮子每秒转 N 圈子。两根导线 a 和 b 通过各自的刷子分别与轮轴和轮边接触。求：①a、b 间的感应电动势；②若在 a、b 间接一个电阻，流过辐条的电流方向如何？③当轮子反转时，电流方向是否会反向？④若轮子的辐条是对称的两根或更多，结果又将如何？

10-28 法拉第盘发电机是一个在磁场中转动的导体圆盘。设圆盘的半径为 R，它的轴线与均匀外磁场 B 平行，它以角速度 ω 绕轴转动，如题 10-28 图所示。求：①盘边与盘心的电位差；②当 $R=15\text{cm}$ 时，$B=0.60\text{T}$。若转速 $n=30\text{rad}\cdot\text{s}^{-1}$，电压 u 等于多少？③盘边与盘心哪处电位高？当盘反转时，它们的电位高低是否会反过来？

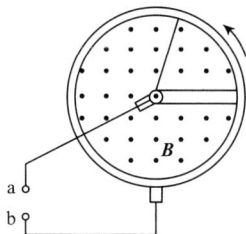
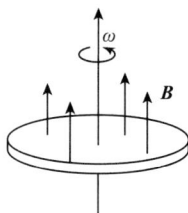

题 10-27 图　　　　　　**题 10-28 图**

10-29　在半径为 r 的圆柱体内充满均匀磁场 B，如题 10-29 图所示。有一个长为 l 的金属杆放在磁场中，若 B 随时间的变化率为 dB/dt，求杆上的电动势?

10-30　环形螺线管的截面为矩形，内径为 D_2，外径为 D_1，高为 h，总匝数为 N，介质导磁率为 μ，如题 10-30 图所示。求其自感系数。

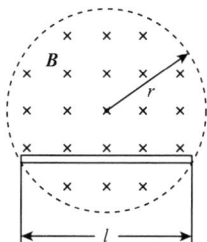
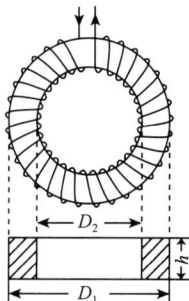

题 10-29 图　　　　　　**题 10-30 图**

10-31　一个长为 l，截面半径为 $R(R\ll l)$ 的圆柱形纸筒上均匀密绕有两组线圈，一组总匝数为 N_1，另一组总匝数为 N_2。当筒内介质为空气时，两线圈的互感为多少?

10-32　试证明电容器的位移电流 $I_d = C\dfrac{dU}{dt}$。其中 C 为电容器的电容，U 为两极板间的电压。

10-33　将半径为 R 的圆形平板电容器接入交流电器中，已知极板上的电量以 $q = q_0\sin\omega t$ 的规律变化。求：①两极板间的位移电流 I_d；②离两极板中心连线距离为 $r(r < R)$ 处的磁感应强度 B。

第 11 章

振动与波动

振动与波动是密切联系的物理现象。振动是产生波动的根源，波动是振动在空间的传播。振动与波动可以分为两类，一类是机械振动与机械波，另一类是电磁振动与电磁波。机械振动在介质中的传播形成机械波，电磁振动在空间的传播形成电磁波。机械振动与机械波和电磁振动与电磁波的本质不同，但都具有振动与波动的共同特征。本章讨论的机械振动与机械波的规律，也适用于电磁振动与电磁波。

11.1 简谐振动

物体在一定位置附近的周期性往复的运动称为**机械振动**。钟摆的运动、声源的振动和各种车辆的上下颠簸等都是机械振动。振动的形式不限于机械振动一种，凡是描述物质运动状态的物理量在某一数值附近所做的周期性变化都是振动。例如，交流电路中电流和电压的周期性变化、电场强度和磁感应强度随时间的周期性变化、昼夜之间地表土壤温度的周期性变化等都是振动。最简单、最基本的振动是**简谐振动**。任何复杂的振动都可以看成是不同频率、不同振幅的简谐振动的迭加。

11.1.1 简谐振动的定量描述

11.1.1.1 简谐振动的动力学特征

弹簧振子是一个典型的简谐振动系统。在图 11-1 中，弹簧自由伸长时物体 m 所处的位置 O 称为平衡位置，当物体 m 在外力的作用下离开平衡位置一定距离后，除去外力，m 将在弹性力的

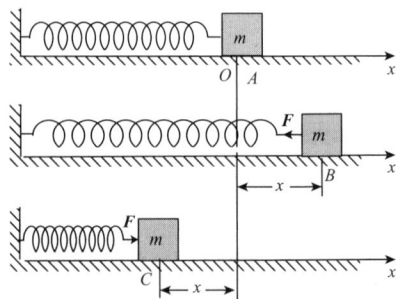

图 11-1 弹簧振子的振动

作用下在平衡位置附近振动。以 O 为坐标原点，取水平向右为 Ox 轴正方向，设弹簧的劲度系数为 k，物体 m 距平衡位置的位移为 x，则 m 所受弹性力

$$F = -kx$$

忽略物体在运动过程中所受的摩擦力，由牛顿第二定律可知其加速度

$$a = \frac{F}{m} = -\frac{k}{m}x \tag{11-1}$$

式中 k 和 m 都是正常数，令

$$\frac{k}{m} = \omega^2 \tag{11-2a}$$

代入式(11-1)得

$$a = -\omega^2 x \tag{11-2b}$$

式(11-2b)表明，弹簧振子的加速度 a 与位移 x 成正比，且方向相反。据此，可以推断：加速度与位移成正比且方向相反的运动是简谐振动。

考虑加速度 $a = \dfrac{\mathrm{d}^2 x}{\mathrm{d}t^2}$，（11-2b）可改写为

$$\frac{\mathrm{d}^2 x}{\mathrm{d}t^2} = -\omega^2 x$$

或

$$\frac{\mathrm{d}^2 x}{\mathrm{d}t^2} + \omega^2 x = 0 \tag{11-3}$$

式(11-3)是简谐振动的微分方程，该方程是一个二阶常系数齐次微分方程。

11.1.1.2　简谐振动的运动学特征

求解微分方程(11-3)可得简谐振动的运动方程

$$x = A\cos(\omega t + \varphi) \tag{11-4}$$

简称**振动方程**。式(11-4)表明，做简谐振动的物体的位移是时间的余弦函数，据此可以推断，位移是时间的余弦函数的运动是简谐振动。

简谐振动并不局限于弹簧振子。对于单摆的摆动、木块在水面上的浮动等运动，物体所受的力与弹性力相似，称为准弹性力。在准弹性力作用下的运动也是简谐振动。

将简谐振动方程式(11-4)对时间求一阶和二阶导数可得简谐振动的速度和加速度

$$v = \frac{\mathrm{d}x}{\mathrm{d}t} = -\omega A \sin(\omega t + \varphi) \tag{11-5}$$

$$a = \frac{\mathrm{d}^2 x}{\mathrm{d}t^2} = -\omega^2 A \cos(\omega t + \varphi) \tag{11-6}$$

由式(11-4)、(11-5)和(11-6)可做出简谐振动的位移、速度和加速度关于时间的函数图像(图 11-2)。由图 11-2 可以看出，它们

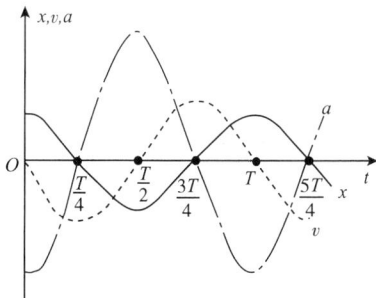

图 11-2　谐振动的位移、速度、加速度曲线

都是时间的余弦或正弦函数，位移的最大值为 A，速度的最大值为 ωA，加速度的最大值为 $\omega^2 A$。

11.1.1.3 描述简谐振动的物理量

由式(11-4)可以看出，描述简谐振动的物理量包括：简谐振动的**振幅 A，圆频率 ω，振动相位($\omega t + \varphi$)，初相位 φ($t = 0$ 时刻的相位)**。这些物理量与谐振动的**周期 T、频率 ν** 的关系为

$$T = \frac{1}{\nu} = \frac{2\pi}{\omega} \tag{11-7}$$

在国际单位制中，角频率的单位是弧度·秒$^{-1}$(rad·s^{-1})。由式(11-7)可以看出，简谐振动的圆频率 ω 是由振动系统本身的特性决定的。

11.1.1.4 积分常数 A 和 φ 的确定

在式(11-4)中，A 和 φ 是在解微分方程过程中引入的积分常数，它们的值可以根据初始条件来确定。将 $t = 0$ 代入式(11-4)和式(11-6)，可得起始时刻的位移(初位移)

$$x_0 = A\cos\varphi \tag{11-8}$$

与起始时刻的速度(初速度)

$$v_0 = -\omega A\sin\varphi \tag{11-9}$$

求解式(11-8)和式(11-9)可得

$$A = \sqrt{x_0^2 + \frac{v_0^2}{\omega^2}} \tag{11-10}$$

$$\tan\varphi = -\frac{v_0}{\omega x_0} \tag{11-11}$$

11.1.2 简谐振动的旋转矢量表示

在图 11-3 中，取水平向右为 Ox 轴正方向，由原点 O 引出一个长度为 A 的矢量 A，设想矢量 A 以角速度 ω 绕原点 O 逆时针旋转。如 $t = 0$ 时，A 与 Ox 轴的夹角为 φ，则经过时间 t 以后，A 与 Ox 轴的夹角为 $\omega t + \varphi$，A 在 Ox 轴上的投影为

$$x = A\cos(\omega t + \varphi)$$

该式与式(11-4)完全相同。由此可见，当矢量 A 以角速度 ω 绕原点 O 逆时针旋转时，A 在 x 轴上的投影的变化规律与简谐振动相同，该结果表明，可以用旋转矢量来表示简谐振动。由图 11-3 可知，旋转矢量 A 的模对应于简谐振动的振幅，$t = 0$ 时 A 与 Ox 轴的夹角对应于简谐振动的初相位。因此可见，只要能确定一个简谐振动对应的旋转矢量的模以及它在初始时刻

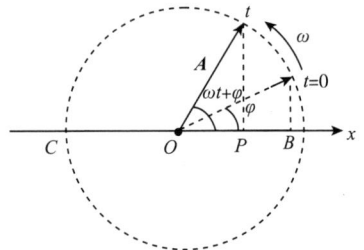

图 11-3 旋转矢量

的位置，就可以据此确定简谐振动的振幅与初相位。

　　旋转矢量法是研究简谐振动的一种辅助方法，这种方法比较直观，在分析简谐振动及其合成时采用这种方法可以使问题变得简单。

【例题 11-1】　一个物体作简谐振动，振幅为 0.24m，振动周期为 4s。以物体在 $x = 0.12$m 处向负方向运动开始计时（图 11-4），求：①该物体的振动方程；②$t = 1$s 时物体的位移、速度和加速度。

解：①确定简谐振动的运动方程为

$$x = A\cos(\omega t + \varphi)$$

由题意可知

$$A = 0.24\text{m}$$

$$\omega = \frac{2\pi}{T} = \frac{2\pi}{4} = \frac{\pi}{2}\text{rad} \cdot \text{s}^{-1}$$

把 $t = 0$ 时，$x_0 = 0.12$m 代入振动方程得

$$0.12 = 0.24\cos\varphi$$

由此解得

$$\cos\varphi = \frac{1}{2}$$

$$\varphi = \pm\frac{\pi}{3}$$

因为 v_0 为负值，根据 $v_0 = -\omega\sin\varphi$，必有 $\sin\varphi > 0$，故在 $\varphi = \pm\pi/3$ 中，只能取

$$\varphi = \frac{\pi}{3}$$

　　φ 也可以用旋转矢量法求得。由已知 $x_0 = 0.12$m 时，v_0 的方向沿 x 轴的负方向，画出 $t = 0$ 时的旋转矢量 A 的位置如图 11-4 所示，旋转矢量 A 与 Ox 轴夹角为 $\pi/3$，由此可得简谐振动的初相位

$$\varphi = \frac{\pi}{3}$$

该物体的振动方程

$$x = 0.2\cos\left(\frac{\pi}{2}t + \frac{\pi}{3}\right)\ (\text{m})$$

　　②$t = 1$s 时物体的位移、速度和加速度

　　当 $t = 1$s 时

$$x_1 = 0.24\cos\left(\frac{\pi}{2} \cdot 1 + \frac{\pi}{3}\right) = -0.208\ (\text{m})$$

式中负号说明此时物体在平衡位置的左方。

　　该物体的振动速度

$$v = -\omega A\sin(\omega t + \varphi)$$

$t = 1$s 时的速度

图右侧：

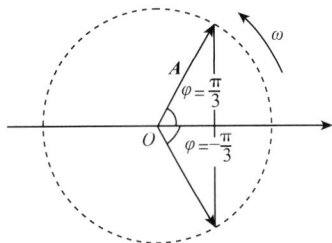

图 11-4　例题 11-1 图

$$v_1 = -\frac{\pi}{2} \times 0.24\cos\left(\frac{\pi}{2} \times 1 + \frac{\pi}{3}\right) = 0.189 \ (\text{m} \cdot \text{s}^{-1})$$

负号说明此时物体向 Ox 轴负方向运动，该物体的振动加速度

$$a = -\omega^2 A\cos(\omega t + \varphi)$$

$t = 1\text{s}$ 时的加速度

$$a_1 = -\left(\frac{\pi}{2}\right)^2 \times 0.24\cos\left(\frac{\pi}{2} \times 1 + \frac{\pi}{3}\right) = 0.513 \ (\text{m} \cdot \text{s}^{-2})$$

此时加速度沿 Ox 轴正方向。

11.1.3   简谐振动的能量

下面以弹簧振子为例，讨论简谐振动的能量。设弹簧振子的劲度系数为 k，振动物体的质量为 m，在某一时刻 m 的位移为 x，振动速度为 v，则振动物体 m 的动能为

$$E_k = \frac{1}{2}mv^2 \tag{11-12}$$

弹簧的势能为

$$E_p = \frac{1}{2}kx^2 \tag{11-13}$$

在任意时刻 t，物体 m 的位移为

$$x = A\cos(\omega t + \varphi)$$

振动速度为

$$v = \frac{\mathrm{d}x}{\mathrm{d}t} = -\omega A\sin(\omega t + \varphi)$$

将上述 x 和 v 代入式(11-11)、式(11-12)得

$$E_k = \frac{1}{2}m\omega^2 A^2\sin^2(\omega t + \varphi)$$

$$E_p = \frac{1}{2}kA^2\cos^2(\omega t + \varphi)$$

振子的总能量为

$$E = E_k + E_p = \frac{1}{2}m\omega^2 A^2\sin^2(\omega t + \varphi) + \frac{1}{2}kA^2\cos^2(\omega t + \varphi)$$

由于 $\omega^2 = \dfrac{k}{m}$，所以有

$$E = \frac{1}{2}m\omega^2 A^2\left[\sin^2(\omega t + \varphi) + \cos^2(\omega t + \varphi)\right] = \frac{1}{2}m\omega^2 A^2 = \frac{1}{2}kA^2 \tag{11-14}$$

这一结果说明，简谐振动的总能量与振幅的平方成正比，与角频率的平方成正比。在振动过程中，尽管振动系统的动能和势能不断地互相转换，但总能量保持不变。图11-5为简谐振动的能量曲线，实线表示弹簧振子的势能随位移的变化，虚线

表示动能的变化，水平点线表示总机械能。在平衡位置处，势能为零，动能最大，最大动能为 $\frac{1}{2}kA^2$；在其他位置处势能和动能的和等于 $\frac{1}{2}kA^2$。

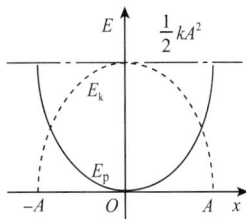

图 11-5 简谐振动的能量

11.2 阻尼振动和受迫振动

11.2.1 阻尼振动

前几节讨论简谐运动均未考虑运动阻力的作用。没有阻力的振动称为**无阻尼振动**，这种振动一经发生就会以不变的振幅一直进行下去，永不停歇。事实上，没有阻力的运动是不可能的，真实的振动过程总会有阻力存在，存在阻力的振动称为**阻尼振动**。在阻尼振动过程中，物体需要克服阻力做功，结果将使其振幅逐渐减小，最后停止振动（图 11-6）。

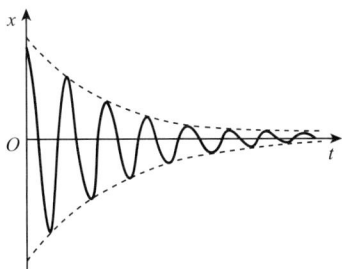

图 11-6 阻尼振动

实验表明，当运动物体的速度不大时，介质对运动物体的阻力与物体的运动速度成正比，方向相反。设介质的阻尼系数为 c，则介质对物体的运动阻力

$$f_x = -cv = -c\frac{dx}{dt} \tag{11-15}$$

考虑弹性力

$$f = -kx$$

加速度

$$a = \frac{d^2x}{dt^2}$$

由牛顿第二定律 $\sum f = ma$ 得

$$-kx - c\frac{dx}{dt} = m\frac{d^2x}{dt^2} \tag{11-16}$$

令 $\omega^2 = \frac{k}{m}$，$2\beta = \frac{c}{m}$，可得到阻尼振动的微分方程

$$\frac{d^2x}{dt^2} + 2\beta\frac{dx}{dt} + \omega^2 x = 0 \tag{11-16a}$$

根据微分方程理论，式(11-16a)的解有三种情况：
①$\beta < \omega$（阻尼较小），方程的解为

$$x(t) = Ae^{-\beta t}\cos[(\omega^2 - \beta^2)t + \varphi] \tag{11-17}$$

此时振子的运动是一个振幅随时间衰减的振动，这种情况称为欠阻尼（图 11-7）。
②$\beta = \omega$（阻尼恰当）。此时，如果振子从最大振幅开始运动，因为 $\omega^2 - \beta^2$ 等于

零，它将不再出现振荡，而是以负指数方式（一种可能的最快方式）直接趋向平衡点，并静止下来，这种情况称为临界阻尼（图 11-7）。

③β > ω（阻尼较大）。此时，即使振子从最大振幅开始运动，也不出现振荡，振子以一种比临界阻尼过程慢的方式趋向平衡点，这种情况称为过阻尼（图 11-7）。

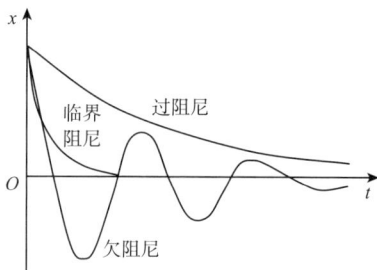

在实际应用中，人们可以根据实际需要，用不同的办法改变阻尼的大小以控制系统的振动情况。

图 11-7 三种阻尼振动的比较

如在灵敏电流计内，表头中的指针是和通电线圈相连的，当它在磁场中运动时会受到电磁阻尼的作用。若电磁阻尼过小或过大，会使指针摆动不停或到达平衡点的时间过长，而不便于测量读数。所以，必须调整电路电阻，使电表在临界阻尼状态下工作。类似的情况在使用精密天平中也会遇到，故在精密天平中一般都加有阻尼气垫，以防止其长时间的摆动，以节约时间，便于测量。再如，各类机器的避震器大都采用一系列的阻尼装置，目的是使频繁的撞击变为缓慢的振动，并迅速衰减，从而达到保护机件的目的。

11.2.2 受迫振动 共振

如前所述，所有实际振动都是阻尼振动，所有阻尼振动最终都会停下来。为了使振动持续下去，必须对振子施加持续的周期性外力，使其因阻尼而损失的能量得到不断补充。振子在周期性外力作用下发生的振动称为**受迫振动**，周期性的外力称为**驱动力**。实际发生的许多振动都是受迫振动。例如，机器运转时所引起的机架和基础的振动、扬声器纸盆在音圈的带动下所发生的振动、声波的周期性压力使耳膜产生的振动等都是受迫振动。

设系统在弹性力 $-kx$，阻力 $-Cv$ 和幅值为 F、角频率为 ω_p 的周期性外力 $F\cos\omega_p t$ 作用下受迫振动，由牛顿第二定律有

$$-kx - Cv + F\cos\omega_p t = ma$$

令 $\omega^2 = \dfrac{k}{m}$，$2\beta = \dfrac{C}{m}$，可得受迫振动的微分方程

$$\frac{\mathrm{d}^2 x}{\mathrm{d}t^2} + 2\beta\frac{\mathrm{d}x}{\mathrm{d}t} + \omega^2 x = \frac{F}{m}\cos\omega_p t \tag{11-18}$$

根据微分方程理论，这个方程的解在开始阶段是暂态过程，而在稳定之后仍然是一个简谐振动，其振幅为

$$A = \frac{H}{m\sqrt{(\omega^2 - \omega_p^2)^2 + 4\beta^2\omega_p^2}} \tag{11-19}$$

从上式可以发现，当驱动力的频率 ω_p 远大于或小于振子的固有频率 ω 时，受迫振动的振幅 A 比较小；而当 ω_p 等于 ω 时，A 取极大值，这就是**共振**（图 11-8）。在许多情

况下，共振是有害的，尤其当阻尼系数 β 接近于零时，振幅 A 趋向于无穷大，这时，共振往往会带来灾难性后果。

在现实生活中存在着各种各样的振动。汽车在颠簸的道路上行驶会引起车厢的振动，机器的运转会引起基座乃至整个厂房结构的振动，狂风和地震造成大规模破坏性的振动。美国塔科马大桥的坍塌就是由于共振造成建筑物损坏的典型例子(图 11-9)。因此，减振和防振是现代工程技术中的一个重要的课题。

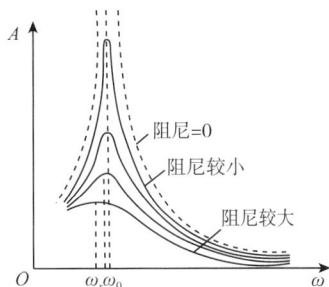

图 11-8　共振

图 11-9　塔科马大桥的坍塌

共振也有有利的一面。例如，构成物质的分子、原子和原子核都具有一定的电结构，并存在振动。当外加交变电磁场作用于这些微观结构并恰好引起共振时，物质将表现出对交变电磁场能量的强烈吸收。从不同方面研究这种共振吸收，已经成为当今研究物质结构的重要手段。此外，收音机和电视接收机的调谐也是利用共振来接收特定频率的电磁波的。

11.3　简谐振动的合成

实际的振动问题往往是几个振动的合振动，当两列声波同时传到空间某一点时，该点介质就同时参与两个振动。根据运动迭加原理，该质点的运动实际上就是两个振动的合成。下面讨论几种比较简单的简谐振动的合成情况。

11.3.1　同方向同频率的简谐振动的合成

设一个质点在一条直线上同时参与两个独立的同频率的简谐运动，如果以这一直线为 x 轴，质点的平衡位置为坐标原点，那么，在任一时刻 t 两个振动的位移分别为

$$x_1 = A_1\cos(\omega t + \varphi_1)$$
$$x_2 = A_2\cos(\omega t + \varphi_2)$$

显然，合振动的位移也在 x 方向上，并且

$$x = x_1 + x_2$$

下面用旋转矢量法来求合位移 x。如图 11-10 所示，对应于 x_1 和 x_2 这两个简谐振动的旋转矢量分别是 $\boldsymbol{A}_1$ 和 $\boldsymbol{A}_2$。$t=0$ 时，它们与 x 轴的夹角分别是 φ_1 和 φ_2。由于 $\boldsymbol{A}_1$ 和 $\boldsymbol{A}_2$ 的角速度相同，$\boldsymbol{A}_1$ 和 $\boldsymbol{A}_2$ 间的夹角 $(\varphi_2 - \varphi_1)$ 不变，所以，合矢量 $\boldsymbol{A}$ 的大小也保持不变，并以相同的角速度 ω 和 $\boldsymbol{A}_1$、$\boldsymbol{A}_2$ 一起绕 O 作逆时针旋转。显然，$\boldsymbol{A}$ 的投影仍是简谐振动，其角频率和两个分振动的角频率相同，合振动的振动方程

$$x = A\cos(\omega t + \varphi)$$

图 11-10 谐振动的合成

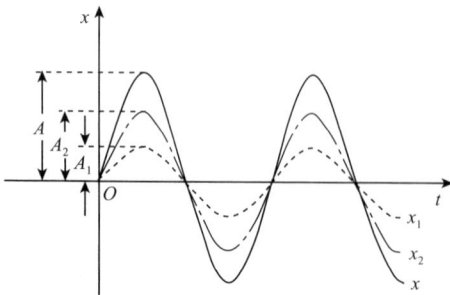

式中 A 和 φ 分别为合振动的振幅与初相位。根据平行四边形法则可求得

$$A = \sqrt{A_1^2 + A_2^2 + 2A_1A_2\cos(\varphi_2 - \varphi_1)} \tag{11-20}$$

$$\tan\varphi = \frac{A_1\sin\varphi_1 + A_2\sin\varphi_2}{A_1\cos\varphi_1 + A_2\cos\varphi_2} \tag{11-21}$$

从式 (11-20) 可以看出，合振动的振幅不仅与两个分振动的振幅有关，而且与它们的相位差 $\Delta\varphi = (\varphi_2 - \varphi_1)$ 有关。下面讨论两种情况。

①$\Delta\varphi = 2k\pi$，$k = 0$，± 1，± 2，$\cdots$

此时 $\cos(\varphi_2 - \varphi_1) = 1$，合振幅

$$A = \sqrt{A_1^2 + A_2^2 + 2A_1A_2} = A_1 + A_2$$

最大，两个分振动叠加增强，如图 11-11 所示。

②$\Delta\varphi = (2k+1)\pi$，$k = 0$，$\pm 1$，$\pm 2$，$\cdots$

此时 $\cos(\varphi_2 - \varphi_1) = -1$，合振幅

$$A = \sqrt{A_1^2 + A_2^2 - 2A_1A_2} = |A_1 - A_2|$$

最小，两个振动叠加减弱，如图 11-12 所示。若 $A_1 = A_2$，则 $A = 0$，表明两个振动互相抵消，质点处于静止状态。

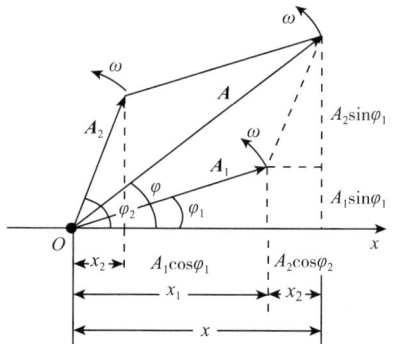

图 11-11 周相相同，振动相互加强

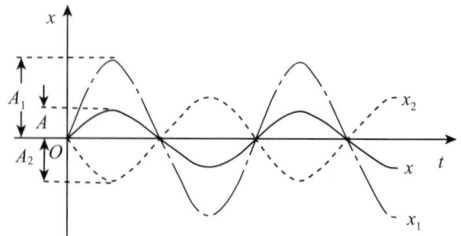

图 11-12 周相相反，振动相互减弱

11.3.2　同方向、不同频率的简谐振动的合成

为了讨论方便，不妨假设两个振动的振幅相同，初相位都为零。两个振动方向相同，频率不同的简谐振动的振动方程分别为

$$x_1 = A_1 \cos\omega_1 t$$

$$x_2 = A_2 \cos\omega_2 t$$

当这两个振动同时施加到物体上时，按照运动叠加原理，物体的位移满足

$$x = x_1 + x_2$$

根据三角函数的和差化积公式，可得

$$x = x_1 + x_2 = 2A\cos\left(\frac{\omega_2 - \omega_1}{2}t\right)\cos\left(\frac{\omega_2 + \omega_1}{2}t\right) \tag{11-22}$$

上式表明，两个同方向不同频率的简谐振动的合成，合振动不是简谐振动。

对于特殊情况，即当两个振动的频率比较接近时，有

$$\omega_2 - \omega_1 \ll \omega_2 + \omega_1$$

这时合振动可以看成是振幅为

$$A = \left| 2A\cos\left(\frac{\omega_2 - \omega_1}{2}t\right) \right|$$

角频率为

$$\omega = \frac{\omega_1 + \omega_2}{2} \approx \omega_1 \approx \omega_2$$

的简谐振动。但这个简谐振动的振幅是随时间做缓慢变化的，因此振动时出现时强时弱的现象称为**拍**。

图 11-13 画出了两个分振动及合振动的图形。在拍现象中，振幅变化的频率称为拍频

$$\nu = \left| \frac{\omega_2 - \omega_1}{2\pi} \right| = |\nu_2 - \nu_1|,$$

即拍频等于两个分振动的频率之差。

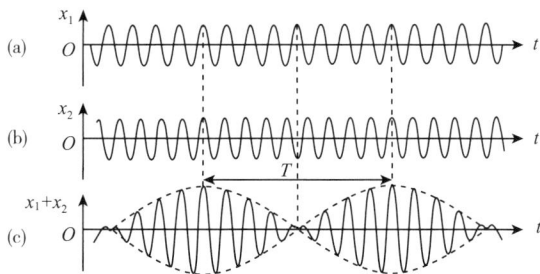

图 11-13　同方向不同频率简谐振动的合成——拍

拍现象在技术上有重要应用。例如，调整乐器时，当乐器和标准音叉之间出现的拍现象消失则认为乐器被校准了。还可以利用拍现象来测量未知的频率。此外，许多

电子学测量仪器中也常常用到拍现象。

11.3.3　相互垂直的同频率简谐振动的合成

设一个质点同时参与两个同频率的简谐振动，这两个简谐振动分别在 x 轴和 y 轴上进行，运动方程分别为

$$x = A_1 \cos(\omega t + \varphi_1)$$

$$y = A_2 \cos(\omega t + \varphi_2)$$

联立求解这两个方程，消去参量 t，可以得到合振动的轨迹方程为

$$\frac{x^2}{A_1^2} + \frac{y^2}{A_2^2} - \frac{2xy}{A_1 A_2} \cos(\varphi_2 - \varphi_1) = \sin^2(\varphi_2 - \varphi_1) \tag{11-23}$$

该式是一个椭圆方程，椭圆的形状由振幅 A_1、A_2 及相位差 $(\varphi_2 - \varphi_1)$ 决定。下面讨论几种特殊情况：

①$\varphi_2 - \varphi_1 = 0$，式（11-23）变为

$$\frac{x^2}{A_1^2} + \frac{y^2}{A_2^2} - \frac{2xy}{A_1 A_2} = 0$$

即

$$\left(\frac{x}{A_1} - \frac{y}{A_2} \right)^2 = 0$$

由此得

$$y = \frac{A_2}{A_1} x$$

这表明质点的轨迹是通过坐标原点的一条线段，斜率为 A_2/A_1，如图 11-14（a）所示。

若 $(\varphi_2 - \varphi_1) = -\pi$，由式（11-23）可得

$$y = -\frac{A_2}{A_1} x$$

说明质点的轨迹也是一条过原点的线段，斜率为 $-A_2/A_1$，如图 11-14（b）所示。

②当 $(\varphi_2 - \varphi_1) = \pm \pi/2$ 时，式（11-23）变为

$$\frac{x^2}{A_1^2} + \frac{y^2}{A_2^2} = 1$$

该式是一个以 Ox 和 Oy 为轴的椭圆。当 $(\varphi_2 - \varphi_1) = \pi/2$ 时，由于 y 方向的振动比 x 方向的振动超前 $\pi/2$，所以质点的运动是顺时针的，如图 11-14（c）所示。当 $(\varphi_2 - \varphi_1) = -\pi/2$ 时，由于 y 方向的振动比 x 方向的振动落后 $-\pi/2$，所以质点沿逆时针方向运动，如图 11-14（d）所示。

当两个分振动的振幅 $A_1 = A_2$ 时，合振动的运动轨迹是一个圆，如图 11-14（e）和图 11-14（f）所示。

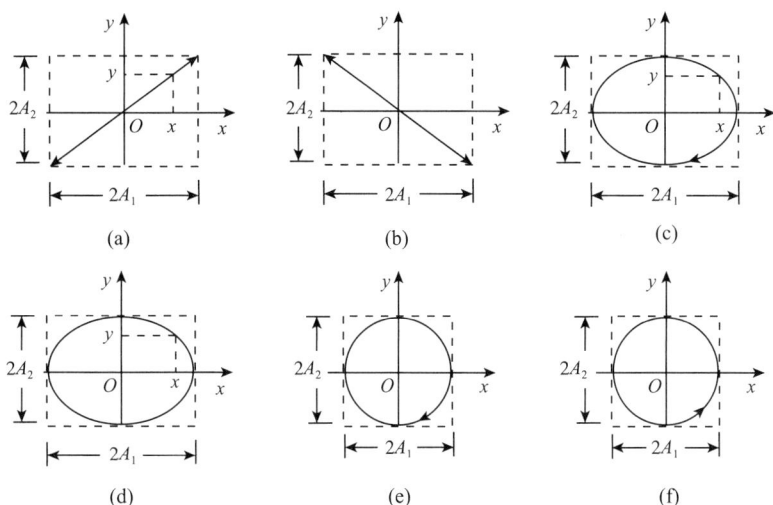

图 11-14　相互垂直同频率谐振动的合成

（a）$\varphi_2 - \varphi_1 = 0$，$A_1 > A_2$　（b）$\varphi_2 - \varphi_1 = \pi$，$A_1 > A_2$　（c）$\varphi_2 - \varphi_1 = \dfrac{\pi}{2}$，$A_1 > A_2$

（d）$\varphi_2 - \varphi_1 = \dfrac{\pi}{2}$，$A_1 > A_2$　（e）$\varphi_2 - \varphi_1 = \dfrac{\pi}{2}$，$A_1 = A_2$　（f）$\varphi_2 - \varphi_1 = -\dfrac{\pi}{2}$，$A_1 = A_2$

11. 3. 4　相互垂直的不同频率的简谐振动的合成

　　如果两个相互垂直的简谐振动的周期成简单的整数比，合运动的轨迹也是稳定的闭合曲线。图 11-15 表示了两个相互垂直、具有不同频率比的简谐振动的合成图形，这样的图形称为**李萨如图形**。对于两个参与叠加的振动，如果已知其中一个振动的频率，就可以根据李萨如图形求出另一个未知振动的频率。若两个振动的频率已知，则可利用李萨如图形确定两个振动的相位关系。这是无线电技术中测定频率和确定相位常用的方法。

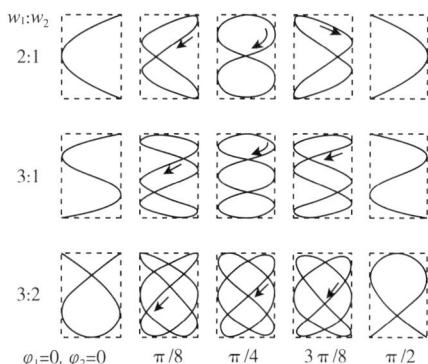

图 11-15　李萨如图形

11.4　波的产生与传播

　　波动是振动在空间的传播，它广泛存在于自然界中，水波、声波和光波等都是生活中经常遇到的波。波动可以分为两类，一类是机械波，另一类是电磁波。机械波和电磁波在本质上不同，但都具有波动的共同特征。本节讨论的机械波的运动规律，也适用于电磁波。

11.4.1   机械波的产生

波动的产生必须有两个条件，一个是产生振动的物体，即波源；另一个是振动赖以传播的介质。当介质中的一个质点在波源的作用下振动时，由于质点间的相互作用，周围附近的各个质点也要振动起来，这些质点又引起更远的其他质点的振动。于是，介质质点的振动状态就由近及远，以一定的速度传播出去，形成了波动。

需要指出的是，在波的传播过程中，随着波动传出去的是波的振动状态，而不是介质的质点。介质的质点只是在其平衡位置附近振动，并没有与波一起前行。例如在水波的传播过程中，水面上的树叶仅在其水平位置上下振动，并没有随水面波的前进而漂走。

11.4.2   横波与纵波

按照振动方向与传播方向的关系，可以将机械波分为横波和纵波两类。振动方向与传播方向相互垂直的波称为**横波**。如图 11-16 所示，当动物拉住绳子一端上下抖动时，绳子的上下振动就会沿绳子水平传播，形成横波。振动方向与传播方向相互平行的波称为**纵波**。如图 11-16 所示，将一根弹簧水平悬挂，然后在其一端左右推拉，使其振动，该振动就会沿弹簧水平传播，形成疏密相间的纵波。

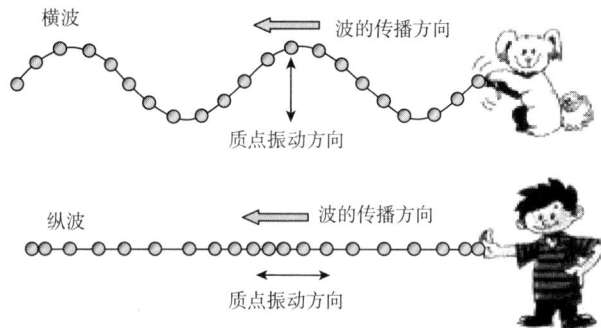

图 11-16   横波与纵波

11.4.3   波的几何描述

在无界介质中传播的波称为**行波**。设一列行波从波源出发，在介质中向空间各个方向传播。若波源在某个时刻的振动经过一段时间后传到了空间的某些点，过这些点作一个包络面，则该包络面上所有的点都具有相同的振动相位，此包络面称为**波阵面**，简称**波面**。波面的形状决定波的类型，例如，波面为平面的波称为**平面波**，如图 11-17(a)所示；波面为球面的波称为**球面波**，如图 11-17(b)所示。沿波的传播方向所做的有向曲线称为**波线**。在各向同性的介质中，波线为直线且与波面垂直。平面波的波线是垂直于波面的平行直线，球面波的波线是以波源为中心的径向射线。

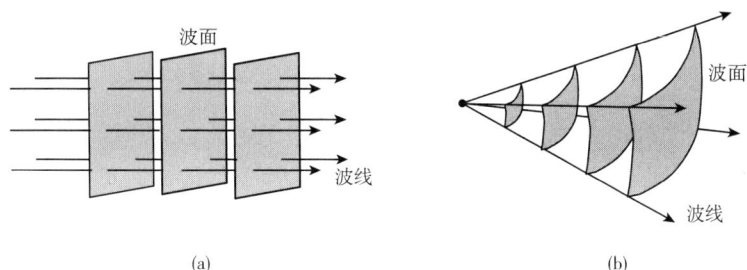

(a)　　　　　　　　　　　　　(b)

图 11-17　波的传播

11.4.4　描述波动的物理量

描述波动的物理量有波的周期 T、频率 ν、波速 u、波长 λ。波的周期与频率是由波源决定的，波源完成一次振动经历的时间称为**周期**，波源在单位时间内完成的振动的次数称为**频率**。在国际单位制中，周期的单位是秒(s)，频率的单位是赫兹(Hz)。

在介质中，波在单位时间内传播的距离称为**波速**。由于在波的传播过程中，随着波动传出去的是波的振动状态或者说是振动相位，波速实际上是波的振动状态或者说是振动相位的传播速度，所以波速也称为**相速度**。影响波速大小的常见因素有：介质的密度与属性(固体、液体、气体)，波的相对振动方向(与波的传播方向平行或垂直)，介质的温度等。表 11-1 给出了一些常见介质中的波速。

表 11-1　常见介质中的波速

介质	状态	波速(m·s^{-1})	
		纵波	横波
干燥空气	0℃，1atm	331.45	
	20℃，1atm	343.37	
水蒸气	100℃，1atm	404.8	
水	20℃，1atm	1482.9	
铝	室温，1atm	6420	3040
铜	室温，1atm	5010	2270
低碳钢	室温，1atm	5960	3235
地表		8000	4450

注：atm 是标准大气压的符号，为非法定计量单位，1atm = 1.01325 ×10^{5}Pa。

波动是振动在空间的传播，波源每完成一个周期的振动，波动就会在介质中向前传播一个完整的波形，一个完整波形的长度称为**波长**。波长、波速、波的周期和频率的关系为

$$\lambda = \frac{u}{\nu} = Tu$$

11.5　平面简谐波的波动方程

在波的传播过程中，如果波源作简谐振动，介质中的各点也做与此频率相同的简谐振动，这样形成的波动称为**简谐波**。简谐波是最简单的波动。可以证明，任何复杂的波都可以由简谐波迭加而成。本节主要讨论简谐波的运动规律。

11.5.1　波动方程的推导

在数学上，简谐波可以用简谐波的波动方程来定量表达。设一个简谐波沿 Ox 轴正方向传播，波源在坐标原点 O，振动方向沿 y 轴，波源振幅为 A，角频率为 ω，初相位为零(图 11-18)，则波源的振动方程为

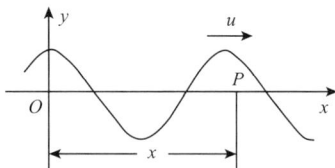

图 11-18　波动方程的推导

$$y = A\cos\omega t \qquad (11\text{-}24)$$

在波的传播过程中，当 O 点的振动沿 x 轴正方向传到任一点 P 时，P 处质点将以相同的振幅和频率重复 O 点的振动，但在相位上要落后一些。若波的传播速度为 u，P 与 O 的距离为 x，则振动状态从 O 点传到 P 点所需的时间为 x/u，这也是 P 点振动较 O 点振动落后的时间。所以，P 点在 t 时刻的振动状态应与 O 点在 $(t - x/u)$ 时刻的振动状态一样。P 点在 t 时刻的振动位移

$$y = A\cos\omega\left(t - \frac{x}{u}\right) \qquad (11\text{-}25)$$

将 $\omega = \dfrac{2\pi}{T} = 2\pi\nu$，$u = \nu\lambda = \dfrac{\lambda}{T}$ 代入上式，可得

$$y = A\cos 2\pi\left(\frac{t}{T} - \frac{x}{\lambda}\right) \qquad (11\text{-}26)$$

亦即

$$y = A\cos 2\pi\left(\nu t - \frac{x}{\lambda}\right) \qquad (11\text{-}27)$$

式(11-25)、(11-26)和(11-27)均表示波线上距离振源为 x 的某质点在任一瞬时的位移，均称为沿 x 轴正方向传播的平面简谐波的**波动方程**。

11.5.2　波动方程的物理意义

为了进一步理解波动方程的物理意义，下面讨论三种情况。

①当 x 取一定值 x_0，由式(11-25)得到

$$y = A\cos\omega\left(t - \frac{x_0}{u}\right) = A\cos\left(\omega t - \frac{\omega x_0}{u}\right) = A\cos\left(\omega t - 2\pi\frac{x_0}{\lambda}\right)$$

由于式中 x_0 为一常数，所以 y 仅是时间 t 的函数，此时波动方程表示了距原点 O 为 x_0 处的质点的振动情况。根据上式做出的 $y\text{-}t$ 曲线就是距 O 为 x_0 处的质点的位移

时间曲线(图 11-19)。显然 x_0 点的振动仍为简谐振动,初相位 $-\omega x_0/u$ 表示该点的振动落后于原点。

②当 t 取一定值 t_0

$$y = A\cos\omega\left(t_0 - \frac{x}{u}\right)$$

由于 t_0 为一常数,所以 y 仅是 x 的函数,这时波动方程表示了给定时刻波线上各点的振动位移,即给定时刻的波形,如图 11-20 所示。

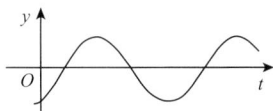

图 11-19 振动质点的位移时间曲线   图 11-20 波形图

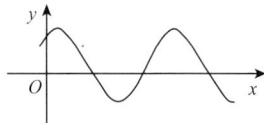

③当 x 和 t 都在变化,式(11-25)是一个二元函数,它描述了波动沿 x 轴正方向传播的情况。对于给定的时刻 t,可画出该时刻的波形图。对稍后一些的 $t+\Delta t$ 时刻,也可画出其波形图,如图 11-21 所示。

图 11-21 波的传播过程

假定 t 时刻距原点 x 处质点的振动位移为 y_1,则由式(11-25)可得

$$y_1 = A\cos\omega\left(t - \frac{x}{u}\right)$$

在 $(t+\Delta t)$ 时刻,位移 y_1 代表的运动状态传到了 $(x+\Delta x)$ 处,此时有

$$y_1 = A\cos\omega\left(t + \Delta t - \frac{x + \Delta x}{u}\right)$$

比较上两式可得

$$t - \frac{x}{u} = t + \Delta t - \frac{x + \Delta x}{u}$$

整理得

$$\Delta x = u\Delta t$$

这就是说,在 Δt 这段时间内,一定的振动位移沿 x 轴正方向传播了 $\Delta x = u\Delta t$ 的距离。因此,波动方程描述了波的传播过程。

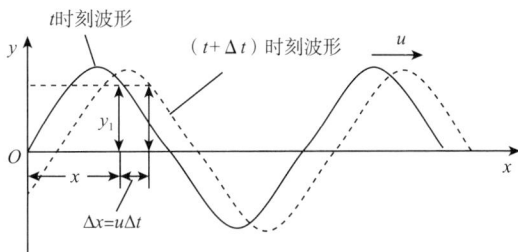

11.5.3 沿 x 轴负方向传播的波动方程

在前面导出波动方程时,曾假定波动是沿 x 轴正方向传播的。如果波动沿 x 轴负方向传播,则波线上一点 P 的振动应比原点 O 的振动超前一段时间 x/u,即 P 点 t 时刻的振动应与 O 点 $(t+x/u)$ 时刻的振动相同,所以 P 点处质点的振动方程为

$$y = A\cos\omega\left(t + \frac{x}{u}\right) \tag{11-28}$$

亦即

$$y = A\cos 2\pi\left(\frac{t}{T} + \frac{x}{\lambda}\right) \tag{11-29}$$

或

$$y = A\cos 2\pi\left(\nu t + \frac{x}{\lambda}\right) \tag{11-30}$$

式(11-28)、(11-29)或(11-30)是沿 x 轴负方向传播的平面简谐波的波动方程。

【例题 11-2】 对于以波速 u 沿 x 轴正方向传播的简谐波，已知波源处坐标为 x_0，振动方程为 $y = A\cos\omega t$，求其波动方程。

解: 如图 11-22 所示，在 x 轴上任取一点 P，其坐标为 x，该处到波源的距离为 $x - x_0$，振动由波源传到 P 所需时间为 $\dfrac{x - x_0}{u}$，波动方程即为

$$y = A\cos\omega\left(t - \frac{x - x_0}{u}\right)$$

该式为波源不在坐标原点时的波动方程。

【例题 11-3】 一个波源作简谐振动，周期为 0.01 s，以它经过平衡位置向正方向运动为计时起点，若此振动的振动状态以 $u = 400\,\text{m·s}^{-1}$ 的速度沿直线传播。①求波源的振动方程；②求此波的波动方程；③求距波源 8 m 处的振动方程和初相位；④求距波源 9 m 和 10 m 处两点之间的相位差。

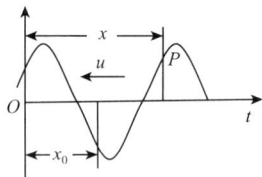

图 11-22   例题 11-2 图   图 11-23   例题 11-3 图

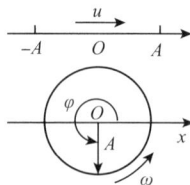

解: 由题可知

$$\omega = \frac{2\pi}{T} = \frac{2\pi}{0.01} = 200\pi\ (\text{rad·s}^{-1})$$

$$\lambda = Tu = 0.01 \times 400 = 4\ (\text{m})$$

由题意可知，波源的振动初相位

$$\varphi = 3\pi/2$$

①波源的振动方程为

$$y = A\cos(\omega t + \varphi) = A\cos\left(200\pi t + \frac{3\pi}{2}\right)$$

设波源在坐标原点，沿 x 轴正方向传播，则波动方程为

$$y = A\cos\left[\omega\left(t - \frac{x}{u}\right) + \varphi\right] = A\cos\left[\omega\left(t - \frac{x}{u}\right) + \varphi\right] = A\cos\left[200\pi\left(t - \frac{x}{400}\right) + \frac{3\pi}{2}\right]$$

②距波源 8m 处的振动方程为

$$y = A\cos\left[200\pi\left(t - \frac{8}{400}\right) + \frac{3\pi}{2}\right] = A\cos\left(200\pi t - 4\pi + \frac{3\pi}{2}\right) = A\cos\left(200\pi t - \frac{5\pi}{2}\right)$$

③同一波线上不同点之间的相位差是由于波的传播距离不同造成的，传播距离每相差一个波长，相位差为 2π，所以，9m 和 10m 处的相位差为

$$\Delta\varphi = \frac{10 - 9}{\lambda} \times 2\pi = \frac{10 - 9}{4} \times 2\pi = \frac{\pi}{2}$$

11.6 波的能量

11.6.1 波的能量特征

波动是振动在空间的传播。随着振动的传播，振动的能量也会传播出去。机械波的能量是介质中各介质元振动能量的总和。设在密度为 ρ 的均匀介质中沿 x 轴正方向传播的简谐波的波动方程为

$$y = A\cos\omega\left(t - \frac{x}{u}\right)$$

在坐标 x 处取一个体积为 ΔV 的介质元，其质量为 $\Delta m = \rho\Delta V$，该介质元的动能为

$$\Delta E_k = \frac{1}{2}\Delta m v^2 = \frac{1}{2}\rho\Delta V v^2$$

由于介质元的振动速度

$$v = \frac{\partial y}{\partial t} = -\omega A\sin\omega\left(t - \frac{x}{u}\right)$$

于是

$$\Delta E_k = \frac{1}{2}\rho\Delta V A^2\omega^2 \sin^2\omega\left(t - \frac{x}{u}\right) \tag{11-31}$$

介质元的形变势能为

$$\Delta E_p = \frac{1}{2}\rho\Delta V A^2\omega^2 \sin^2\omega\left(t - \frac{x}{u}\right) \tag{11-32}$$

所以，介质元的总机械能为

$$\Delta E = \Delta E_k + \Delta E_p = \rho\Delta V A^2\omega^2 \sin^2\omega\left(t - \frac{x}{u}\right) \tag{11-33}$$

上述分析表明，在波动的传播过程中，介质元的动能和势能都是随时间变化的，二者不仅大小相等，而且相位相同，同时达到最大，同时达到最小。这与简谐振动的情况完全不同。在波动过程中，介质元的总机械能做周期性变化是容易理解的。在波动中，随着振动在介质中的传播，某一个介质元不断地从后面的介质元中获得能量，这个能量又传给前面的介质元，所以，波动的过程也就是能量传播的过程。

11.6.2　波的能量密度和能流密度

定义单位体积的介质中波的能量为**能量密度**，即

$$w = \frac{\Delta E}{\Delta V} \qquad (11\text{-}34)$$

由式(11-33)可得

$$w = \rho\omega^2 A^2 \sin^2\left(t - \frac{x}{u}\right)$$

定义能量密度在一个周期内的平均值为**平均能量密度**，即

$$\overline{w} = \frac{1}{T}\int_0^T w\mathrm{d}t = \frac{1}{T}\int_0^T \rho A^2\omega^2 \sin^2\omega\left(t - \frac{x}{u}\right)\mathrm{d}t \qquad (11\text{-}35)$$

将该式积分后可得

$$\overline{w} = \frac{1}{2}\rho A^2\omega^2 \qquad (11\text{-}36)$$

由此可见，波动的能量密度与振幅的平方、角频率的平方及介质的密度成正比。

波动是能量传播的过程，或者说是能量流动的过程，为此，有必要引入一个描述波动能量流动的物理量：**能流密度**。定义单位时间内流过垂直于波速方向的单位截面的平均能量为能流密度。如图 11-24 所示，以单位长度 1 为边长，做一个正方形的单位面积 S；以 S 为截面，波的传播速度 u 为边长做一个长方体，其体积

$$V = S \cdot u = 1 \cdot u = u$$

可以想见，单位时间内流过单位截面 S 的平均能量就等于该长方体中的波的能量，从而可得波的能流密度

$$I = \overline{w} \cdot V = \overline{w} \cdot u = \frac{1}{2}\rho u A^2\omega^2 \qquad (11\text{-}37)$$

波的能流密度越大，单位时间内通过单位截面的波的能量也越多，所以，波的能流密度也称为波的**强度**。

【例题 11-4】　利用能流密度的概念求出球面波的波动方程。

解： 如图 11-25 所示，设波源在球心，在半径为 r_1 的球面上波的能流密度为 I_1，振幅为 A_1；在半径为 r_2 的球面上波的能流密度为 I_2，振幅为 A_2。如果介质不吸收能量，则单位时间内通过这两个球面的能量相等，即

$$4\pi r_1^2 I_1 = 4\pi r_2^2 I_2$$

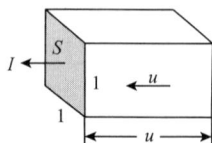

图 11-24　波的能流密度

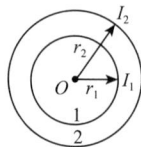

图 11-25　例题 11-4 图

由此得

$$\frac{I_2}{I_1} = \frac{r_1^2}{r_2^2}$$

由于 $I = \frac{1}{2}\rho u A^2 \omega^2$，所以有

$$\frac{\frac{1}{2}\rho A_1^2 \omega^2}{\frac{1}{2}\rho A_2^2 \omega^2} = \frac{r_2^2}{r_1^2}$$

化简得

$$\frac{A_1}{A_2} = \frac{r_2}{r_1}$$

设距离波源单位长度处的振幅为 A_0，半径为 r 的球面上振幅为 A，则由上式可得

$$\frac{A}{A_0} = \frac{1}{r}$$

即

$$A = \frac{A_0}{r}$$

于是距离波源 r 处波的振动

$$y = A\cos\left(t - \frac{r}{u}\right) = \frac{A_0}{r}\cos\left(t - \frac{r}{u}\right)$$

从该题的解题过程可以看出，从点波源发出的球面波，在各处的能流密度与波源到该处的距离的平方成反比。这个规律在声学中就是声强与距离的平方成反比的规律，在光学中就是光强与距离平方成反比的规律。

11.7 惠更斯原理 波的干涉

11.7.1 惠更斯原理

波是波源的振动通过介质中的质点依次向前传播的结果，作为波的传播问题的讨论，我们有必要关心：如果已知波在某一时刻的波前，如何据此确定下一时刻的波前。**惠更斯原理**对这个问题作了很好的解答。惠更斯指出：介质中波动传到的各点，都可以看做是发射新子波的波源，在以后的任一时刻，这些子波的包洛面就是新的波前，这就是惠更斯原理。

惠更斯原理对任何波动过程都是适用的，只要知道了某一时刻波前的位置，就可

以根据这一原理，用几何作图的方法决定下一时刻的波前，从而解决了波的传播问题。

如图11-26(a)所示，设一列波从波源 O 以速度 u 在均匀介质中向周围传播，已知 t 时刻的波前是半径为 R_1 的球面 S_1。现应用惠更斯原理，求出在时刻 $(t + \Delta t)$ 的波阵面 S_2。先以 S_1 面上各点为中心，以 $r = u\Delta t$ 为半径作许多球面形子波，再作各子波的包洛面，就得到 $(t + \Delta t)$ 时刻的波前 S_2。显然 S_2 是以 O 为球心，以 $R_2 = R_1 + u\Delta t$ 为半径的球面。

同理，如图11-26(b)所示，如果已知平面波在某一时刻的波阵面 S_1，也可以用惠更斯原理求出下一时刻的波阵面 S_2。

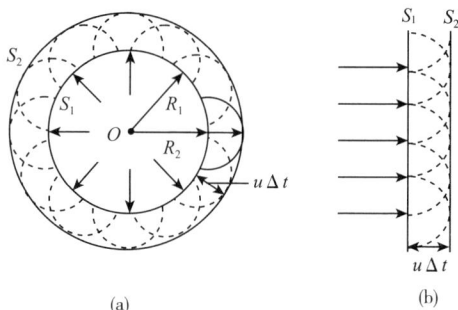

图11-26 用惠更斯原理求波面

11.7.2 波的叠加原理

日常生活中经常可以见到一些几列波在空间相遇的情况。例如，将两个小石块投入水中，每一石块引起一个以落地点为中心的圆形水面波，在他们相遇时，每个波都保持各自的圆形波继续前进，互不干扰。当我们在音乐会上听音乐时，听到的往往是几种乐器同时演奏产生的效果，各种乐器发生的声波，并不互相干扰而失真。再比如观察舞台上的灯光会发现，当红色光柱与绿色光柱发生交叉时，在交叉处出现黄光，而光柱穿过交叉后，又保持自己的颜色，和交叉前一样。通过对大量类似现象的研究，可得出如下结论：

①在介质中每一列波都保持其独立的传播特性，不因其他波的存在而改变。

②当几列波在介质中相遇时，在相遇区域内任一点的振动是这几列波引起的合振动。这就是**波的叠加原理**。

11.7.3 波的干涉现象

波的叠加一般都很复杂，我们先讨论一种最简单的情况：由振动方向相同、频率相同、初相差恒定的两列波的叠加。满足这些条件的两列波，在叠加区出现稳定的叠加图样，有些地方振动始终加强，有些地方振动始终减弱，整个强度分布呈一定规律，这种现象称为波的**干涉**。上述条件称为**波的相干条件**，能产生干涉现象的波称为**相干波**；能够发出相干波的波源称为**相干波源**。

相干波可用图11-27(a)所示的装置获得。在波源 S 附近放一个开有两个小孔的障碍物，小孔 S_1、S_2 关于 S 对称。根据惠更斯原理，S_1 和 S_2 可看成两个新的相干波源。图11-27(a)中波峰与波峰相交处或波谷与波谷相交处，合振动的振幅最大，在波峰与波谷相交处，合振动的振幅最小。图11-27(b)为水波干涉图样。

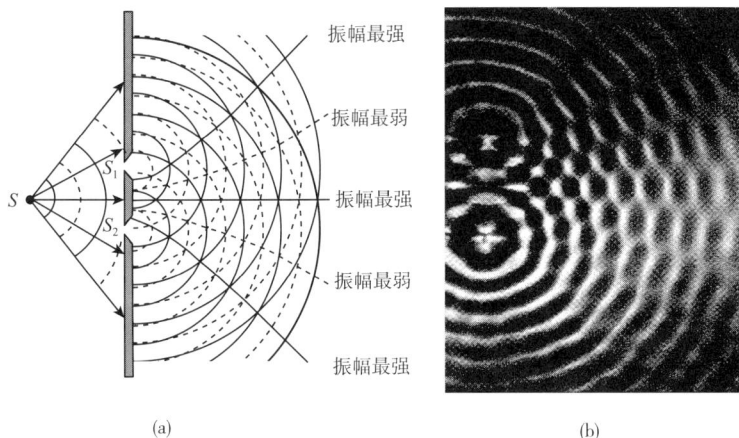

图 **11-27**　波的干涉

11.7.4　合振动加强和减弱的条件

下面讨论两列相干波在相遇区域内的叠加情况。如图 11-28 所示，设 S_1 和 S_2 是两列波的波源，它们的振动方程分别为：

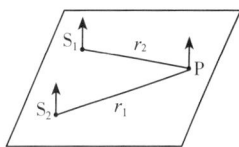

图 **11-28**　波的干涉

$$y_{10} = A_1 \cos(\omega t + \varphi_1)$$
$$y_{20} = A_2 \cos(\omega t + \varphi_2)$$

S_1 和 S_2 发出来的两列波具有振动方向相同、频率相同且相位差恒定的特点。这两列波在空间的一点 P 相遇，设 P 到 S_1 和 S_2 的距离分别为 r_1 和 r_2，波在介质中的速度为 u，两列波在 P 点引起的振动分别为：

$$y_1 = A_1 \cos\left[\omega\left(t - \frac{r_1}{u}\right) + \varphi_1\right]$$

$$y_2 = A_2 \cos\left[\omega\left(t - \frac{r_2}{u}\right) + \varphi_2\right]$$

P 点的振动将是这两个分振动的合成。由于两个分振动是同方向同频率的简谐振动，根据简谐振动合成原理，P 点的振动仍是同方向同频率的简谐振动，振动方程可以写成

$$y = A\cos(\omega t + \varphi)$$

其中

$$A = \sqrt{A_1{}^2 + A_2{}^2 + 2A_1 A_2 \cos\Delta\varphi} \tag{11-38}$$

$$\Delta\varphi = \varphi_1 - \varphi_2 + \omega\left(\frac{r_2}{u} - \frac{r_1}{u}\right) = \varphi_1 - \varphi_2 + \frac{2\pi}{\lambda}(r_2 - r_1) \tag{11-39}$$

由此可知，两列波在空间不同的位置相遇，$r_2 - r_1$ 的值则不同，相遇点的振幅就不

同。当空间某些点满足

$$\Delta\varphi = \varphi_1 - \varphi_2 + \frac{2\pi}{\lambda}(r_2 - r_1) = 2k\pi, \quad k = 0, \quad \pm 1, \quad \pm 2, \quad \cdots \quad (11\text{-}40)$$

两列波引起的合振动振幅最大，为

$$A = A_1 + A_2$$

两列波在这些点引起的振动加强。

当空间某些点满足

$$\Delta\varphi = \varphi_1 - \varphi_2 + \frac{2\pi}{\lambda}(r_2 - r_1) = (2k+1)\pi, \quad k = 0, \quad \pm 1, \quad \pm 2, \quad \cdots \quad (11\text{-}41)$$

这些点的合振幅最小，为

$$A = |A_1 - A_2|$$

即合振动减弱。

如果两波源的初位相相等，即 $\varphi_1 = \varphi_2$，则

$$\Delta\varphi = \frac{2\pi}{\lambda}(r_2 - r_1) = \frac{2\pi}{\lambda}\delta \quad (11\text{-}42)$$

其中 $\delta = r_2 - r_1$ 称为波程差。此时上述条件简化为：

当

$$\delta = r_2 - r_1 = 2k\lambda, \quad k = 0, \quad \pm 1, \quad \pm 2, \quad \cdots \quad (11\text{-}43)$$

合振幅最大；

当

$$\delta = r_2 - r_1 = (2k+1)\frac{\lambda}{2}, \quad k = 0, \quad \pm 1, \quad \pm 2, \quad \cdots \quad (11\text{-}44)$$

合振幅最小。

本章摘要

1. 简谐振动

振动与波动是密切相关的物理现象，振动是产生波动的根源，波动是振动在空间的传播。

（1）简谐振动的定量描述

物体在一定位置附近做周期性往复的运动称为机械振动，简称振动。最简单的振动是简谐振动，任何复杂的振动都由不同频率、不同振幅的简谐振动叠加而成。

①简谐振动的受力特点是物体受力 F 与振动位移 x 成正比，而且方向相反，即

$$F = -kx$$

②简谐振动的运动学特征包括运动方程

$$x = A\cos(\omega t + \varphi)$$

振动速度

$$v = -\omega A\sin(\omega t + \varphi)$$

振动加速度

$$a = -\omega^2 A\cos(\omega t + \varphi)$$

速度最大值为 ωA，加速度最大值为 $\omega^2 A$。

③描述简谐振动的物理量包括：振幅 A，角频率 ω，简谐振动的相位 $(\omega t + \varphi)$，初相位 φ，频率 ν，周期 T，其关系为

$$\omega = 2\pi\nu = \frac{2\pi}{T}$$

④判断物体做简谐振动的三个标准分别是

受力特点

$$F = -kx$$

振动位移

$$x = A\cos(\omega t + \varphi)$$

振动加速度

$$a = -\omega^2 x$$

（2）简谐振动的旋转矢量表示

简谐振动可以用旋转矢量来表示。用旋转矢量法确定简谐振动的初相位的方法是：

①根据初始条件 (x_0, v_0) 确定旋转矢量的初始位置。

②求出旋转矢量的初始位置与 x 轴的夹角即为简谐振动的初位相。

注意速度方向与旋转矢量位置的关系：$v_0 < 0$ 时旋转矢量在 x 轴上方，$v_0 > 0$ 时旋转矢量在 x 轴下方。

（3）简谐振动方程的一般步骤

①确定简谐振动方程为 $x = A\cos(\omega t + \varphi)$；

②由题意求出振幅 A 与角频率 ω；

③用旋转矢量法求 φ；

④把求出的物理量代入振动方程。

（4）简谐振动的能量特点

若弹簧振子劲度系数为 k，振动物体质量为 m，在某一时刻 m 的位移为 x，振动速度为 v，则振动物体 m 动能

$$E_k = \frac{1}{2}mv^2$$

弹簧的势能

$$E_p = \frac{1}{2}kx^2$$

振子总能量为

$$E = E_k + E_p = \frac{1}{2}kA^2$$

系统的动能和势能互相转换，总能量不变。

2. 阻尼振动和受迫振动

存在阻力的振动称为阻尼振动。在阻尼振动过程中，物体需要克服阻力做功，结

果将使其振幅逐渐减小，最后停止振动。

在周期性外力作用下发生的振动称为受迫振动，周期性的外力称为驱动力。当驱动力的频率 ω_p 远大于或小于振子的固有频率 ω，受迫振动的振幅 A 比较小；当 ω_p 等于 ω 时，A 取极大值，该现象称为共振。

3. 简谐振动的合成

（1）同方向同频率的简谐振动的合成

合成结果仍然是同方向同频率的简谐振动，即

$$x = A\cos(\omega t + \varphi)$$

合振动的振幅与两个分振动的初相差 $\Delta\varphi = (\varphi_2 - \varphi_1)$ 有关。当

$$\Delta\varphi = 2k\pi, \quad k = 0, \quad \pm1, \quad \pm2, \quad \cdots$$

合振幅最大，为

$$A = A_2 + A_1$$

当

$$\Delta\varphi = (2k+1)\pi, \quad k = 0, \quad \pm1, \quad \pm2, \quad \cdots$$

合振幅最小，为

$$A = |A_1 - A_2|$$

（2）振动方向相互垂直的简谐振动的合成

如果两个相互垂直的简谐振动的周期成简单的整数比，合运动的轨迹也是稳定的闭合曲线，称为李萨如图形。

4. 波的产生与传播

（1）横波与纵波

质点振动方向与波的传播方向互相垂直的波是横波，质点振动方向与波的传播方向互相平行的波是纵波。

（2）波线　波面　波前

在波动过程中，振动相位相同的点构成的曲面称为波阵面，简称波面。最前方的波阵面称为波前。波的传播方向线称为波线，波线与波面垂直。平面波的波面为平面，球面波的波面为球面。

（3）描述波动的物理量

包括波长 λ、波的周期 T、频率 ν、波速 u。其中波长是一个完整波形的长度，一个波长对应的位相差是 2π。相关物理量的关系有

$$u = \frac{\lambda}{T} = \lambda\nu \qquad \lambda = \frac{u}{\nu} = Tu$$

其中周期和频率决定于波源的振动，波速决定于介质的性质。

5. 平面简谐波的波动方程

（1）简谐波

简谐振动在介质中的传播形成简谐波。简谐波是最简单的波，任何复杂的波都是不同频率、不同振幅的简谐波的叠加。

（2）波动方程形式

波动方程基本形式是

$$y = A\cos\omega\left(t - \frac{x}{u}\right)$$

一般形式是

$$y = A\cos\omega\left(t \mp \frac{x - x_0}{u}\right)$$

式中干号的取舍法则是若波速沿 x 轴正方向取 $-$，反之取 $+$；x_0 为波源坐标。

（3）波动方程的物理意义

波动方程描述波在空间的传播，若空间变量 x 取常量 x_1，该方程表示空间一点 x_1 处介质质点的振动方程；若时间变量 t 取常量 t_0，表示 t_0 时刻介质质点的振动波形。

（4）写出波动方程的一般步骤

①确定波源的振动方程为

$$y = A\cos(\omega t + \varphi)$$

②由题意确定 A、ω、φ、u；

③把求出的物理量代入波动方程的一般形式。

6. 波的能量

（1）能量特征

介质元的动能和势能都随时间做周期性变化，二者大小相等，相位相同，总机械能不守恒。

（2）能量密度

单位体积的介质中波的能量 w

（3）平均能量密度

能量密度在一个周期内的平均值

$$\overline{w} = \frac{1}{2}\rho A^2\omega^2$$

（4）能流密度

单位时间内通过垂直于波速方向的单位截面的平均能量。

$$I = \overline{w}u = \frac{1}{2}\rho u A^2\omega^2$$

7. 波的干涉

（1）惠更斯原理

介质中波动传到的各点，都可以看做是发射新子波的波源，在以后的任一时刻，这些子波的包洛面就是新的波前。

（2）波的叠加原理

①当几列波在介质中相遇时，每一列波都保将其原有的特性独立传播。

② 在相遇区域内任一点的振动是这几列波引起的合振动。

（3）波的相干条件

两列波频率相同、振动方向相同、初相差恒定

（4）波的干涉现象

满足相干条件的两列波，在叠加区出现稳定的叠加图样，有些地方始终加强，有些地方始终减弱，整个强度分布呈一定规律。

（5）合振动振幅最大和最小的条件

如果 $\varphi_2 - \varphi_1 \neq 0$，当

$$\Delta\varphi = \varphi_1 - \varphi_2 + \frac{2\pi}{\lambda}(r_2 - r_1) = 2k\pi, \quad k = 0, \ \pm 1, \ \pm 2, \ \cdots$$

两列波引起的合振动振幅最大，为 $A = A_1 + A_2$，当

$$\Delta\varphi = \varphi_1 - \varphi_2 + \frac{2\pi}{\lambda}(r_2 - r_1) = (2k+1)\pi, \quad k = 0, \ \pm 1, \ \pm 2, \ \cdots$$

两列波引起的合振幅最小，为

$$A = |A_1 - A_2|$$

如果 $\varphi_1 = \varphi_2$，则

$$\Delta\varphi = \frac{2\pi}{\lambda}(r_2 - r_1) = \frac{2\pi}{\lambda}\delta$$

其中 $\delta = r_2 - r_1$ 称为波程差，此时上述条件简化为：

当

$$\delta = r_2 - r_1 = 2k\lambda, \quad k = 0, \ \pm 1, \ \pm 2, \ \cdots$$

合振幅最大；

当

$$\delta = r_2 - r_1 = (2k+1)\frac{\lambda}{2}, \quad k = 0, \ \pm 1, \ \pm 2, \ \cdots$$

合振幅最小。

习　题

填空题

11-1　弹簧振子的受力特点是弹性力与_____，且方向_____。

11-2　简谐振动的运动特点是加速度和位移_____，且方向_____。

11-3　简谐振动的运动方程 $x = 10\cos\left(20\pi t + \frac{\pi}{2}\right)$，其速度方程_____，加速度方程_____。

11-4　简谐振动的能量特点是动能与势能_____，总能量_____。

11-5　简谐振动 $x = 0.04\cos\left(2\pi t + \frac{\pi}{2}\right)$ (m) 的初始位置在_____处，初速度是_____，振幅是_____，角频率是_____，初相是_____。

11-6　弹簧振子角频率为 $20\pi \text{rad} \cdot \text{s}^{-1}$，振幅为 0.10m，以质点过平衡位置且向正方向运动开始计时，其振动初相为_____，振动方程为_____。

11-7　弹簧振子做简谐振动，当物体位于正方向端点时开始计时的初相是_____；当物体位于 $A/2$ 且向负方向运动时开始计时的初相是_____。

11-8　物体做简谐振动的振幅为 $1.0 \times 10^{-2}\text{m}$，周期为 0.02s，其角频率_____，最大速度_____，最大加速度_____。

11-9　简谐振动位移 $x = 10\cos\left(20\pi t + \dfrac{\pi}{6}\right)(\text{m})$，$t = 0$ 时的振动速度_____及振动加速度_____。

11-10　简谐振动的质点位于_____位置时位移最大；位于_____位置加速度正最大；位于_____位置时速度负最大。

11-11　简谐振动的质点位于_____时加速度为零，位于_____时速度为零。

11-12　简谐振动位移 $x = A\cos(\omega t + \varphi)$，当振动物体位于正方向端点时的位移_____，速度_____，加速度_____。

11-13　弹簧振子的振幅 $A = 0.20\text{m}$，角频率 $\omega = 20\pi \text{rad} \cdot \text{s}^{-1}$，当振动物体位于平衡位置且向负方向运动的位移_____，速度_____，加速度_____。

11-14　同方向同频率简谐振动合成结果是_____。

11-15　同方向同频率简谐振动合成，合振幅最大的条件是_____；合振幅最小的条件是_____。

11-16　波源的振动周期是 0.20s，波在介质中的传播速度是 $10\text{m} \cdot \text{s}^{-1}$，该波的频率是_____，波长是_____，在波的传播方向上相距 5m 的两个点的振动相位差是_____。

11-17　横波的振动方向_____于波的传播方向；纵波的振动方向_____于波的传播方向。

11-18　波源振动方程 $y = 4.0 \times 10^{-3}\cos 240\pi t (\text{m})$，波速 $u = 30\text{m} \cdot \text{s}^{-1}$ 沿 x 轴正向传播，该简谐波的周期_____；波长_____；波动方程_____。

11-19　简谐波的波动方程为 $y = 5\sin 20\pi\left(t - \dfrac{x}{4}\right)(\text{m})$，当 $t = 2\text{s}$ 时的波形方程_____；$x = 2\text{m}$ 处的介质振动方程_____。

11-20　平面简谐波的波动方程 $y = A\cos a\left(t - \dfrac{x}{b}\right)(\text{m})(a > 0,\ b > 0)$，此波的周期_____，频率_____，波长_____，波速_____。

11-21　平面简谐波的波动方程为 $y = 0.01\cos 20\pi\left(t - \dfrac{x}{100}\right)(\text{m})$，$t = 0.1\text{s}$ 时，$x = 2.5\text{m}$ 处质点振动的振动位移 $y =$ _____，振动速度 $v =$ _____，振动加速度 $a =$ _____。

11-22　波的能量特征是介质的动能与势能的变化规律_____，总能量_____。

11-23 球面波在均匀介质中传播，传播距离增加到原来的 2 倍时波的振幅如何变化_____；波的强度如何变化_____。

11-24 波的相干条件是_____、_____、_____。

11-25 初位相相同的相干波形成干涉，合振幅最大的条件是_____、合振幅最小条件是_____。

选择题

11-26 简谐振动的运动方程为 $x = 0.05\cos\left(10\pi t + \dfrac{3\pi}{2}\right)$，其速度方程为_____。

A. $v = 0.5\sin\left(10\pi t + \dfrac{3\pi}{2}\right)$ B. $v = -0.05\pi\cos\left(10\pi t + \dfrac{3\pi}{2}\right)$

C. $v = -0.5\pi\sin\left(10\pi t + \dfrac{3\pi}{2}\right)$ D. $v = 0.05\cos\left(10\pi t + \dfrac{3\pi}{2}\right)$

11-27 弹簧振子振动物体的质量为 m，劲度系数为 k，振幅为 A，弹簧振子的总能量_____。

A. $\dfrac{1}{2}kx$ B. $\dfrac{1}{2}kx^2$ C. $\dfrac{1}{2}kA$ D. $\dfrac{1}{2}kA^2$

11-28 简谐振动的振动位移 $x = 0.04\cos\left(2\pi t + \dfrac{\pi}{2}\right)(\text{m})$，$t = 0.25\text{s}$ 的位移 $x = $ _____m。

A. 0.02   B. -0.02 C. -0.04 D. 0.04

11-29 弹簧振子角频率为 $40\pi\text{rad}\cdot\text{s}^{-1}$，振幅为 0.20m，以质点过平衡位置且向正方向运动开始计时，振动方程为_____。

A. $x = 0.20\sin\left(40\pi t - \dfrac{3\pi}{2}\right)$ B. $x = 0.20\cos\left(40\pi t + \dfrac{3\pi}{2}\right)$

C. $x = 0.20\pi\cos\left(40\pi t + \dfrac{\pi}{2}\right)$ D. $v = 0.20\sin\left(40\pi t - \dfrac{\pi}{2}\right)$

11-30 做简谐振动的物体位于负方向端点时开始计时，其初相为_____。

A. π B. $\dfrac{2\pi}{3}$ C. $\dfrac{\pi}{2}$ D. 0

11-31 做简谐振动的物体位于 $-A/2$ 处向正方向运动时开始计时，其初相_____。

A. $\dfrac{3\pi}{2}$ B. $\dfrac{4\pi}{3}$ C. $\dfrac{\pi}{3}$ D. $\dfrac{\pi}{6}$

11-32 简谐振动的振幅为 $1.0 \times 10^{-2}\text{m}$，周期为 0.02s，最大加速度_____。

A. $\dfrac{3\pi}{2}$ B. $\dfrac{4\pi}{3}$ C. $\dfrac{\pi}{3}$ D. $\dfrac{\pi}{6}$

11-33 简谐振动的运动方程为 $x = 10\cos\left(20\pi t + \dfrac{\pi}{6}\right)(\text{m})$，$t = 0$ 时的振动速度_____。

A. 100π B. -100π C. 200π D. -200π

11-34　简谐振动的质点位于＿＿＿＿＿＿位置时加速度正最大。

A. $x = 0$ 　　　　　　　　　　B. $x = -A$

C. $x = \dfrac{A}{3}$ 　　　　　　　　D. $x = -\dfrac{2A}{3}$

11-35　简谐振动的质点位于＿＿＿＿＿＿时速度为零。

A. $x = 0$ 　　　　　　　　　　B. $x = A$

C. $x = \dfrac{A}{2}$ 　　　　　　　　D. $x = -\dfrac{A}{2}$

11-36　简谐振动的质点位于＿＿＿＿＿＿时加速度为零。

A. $x = 0$ 　　　　　　　　　　B. $x = A$

C. $x = \dfrac{A}{2}$ 　　　　　　　　D. $x = -\dfrac{A}{2}$

11-37　弹簧振子在光滑水平面上做简谐振动时，弹性力在半个周期内所做的功为＿＿＿＿＿＿。

A. kA^2 　　　　　　　　　　B. $\dfrac{1}{2}kA^2$

C. $\dfrac{1}{4}kA^2$ 　　　　　　　　D. 0

11-38　谐振子位移恰为振幅的一半时，振动势能 E_p 与动能 E_k 之比为＿＿＿＿＿＿。

A. 1:1 　　　　B. 1:2 　　　　C. 1:3 　　　　D. 1:4

11-39　简谐振动的振幅增大到原来的 2 倍时，整个系统的能量增大到原来的＿＿＿＿＿＿倍。

A. 4 　　　　　B. 2 　　　　　C. 6 　　　　　D. 1

11-40　波源的振动周期是 0.04s，波速是 $100\mathrm{m\cdot s^{-1}}$，该波的波长是＿＿＿＿＿＿，

A. 4m 　　　　B. 0.4m 　　　　C. 1m 　　　　D. 0.1m

11-41　简谐波的周期是 0.02s，波速是 $200\mathrm{m\cdot s^{-1}}$，沿波的传播方向上相距2m的两个点的振动相位差是＿＿＿＿＿＿。

A. 2π 　　　　B. π 　　　　C. $\dfrac{\pi}{2}$ 　　　　D. $\dfrac{\pi}{3}$

11-42　波源振动方程 $y = 0.04\cos20\pi t\,(\mathrm{m})$，波速 $u = 30\mathrm{m\cdot s^{-1}}$，沿 x 轴正方向传播的波动方程＿＿＿＿＿＿。

A. $y = 0.04\cos20\pi\left(t - \dfrac{x}{30}\right)(\mathrm{m})$ 　　　B. $y = 0.04\cos20\pi\left(t + \dfrac{x}{30}\right)(\mathrm{m})$

C. $y = 0.04\cos\left(20\pi t - \dfrac{x}{30}\right)(\mathrm{m})$ 　　　D. $y = 0.04\cos\left(20\pi t + \dfrac{x}{30}\right)(\mathrm{m})$

11-43　简谐波的波动方程为 $y = 5\sin20\pi\left(t - \dfrac{x}{4}\right)(\mathrm{m})$，$x = 2\mathrm{m}$ 处的介质振动方程＿＿＿＿＿＿。

A. $y = 5\sin(20\pi t + 10\pi)(\mathrm{m})$ 　　　B. $y = 5\sin(20\pi t - 10\pi)(\mathrm{m})$

C. $y = 5\sin 20\pi t\,(\text{m})$　　　　　　　　　D. $y = 5\sin(20\pi t - \pi)\,(\text{m})$

11-44　平面简谐波的波动方程 $y = A\cos a\pi\left(t - \dfrac{x}{b}\right)(\text{m})$ $(a > 0,\ b > 0)$，此波的周期、频率、波长、波速分别是_____s、_____Hz、_____m、_____m·s^{-1}。

A. $\dfrac{2}{a}$、$\dfrac{a}{2}$、$\dfrac{2b}{a}$、b　　　　　　　B. $\dfrac{2}{a}$、$\dfrac{a}{2b}$、$\dfrac{2b}{a}$、b

C. $\dfrac{2}{a}$、$\dfrac{a}{2}$、$\dfrac{b}{a}$、$2b$　　　　　　　D. $\dfrac{2}{a}$、$\dfrac{a}{2}$、$\dfrac{2b}{a}$、b

11-45　平面简谐波的波动方程为 $y = 0.01\cos 40\pi\left(t - \dfrac{x}{25}\right)$，$t = 0.1$s 时质点的波形方程_____。

A. $y = 0.01\cos 40\pi\left(0.1 - \dfrac{x}{25}\right)$　　　　B. $y = 0.01\cos\left(4\pi t - \dfrac{x}{25}\right)$

C. $y = 0.01\cos 40\pi\left(0.1 + \dfrac{x}{25}\right)$　　　　D. $y = 0.01\cos\left(4\pi t + \dfrac{x}{25}\right)$

11-46　球面波在均匀介质中传播，传播距离增加到原来的 2 倍，波的强度变为原来的_____倍。

A. 4　　　　　　　B. 2　　　　　　　C. 8　　　　　　　D. 16

计算题

11-47　如题 11-47 图所示，两个完全相同的弹簧振子，将一个拉长 10cm，另一个压缩 5cm，然后放手，求两个物体在何处相遇。

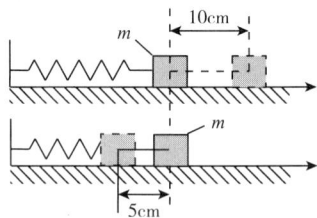

11-48　经验证明，当车辆沿竖直方向振动时，如果振动的加速度不超过 $1\text{m}\cdot\text{s}^{-2}$，乘客不会有不舒服的感觉。若车辆竖直振动频率为每分钟 90 次，为保证乘客没有不舒服的感觉，车辆允许振动的最大振幅为多少？

题 11-47 图

11-49　放置在水平桌面上的弹簧振子，其简谐振动的振幅 $A = 2.0\times 10^{-2}$m，周期 $T = 0.5$s，求起始状态为下列情况的简谐振动方程：①振动物体在正方向端点；②振动物体在负方向端点；③振动物体在平衡位置，向负方向运动；④振动物体在平衡位置，向正方向运动；⑤振动物体在 $x = 1.0\times 10^{-2}$m 处，向负方向运动；⑥振动物体在 $x = -1.0\times 10^{-2}$m 处，向正方向运动。

11-50　一个质量为 5g 的物体作简谐振动，其振动方程为

$$x = 6\cos\left(5t + \dfrac{3\pi}{4}\right)$$

求：①振动的周期和振幅；②起始时刻的位置；③在 1s 末的位置；④振动的总能量。

11-51　小球作简谐运动，速度最大值 $v_m = 0.03\text{m}\cdot\text{s}^{-1}$，振幅 $A = 0.02$m，以小球经平衡位置向正方向运动开始计时。求：①振动周期；②加速度的最大值；③振动方程。

11-52　平面简谐波的波源坐标为 x_0，振动方程 $y = A\cos(\omega t + \varphi)(\text{m})$，波速为 u，

求：①该波沿 x 轴正方向传播的波动方程；②该波沿 x 轴负方向传播的波动方程。

11-53　平面简谐波波源的振动方程为 $y = 4 \times 10^{-3} \cos 240\pi t\,(\mathrm{m})$，波速 $u = 30\mathrm{m \cdot s^{-1}}$。求：①该波的周期和波长；②波动方程。

11-54　沿 x 轴正方向传播的平面简谐波，波速 $u = 1\mathrm{m \cdot s^{-1}}$，波长 $\lambda = 0.04\mathrm{m}$，振幅 $A = 0.03\mathrm{m}$。若以坐标原点 O 处的质点恰在平衡位置向负方向运动为计时起点，试求：①此平面波的波动方程；②距原点 $x_1 = 0.045\mathrm{m}$ 处质点的振动方程和该点的初相位；③在 $t = 3\mathrm{s}$ 时，距原点 $x_2 = 0.045\mathrm{m}$ 处的质点的振动位移和速度。

11-55　平面简谐波在介质中传播，波速 $u = 100\mathrm{m \cdot s^{-1}}$，振幅 $A = 1.0 \times 10^{-4}\mathrm{m}$，频率 $\nu = 10^3\mathrm{Hz}$，介质密度为 $\rho = 800\mathrm{kg \cdot s^{-1}}$。求：①波的能流密度；② $1\mathrm{min}$ 内垂直通过截面 $S = 4 \times 10^{-4}\mathrm{m^2}$ 的总能量。

第 12 章

波动光学

光学是物理学的重要组成部分。17 世纪和 18 世纪是光学发展史上的一个重要时期，在这段时间内，科学家们不仅开始从实验上对光学进行研究，而且也着手进行已有光学知识的系统化、理论化。与此同时也出现了关于光本性的认识的争论。牛顿支持光的微粒说，用微粒说不仅可以说明光的直线传播，而且可以说明光的反射和折射，只不过在说明折射时，认为光在水中的速度大于在空气中的速度；惠更斯提倡波动说，利用波动说也能说明反射和折射现象，而且还解释了方解石的双折射现象，但认为光在水中的速度要小于在空气中的速度。此外在说明光的直线传播时，波动说也遇到了困难。

19 世纪系统地用光的波动说研究了光的干涉、衍射和偏振，认识到了光的横波特性，并且用波动说满意地解释了光的直线传播现象；实验上测出了光在水中的速度比空气中的小，波动说取得了决定性的胜利，而在理论上找到了光和电磁波之间的联系，奠定了光的电磁理论的基础。

到了 19 世纪末和 20 世纪初期，人们通过对黑体辐射、光电效应和康普顿效应的研究，无可怀疑地证实了光的量子性，形成了一种具有崭新内涵的微粒学说。此时人们对光的本质认识又前进了一步，承认光具有波粒二象性。

20 世纪 60 年代激光的发现，使光学的发展又获得了新的活力，非线性光学、傅里叶光学等现代光学分支逐渐形成，带动了物理学及其相关学科的不断发展。

12.1　光的干涉

12.1.1　光的干涉现象和条件

和机械波一样，满足一定条件的两列光在空间相遇，也能够形成稳定的叠加图样

（图 12-1），该现象称为**光的干涉现象**。能够形成干涉的两列光称为**相干光**。形成相干光必须满足的条件称为**光的相干条件**。光的相干条件为：两列光频率相同，振动方向相同，位相差恒定。

图 12-1　光的干涉条纹

12.1.2　光和光源

能够发射光波的物体称为**光源**。按发光机制分类，可以把光源分为普通光源和激光光源。

（1）光源的发光机制

普通光源的发光是其中大量的分子或原子进行的一种微观过程。这些分子或原子处于一定的只有离散值的能量状态称为**能级**。能量最低的状态称为**基态**，其他能量较高的状态称为**激发态**。通过外界的激励，分子或原子可以处在激发态；处于激发态的分子或原子不稳定，必然从高能级回到低能级，这一过程称为**跃迁**。通过一次跃迁，分子或原子向外辐射一个具有一定波长的**光列**。大量分子或原子不停地跃迁，形成包含各种波长成分的许多光列。这样的光是多光列的复色光，不满足光的相干条件，不是相干光。

激光光源的发光机制与普通光源不同。激光是相干光。

（2）可见光的波长范围

能引起人的视觉的光称为**可见光**。可见光的频率范围为 $7.5 \times 10^{14} \sim 4.3 \times 10^{14} \, \text{Hz}$，真空中的波长范围是 $400 \sim 740 \, \text{nm}$。具有单一频率的光波称为**单色光**。不同频率光的混合光称为**复色光**。

（3）光矢量

光是电磁波，电场强度 E 和磁场强度 H 的同步振动构成了光波的振动。电磁波中能引起视觉和使感光材料感光的是电场强度 E。所以用电场强度矢量 E 的振动表示光波的振动，称为**光矢量**。

12.1.3　相干光的获得

由于普通光源是非相干光源，要从普通光源获得相干光必须采用特殊的方法。其基本思想是把光源发出的每一个光列都分成两束或多束子光列，它们是相干光，让它们经历不同路径叠加，从而产生干涉。通常采用的获得相干光的方法有分波阵面法和分振幅法。

（1）分波阵面法

如图 12-2 所示，由光源 S 发出的光波的波前同时到达 S_1 和 S_2，通过 S_1 和 S_2 后的两束光在屏上相遇发生干涉现象。由于通过 S_1 和 S_2 后的两束光来自于由 S 发出的光波的同一个波阵面，这两束光满足相干条件，S_1 和 S_2 可视为两个新的相干的子光源，这种方法称为**分波阵面法**。

（2）分振幅法

如图 12-3 所示，将普通光源上同一点发出的光，利用反射或折射等方法使它"一分为二"，沿两条不同的路径传播并相遇，这时原来的每一个波列都分成了频率相同、振动方向相同，相位差恒定的两部分，让它们相遇，就能产生干涉。这种方法称为**分振幅法**。

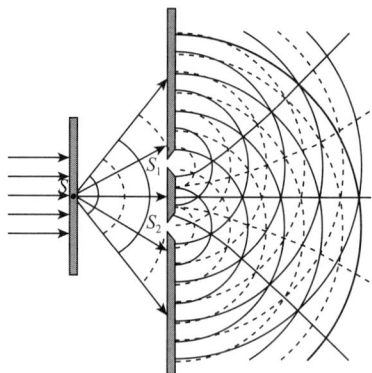

图 12-2　分波阵面法　　　　图 12-3　分振幅法

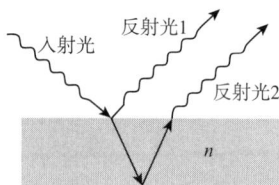

12.2　分波阵面干涉

12.2.1　杨氏双缝干涉实验

1801 年，英国人托马斯·杨用一个普通光源获得了干涉条纹（图 12-4）。由于其构思巧妙，装置简单，条纹明显，使得这个实验在波动光学中具有十分重要的意义，成为光的波动学说的立论基础之一。

为了获得点光源，杨用普通光源照射一个小孔。由于孔非常小，可视为点光源。后来，为了使干涉条纹更加明亮，杨改用三条窄缝，也实现了光的干涉，出现了明暗相间的条纹。窄缝相当于一个线光源，其可以认为是由多个点光源沿一条线排列而成。由于每个点光源经双缝后均产生干涉图样，而这些点光源与双缝的相对位置完全相同，它们产生的干涉图样也完全相同。这些相同的图样相互叠加起来就使亮点变成亮线，从而使干涉现象更为清晰。对于实验结果，杨并没有给出详细的数学解释，但他绘出了与图 12-2 类似的精致的波前图样，用于解释他的实验结果。

下面对双缝干涉实验给出定量的解释。在图 12-5 中，S_1 和 S_2 可视为两个相干光源，对屏上任一点 P，从 S_1 和 S_2 到 P 的距离分别为 r_1 和 r_2。P 点光的强度仅由从 S_1 和 S_2 发出的光到 P 点的光程差决定。在通常的实验中，两条光路的介质都为空气，$n_1 = n_2 = 1.0$，$D \gg d$，θ 角很小。由图 12-5 可见，从 S_1 和 S_2 发出的光到 P 点的光程差为

$$\delta = r_2 - r_1 \approx d\sin\theta \tag{12-1}$$

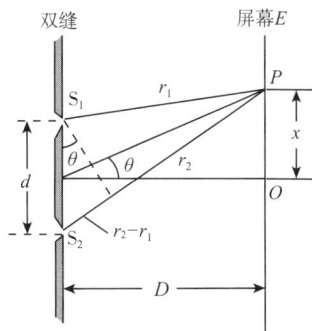

图 12-4 光的干涉　图 12-5 杨氏双缝干涉计算用图

在 P 点形成 k 级明条纹的条件满足

$$d\sin\theta = \pm k\lambda, \quad k = 0, 1, 2, 3, \cdots \tag{12-2}$$

由该式可以确定明条纹中心的角位置 θ。

同理，在 P 形成 k 级暗条纹的条件满足

$$d\sin\theta = \pm (2k+1)\frac{\lambda_0}{2}, \quad k = 0, 1, 2, 3, \cdots \tag{12-3}$$

对光程差为其他值的各点，光强介于最明和最暗之间。

以 x 表示 P 点在屏上的位置，如图 12-5 所示

$$x = D\tan\theta \tag{12-4}$$

由于 θ 很小，$\tan\theta = \sin\theta$。利用式（12-2）和式（12-3）可得屏上明纹中心位置

$$x = \pm k\frac{D}{d}\lambda, \quad k = 0, 1, 2, 3, \cdots \tag{12-5}$$

暗纹中心位置

$$x = \pm (2k+1)\frac{D}{d}\lambda, \quad k = 0, 1, 2, 3, \cdots \tag{12-6}$$

容易证明，相邻两个明纹或两个暗纹之间的距离均为

$$\Delta x = \frac{D}{d}\lambda \tag{12-7}$$

可以看出，杨氏双缝干涉的特点为：

①条纹间距与入射光的波长成正比，波长越短，条纹间距越小。白光照射时，中央明纹为白色亮纹，两侧为由紫到红的彩色条纹。

②条纹间距与双缝距离成反比，双缝距离增大，条纹间距减小。

③条纹间距与 k 无关，条纹等间距分布。

【例题 12-1】 在杨氏双缝干涉实验中，用波长 $\lambda = 589.3\,\text{nm}$ 的钠灯作光源，屏幕距双缝的距离 $D = 800\,\text{mm}$，求双缝间距分别为 $1\,\text{mm}$ 和 $10\,\text{mm}$ 时的条纹间距。

解： ①当 $D = 1\,\text{mm}$

$$\Delta x_1 = \frac{D}{d} \cdot \lambda = \frac{0.8 \times 589.3 \times 10^{-9}}{1.0 \times 10^{-3}} = 4.7 \times 10^{-3}\,\text{m} = 0.47\,\text{mm};$$

②当 $D = 10\text{mm}$

$$\Delta x_2 = \frac{D}{d} \cdot \lambda = \frac{0.8 \times 589.3 \times 10^{-9}}{10 \times 10^{-3}} = 0.47 \times 10^{-3}\text{m} = 0.047\text{mm}$$

【例题 12-2】 以单色光照射到相距为 0.4mm 的双缝上，双缝与屏幕的垂直距离为 1m。①若从第 1 级明纹到同侧的第 5 级明纹间的距离为 5mm，求单色光的波长；②若入射光的波长为 400nm，求相邻两明纹间的距离。

解： ①由双缝干涉明纹条件 $x_k = \pm \dfrac{D}{d} k\lambda$ 得

$$\Delta x_{1.5} = x_5 - x_1 = \frac{D}{d}(k_5 - k_1)\lambda$$

所以

$$\lambda = \frac{d}{D} \frac{\Delta x_{1.5}}{(k_5 - k_1)} = \frac{0.4 \times 10^{-4} \times 5 \times 10^{-3}}{1 \times (5-1)} = 500\text{nm}$$

②当 $\lambda = 400\text{nm}$，相邻两明纹间距

$$\Delta x' = \frac{D}{d}\lambda = \frac{1}{0.4 \times 10^{-3}} \times 400 \times 10^{-9} = 2.0 \times 10^{-3}\text{m} = 2.0\text{mm}$$

12.2.2 菲涅耳双镜实验

在杨氏实验以后，受这一实验的启发，人们又先后提出了菲涅耳双镜实验、洛埃镜实验等多种实验方案，这些实验都属于分波阵面干涉，它们无一例外地显示出了光的干涉现象。

菲涅耳双镜实验装置如图 12-6 所示，M_1、M_2 是成一定角度（略小于 180°）的两个反射镜。点光源 S 发出的光经平面镜 M_1、M_2 反射到达屏 P，这两束光可以看成是分别由虚光源 S_1 和 S_2 发出的，而这两束光来自同一点光源，所以它们是相干光。在它们相遇的区域将产生干涉现象。把屏幕 P 放到该区域中，就可以观察到明暗相间的干涉条纹。

用研究杨氏双缝干涉实验类似的方法（几何方法），可以求出 S_1 和 S_2 之间的距离 d 以及 S_1 和 S_2 到屏 P 的距离 d'，并进而对干涉条纹做出计算。

12.2.3 洛埃镜实验

洛埃提出的实验方案更加简单（图 12-7），他用一块平板玻璃作反射镜，用一个狭缝状光源作为干涉用光源。从狭缝光源发出的光波一部分掠射（即入射角接近 90°）到平板玻璃上，经表面反射到达屏上，另一部分直接射到屏上，这两部分光在屏上相遇叠加，出现了干涉条纹。在这个实验中，反射光可看作是由虚光源 S_2 发出的，S_1 与 S_2 这一对镜像光源构成了一对相干光源，有关计算可参照双缝干涉的相关公式。

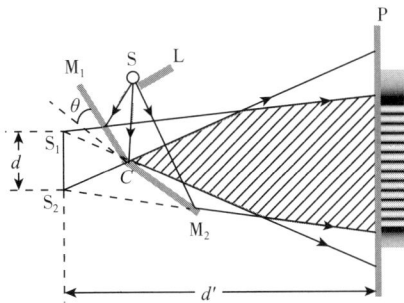

图 12-6　菲涅耳双镜实验

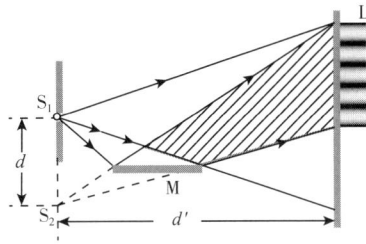

图 12-7　洛埃镜实验

12.2.4　半波损失

在洛埃镜实验中，如果把屏幕移到镜面边缘的位置会发现在屏幕与反射镜的交点 N 处出现暗条纹(图 12-8)。该结果与人们的预想正好相反，因为按照干涉的一般理论，由 S_1 与 S_2 发出的两列光波在 N 处相遇时光程差为零，应该出现明条纹。实验结果出现暗条纹说明由 S_1 发出的光经镜面反射时的相位发生了 π 的突变。

该现象得到了其他实验的进一步证明。现在已经确认，当光从光疏媒质射向光密媒质在界面被反射时(图 12-9)，反射光的相位会发生 π 的突变，对应的波程变化为 $\lambda/2$。该变化相当于光波损失了半个波长的传播距离，这种现象被称为**半波损失**。光的半波损失现象可以由光的电磁理论给出合理的解释，它成为光的波动说的又一个实验依据。

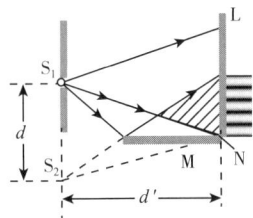

图 12-8　半波损失的验证

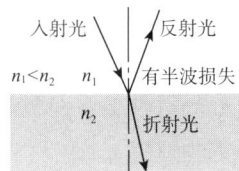

图 12-9　半波损失

12.3　分振幅干涉

12.3.1　光程

(1)光程的概念

前面讨论光的干涉，都是光在真空或空气中传播的情况。如果光在不同的介质中传播，光的频率不变，但其波速不同，波长不同，相同的传播距离造成的位相差也不同。这样，将使得光的干涉问题复杂得多。对此，最简便的办法是把光在其他介质中的传播距离折算成相同时间内真空中的传播距离，其折算的结果称为**光程**。

(2)光程的计算

设真空中的光速为 c，折射率为 n 的介质中的光速是 v，则有

$$c = nv$$

两边同乘传播时间 Δt 得

$$c \cdot \Delta t = nv \cdot \Delta t$$

式中右边的 $v \cdot \Delta t$ 是光在介质 n 中的传播距离，记为 r_n；左边 $c \cdot \Delta t$ 是光在相同时间内在真空的传播距离，记为 r_0，则有

$$r_0 = nr_n \tag{12-8}$$

式中 nr_n 就是光在折射率为 n 的介质中传播几何距离 r_n 的光程。

设同一时间内，两列相干光穿过折射率分别为 n_1 和 n_2 的介质的几何距离分别是 r_1 和 r_2，则其光程差

$$\Delta = n_2 r_2 - n_1 r_1$$

参照机械波干涉的明暗纹条件可得双光束干涉的明暗纹条件

$$\Delta = \begin{cases} k\lambda, & k = 1, 2, 3, \cdots \quad (\text{明纹}) \\ (2k+1)\dfrac{\lambda}{2}, & k = 0, 1, 2, \cdots \quad (\text{暗纹}) \end{cases} \tag{12-9}$$

12.3.2　薄膜干涉

(1)薄膜干涉现象

薄膜干涉是日常生活中最常见的光的干涉现象。肥皂膜表面、水面上的油膜表面、昆虫的翅膀上呈现的彩色花纹、车床切削下来的钢铁碎屑上呈现的蓝色花纹都是薄膜上干涉的结果。

(2)薄膜干涉物理过程

薄膜干涉是典型的分振幅干涉。如图 12-10(a)所示，一束光射到两种介质的界面被分成两束，一束为反射光 a，另一束为折射光 a′，从能量守恒的角度来看，反射光和折射光的振幅都要小于入射光的振幅，这相当于振幅被"分割"。折射光在薄膜下表面被再次反射并穿出薄膜上表面形成反射光 b，与反射光 a 相遇形成干涉。由此可见，薄膜干涉是薄膜上下表面反射光之间的干涉。

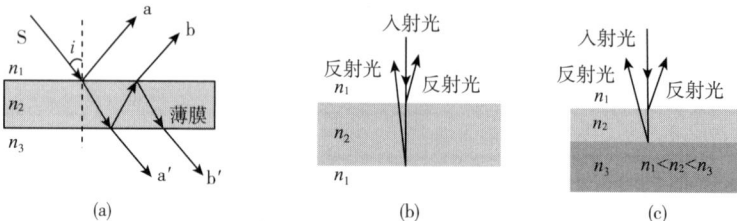

图 12-10　薄膜干涉

（3）薄膜干涉的光程差与明暗纹条件

薄膜干涉的光程差由两部分组成，即传播距离不同引起的光程差和半波损失引起的光程差。由图 12-10(a) 可以看出，光线穿过薄膜的光程与入射角有关，入射角相同的光线穿过薄膜的光程相同，干涉效果也相同。由此可见，薄膜干涉是一种等倾干涉。为简便起见，下面仅以垂直入射为例讨论薄膜干涉的光程差与明暗纹条件。

如图 12-10(b) 所示，薄膜干涉由于传播距离不同引起的光程差为 $2nd$，由于半波损失引起的光程差为 $\frac{\lambda}{2}$。当 $n_1 > n_2$ 或 $n_1 < n_2$，光线在薄膜的上表面或下表面有半波损失，其光程差

$$\Delta = 2nd + \frac{\lambda}{2} \quad (n_1 > n_2 \ 或 \ n_1 < n_2) \tag{12-10}$$

对应的明暗纹条件为

$$2nd + \frac{\lambda}{2} = \begin{cases} k\lambda, & k = 1，2，3，\cdots \quad （明纹） \\ (2k+1)\dfrac{\lambda}{2}, & k = 0，1，2，\cdots \quad （暗纹） \end{cases} \tag{12-11}$$

如图 12-10(c) 所示，当 $n_1 < n_2 < n_3$，光线在薄膜的上下表面都有半波损失，其光程差

$$\Delta = 2nd \quad (n_1 < n_2 < n_3)$$

对应的明暗纹条件为

$$2nd = \begin{cases} k\lambda, & k = 1，2，3，\cdots \quad （明纹） \\ (2k+1)\dfrac{\lambda}{2}, & k = 0，1，2，\cdots \quad （暗纹） \end{cases} \tag{12-12}$$

（4）薄膜干涉的应用

如果在光学元件表面涂一层薄膜，通过改变薄膜的厚度，可以增加某种波长的光在该元件上的透过率或反射率，对应的薄膜分别称为**增透膜**或**增反膜**。

【**例题 12-3**】 如图 12-11 所示，在折射率 $n_1 = 1.55$ 的玻璃基片上均匀镀上一层折射率 $n = 1.38$ 的 MgF_2 薄膜形成增透膜。若入射光波长 $\lambda = 550nm$，求 MgF_2 薄膜的最小厚度。

解：设 MgF_2 薄膜的厚度为 d，反射光形成暗纹的条件是

$$2nd = (2k+1)\frac{\lambda}{2}$$

令 $k = 0$，则

$$2nd_m = (0+1)\frac{\lambda}{2}$$

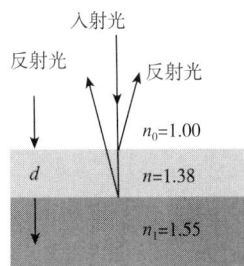

图 **12-11** 增透膜

解得膜的最小厚度

$$d_m = \frac{\lambda}{4n} = \frac{550 \times 10^{-9}}{4 \times 1.38} = 99.6 \times 10^{-9} m = 99.6 nm$$

12.3.3　劈尖干涉

（1）劈尖的构造与干涉图样

如图 12-12 所示，劈尖是一个上下表面成很小夹角的劈形膜。用玻璃直接做成的称为**玻璃劈尖**；用两块平板玻璃夹一根细丝构成的是**空气劈尖**。可以想见，空气劈尖的制作比玻璃劈尖容易得多。如图 12-12（c）所示，劈尖的干涉图样是明暗相间的等间距平行条纹。

（2）劈尖干涉的光程差和明暗纹条件

劈尖是一个劈形膜，劈尖干涉的物理过程与薄膜干涉一样，也是膜上下表面反射光之间的干涉。由于劈角 θ 很小，可以认为劈尖的上下表面几乎平行。如图 12-13 所示，平行光垂直照射在折射率为 n 的劈尖上表面 A 处时，上下表面反射光的光程差

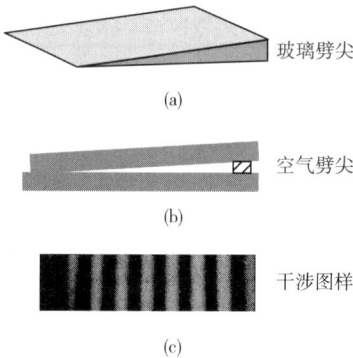

图 12-12　劈尖的构造与干涉图洋

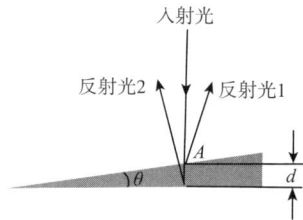

图 12-13　劈尖干涉的光程差

$$\Delta = 2nd + \frac{\lambda}{2} \tag{12-13}$$

式中 d 为 A 处劈尖厚度，$\dfrac{\lambda}{2}$ 为光在劈尖的下表面反射时的半波损失。从而可得劈尖干涉明暗纹条件

$$\Delta = 2nd + \frac{\lambda}{2} = \begin{cases} k\lambda, & k = 1, 2, 3, \cdots \quad （明纹） \\ (2k+1)\dfrac{\lambda}{2}, & k = 0, 1, 2, \cdots \quad （暗纹） \end{cases} \tag{12-14}$$

上式表明，劈尖厚度相同的地方满足相同的干涉条件，呈现相同的干涉图样，劈尖干涉是一种等厚干涉。

由式（12-8）可知，在空气劈尖的两玻璃片相接触处，$d = 0$，$\Delta = \dfrac{\lambda}{2}$，出现暗条纹。该结果和实际观察结果一致，进一步验证了半波损失。

（3）劈尖干涉的条纹间距

条纹间距是相邻两条明条纹或暗条纹之间的距离。由 k 级明纹条件

$$2nd_k + \frac{\lambda}{2} = k\lambda$$

和 $k+1$ 级明纹条件

$$2nd_{k+1} + \frac{\lambda}{2} = (k+1)\lambda$$

可求出相邻明纹处劈尖的厚度差

$$\Delta d = d_{k+1} - d_k = \frac{\lambda}{2n} \tag{12-15}$$

式中 d_{k+1} 和 d_k 分别为第 k 级和第 $k+1$ 级明纹处的劈尖厚度。

如图 12-14 所示，设相邻两条明纹间距为 L，则

$$L\sin\theta = \Delta d \tag{12-16}$$

考虑劈尖的夹角 θ 很小

$$L\theta \approx L\sin\theta = \Delta d = \frac{\lambda}{2n}$$

解得

$$L = \frac{\lambda}{2n\theta}$$

(4)劈尖干涉的应用

工程上可利用劈尖干涉的原理，测定细丝的直径或薄片的厚度，还可以用来检查工件的平整度(图 12-15)。

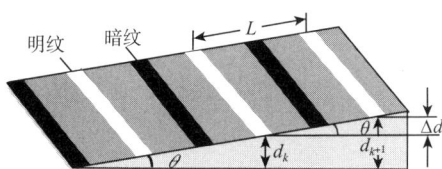

图 12-14 劈尖干涉条纹　　　　图 12-15 薄膜干涉检查工件平整度

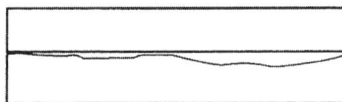

12.3.4 牛顿环

(1)牛顿环仪的构造与干涉图样

牛顿环仪(图 12-16)由一块曲率半径很大的平凸透镜与平玻璃相接触，构成一个上表面为球面，下表面为平面的空气劈尖。实验装置如图 12-17 所示：由单色光源 S 发出的水平光线经半透半反镜 M 反射后，竖直向下射向空气劈尖并在劈尖的上下表面反射形成相干光。从显微镜向下观察，即可看到如图 12-18 所示的干涉图样，该图

样称为**牛顿环**。可以看出，牛顿环是以接触点为中心的明暗相间的同心圆环，中央是一个暗斑，条纹间距内疏外密。

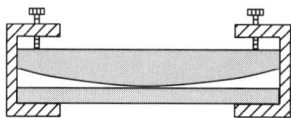

图 12-16　牛顿环仪

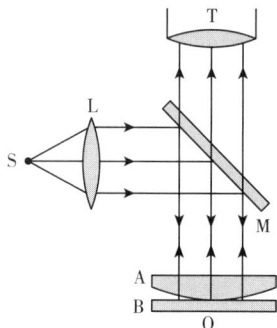

图 12-17　牛顿环实验装置

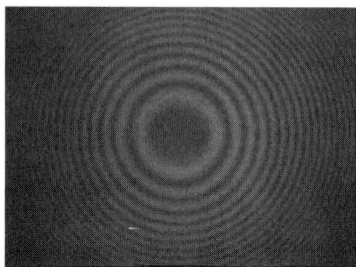

图 12-18　牛顿环

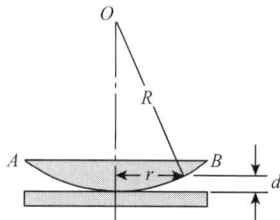

图 12-19　牛顿环的计算

（2）牛顿环的明暗环半径

如图 12-19 所示，由几何关系可得

$$(R-d)^2 + r^2 = R^2$$

$$R^2 - 2Rd + d^2 + r^2 = R^2$$

考虑 $R \gg d$，舍去 r^2，解得半径 r 处空气薄膜厚度

$$d = \frac{r^2}{2R} \tag{12-17}$$

该处上下表面反射光的光程差

$$\Delta = 2d + \frac{\lambda}{2}$$

代入双光束干涉的明暗纹条件得

$$\Delta = 2d + \frac{\lambda}{2} = \begin{cases} k\lambda, & k=1,2,3,\cdots \text{（明纹）} \\ (2k+1)\dfrac{\lambda}{2}, & k=0,1,2,\cdots \text{（暗纹）} \end{cases}$$

与式（12-17）联立解得明暗环半径

$$r = \begin{cases} \sqrt{(k-1/2)R\lambda}, & k=1,2,3,\cdots \text{（明环）} \\ \sqrt{kR\lambda}, & k=0,1,2,\cdots \text{（暗环）} \end{cases} \tag{12-18}$$

12.4　光的衍射

12.4.1　光的衍射现象及其图样

在一定条件下，光能够绕过障碍物的边缘前行，并在障碍物的阴影区形成明暗相间的稳定图样，这种偏离直线传播的现象称为**光的衍射**。

衍射现象能否形成与障碍物的大小有关。一般说来，如果障碍物的大小与光的波长可比，就能形成可观察的衍射现象；如果障碍物的大小远远大于光的波长，光表现出来的是直线传播，形不成可观察的衍射现象。日常生活中常见的物体的大小都远远大于可见光的波长，所以日常生活中看不到光的衍射现象。图 12-20(a)和(b)分别是单色光照射剃须刀片和矩形小孔形成的衍射图样。

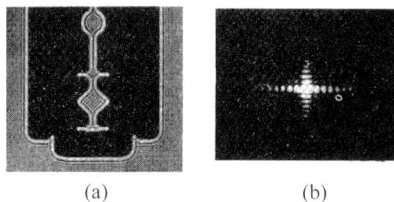

图 12-20　刀片和小孔的衍射图样

图 12-21 是单色光照射不同形状的小孔形成的衍射图样。可以看出，衍射图样与障碍物的形状有关。

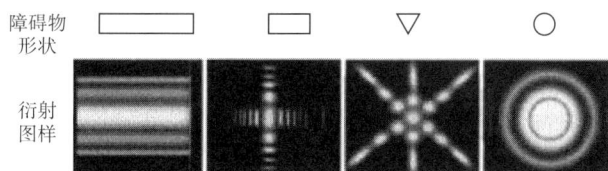

图 12-21　不同形状的障碍物衍射图样

12.4.2　衍射现象的分类

根据光源和观察方式的类型，通常把衍射现象分为两类。一类如图 12-22(a)所示，光源和观察屏离衍射孔(或缝)的距离有限，称为**菲涅耳衍射**或**近场衍射**。另一种如图 12-22(b)所示，光源和观察屏都在离衍射孔(或缝)无限远处，称为**夫琅禾费衍射**或**远场衍射**。夫琅禾费衍射实际上是菲涅耳衍射的极限情况。在实验室，夫琅禾费衍射实验可用两个会聚透镜来实现。如图 12-22(c)所示，因为使用了透镜，对于衍射缝来讲，相当于把光源和观察屏都推到无限远处。

在上述两种衍射中，夫琅禾费衍射的数学处理相对比较简单，同时考虑夫琅禾费衍射有许多重要的实际应用，本章主要介绍夫琅禾费衍射。

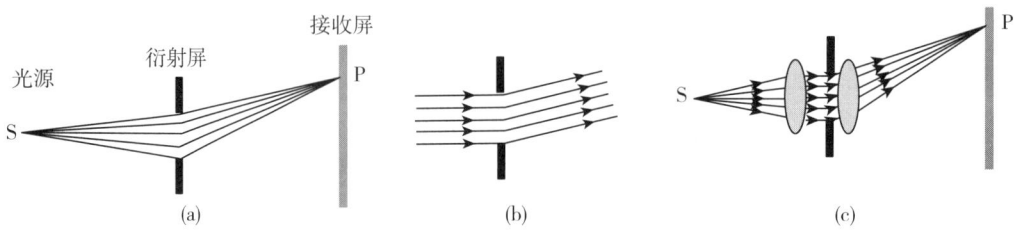

图 12-22　衍射现象的分类

12.4.3　惠更斯—菲涅耳原理

如第 11 章所述，惠更斯原理提出了绘制波前的几何方法。但是，惠更斯原理不能解释光的衍射中光强度分布不均匀的现象。为此，菲涅耳提出：在波的传播过程中，从同一波前上各点发出的子波都是相干波，这些子波在空间相遇时，产生了相干叠加。因而，衍射场中各点的强度由各子波在该点的相干叠加决定。

这个由相干叠加概念发展了的惠更斯原理称为**惠更斯—菲涅耳原理**。根据这一原理，菲涅耳建立了一套计算无穷多束光相干叠加的积分方法，由此可以定量计算衍射的光强分布。

12.5　夫琅禾费单缝衍射

12.5.1　实验装置与衍射图样

夫琅禾费单缝衍射的实验装置如图 12-23 所示：单色平行光照在单缝上形成衍射；衍射光穿过透镜会聚在透镜的焦平面上，在焦平面上放置一个观察屏，即可看到图 12-24 所示的衍射图样。

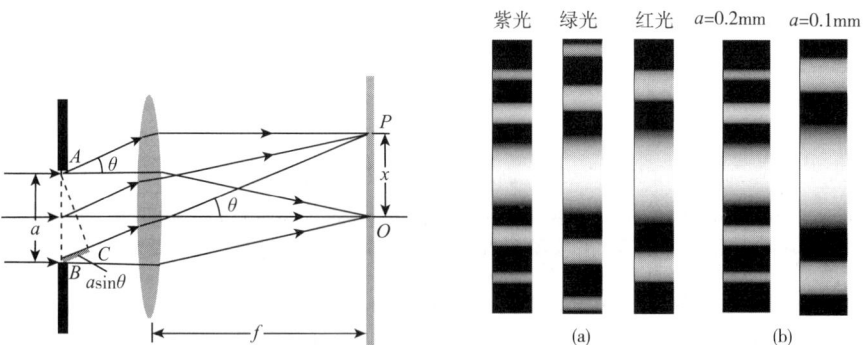

图 12-23　夫琅禾费单缝衍射

图 12-24　单缝衍射图样

图 12-24(a)为分别用不同波长的光照射同一单缝的衍射图样。可以看出，条纹间距与入射光波长有关，波长增长，条纹间距增大。图 12-24(b)为同一波长的光照

射不同宽度的单缝的衍射图样。可以看出，条纹间距与单缝宽度有关，单缝宽度减小，条纹间距增大。

12.5.2 衍射图样的条纹间距

对夫琅禾费单缝衍射条纹的光强度分布，原则上可以用菲涅耳积分法定量计算，但是过程复杂。为此，菲涅耳提出了一种划分半波带的方法，称为菲涅耳半波带法。如图 12-23 所示，用这种方法可以得出单缝衍射的暗纹条件

$$a\sin\theta = k\lambda, \quad k = 1, 2, 3, \cdots \tag{12-19}$$

明纹条件

$$a\sin\theta = (2k+1)\frac{\lambda}{2}, \quad k = 1, 2, 3, \cdots \tag{12-20}$$

中央明纹条件

$$\theta = 0 \tag{12-21}$$

考虑单缝衍射的衍射角 θ 很小，所以有

$$\sin\theta = \tan\theta = \frac{x}{f}$$

将该式代入暗纹条件式 (12-19) 得

$$a\frac{x}{f} = k\lambda$$

解得接收屏上 k 级暗纹坐标

$$x_k = \frac{f}{a}k\lambda \tag{12-22}$$

$k+1$ 级暗纹坐标

$$x_{k+1} = \frac{f}{a}(k+1)\lambda \tag{12-23}$$

定义相邻两级暗纹之间的距离为该级明纹宽度

$$\Delta x = x_{k+1} - x_k = \frac{f}{a}(k+1-k)\lambda = \frac{f}{a}\lambda \tag{12-24}$$

定义 ± 1 级暗纹之间的距离为中央明纹宽度

$$\Delta x_0 = 2x_1 = 2\frac{f}{a}\lambda = \frac{2f}{a}\lambda = 2\Delta x \tag{12-25}$$

可以看出：

①单缝衍射非中央明纹的条纹宽度与级数无关，条纹等间距；

②中央明条纹的宽度是其他明条纹宽度的 2 倍；

③条纹间距与入射光波长成正比；

④条纹间距与单缝宽度成反比。

以上结论均与实验观察结果一致。

12.5.3　单缝衍射的光强度分布

单缝衍射的光强度分布如图 12-25 所示，可以看出，中央明纹的光强度远大于其他明纹的光强度。计算结果表明，中央明纹的光强度约占总光强度的 84%。

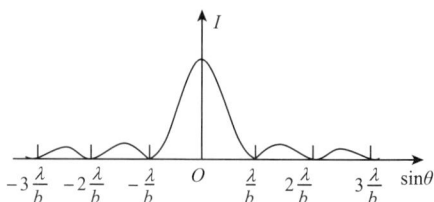

图 12-25　单缝衍射的光强度分布

【例题 12-4】　宽度 $a = 0.1\text{mm}$ 的单缝后放一个焦距为 50cm 的会聚透镜，观察屏位于透镜焦平面上。求波长 $\lambda = 550\text{nm}$ 的平行光垂直照射时中央明纹的宽度和其他明纹宽度。

解：中央明纹宽度

$$\Delta x_0 = \frac{2f}{a}\lambda = \frac{2 \times 0.50 \times 550 \times 10^{-9}}{0.1 \times 10^{-3}} = 5.50 \times 10^{-3}\text{m} = 5.50\text{mm}$$

其他明纹宽度

$$\Delta x = \frac{f}{a}\lambda = \frac{0.50 \times 550 \times 10^{-9}}{0.1 \times 10^{-3}} = 2.25 \times 10^{-3}\text{m} = 2.25\text{mm}$$

12.6　光栅衍射

如前所述，单缝衍射的条纹间距与缝的宽度成反比，单缝宽度越小，条纹间距越大。但是，单缝宽度减小的同时，透过单缝的光强度减小，衍射条纹的明暗对比度也随之减小。采用光栅衍射是解决上述问题的有效途径。

12.6.1　光栅的构造与衍射图样

由许多等宽等间距的狭缝组成的光学元件称为**光栅**。如图 12-26(a) 和图 12-27 所示，在一块玻璃上用金刚石刀尖刻出一系列等宽等距离的平行刻痕，刻痕处不透光，未刻过的部分相当于透光的狭缝，这样就做成了**透射光栅**。如图 12-26(b) 所示，在光洁度很高的金属表面刻出一系列等间距的平行细槽，就做成了**反射光栅**。简易的光栅可用照相的方法制造，在照相底片上印上一系列等间距平行黑色条纹就构成透射光栅。

若光栅上一条透光缝的宽度为 a，不透光部分宽度为 b，则 $a + b$ 表示一条狭缝在光栅上所占据的实际宽度(图 12-23)，称为**光栅常数**。一般光栅在每毫米内有几十至上千条缝，其光栅常数约 10^{-5}m。

图 12-28 是单色光照在不同缝数的光栅上的衍射图样，可以看出光栅衍射的特点为：

①暗纹宽度≫明纹宽度；

②明纹细且亮；

③光栅缝数增加，明纹变细，亮度增加。

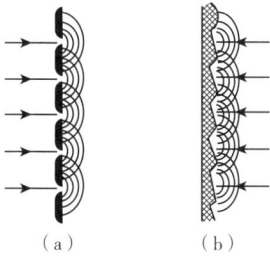

图 12-26　透射光栅和反射光栅

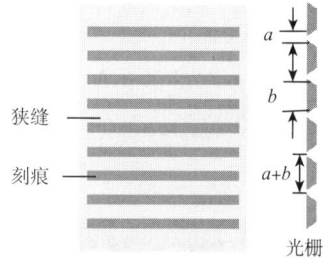

图 12-27　光栅常数

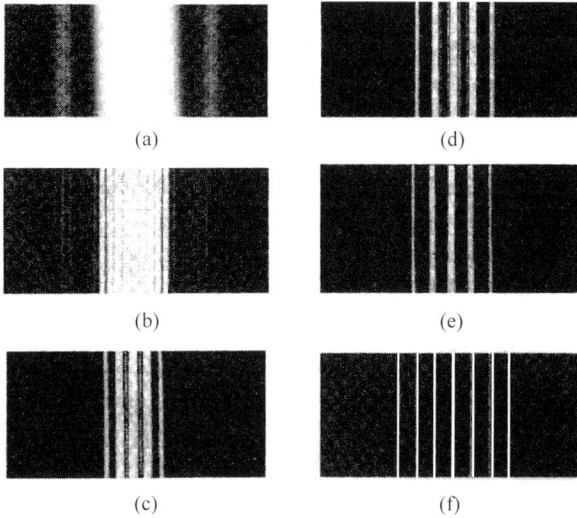

图 12-28　光栅衍射图样

（a）1 缝　（b）2 缝　（c）4 缝　（d）5 缝　（e）6 缝　（f）20 缝

12.6.2　光栅方程

由光栅的构造可以想见，当光通过光栅时，每条缝发出的光都会产生衍射，这些衍射光在空间相遇又会形成干涉。因此可见，光栅衍射是多束单缝衍射光之间的干涉。

如图 12-29 所示，对于衍射角为 θ 的一组光线，光栅上相邻两缝发出的光到达 P 点的光程差都是

$$\Delta = (a + b)\sin\theta$$

当

$$(a + b)\sin\theta = \pm k\lambda, \quad k = 0, 1, 2, \cdots$$

$$(12\text{-}26)$$

所有的缝发出的沿此方向的光束到达 P 点的振动

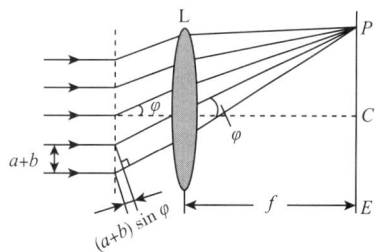

图 12-29　光栅衍射

相位都相同，将会因相干叠加使振动加强，形成明条纹。该式称为**光栅方程**，是研究光栅衍射的基本公式。

对于一个有 N 条缝的衍射光栅，P 点的合振幅是来自每一条缝的光振幅的 N 倍，总光强是来自一条缝的光强的 N^2 倍。所以，光栅衍射的明纹亮度比单缝衍射缝的明纹亮度大得多。

12.6.3　光栅衍射的光强度分布

由于光栅衍射是多束单缝衍射光之间的干涉，光栅衍射的光强度分布（图 12-30）同时受单缝衍射光强度分布和多缝干涉光强度分布的制约。在有的满足光栅方程的方向，按照多缝干涉光强度分布，应该出现明条纹，但由于该处正好满足单缝衍射暗纹条件，结果将出现暗纹，这种现象称为**缺级**。

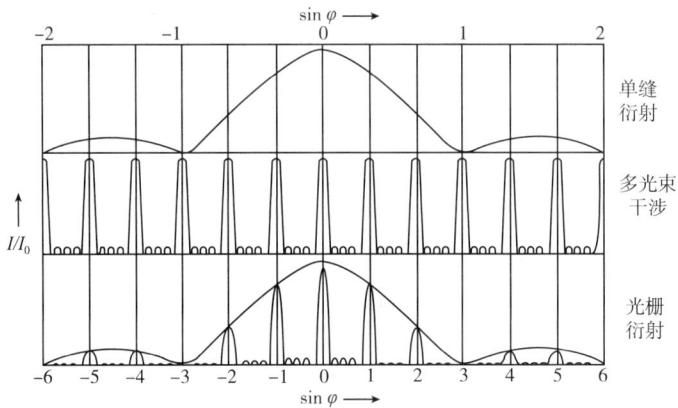

图 12-30　光栅衍射的光强度分布

12.6.4　光栅衍射光谱

如果入射光是复色光，由光栅方程可知，不同波长的同一级谱线将会按照由紫到红的顺序由中间向两边分开。这种由光栅衍射形成的不同波长的同级谱线称为**光栅光谱**（图 12-31）。

作为分光器件，光栅的分光效果比棱镜好得多。所以，光栅在光谱分析中具有极

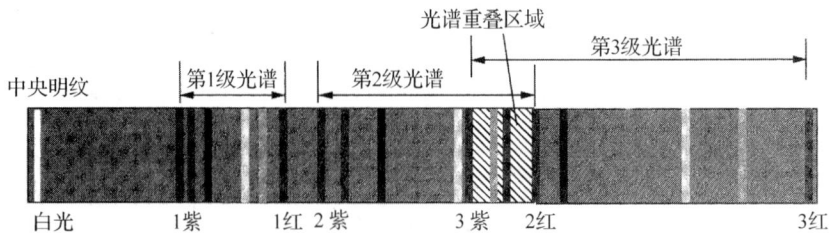

图 12-31　光栅光谱

为重要的作用。

【例题 12-5】　用氦—氖激光器发出的 632.8nm 的激光照射在一个衍射光栅上，测得衍射图样中央最大值和 2 级最大值之间的衍射角为 $15°10'$。该光栅在 1cm 内有多少条缝？

解：由光栅方程

$$(a+b)\sin\theta = k\lambda$$

得

$$\frac{1}{a+b} = \frac{\sin\theta_{20}}{2\lambda} = \frac{\sin15°10'}{2 \times 632.8 \times 10^{-9}} = 2070\,(\text{cm}^{-1})$$

12.7　圆孔衍射　光学仪器的分辨率

12.7.1　夫琅禾费圆孔衍射

透光孔是圆孔的夫琅禾费衍射称为**夫琅禾费圆孔衍射**。绝大多数光学仪器所用的孔径光阑和透镜边框都相当于一个透光圆孔。因此，讨论夫琅禾费圆孔衍射具有重要的实际意义。

（1）衍射装置与图样

夫琅禾费圆孔衍射的衍射装置如图 12-32 所示，平行光照在衍射屏上，透过圆孔形成衍射，然后穿过凸透镜会聚在其焦平面上。在凸透镜的焦平面上放置一个接收屏，即可看到衍射图样。

可以看出，夫琅禾费圆孔衍射的图样(图 12-33)是一组明暗相间的同心圆环，中央有一个亮斑，称为**爱里斑**，其半径等于第一暗环的半径。计算结果表明，爱里斑的光强度约占衍射总光强度的 84%。

（2）爱里斑的半张角

如图 12-32 所示，爱里斑的半径 r_0 对透镜中心的张角称为**爱里斑的半张角**。若透

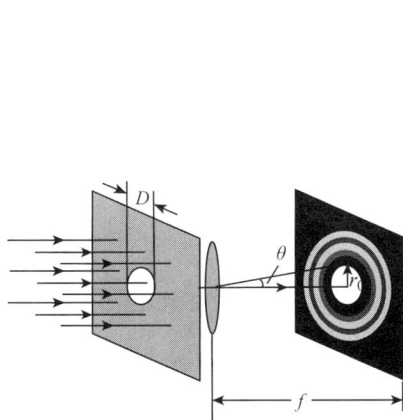

图 12-32　圆孔衍射实验装置

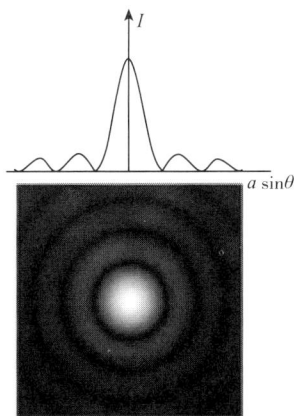

图 12-33　圆孔衍射光强度分布

光孔的直径为 D，入射单色光波长为 λ，爱里斑的半张角

$$\theta_0 = \frac{1.22\lambda}{D}$$

由于 θ_0 很小，由图 12-22 可知，爱里斑的半径

$$r_0 = f\theta_0 = \frac{1.22\lambda}{D}f \tag{12-27}$$

12.7.2   光学仪器的分辨率

在一般的光学仪器中，透镜和光阑等都相当于一个透光的圆孔，每一个物点发出的光线经圆孔后都会发生圆孔衍射，因此，像点也就不是一个几何点，而是一组以爱里斑为中心的衍射图样。设被观察物体上两个光强度相等的点经过透镜成像，将出现三种可能的情况：

①两个物点距离较远，它们经透镜成像后的两个爱里斑重叠很少[图 12-34(a)]，这两个物点能够被很好地分辨。

②两个物点距离较近，它们经透镜成像后的两个爱里斑重叠适当，每个爱里斑的边缘正好在另一个爱里斑的中心处[图 12-34(b)]，这两个物点刚好能被分辨。

③两个物点距离太近，它们经透镜成像后的两个爱里斑重叠很多，每个爱里斑中心处在的另一个爱里斑的边缘以里[图 12-34(c)]，这两个物点不能被分辨。

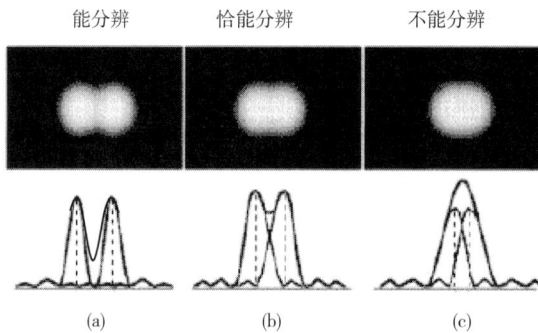

图 12-34   透镜成像的三种情况

鉴于上述情况，英国物理学家瑞利提出一个判断两个等光亮物点成像能否被分辨的依据：当一个物点形成的爱里斑的中心刚好落在另一物点形成的爱里斑的边缘（第一级暗环）处，该透镜恰好可以分辨清这两个物点（图 12-35），这一依据称为瑞利判据。此时，被观察物体对透镜中心所张的角度称为最小分辨角。按照瑞利判据，此时两个物点的衍射图样中心的距离等于爱里斑的半径 r_0，最小分辨角 $\theta_{\min}$ 等于爱

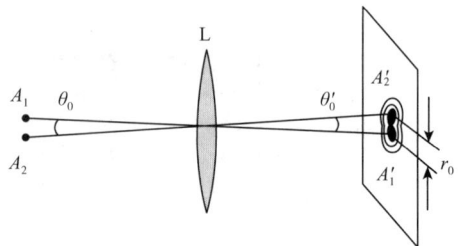

图 12-35   最小分辨角

里斑的半张角 θ_0，即

$$\theta_{\min} = \theta_0 = \frac{1.22\lambda}{D} \tag{12-28}$$

综上所述，在考虑光学仪器的成像时，通过选择透镜焦距或适当安排透镜组，用提高放大率的方法可以提高光学仪器的分辨本领。但是由于衍射的存在，当放大率大到一定程度后，仪器的分辨本领便不能再提高了。这就是说，衍射的存在使得光学仪器分辨本领的提高有一个极限，这一极限可以通过最小分辨角来表征。$\theta_{\min}$ 越小，分辨本领越高。按照式(12-28)，要提高分辨本领，可以通过减小入射光的波长或增大通光孔的半径来实现。紫光显微镜、电子显微镜和大口径天文望远镜都是这些方法的具体应用。目前世界上最大的望远镜是我国在贵州省内在建的直径 500m 的射电天文望远镜(图 12-36)。

图 12-36　我国在建 500m 射电天文望远镜

【例题 12-6】　在通常亮度下，人眼瞳孔直径约为 3mm，人眼的最小分辨角是多大？若远处两根细丝之间的距离为 2.0mm，离开多远时人眼恰好能分辨这两根细丝？

解：人眼瞳孔直径 $D = 3$mm，视觉最敏感的黄绿光 $\lambda = 550$nm，因此，人眼的最小分辨角

$$\theta_{\min} = 1.22\frac{\lambda}{D} = 1.22 \times \frac{550 \times 10^{-9}}{3 \times 10^{-3}} = 2.24 \times 10^{-4} \text{rad}$$

设细丝间距离为 ΔS，人与细丝相距为 L，则两根细丝对人眼的张角 θ 为

$$\theta = \frac{\Delta S}{L}$$

人眼恰好能分辨时应有

$$\theta = \theta_{\min}$$

于是

$$L = \frac{\Delta S}{\theta_{\min}} = \frac{2 \times 10^{-3}}{2.24 \times 10^{-4}} = 8.9 \quad (\text{m})$$

12.8　光的偏振　旋光现象

如前所述，光是电磁波，而电磁波是横波。光的干涉和衍射表明了光的波动性，而光的偏振则表明光是横波。光的偏振现象为光的电磁波本质提供了进一步的证据。

光的偏振是自然界普遍存在的现象。光的反射、折射以及光在晶体中传播时的双折射都与光的偏振现象有关。利用光的偏振特性可以测定机械结构内部应力分布情况，也可以用来研究晶体的结构。糖量计、立体电影、袖珍计算器及电子手表的液晶显示等都是偏振光的应用。

12.8.1　自然光与偏振光

（1）自然光

普通光源中包含许许多多分子和原子，不同的原子或分子所发出的光波或同一原子不同时刻所发光波，其振动方向、振幅、初相各不相同。所以，在垂直于光传播方向的平面内，光振动在各个方向的几率相同，没有哪一个方向更占优势，这种光称为**自然光**。可以想见，自然光的电矢量关于光的传播方向轴对称（图 12-37）。

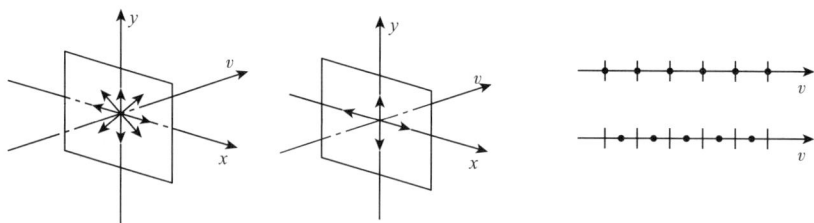

图 12-37　自然光及其表示

若把所有方向的光振动都分解到相互垂直的两个方向上，则光矢量在这两个方向上的振幅相等（图 12-37）。图中和传播方向垂直的短线表示在纸面内的光振动，小点表示和纸面垂直的光振动。

（2）偏振光

在光的传播过程中，会由于某些原因使得光矢量只在某个方向有振动，其他方向无振动，这样的光称为**完全偏振光**或**线偏振光**［图 12-38（a）］。如果光矢量在某

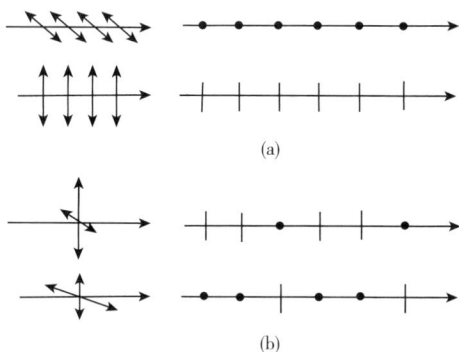

图 12-38　偏振光及其表示

个方向振动强，其他方向振动弱，则将该偏振光称为**部分偏振光**［图 12-38（b）］。

12.8.2　起偏振　布儒斯特定律

普通光源发出的光线都是自然光，要想获得偏振光需要采用一些专门的方法。采用一定的方法把自然光变成偏振光的过程称为起偏振。常用的起偏振方法有**反射起偏振**与**吸收起偏振**。

（1）反射起偏振

实验结果表明，自然光照在两种介质表面时，反射光中垂直入射面的分量比例大，折射光中平行入射面的分量比例大，反射光和折射光都是部分偏振光［图 12-39（a）］。

（2）布儒斯特定律

进一步研究表明，偏振光的偏振化程度与入射角有关。如图 12-39（b）所示，当自然光的入射角满足

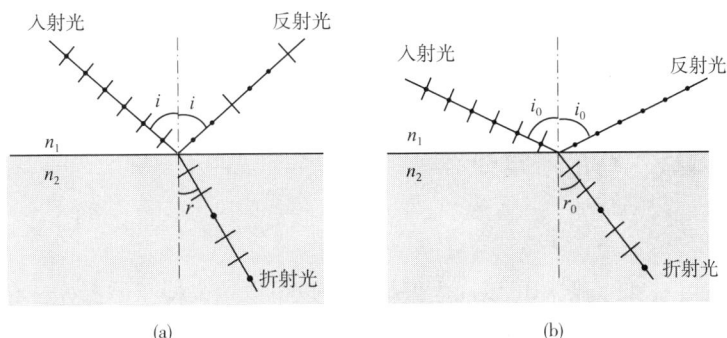

图 12-39　反射起偏振

$$\tan i_0 = \frac{n_2}{n_1} \qquad (12\text{-}29)$$

反射光成为完全偏振光。这种现象是由苏格兰物理学家布儒斯特于 1811 年发现，这个结论称为**布儒斯特定律**，i_0 称为**起偏角**或**布儒斯特角**。

由折射定律可知，入射光的入射角 i_0 与其折射角 r_0 满足

$$\frac{\sin i_0}{\sin r_0} = \frac{n_2}{n_1}$$

由布儒斯特定律可知

$$\tan i_0 = \frac{\sin i_0}{\cos i_0} = \frac{n_2}{n_1}$$

所以

$$\sin r_0 = \cos i_0$$

由此可见

$$r_0 + i_0 = \frac{\pi}{2} \qquad (12\text{-}30)$$

（3）吸收起偏振

实验发现有些晶体对不同方向的电磁振动吸收不同。例如，天然的电气石晶体呈六角形的片状。当光垂直入射时，与晶体长对角线的方向平行的光振动被晶体吸收得较少，通过晶体的光线较强；与晶体长对角线的方向垂直的光振动被晶体吸收得较多，通过晶体的光线较弱，如图 12-40 所示。这种晶体对不同方向的偏振光具有选择吸

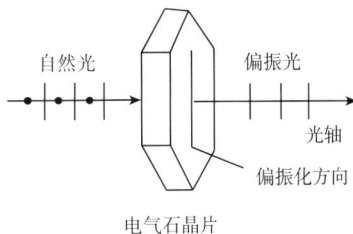

图 12-40　吸收起偏振

收的性质称为**二向色性**。显然，当自然光通过具有强烈二向色性的晶体时，透射光将成为线偏振光。这种能使自然光变为偏振光的晶体薄片称为**偏振片**。偏振片允许透过的光振动的方向称为偏振片的**偏振化方向**。

实际上，电气石晶体并不是理想的偏振片，由它产生的偏振光的偏振化程度并不高。硫酸碘奎宁晶体的起偏振性能比电气石晶体好得多。然而，硫酸碘奎宁晶体很小，

不能直接利用，在应用时常将其沉淀在聚氯乙烯膜上。当膜被拉伸时，膜上晶粒在膜应力作用下沿拉伸方向整齐排列，使众多晶粒表现出和单个晶粒一样的二向色性。这种人工制成的偏振片偏振化程度高，而且易于制成大面积的偏振片，因而实用价值较大。

12.8.3 检偏振 马吕斯定律

（1）检偏振

用具有二向色性的偏振片可以产生偏振光，也可以用来检验偏振光。在图 12-41(a) 中，P_1 和 P_2 为两个平行放置的偏振片，其上的平行线表示它们的偏振化方向。当自然光垂直入射在 P_1 上时透射光变为线偏振光，其振动方向平行于 P_1 的偏振化方向，透过的光强为 I_1，I_1 等于 I_0 的 $1/2$。透过 P_1 的线偏振光再入射到偏振片 P_2 上，若 P_2 的偏振化方向与 P_1 的偏振化方向平行，I_1 可以不受影响地穿过 P_2，此时透射光 I_2 的光强最强。若转动 P_2，使 P_1 与 P_2 的偏振化方向垂直，I_1 就不能通过 P_2。若将 P_2 绕光传播方向慢慢转动，可以发现透过 P_2 的光强 I_2 将随 P_2 的转动发生周期性的变化，光强 I_2 由大逐渐变小，再由小逐渐变大。图 12-41(b) 显示了偏振化方向垂直的两个偏振片的重叠部分不透光的现象。因此，对于一束偏振情况不明的光，将一块偏振片以光传播方向为轴旋转一周，若观察到透射光强发生了周期性变化就可以断定该光束为偏振光；反之，若透射光强始终不变，则该光束为自然光。如果将可以获得线偏振光的光学器件称**起偏器**，将检验光是否是线偏振光的光学器件称**检偏器**，那么，偏振片既可以作起偏器也可以作检偏器。

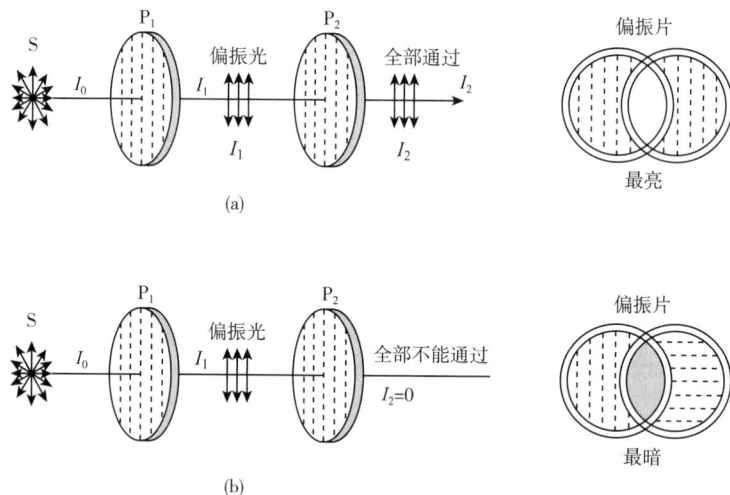

图 12-41 检偏振

（2）马吕斯定律

事实上，线偏振光通过偏振片后的光强变化情况是可以定量计算的。在图 12-42 中，设 A_1 为线偏振光光矢量的振幅，P_2 表示检偏器的偏振化方向。若线偏振光光矢量的振动方向与 P_2 方向间的夹角为 α，将 A_1 分解为平行于 P_2 和垂直于 P_2 的两个分量 $A_1\cos\alpha$ 和 $A_1\sin\alpha$，显然，只有平行分量 $A_1\cos\alpha$ 可以通过 P_2。所以，透过 P_2 的光振

动的振幅 A_2 为

$$A_2 = A_1 \cos\alpha \qquad (12\text{-}31)$$

由于光强度为光矢量振幅的平方，故将上式两端平方得透射光的光强度为

$$I_2 = I_1 \cos^2\alpha \qquad (12\text{-}32)$$

据此可知，当转动 P_2 时，光强 I_2 是周期性变化的。式(12-32)是法国工程师马吕斯首先提出的，故称为**马吕斯定律**。

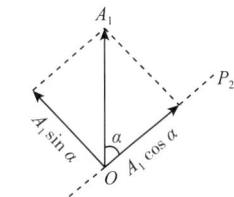

图 12-42 偏振光的分解

【**例题 12-7**】 如图 12-43(a)所示，在两块正交偏振片(即偏振化方向相互垂直)P_1 和 P_3 之间插入另一块偏振片 P_2，使光强为 I_0 的自然光垂直入射在偏振片 P_1 上。若转动 P_2，试确定透过 P_3 的光强 I 与转角的关系。

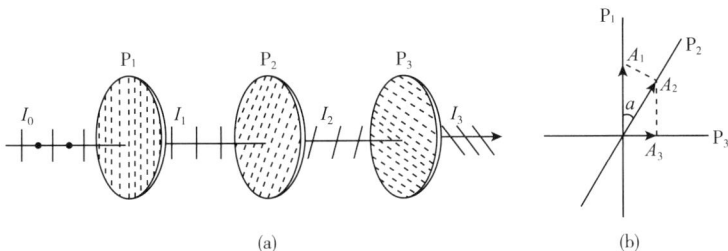

图 12-43 例题 12-7 图

解： 通过各偏振片的光矢量的振幅，如图 9-43(b)所示，其中 α 为 P_1 和 P_2 的偏振化方向之间的夹角。由于各偏振片只允许与自己的偏振化方向相同的偏振光透过，所以透过各偏振片的光振幅的关系为

$$A_2 = A_1 \cos\alpha, \quad A_3 = A_2 \cos\left(\frac{\pi}{2} - \alpha\right)$$

因而

$$A_3 = A_1 \cos\alpha \cos\left(\frac{\pi}{2} - \alpha\right) = A_1 \cos\alpha \sin\alpha = \frac{1}{2} A_1 \sin 2\alpha$$

两端平方得光强为

$$I_3 = \frac{1}{4} I_1 \sin^2 2\alpha$$

又由于 $I = \frac{1}{2} I_0$，得

$$I = \frac{1}{8} I_0 \sin^2 2\alpha$$

12.8.4 旋光现象

(1)物质的旋光性

1811 年，法国物理学家**阿喇果**发现，偏振光沿石英片的光轴传播时，其振动方向会以传播方向为轴转过一定角度。几乎同时，**比奥**也发现许多天然物质(如松节

油)的蒸气和液体也存在同样的现象。这种现象称为**旋光现象**，物质的这种性质称为**旋光性**。

旋光现象有两种情况：迎着光传播的方向观察，偏振光振动方向发生顺时针方向的旋转称为**右旋**；偏振光振动方向发生逆时针方向的旋转称为**左旋**。可见，旋光物质有左旋物质和右旋物质之分。

1822 年，英国人**赫谢耳**发现，石英晶体有右旋和左旋两种，这两种性质实际上对应着两种不同的晶体结构。虽然分子都是 SiO_2，但分子排列不同才导致了右旋与左旋之分。所有透明的对映材料都是旋光性材料。由于石英熔化以后，其旋光性消失，表明石英的旋光性和分子的整体结构与分布有关。许多有机和无机材料都和石英一样，只有在晶态时才有旋光性。

与此相反，在自然界中许多有机化合物(如糖、酒石酸、松节油等)，只有在液态时才有旋光性，这说明它们的旋光本领只与单个分子有关。此外，还有更加复杂的旋光材料，其旋光性既与分子本身的性质有关，还与分子在整个晶体中的排列有关。

（2）旋转角度的检测与旋光仪

偏振光旋转角度的检测可用图 12-44 所示的装置来说明。当旋光物质放在偏振化方向相正交的偏振片 P_1 和 P_2 之间时，可以看到视场由原来的黑暗变的明亮。将偏振片 P_2 旋转某一角度后，视场又变黑暗。这说明偏振光透过旋光物质后仍然是偏振光，但是振动方向旋转了一个角度 θ，该旋转角等于偏振片 P_2 旋转过的角度。

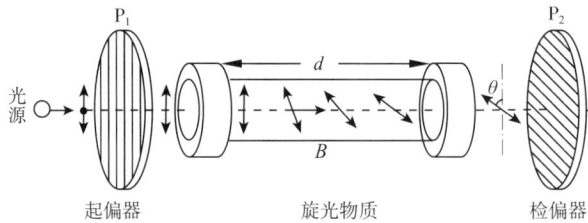

图 12-44　偏振光振动方向的旋转与检测

研究发现，对于晶体材料，线偏振光振动方向的旋转角与旋光物质的厚度 d 有关，旋转角 θ 的大小可用下式表示

$$\theta = \alpha d \tag{12-33}$$

式中比例系数 α 称为该晶体的**旋光率**，它表征线偏振光通过单位长度晶体时振动方向旋转的角度。一般而言，α 与入射光的波长有关。

对于液态的旋光物质，线偏振光通过时振动方向偏转的角度与光穿过的溶液的厚度 d 和溶液的浓度 c 成正比，即

$$\theta = \alpha c d \tag{12-34}$$

式中 α 也称旋光率，所不同的是 α 除了与波长有关外，还与液体的温度有关。

在式(12-34)中，由于 α 为常数，通过测量 θ 和 d，就可以得到溶液的浓度 c。按照这个思路，人们开发了一类专门用于测定旋光溶液浓度的偏振仪器，称为**旋光仪**。图 12-44 为旋光仪的原理图，图中玻璃管 B 中装有待测溶液，B 被放在两个偏振化方向相互正交的偏振片 P_1 和 P_2 之间。由于溶液的旋光作用，视场将由黑暗变为明亮。

旋转检偏器 P_2，使视场重新恢复黑暗，所旋转的角度就是振动方向的旋转角。如果已知溶液的 α 和玻璃管的长度 d，根据式（12-33）就可以算出溶液的浓度 c。由于许多化合物如樟脑、可卡因、尼古丁和各种糖类都具有旋光性，因而上述测定浓度的方法就具有广泛的应用价值。

本章摘要

光的波动性的实验依据是光的干涉与衍射，光是横波的实验依据是光的偏振。

1. 光的干涉

光存在干涉现象，光的相干条件为：两列光频率相同，振动方向相同，位相差恒定。

普通光源的发光是多光列的复色光，不是相干光。激光是相干光。可见光真空中的波长范围是 $400\sim740\mathrm{nm}$。电场强度矢量 $\boldsymbol{E}$ 的振动表示光波的振动，称为光矢量。

获得相干光的方法有分波阵面法和分振幅法。

2. 分波阵面干涉

（1）杨氏双缝干涉

双缝干涉明纹中心位置

$$x = \pm k \frac{D}{d}\lambda,\ k = 0,\ 1,\ 2,\ 3,\ \cdots$$

暗纹中心位置

$$x = \pm (2k+1) \frac{D}{d}\lambda,\ k = 0,\ 1,\ 2,\ 3,\ \cdots$$

条纹间距

$$\Delta x = \frac{D}{d}\lambda$$

杨氏双缝干涉的特点为：

①条纹间距与入射光的波长成正比，波长越短，条纹间距越小；

②条纹间距与双缝距离成反比；

③条纹间距与 k 无关，条纹等间距分布。

（2）菲涅耳双镜实验

菲涅耳双镜实验是成一定角度（略小于 $180°$）的两个反射镜反射光之间的干涉。

（3）洛埃镜实验

洛埃镜实验狭缝光源是直射光和平面镜反射光之间的干涉。

（4）半波损失

光从光疏媒质射向光密媒质在界面被反射时，反射光的相位会发生 π 的突变，对应的光程变化为 $\lambda/2$。

3. 分振幅干涉

（1）光程

光在其他介质中的传播距离折算成相同时间内真空中的传播距离，称为**光程**。

$$r_0 = nr_n$$

双光束干涉的明暗纹条件为其光程差

$$\Delta = \begin{cases} k\lambda, & k = 1, 2, 3, \cdots \quad （明纹） \\ (2k+1)\dfrac{\lambda}{2}, & k = 0, 1, 2, \cdots \quad （暗纹） \end{cases}$$

（2）薄膜干涉

薄膜干涉是薄膜上下表面反射光之间的干涉。

薄膜干涉的光程差与明暗纹条件：

当 $n_1 > n_2$ 或 $n_1 < n_2$，光线在薄膜的上表面或下表面有半波损失，其光程差

$$\Delta = 2nd + \frac{\lambda}{2}（n_1 > n_2 \text{ 或 } n_1 < n_2）$$

当 $n_1 < n_2 < n_3$，光线在薄膜的上下表面都有半波损失，其光程差

$$\Delta = 2nd（n_1 < n_2 < n_3）$$

增透膜的最小厚度

$$d_m = \frac{\lambda}{4n}$$

（3）劈尖干涉

劈尖是一个上下表面成很小夹角的劈形膜，劈尖干涉的光程差

$$\Delta = 2nd + \frac{\lambda}{2}$$

劈尖干涉的条纹间距

$$L = \frac{\lambda}{2n\theta}$$

（4）牛顿环

牛顿环是以接触点为中心的明暗相间的同心圆环，中央暗斑，条纹间距内疏外密。

4. 光的衍射

在一定条件下，光能够绕过障碍物的边缘前行，并在障碍物的阴影区形成明暗相间的稳定图样，这种偏离直线传播的现象称为**光的衍射**。衍射现象能否形成与障碍物的大小有关。

（1）衍射现象的分类

光源和观察屏离开衍射孔的距离有限，称为**菲涅耳衍射**或**近场衍射**。光源和观察屏都在离衍射孔无限远处，称为**夫琅禾费衍射**或**远场衍射**。

（2）惠更斯—菲涅耳原理

可以定量计算衍射的光强分布。

5. 夫琅禾费单缝衍射

单缝衍射的暗纹条件

$$a\sin\theta = k\lambda, \quad k = 1, 2, 3, \cdots$$

明纹条件

$$a\sin\theta = (2k+1)\frac{\lambda}{2}, \quad k = 1, \; 2, \; 3, \; \cdots$$

中央明纹条件

$$\theta = 0$$

接收屏上 k 级暗纹坐标

$$x_k = \frac{f}{a}k\lambda$$

明纹宽度

$$\Delta x = \frac{f}{a}\lambda$$

中央明纹宽度

$$\Delta x_0 \frac{2f}{a}\lambda = 2\Delta x$$

6. 光栅衍射

（1）光栅的构造与衍射图样

光栅上一条透光缝的宽度为 a，不透光部分宽度为 b，$a+b$ 称为光栅常数。

（2）光栅方程

光栅衍射是多束单缝衍射光之间的干涉。在满足光栅方程

$$(a+b)\sin\theta = \pm k\lambda, \quad k = 0, \; 1, \; 2, \; \cdots$$

的方向，形成明条纹。

7. 圆孔衍射光学仪器的分辨率

（1）夫琅禾费圆孔衍射

透光孔是圆孔的夫琅禾费衍射称为**夫琅禾费圆孔衍射**。爱里斑的半径 r_0 对透镜中心的张角称为**爱里斑的半张角**。

$$\theta_0 = \frac{1.22\lambda}{D}$$

爱里斑的半径

$$r_0 = f\theta_0 = \frac{1.22\lambda}{D}f$$

（2）光学仪器的分辨率

瑞利判据：对于两个等光强物点，当一个物点形成的爱里斑的中心刚好落在另一物点形成的爱里斑的边缘处，该透镜恰好可以分辨清这两个物点，对应的最小分辨角

$$\theta_{\min} = \theta_0 = \frac{1.22\lambda}{D}$$

提高光学仪器分辨认得途：减小入射光的波长、增大通光孔的半径

8. 光的偏振　旋光现象

（1）自然光与偏振光

在垂直于光传播方向的平面内，光振动在各个方向的几率相同，这种光称为**自然光**。

光矢量只在某个方向有振动，其他方向无振动，这样的光称为完全偏振光或线偏振光。光矢量在某个方向振动强，其他方向振动弱，则将该偏振光称为部分偏振光。

（2）起偏振　布儒斯特定律

①反射起偏振

自然光照在两种介质表面时，反射光中垂直入射面的分量比例大，折射光中平行入射面的分量比例大，反射光和折射光都是部分偏振光。

②布儒斯特定律

当自然光的入射角满足

$$\tan i_0 = \frac{n_2}{n_1}$$

反射光成为完全偏振光。i_0 称为起偏角或布儒斯特角。此时

$$r_0 + i_0 = \frac{\pi}{2}$$

③吸收起偏振

自然光通过二向色性物质制成的偏振片时，透射光将成为线偏振光。偏振片允许透过的光振动的方向称为偏振片的偏振化方向。

（3）检偏振马吕斯定律

①检偏振

偏振片可以用来检验偏振光。将一块偏振片作为起偏器，另一块偏振片作为检偏器。一块偏振片以光传播方向为轴旋转一周，若观察到透射光强发生了周期性变化就可以断定该光束为偏振光；反之，若透射光强不变，则该光束为自然光。

②马吕斯定律

偏振光透过偏振片的光强度

$$I_2 = I_1 \cos^2 \alpha$$

（4）旋光现象

偏振光沿石英片的光轴传播时，其振动方向会以传播方向为轴转过一定角度。对于晶体材料，旋转角

$$\theta = \alpha d$$

对于液态的旋光物质，旋转角

$$\theta = \alpha c d$$

习　题

填空题

12-1　可见光的波长范围是_____。

12-2　光的相干条件是两列光_____、_____、_____。

12-3　获得相干光的两种方法是_____和_____。

12-4　双缝干涉获得相干光的方法是_____。

12-5　当光线_____时，_____形成半波损失。

12-6　一个半波损失对应的波程差是_____。

12-7　玻璃的折射率 $n=1.58$，光在玻璃中传播 1m 的光程是_____。

12-8　在折射率 $n_1=1.55$ 的玻璃基片上均匀镀上一层折射率 $n=1.38$ 的 MgF_2 薄膜形成增透膜。若入射光波长 $\lambda=550nm$，MgF_2 薄膜的最小厚度为_____。

12-9　自然光强度为 I_0 穿过一个偏振片的光强度为_____。

12-10　两个偏振片叠放在一起，强度为 I_0 的自然光垂直入射，不考虑偏振片的吸收和反射，若通过两个偏振片后的光强为 $\dfrac{I_0}{8}$，则此两偏振片的偏振化方向间的夹角是_____。

选择题

12-11　在双缝干涉实验中，若单色光源 S 到两缝 S_1、S_2 距离相等，则观察屏上中央明纹中心位于图中 O 处，现将光源 S 向下移动到示意图中的 S′位置，则_____。

　　A. 中央明条纹向下移动，且条纹间距不变

　　B. 中央明条纹向上移动，且条纹间距增大

　　C. 中央明条纹向下移动，且条纹间距增大

　　D. 中央明条纹向上移动，且条纹间距不变

12-12　如题 12-12 图所示，折射率为 n_2，厚度为 e 的透明介质薄膜的上方和下方的透明介质折射率分别为 n_1 和 n_3，且 $n_1<n_2$，$n_2>n_3$，若波长为 λ 的平行单色光垂直入射在薄膜上，则上下两个表面反射的两束光的光程差为_____。

　　A. $2n_2e$　　　　　　B. $2n_2e-\lambda/2$　　　C. $2n_2e-\lambda$　　　　　D. $2n_2e-\lambda/2n_2$

12-13　如题 12-13 图所示，用波长 $\lambda=600nm$ 的单色光做杨氏双缝实验，在光屏 P 处产生第五级明纹极大，现将折射率 $n=1.5$ 的薄透明玻璃片盖在其中一条缝上，此时 P 处变成中央明纹极大的位置，则此玻璃片厚度为_____。

　　A. $5.0\times10^{-4}cm$　　　　　　　　B. $6.0\times10^{-4}cm$

　　C. $7.0\times10^{-4}cm$　　　　　　　　D. $8.0\times10^{-4}cm$

12-14　如题 12-14 图所示，用波长 $\lambda=480nm$ 的单色光做杨氏双缝实验，其中一条缝用折射率 $n=1.4$ 的薄透明玻璃片盖在其上，另一条缝用折射率 $n=1.7$ 的同样厚度的薄透明玻璃片覆盖，则覆盖玻璃片前的中央明纹极大位置现变成了第五级明纹极大，则此玻璃片厚度为_____。

　　A. $3.4\mu m$　　　　　B. $6.0\mu m$　　　　　　C. $8.0\mu m$　　　　　D. $12\mu m$

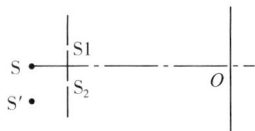

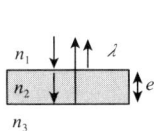

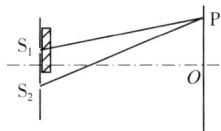

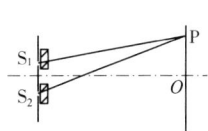

题 12-11 图　　　　　题 12-12 图　　　　　题 12-13 图　　　　　题 12-14 图

12-15 在双缝干涉实验中，为使屏上的干涉条纹间距变大，可以采取的办法是_____。

A. 使屏靠近双缝　　　　　　　B. 使两缝的间距变小

C. 把两个缝的宽度稍微调窄　　D. 改用波长较小的单色光源

12-16 将双缝干涉实验放在水中进行，和空气中的实验相比，相邻明纹间距将_____。

A. 不变　　　　B. 减小　　　　C. 增大　　　　D. 干涉条纹消失

12-17 光波的衍射现象没有声波显著，这是由于_____。

A. 光波是电磁波，声波是机械波　　B. 光波传播速度比声波大

C. 光是有颜色的　　　　　　　　　D. 光的波长比声波小得多

12-18 两偏振片堆叠在一起，一束自然光垂直入射时没有光线通过，当其中一偏振片慢慢转动时，出射光强度发生的变化为（　　　）

A. 光强先增加，后又减小至零

B. 光强先增加，后减小，再增加

C. 光强单调增加

D. 光强先增加，然后减小，再增加，再减小至零

12-19 光强为 I_0 的自然光垂直通过两个偏振片，他们的偏振化方向之间的夹角 $\alpha = 60°$，设偏振片没有吸收，则出射光强 I 与入射光强 I_0 之比为_____。

A. 1/4　　　　B. 3/4　　　　C. 1/8　　　　D. 3/8

12-20 自然光以布儒斯特角由空气入射到一玻璃表面上，则反射光是_____。

A. 在入射面内振动的完全线偏振光

B. 平行于入射面的振动占优势的部分偏振光

C. 垂直于入射面的振动的完全偏振光

D. 垂直于入射面的振动占优势的部分偏振光

计算题

12-21 在双缝干涉实验中两缝间距为 0.30mm，用单色光垂直照射双缝，在离缝 1.20m 的屏上测得中央明纹一侧第 5 条暗纹与另一侧第 5 条暗纹间的距离为 22.78mm，问所用光的波长为多少？是什么颜色的光？

12-22 一双缝装置的一个缝被折射率为 $n_1 = 1.40$ 的薄玻璃片所遮盖，另一个缝被折射率为 $n_2 = 1.70$ 的薄玻璃片所遮盖，在玻璃片插入以后，屏上原来的中央极大所在点，现变为第 5 级明纹，假定 $\lambda = 480$nm，且两玻璃片厚度均为 d，求 d 为多少？

12-23 折射率 $n_3 = 1.52$ 的照相机镜头表面涂有一层折射率 $n_2 = 1.38$ 的 MgF_2 增透膜，若此膜仅适用于波长 $\lambda = 550$nm 的光，则此膜的最小厚度为多少？

12-24 将三块偏振片 P_1、P_2 和 P_3 叠放在一起，第二个和第三个与第一个的偏振化方向成 45° 和 90° 的角。①光强为 I_0 的自然光垂直地射到这一堆偏振片上，试求经每一偏振片后的光强和偏振状态；②如果将第二个偏振片抽走，情况又

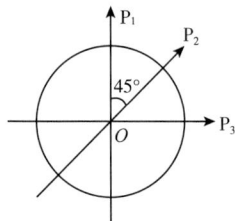

题 12-24 图

如何?

12-25 两个偏振片 P_1、P_2 叠在一起,一束单色线偏振光垂直入射到 P_1 上,其光矢量振动方向与 P_1 的偏振化方向之间的夹角固定为 30°。当连续穿过 P_1、P_2 后的出射光强为最大出射光强的 1/4 时,P_1、P_2 的偏振化方向夹角为多大?

12-26 在双缝干涉实验中,双缝与屏间的距离 $D=1.2\mathrm{m}$,双缝间距 $d=0.45\mathrm{mm}$,若测得屏上干涉条纹相邻明条纹间距为 1.5mm,求光源发出的单色光的波长。

12-27 用白光垂直照射置于空气中厚度为 $0.5\mu\mathrm{m}$ 的玻璃片,玻璃片的折射率为 1.50。在可见光范围内(400~760nm)哪些波长的反射光干涉加强?($1\mathrm{nm}=10^{-9}\mathrm{m}$)

12-28 使自然光通过两个偏振化方向相交 60°的偏振片,透射光强为 I_1,今在这两个偏振片之间插入另一偏振片,它的方向与前两个偏振片均成 30°角,则透射光强为多少?

12-29 一束光是自然光和线偏振光的混合,当它通过一偏振片时发现透射光的强度取决于偏振片的取向,其强度可以变化 5 倍,求入射光中两种光的强度各占总入射光强度的比例。

12-30 在双缝干涉实验中,所用单色光的波长为 600nm,双缝间距为 1.2mm 双缝与屏相距 500mm,求相邻干涉明条纹的间距。

第 13 章

狭义相对论

爱因斯坦创立的相对论是 20 世纪物理学最伟大的成就之一。狭义相对论指出了物理定律对一切惯性系是等价的，揭示了空间与时间的内在联系，质量与能量的内在联系。广义相对论进一步指出物理定律对一切参考系都是等价的，更深入地揭示了时空性质与运动物质之间不可分割的联系。这个理论不仅由大量实验所证实，而且已成为近代科学技术不可缺少的理论基础。限于篇幅，本章只介绍狭义相对论的有关内容。

13.1 狭义相对论的基本原理 洛伦兹变换

13.1.1 经典相对性原理和伽利略变换的局限

如第 1 章所述，如果质点的运动速度远远小于光速，则时间与空间的测量结果与坐标系无关，称为时间与空间测量的绝对性。物体的运动描述与所选的参考系有关，称为运动的相对性。物体在不同参考系中的运动描述，可以通过伽利略变换来解决。

许多自然现象和实验结果都表明，物体在低速运动范围内，伽利略变换和经典力学的相对性原理是符合实际情况的。然而，在涉及电磁现象，包括光的传播现象时，经典力学的相对性原理和伽利略变换遇到了不可克服的困难。

光是电磁波，由麦克斯韦方程组可知，光在真空中传播的速率为

$$c = \frac{1}{\sqrt{\varepsilon_0 \mu_0}} = 2.998 \times 10^8 \, \mathrm{m \cdot s^{-1}}$$

它是一个恒量，这说明光在真空中传播的速率与参考系的选择以及与光传播的方向无关。

按照伽利略速度变换式 $v = v' + u$，不同惯性参考系中的观察者测定同一光束的传播速度时，所得结果应各不相同。假如在 S 系中，麦克斯韦方程组成立，光沿各方向传播的速率都是 c，则在相对 S 以速度 u 运动的参考系 S′系中应测得沿 x' 轴正方向传播的光

速为 $c-u$，沿 x' 轴负向传播的光速为 $c+u$ 等，即在 S' 系中，光沿不同方向传播的速率不同。由此必须得到一个结论：只有在一个特殊的惯性系中，麦克斯韦方程组才严格成立。或者说，在不同惯性系中，宏观电磁现象所遵循的规律是不同的。这样一来，对于不可能通过力学实验找到的特殊参考系，现在似乎可以通过电磁学、光学实验找到。例如，若能测出地球上各方向光速的差异，就可以发现地球相对上述特殊惯性系的运动。

为了发现不同惯性系中光速的差异，人们不仅重新研究了早期的一些实验和天文观测结果，还设计了许多新的实验，其中最著名的是 1887 年利用迈克耳孙干涉仪所做的迈克耳孙—莫雷实验，这个实验是为测量地球上各方向光速的差别而设计的，构思巧妙，精度很高，是近代物理学中重要实验之一。然而，在各种不同条件下多次反复进行的测量都表明：在所有惯性系中，真空中光沿各方向传播的速率都相同，都等于 c。

这是和伽利略变换乃至和整个经典力学不相容的实验结果，它曾使当时的物理学界大为震惊，为了在绝对时空观的基础上统一地说明这个实验和其他实验的结果，一些物理学家，如洛伦兹等，曾提出各种各样的假设，但都未能成功。

13. 1. 2 狭义相对论的基本原理

1905 年，26 岁的爱因斯坦另辟蹊径，他不固守绝对时空观和经典力学的观念，而是在对实验结果和前人工作进行仔细分析研究的基础上，从一个新的角度来考虑所有问题，首先，他认为自然界是对称的，包括电磁现象在内的一切物理现象和力学现象一样，都应满足相对性原理，即在所有惯性系中物理定律及其数学表达形式都是相同的，因而用任何方法都不能发现特殊的惯性系；此外，他还指出，许多实验都已表明，在所有惯性系中测量，真空中的光速都相同，因此，这一点也应作为基本假设提出来，于是爱因斯坦提出了两条基本假设，并在此基础上建立了新的理论——狭义相对论。两条基本假设包括：

（1）相对性原理

物理规律在不同的惯性系中都有相同的表达形式。即所有的惯性系都是等价的。任何物理实验都不能确定本参考系的速度。绝对静止的参考系不存在。

（2）光速不变原理

任何惯性系中，光在真空中的速率都相等。它与光源或观测者的运动无关，即不依赖于惯性系的选择。

显然，爱因斯坦提出的狭义相对论的基本原理与伽利略变换是矛盾的。伽利略相对性原理只是对于力学规律而言，而爱因斯坦把他的相对性原理推广到了一切物理学定律。这就是说，用任何物理实验都无法找到绝对参考系，或者说，绝对参考系是不存在的。

按照相对性原理，迈克尔逊—莫雷实验的否定结果是必然的。因为和力学规律一样，电磁规律对于各个惯性系都是同样成立的，从而也根本不可能利用电磁学的实验来测知地球相对于以太的运动。从这个意义上说，迈克尔逊—莫雷实验的否定结果恰恰是相对性原理的一个有力的证明。

光速不变原理表明，在自由空间中，光速是与光源的运动速度无关的，各种不同频率的光波的传播速度是相同的，光速是各向同性的。

迄今为止，人们在各种情况下测定了真空中的光速，以及各种频率的光速，所有测定光速的实验都与光速不变原理相一致。

光速不变原理显然与伽利略变换不相容。因为按伽利略变换，如果在某一坐标系中电磁波以速度沿各方向传播，那么，从相对于这个坐标系运动的坐标系上去看，光速就应该因相对运动的方向不同而改变其数值，而和光速不变原理相矛盾，这样就导致了洛仑兹变换。

13. 1. 3   洛仑兹变换式

伽利略变换与狭义相对论的基本原理不相容，因此需要寻找一个满足狭义相对论基本原理的变换，该变换称为**洛伦兹变换**。

（1）洛仑兹时空坐标变换

如图 13-1 所示，设有两个参考系 S(O, x, y, z)和 S'(O', x', y', z')，其中 x 与 x'重合，S'相对于 S 以匀速度 u 沿 x 轴正方向直线运动，以两个参考系的坐标原点重合为计时起点。

在上述两个惯性系中，由狭义相对论的相对性原理和光速不变原理，可以导出同一事件在两个惯性系中的时空坐标的洛仑兹变换和洛仑兹逆变换：

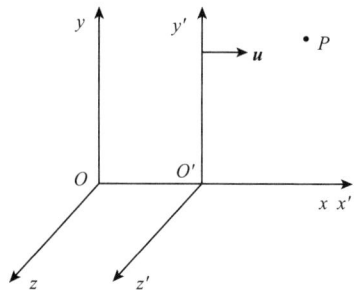

图 13-1   洛仑兹变换

$$\begin{cases} x' = \gamma(x - ut) \\ y' = y \\ z' = z \\ t' = \gamma\left(t - \dfrac{u}{c^2}x\right) \end{cases} \quad \text{或} \quad \begin{cases} x = \gamma(x' - ut) \\ y = y' \\ z = z' \\ t = \gamma\left(t' - \dfrac{u}{c^2}x\right) \end{cases} \quad (13\text{-}1)$$

式中 $\gamma = \dfrac{1}{\sqrt{1 - \dfrac{u^2}{c^2}}}$。

（2）洛仑兹速度变换式

由洛仑兹时空坐标变换式可导出洛仑兹速度变换和洛仑兹速度逆变换

$$\begin{cases} v'_x = \dfrac{v_x - u}{1 - \dfrac{uv_x}{c^2}} \\[3mm] v'_y = \dfrac{v_y}{\gamma\left[1 - \dfrac{uv_x}{c^2}\right]} \\[3mm] v'_z = \dfrac{v_z}{\gamma\left[1 - \dfrac{uv_x}{c^2}\right]} \end{cases} \quad \text{或} \quad \begin{cases} v_x = \dfrac{v'_x + u}{1 + \dfrac{uv_x}{c^2}} \\[3mm] v_y = \dfrac{v'_y}{\gamma\left[1 + \dfrac{uv_x}{c^2}\right]} \\[3mm] v_z = \dfrac{v'_z}{\gamma\left[1 + \dfrac{uv_x}{c^2}\right]} \end{cases} \quad (13\text{-}2)$$

当 $u \ll c$ 时，$\gamma \to 1$，可变为伽利略速度变换式。

关于洛仑兹变换需要说明以下几个问题：

①洛仑兹变换的物理意义是洛仑兹变换是在两个不同的惯性系 S 和 S′ 上观察同一事件的两套时空坐标间的相互变换关系。

②把洛仑兹变换与伽利略变换相比较，原则区别在于时间 t 与 t' 的关系。在伽利略变换中时间 t 和坐标值无关。但在洛仑兹变换中，时间 t 与 t' 之间的关系除与坐标系的相对速度有关外，还和坐标值有关。这一区别的意义在于：从相对论的观点看来，物理学研究的对象应该是统一的时空，即四维时空，而不是像经典力学中所认为的时间和空间是两个毫无联系的基本量。

③根据相对性原理，一切物理学定律对洛仑兹变换都是成立的。洛仑兹变换是更能反映客观实际的变换。

④当 S 与 S′ 之间的相对速度 $u \ll c$ 时，$\gamma = 1$，洛仑兹变换就还原为伽利略变换。因此可见，伽利略变换是洛仑兹变换在低速下的极限形式。这也说明只有在 $u \ll c$ 时，经典力学理论才成立，经典力学只是相对论力学的近似。

⑤当 $u > c$，洛仑兹变换失去意义，所以相对论指出：物体的速度不能超过光速。

【例题 13-1】 一个短跑选手在地球上以 10s 的时间跑完 100m，在飞行速率为 $0.98c$ 沿跑道的方向航行的飞船上的观测者看来，这个选手跑了多长时间和多远距离？

解： 设地面为 S 系，飞船为 S′ 系，由题可知 $x_2 - x_1 = 100\text{m}$，$t_2 - t_1 = 10\text{s}$，$v = 0.98c$。

①在 S′ 系中选手跑的距离

$$x_2' - x_1' = \frac{(x_2 - x_1) - v(t_2 - t_1)}{\sqrt{1 - \dfrac{v^2}{c^2}}} = \frac{100 - 0.98 \times 3 \times 10^8 \times 10}{\sqrt{1 - \dfrac{0.98^2 \times c^2}{c^2}}} = -1.47 \times 10^{10}(\text{m})$$

②在 S′ 系中选手跑步经历的时间

$$t_2' - t_1' = \frac{(t_2 - t_1) - \dfrac{v}{c^2}(x_2 - x_1)}{\sqrt{1 - \dfrac{v^2}{c^2}}} = \frac{10 - \dfrac{0.98 \times 3 \times 10^8}{(3 \times 10^8)^2} \times 100}{\sqrt{1 - \dfrac{0.98^2 \times c^2}{c^2}}} = 50.25(\text{s})$$

13.2 狭义相对论的时空观

这一节将从洛仑兹变换出发，讨论长度、时间和同时性等概念。从所得结果可以清楚地看到，狭义相对论对经典的绝对时空观进行了一次十分深刻的变革。

13.2.1 运动物体长度收缩

如图 13-2 所示，设一个棒静止在 S′ 系中，沿 x' 轴放置，而 S′ 系相对于 S 系以匀速 u 沿 x 轴正方向运动。在 S′ 系的观察者观察，棒后端的坐标为 x_1'，前端的坐标为 x_2'，棒相对于观察者没有运动，因此测得棒长为

$$l' = x_2' - x_1'$$

S 系的观察者观察到，在同一时刻 t，棒后端的坐标为 x_1，前端的坐标为 x_2，则测得的棒长为

$$l = x_2 - x_1$$

设 $\beta = \dfrac{u}{c}$，根据洛伦兹变换式可得

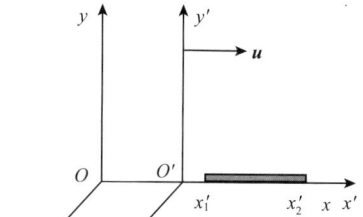

图 13-2 运动物体长度收缩

$$x_1' = \frac{x_1 - ut_1}{\sqrt{1-\beta^2}}$$

$$x_2' = \frac{x_2 - ut_2}{\sqrt{1-\beta^2}}$$

两式相减得

$$x_2' - x_1' = \frac{(x_2 - ut) - (x_1 - ut)}{\sqrt{1-\beta^2}} = \frac{x_2 - x_1}{\sqrt{1-\beta^2}} \tag{13-3a}$$

即

$$l' = \frac{l}{\sqrt{1-\beta^2}} = \gamma l$$

或

$$l = \frac{l'}{\gamma} \quad (\gamma > 1) \tag{13-3b}$$

这就是说，物体沿其长度方向运动时，其长度缩短为静止时的 $1/\gamma$ 倍。这种现象称之为**洛伦兹收缩**。

需要注意的是，长度的缩短是相对的，每一个惯性系都测得相对于它运动着的物体沿运动方向的长度要缩短。运动物体沿运动方向的长度缩短是时空的一种基本属性，不但物体长度缩短，物体间的距离也要缩短，所以这种收缩不是物体内部结构的改变。

13.2.2　运动时钟延缓

运动时钟延缓亦称爱因斯坦延缓。现在以石英晶体钟为例，考虑石英晶体振动这样一个物理过程。设晶体在 S′系中静止，在静止系中测得晶体振动的周期为 τ'。设 S′系以匀速 u 相对于 S 系沿轴运动。若晶体相邻两次达到同向振幅极大值的两事件在 S 系中的坐标为 (x_1, t_1) 和 (x_2, t_2)，而在 S′系中的坐标为 (x_1', t_1') 和 (x_2', t_2')。其中有 $x_1' = x_2'$ 和 $t_2' - t_1' = \tau'$，由洛伦兹变换式可得

$$t_2 - t_1 = \frac{t_2' + \dfrac{ux_2'}{c^2}}{\sqrt{1-\beta^2}} - \frac{t_1' + \dfrac{ux_1'}{c^2}}{\sqrt{1-\beta^2}} = \gamma \left[(t_2' - t_1') + \frac{v}{c^2}(x_2' - x_1') \right]$$

$$= \gamma \left(t_2' + \frac{ux_2'}{c^2} \right) - \gamma \left(t_1' + \frac{ux_1'}{c^2} \right) = \gamma (t_2' - t_1') = \gamma \tau' \tag{13-4a}$$

如令 $\tau = t_2 - t_1$ 为 S 在系中测得的晶体振动周期，则有

$$\tau = \gamma\tau'(\gamma > 1) \tag{13-4b}$$

也就是说，在做相对运动的惯性系中所量出的时间，要比静止惯性系中所量的时间长一些，用 τ_0 表示固有时间，应有

$$\tau = \gamma\tau_0$$

这说明：运动的晶体振动周期要比静止的同一晶体振动周期大，也就是说，运动的时钟变慢了，此即**爱因斯坦延缓**。

同样，延缓也是相对的，即每一个惯性系都测得相对于它运动着的时钟都变慢。所有发生在运动物体上的物理过程都具有这种延缓，因此它是时空的一种基本属性，与过程的性质无关。

13. 2. 3 同时性的相对性

设在惯性系 S 有异地同时的两事件：事件 1 的坐标为 (x_1, t_1)，事件 2 的坐标为 (x_2, t_2)，因两事件是异地同时的，所以有 $x_1 \neq x_2$，$t_1 = t_2$。在 S′ 系中看这两事件的时空坐标为：事件 1 是 (x_1', t_1') 与事件 2 是 (x_2', t_2')。S 系与 S′ 系的关系同前，由洛伦兹变换得

$$t_2' - t_1' = \frac{t_2 - \frac{u}{c^2}x_2}{\sqrt{1 - \frac{v^2}{c^2}}} - \frac{t_1 - \frac{u}{c^2}x_1}{\sqrt{1 - \frac{v^2}{c^2}}} = \gamma\left[(t_2 - t_1) - \frac{v}{c^2}(x_2 - x_1)\right] = \gamma\frac{u}{c^2}(x_1 - x_2) \tag{13-5}$$

由上式可以看出，只要两事件是异地发生的，即有 $x_1 \neq x_2$，则 $t_2' \neq t_1'$。即说明在 S 系中同时发生的异地两事件，在 S′ 系中却是不同时的。所以同时也是相对的。还可以看出，如果在 S 系中有 $x_1 = x_2$，则 $t_2' = t_1'$。即在 S 系中同时同地的两事件，则在 S′ 系中就一定是同时发生的。

【例题 13-2】 在惯性系 S 中，观察到两个事件同时发生在 x 轴上，其间距是 1m，而在 S′ 系中观察这两事件之间的距离是 2m。试求：S′ 系中这两事件的时间间隔。

解： S′ 系的时间间隔中两事件

$$\Delta x' = \frac{\Delta x - v\Delta t}{\sqrt{1 - \frac{v^2}{c^2}}}$$

由题已知，在 S 系中，$\Delta t = 0$，$\Delta x = 1$m；S′ 系中，$\Delta x' = 2$m；代入上式得

$$2 = \frac{1 - v \times 0}{\sqrt{1 - \frac{v^2}{c^2}}} = \frac{1}{\sqrt{1 - \frac{v^2}{c^2}}}$$

解得

$$v = \frac{\sqrt{3}}{2}c$$

则有：

$$\left| \Delta t' \right| = \left| \frac{\Delta t - \dfrac{v}{c^2}\Delta x}{\sqrt{1 - \dfrac{v^2}{c^2}}} \right| = \left| \frac{0 - \dfrac{\dfrac{\sqrt{3}}{2}c}{c^2} \times 1}{\sqrt{1 - \dfrac{\dfrac{3}{4}c^2}{c^2}}} \right| = \frac{\sqrt{3}}{c} = 5.77 \times 10^{-9}(s)$$

综上所述可以看出，由洛伦兹变换得到的相对论的时空观和伽利略变换的绝对时空观有本质的不同。狭义相对论对牛顿经典时空观进行了一次十分深刻的变革。

狭义相对论指出了时间和空间的量度与惯性参考系的选择有关。时间与空间是相互联系的，并与物质有着不可分割的联系。不存在孤立的时间，也不存在孤立的空间。时间、空间与运动三者之间的紧密联系，深刻地反映了时空的性质，这是正确认识自然界乃至人类社会所应持有的基本观点。

13.3　相对论动力学基础

牛顿第二定律在伽利略变换下是保持不变的，这在伽利略变换一节已证明过。但牛顿第二定律和狭义相对论的两条基本原理是不相适应的，也就是和洛伦兹变换是不适应的。这一点很容易看出，在牛顿第二定律 $F = ma$ 中，如果物体受到恒力 F 的持续作用，且物体的质量 m 不变，则其加速度 a 不变，即物体一直加速，最后物体的速度会超过光速。而这个结论和洛伦兹变换是矛盾的。所以我们必须找到在洛伦兹变换下保持不变的动力学方程来取代牛顿第二定律。

13.3.1　相对论中的质量、动量和力学基本方程

在经典力学中，物体的质量 m 是不随物体的运动状态而改变的常量。这在当时是正确的。但随着科学技术的发展，人们发现物体的质量 m 和物体的运动状态有关。1901 年考夫曼在测定 β 射线的荷质比 (e/m) 时发现，荷质比和电子的速度有关。电子速度越大，荷质比就越小，其中电荷 e 没有变化，说明电子的质量发生了变化。电子质量 m 与电子速率 v 的关系为

$$m = \frac{m_0}{\sqrt{1 - \dfrac{v^2}{c^2}}} \tag{13-6}$$

式中 m_0 为相对静止的电子质量，m 为实测电子质量，也称电子的运动质量。1904 年洛伦兹从电子论导出了上式。1905 年爱因斯坦从相对论也得到了物体的运动质量符合上式的关系。无数的事实证明上式的关系是正确的。于是式 (13-6) 被称为相对论的质速关系。如果用上式表示物体的质量，动量还用原来的定义，即 $P = m v$，把上式代入后得

$$P = mv = \frac{m_0 v}{\sqrt{1 - \dfrac{v^2}{c^2}}} \tag{13-7}$$

就称为相对论中的动量。这样就能够在保持动量的经典定义下，得到满足相对论原理的动量守恒。也就是说，这样得到的动量守恒定律在洛仑兹变换下是不变的。对一切惯性系都成立。这样式(13-7)就称为相对论动量。

有了相对论中质量和动量后，就可以用相对论动力学基本方程来取代牛顿第二定律了。相对论动力学基本方程可写成下式

$$\boldsymbol{F} = \frac{\mathrm{d}\boldsymbol{P}}{\mathrm{d}t} = \frac{\mathrm{d}}{\mathrm{d}t}(m\,\boldsymbol{v}) = m\,\frac{\mathrm{d}\,\boldsymbol{v}}{\mathrm{d}t} + \boldsymbol{v}\frac{\mathrm{d}m}{\mathrm{d}t} \tag{13-8}$$

它在洛仑兹变换下不变。

综上所述，可以看出：

①质速关系式(12-6)揭示了物质与运动的不可分割性。当物体运动的速度增大时，物体的质量增加。因质量是物体惯性大小的量度，所以，质量的增加说明物体的惯性随运动速度增大而增大。当 $v \ll c$ 时，即 $v \to 0$ 时，$m \to m_0$，质量可看作常量。这说明经典力学是相对论力学的近似。当 $v \to c$ 时，$m \to \infty$，这时无论对物体加以多大的力，它的速度也不可能增加。因此，一切运动物体的速度都不能超过真空中的光速。这与洛仑兹变换直接得到的结果相符合。

②相对论动力学基本方程式(13-8)说明，在物体速度 $v \ll c$ 时，$m = m_0$ 即 m 不变化。于是式(13-8)中的

$$\frac{\mathrm{d}m}{\mathrm{d}t} = 0$$

这样就有

$$\boldsymbol{F} = m\,\frac{\mathrm{d}\,\boldsymbol{v}}{\mathrm{d}t} = m\boldsymbol{a}$$

这正是牛顿第二定律，说明牛顿第二定律是相对论动力学基本方程在 $v \ll c$ 时的近似。在 $v \ll c$ 时，牛顿第二定律仍然成立。

13.3.2 相对论中的动能 质能关系

从相对论动力学基本方程出发可得到相对论中的动能表达式和一个非常重要的关系式——质能关系式。

为了简化问题，我们只讨论物体在恒力 $\boldsymbol{F}$ 作用下沿 x 方向运动的情况，所得结果对一般情况也普遍成立。根据功的定义 $A = \int F \mathrm{d}x$，按式(13-8)有

$$F\mathrm{d}x = m\,\frac{\mathrm{d}v}{\mathrm{d}t}\mathrm{d}x + v\,\frac{\mathrm{d}m}{\mathrm{d}t}\mathrm{d}x = m\mathrm{d}v\,\frac{\mathrm{d}x}{\mathrm{d}t} + v\mathrm{d}m\,\frac{\mathrm{d}x}{\mathrm{d}t} = mv\mathrm{d}v + v^2\mathrm{d}m$$

由式(12-6)

$$m = \frac{m_0}{\sqrt{1 - \dfrac{v^2}{c^2}}}$$

可得

$$dm = \frac{m_0 v dv}{c^2 \left(1 - \dfrac{v^2}{c^2}\right)^{\frac{3}{2}}}$$

把上二式代入 Fdx 的计算式中得

$$Fdx = \frac{m_0 v dv}{\sqrt{1 - \dfrac{v^2}{c^2}}} + \frac{m_0 v^3 dv}{c^2 \left(1 - \dfrac{v^2}{c^2}\right)^{\frac{3}{2}}} = \frac{m_0 v dv}{\left(1 - \dfrac{v^2}{c^2}\right)^{\frac{3}{2}}}$$

设质点在 x_1 时的速度为 v_1，在 x_2 时的速度为 v_2，则由 x_1 运动到 x_2 时，力 F 所做的功应为

$$A = \int_{x_1}^{x_2} F dx = \int_{x_1}^{x_2} \frac{m_0 v dv}{\left(1 - \dfrac{v^2}{c^2}\right)^{\frac{3}{2}}} = \frac{m_0 c^2}{\sqrt{1 - \dfrac{v_2^2}{c^2}}} - \frac{m_0 c^2}{\sqrt{1 - \dfrac{v_1^2}{c^2}}}$$

式中 v_1 和 v_2 分别为物体的初速度、末速度。

现如果设物体的初速度 $v_1 = 0$，物体的末速度 $v_2 = v$，则上式应为

$$A = \int_{x_1}^{x_2} F dx = \frac{m_0 c^2}{\sqrt{1 - \dfrac{v^2}{c^2}}} - m_0 c^2$$

在此情况下，根据动能定理，合外力对物体所做的功应该等于物体的动能 E_k。所以有

$$E_k = A = \frac{m_0 c^2}{\sqrt{1 - \dfrac{v^2}{c^2}}} - m_0 c^2 = mc^2 - m_0 c^2 = (m - m_0) c^2$$

这就是相对论中物体动能的表达式。用 $E_0 = m_0 c^2$ 表示物体静止时具有的能量，定义为物体的静能。令 $E = mc^2$，并将其定义为物体的动能和静能之和，称为物体的总能量。这样在相对论中，就有了以下三个著名的关系式

$$E_k = mc^2 - m_0 c^2 = (m - m_0) c^2 \tag{13-9}$$

$$E_0 = m_0 c^2 \tag{13-10}$$

$$E = E_k + m_0 c^2 = mc^2 \tag{13-11}$$

它们是牛顿力学所没有的。下面对上三式分别讨论：

①由相对论动能表达式(13-9)看出，相对论动能和经典力学中物体的动能表达式 $E_k = \dfrac{1}{2} m_0 v^2$ 是不同的，但它们并不矛盾。当 $v \ll c$ 时，式(13-9)就可转化为经典力学中的动能表达式。由式(13-9)可得

$$E_k = \frac{m_0 c^2}{\sqrt{1 - \dfrac{v^2}{c^2}}} - m_0 c^2 = m_0 c^2 \left(1 - \frac{v^2}{c^2}\right)^{-\frac{1}{2}} - m_0 c^2$$

现把 $\left(1 - \dfrac{v^2}{c^2}\right)^{-\frac{1}{2}}$ 应用牛顿二项式定理展开

$$\left(1 - \frac{v^2}{c^2}\right)^{-\frac{1}{2}} = 1 + \frac{1}{2}\frac{v^2}{c^2} + \frac{3}{8}\frac{v^4}{c^4} + \frac{5}{16}\frac{v^6}{c^6} + \cdots$$

再代入上式，得

$$E_k = m_0 c^2 \left(1 + \frac{1}{2}\frac{v^2}{c^2} + \frac{3}{8}\frac{v^4}{c^4} + \cdots\right) - m_0 c^2 = \frac{1}{2}m_0 v^2 + \frac{3}{8}m_0 \frac{v^4}{c^4} + \cdots$$

在 $v \ll c$ 的情况下，除第一项外，其他各项均很小，可以忽略不计，于是就得到了

$$E_k = \frac{1}{2}m_0 v^2$$

所以说，经典力学中的动能公式是相对论力学中动能公式在 $v \ll c$ 时的自然结果，它们是一致的。

②由式(13-10)看出，相对论中物体的静能 $E_0 = m_0 c^2$，其中 m_0 是物体相对静止的质量。静能是物体内能之总和。它包括分子运动的动能，分子之间相互作用的势能，分子内部各原子的动能、相互作用的势能以及原子内部、原子核内部和质子、中子内部及各组成粒子间的相互作用能量等。

③式(13-11)就是相对论中的质能关系式。该式说明，在相对论中物体的总能量就是物体的动能和静能之和，其值为物体的运动质量乘以光速 c 的平方。

物体的总能量 $E = mc^2$，表示物体的质量和能量这两个重要的物理量之间有着密切的联系，若一物体的质量发生 $\mathrm{d}m$ 的变化，据质能关系可知，该物体的能量也一定有相应的变化

$$\mathrm{d}E = c^2 \mathrm{d}m$$

反过来，如果物体的能量发生了变化，那么它的质量也一定发生相应的变化。但在一般的变化过程中，质量的变化是极其微小的。例如，1kg 水从 273K 升温 373K 到，吸收的热量为 418.6J。其相应的质量增加

$$\Delta m = \frac{418.6 \times 10^3}{3^2 \times 10^{8 \times 2}} = 4.65 \times 10^{-12}\,\mathrm{kg}$$

实际上是难以观察到的。但在原子核反应中，这些数量就不可忽视了。质能关系对原子核能的释放和利用具有特别重要的意义。

质能关系反映了物体质量与能量的相关性。质量与能量都是物质的重要属性。质量可以通过惯性和万有引力现象表现出来；能量则通过物质系统状态变化时对外做功、传递热量等形式显示出来。二者虽在表现方式上有所不同，但有着深刻的内在联系；具有一定质量的物体也必具有和这质量相当的能量；任何质量（或能量）的改变，都伴有相应能量（或质量）的改变。在近代物理学中，常常用质量的变化作为能量变化的量度。所以爱因斯坦把经典力学中各自独立的质量守恒定律和能量守恒定律统一为一个更广泛的守恒定律。

13.3.3　相对论中能量和动量的关系

有了上面的相对论中动量和总能量，我们就可以得到它们之间的关系。静质量为

m，速度为 v 的物体，具有的动量和总能量分别为

$$P = mv = \frac{m_0 v}{\sqrt{1 - \dfrac{v^2}{c^2}}}$$

和

$$E = mc^2 = \frac{m_0 c^2}{\sqrt{1 - \dfrac{v^2}{c^2}}}$$

将上两式平方后，再消去 v^2，可得到相对论中物体能量和动量之间的一个重要关系式

$$E^2 = m_0^2 c^4 + P^2 c^2 = E_0^2 + P^2 c^2 \tag{13-12}$$

由此可见：

①由于实物粒子动质量

$$m = \frac{m_0}{\sqrt{1 - \dfrac{v^2}{c^2}}}$$

所以 $m_0 \neq 0$ 的实物粒子是不可能按光速 c 运动的。如果某种粒子的静质量 $m_0 = 0$，而它的运动质量 $m \neq 0$，由式(13-12)看出，该粒子只能按光速 c 运动，这种粒子只能是光子。

②光子的 $m_0 = 0$，所以光子的静能

$$E_0 = m_0 c^2 = 0,$$

而动能

$$E_k = E - E_0 = E = Pc。$$

我们知道光子的能量 $E = h\nu$，所以光子的动量可由 $E = h\nu = Pc$ 得到

$$P = \frac{h\nu}{c} = \frac{h}{\lambda}。$$

而光子的质量可由质能关系 $E = mc^2$ 得到，即

$$m = \frac{E}{c^2} = \frac{h\nu}{c^2}。$$

这样，相对论就把光子的动量、质量、能量都阐明了，说明了光子的物质性。

③在应用能量动量关系式(13-12)时，式中 E、E_0、P 分别是相对论力学中物体的总能量、静能和动量。该式大多用在高能粒子的碰撞问题中，如对撞机等。

上述相对论力学的结果都已被大量的实验所证实，并在现代科技中得到广泛应用。这些都充分说明相对论力学更真实地反映了客观物质世界。

【例题 13-3】 若电子静质量为 m_{01}，运动速度 $v_1 = 2.7 \times 10^8 \text{m} \cdot \text{s}^{-1}$；火箭静质量为 m_{02}，运动速度为第二宇宙速度 $v_2 = 11.3 \times 10^3 \text{m} \cdot \text{s}^{-1}$；分别计算电子的运动质量 m_1 和火箭的运动质量 m_2。

解：①由相对论的质速关系可得电子的运动质量

$$m_1 = \frac{m_{01}}{\sqrt{1 - \dfrac{2.7 \times 10^8}{3.0 \times 10^8}}} = 2.29 m_{01}$$

②火箭的运动质量

$$m_2 = \frac{m_{02}}{\sqrt{1 - \frac{11.2 \times 10^3}{3.0 \times 10^8}}} = 1.0000000009 m_{02}$$

可以看出，电子的运动质量与其静质量差异明显，火箭的运动质量与其静质量几乎相等。

【**例题 13-4**】　已知质子的质量 $m_p = 1.00728u$，中子的质量 $m_n = 1.00866u$，原子质量单位 $u = 1.6605655 \times 10^{-27} \mathrm{kg}$。两个质子和两个中子组成一个氦核，实验测得其质量 $m_{He} = 4.00150u$。分别计算形成一个氦核和形成 1mol 氦核（4.002g）时放出的能量。

解：组成氦核前的总质量

$$m = 2m_p + 2m_n = 2 \times 1.00728u + 2 \times 1.00866u = 4.03188u$$

组成氦核后的质量 $m_{He} < m$，其差值

$$\Delta m = m_{He} - m = 4.03188 - 4.00150 = 0.03038u = 5.043 \times 10^{-29}(\mathrm{kg})$$

由质能关系式可得形成 1 个氦核放出的能量

$$\Delta e = \Delta m \times c^2 = 5.043 \times 10^{-12} \times (3 \times 10^8)^2 = 4.539 \times 10^{-12}(\mathrm{J})$$

形成 1mol 氦核放出的能量

$$\Delta E = 6.002 \times 10^{23} \times 4.539 \times 10^{-12} = 2.733 \times 10^{12}(\mathrm{J})$$

差不多相当于燃烧 100t 煤产生的热量。

本章摘要

1. 狭义相对论的基本原理　洛伦兹变换

（1）经典相对性原理和伽利略变换的局限

在涉及电磁波传播现象时，经典力学的相对性原理和伽利略变换与观察及实验结果不符。

（2）狭义相对论的基本原理

爱因斯坦提出狭义相对论两条基本假设，并在此基础上建立了狭义相对论。两条基本假设为：

①相对性原理：物理规律在不同的惯性系中都有相同的表达形式。

②光速不变原理：对于任何惯性系，光在真空中的速率都相等。

（3）洛伦兹变换式

洛伦兹变换是满足狭义相对论基本原理的变换。洛伦兹时空坐标变换为

$$\begin{cases} x' = \gamma(x - ut) \\ y' = y \\ z' = z \\ t' = \gamma\left(t - \frac{u}{c^2}x\right) \end{cases} \quad \text{或} \quad \begin{cases} x = \gamma(x' - ut) \\ y = y' \\ z = z' \\ t = \gamma\left(t' - \frac{u}{c^2}x\right) \end{cases}$$

式中

$$\gamma = \frac{1}{\sqrt{1 - u^2/c^2}}$$

由洛仑兹时空坐标变换式可导出洛伦兹速度变换

$$\begin{cases} v_x' = \dfrac{v_x - u}{1 - \dfrac{uv_x}{c^2}} \\[4mm] v_y' = \dfrac{v_y}{\gamma\left[1 - \dfrac{uv_x}{c^2}\right]} \\[4mm] v_z' = \dfrac{v_z}{\gamma\left[1 - \dfrac{uv_x}{c^2}\right]} \end{cases} \quad 或 \quad \begin{cases} v_x = \dfrac{v_x' + u}{1 + \dfrac{uv_x}{c^2}} \\[4mm] v_y = \dfrac{v_y'}{\gamma\left[1 + \dfrac{uv_x}{c^2}\right]} \\[4mm] v_z = \dfrac{v_z'}{\gamma\left[1 + \dfrac{uv_x}{c^2}\right]} \end{cases}$$

2. 狭义相对论的时空观

（1）运动物体长度收缩

物体沿其长度方向运动时，其长度缩短为静止时的 $1/\gamma$ 倍。设一个棒静止在 S' 系中沿 x' 轴放置，棒长 l'。S' 系相对于 S 系以匀速 u 沿 x 轴正方向运动，在 S 系中测得棒长为 l，则

$$l' = \frac{l}{\sqrt{1 - \beta^2}} = \gamma l$$

式中 $\beta = u^2/v^2$

（2）运动时钟延缓

每一个惯性系都测得相对于它运动着的时钟变慢。设静止在 S' 系的物体固有振动周期为 τ_0。S' 系相对于 S 系以匀速 u 沿 x 轴正方向运动，在 S 系中测得该物体振动周期 $\tau = \gamma\tau_0$

（3）同时性的相对性

同时具有的相对性。在一个惯性系中同时发生的异地两事件，在另一个惯性系中不同时，其时差

$$t_2' - t_1' = \gamma\frac{v}{c^2}(x_1 - x_2)$$

3. 相对论动力学基础

牛顿第二定律和狭义相对论的两条基本原理不适应。

（1）相对论中的质量、动量和力学基本方程

物体的相对论质量 m 与其速率 v 有关

$$m = \frac{m_0}{\sqrt{1 - \dfrac{v^2}{c^2}}}$$

物体的相对论动量

$$P = mv = \frac{m_0 v}{\sqrt{1 - \dfrac{v^2}{c^2}}}$$

相对论动力学基本方程

$$\boldsymbol{F} = \frac{\mathrm{d}\boldsymbol{P}}{\mathrm{d}t} = \frac{\mathrm{d}}{\mathrm{d}t}(m\boldsymbol{v}) = m\frac{\mathrm{d}\boldsymbol{v}}{\mathrm{d}t} + \boldsymbol{v}\frac{\mathrm{d}m}{\mathrm{d}t}$$

（2）相对论中的动能　质能关系

物体 m 在相对论中的动能

$$E_k = mc^2 - m_0c^2 = (m - m_0)c^2$$

静能

$$E_0 = m_0c^2$$

总能量及质能关系

$$E = E_k + m_0c^2 = mc^2$$

物体的质量变化 Δm 对应物体的能量变化

$$\Delta E = \Delta(mc^2) = (\Delta m)c^2$$

习　题

填空题

13-1　狭义相对论的两条基本原理是_____、_____。

13-2　狭义相对论时空观认为：时间与_____是不可分割的；对不同的惯性系而言，长度与时间的测量是_____的；在运动方向上将出现长度_____和运动的时钟变_____。

13-3　有一速度为 u 的宇宙飞船沿 x 轴正方向飞行，飞船头尾各有一个脉冲光源在工作，处于船尾的观察者测得船头光源发出的光脉冲的传播速度大小为_____；处于船头的观察者测得船尾光源发出的光脉冲的传播速度大小为_____。

13-4　两火箭 A、B 沿同一直线相向运动，测得两者相对地球的速度大小分别是 $v_A = 0.9c$，$v_B = 0.8c$。则两者互测的相对运动速度为_____。

13-5　一个在实验室中以 $0.8c$ 速度运动的粒子，飞行了 $3m$ 后衰变，则观察到同样的静止粒子衰变时间为_____。

13-6　相对论中物体的质量 m 与能量有一定的对应关系，这个关系是：$E =$ ___；静止质量为 m_0 的粒子，以速度 v 运动，其动能是：$E_k =$ _____；当物体运动速度 $v = 0.8c$（c 为真空中光速）时，$m:m_0 =$ _____。

13-7　将一静止质量为 m_0 的电子从静止加速到 $0.8c$（c 为真空中光速）的速度，则加速器对电子做功是_____。

13-8　A、B、C 是三个完全相同的时钟，A 放在地面上，B、C 分别放置在两架航天飞机上，航天飞机沿同一方向高速飞离地球，但 B 所在的飞机比 C 所在的飞机飞得快，B 所在的飞机上的观察者认为走得最快的时钟是_____，走得最慢的时钟是_____。

13-9　一列火车以速度 v 匀速行驶，车头、车尾各有一盏灯，某时刻路基上的人看见两灯同时亮了，那么从车厢顶上看见的情况是_____。

13-10 α 粒子在加速器中被加速,当其质量为静止质量的 3 倍时,其动能为静止能量的_____倍。

选择题

13-11   在某惯性系中同时发生于同一时刻,同一地点的两事件,在其他惯性系看来是_____。

A. 同时、同地发生   B. 同时、不同地发生

C. 不同时、同地发生   D. 不同时、不同地发生

13-12   关于狭义相对论,下列几种说法中错误的是_____。

A. 一切运动物体的速度都不能大于真空中的光速

B. 在任何惯性系中,光在真空中沿任何方向的传播速率都相同

C. 在真空中,光的速度与光源的运动状态无关

D. 在真空中,光的速度与光的频率有关

13-13   在相对论的时空观中,以下的判断哪一个是对的_____。

A. 在一个惯性系中,两个同时的事件,在另一个惯性系中一定不同时

B. 在一个惯性系中,两个同时的事件,在另一个惯性系中一定同时

C. 在一个惯性系中,两个同时又同地的事件,在另一惯性系中一定同时又同地

D. 在一个惯性系中,两个同时不同地的事件,在另一惯性系中只可能同时不同地

13-14   设 S、S′ 为两个惯性系,S′ 相对 S 匀速运动,下列说法中正确的是_____。

A. S 系中的两个同时事件,S′ 中一定不同时

B. S 中两个同地事件,S′ 中一定不同地

C. 如果光速是无限大,同时的相对性就不会存在了

D. 运动棒的长度收缩效应是指棒沿运动方向受到了实际压缩

13-15   对于下列几种说法:

①所有惯性系统对物理基本规律都是等价的。

②在真空中,光的速度与光的频率、光源的运动状态无关。

③在任何惯性系中,光在真空中沿任何方向的传播速度都相同。

正确的是_____。

A. 只有①、②正确   B. 只有①、③正确

C. 只有②、③正确   D. 三种说法都正确

13-16   观察者甲测得同一地点发生的两个事件的时间间隔为 4s。乙相对甲以 $0.6c$ 的速度运动。则乙观察这两个事件的时间间隔为_____。

A. 4s   B. 6.25s   C. 5s   D. 2.56s

13-17   一米尺静止于 S′ 系中,米尺与 $O'x'$ 轴夹角 60°。S′ 系相对于 S 系沿 Ox 轴正向的运动速度为 $0.8c$,则在 S 系中观测到米尺的长度_____。

A. 60cm   B. 58cm   C. 30cm   D. 92cm

13-18   在惯性系中,两个光子火箭(以光束 c 运动的火箭)相向运时,它们相互接近的速率为_____。

A. $2c$ B. 0 C. c D. c^2

13-19 在惯性系 S 中，一粒子具有动量(P_x, P_y, P_z)为$(5, 3, \sqrt{2})\,\mathrm{MeV} \cdot c^{-1}$，总能量$E = 10\,\mathrm{MeV}$($c$表示真空光速)，则在 S 系中测得粒子的速度$v$接近于_____。

A. $\dfrac{3}{8}c$ B. $\dfrac{2}{5}c$ C. $\dfrac{3}{5}c$ D. $\dfrac{4}{5}c$

13-20 已知电子的静能为$0.50\,\mathrm{MeV}$，若电子的动能为$0.25\,\mathrm{MeV}$，则它所增加的质量Δm与静止质量m_0的比值为_____。

A. 0.1 B. 0.2 C. 0.5 D. 0.9

计算题

13-21 若从一惯性系中测得宇宙飞船的长度为其固有长度的一半，试问宇宙飞船相对此惯性系的速度为多少？(以光速c表示)

13-22 一固有长度为$4.0\,\mathrm{m}$的物体，若以速率为$0.60c$沿x轴相对某惯性系运动，试问从该惯性系来测量，此物体的长度为多少？

13-23 从加速器中以速度$v = 0.8c$飞出的离子在它的运动方向上又发射出光子。求这光子相对于加速器的速度。

13-24 $1000\,\mathrm{m}$的高空大气层中产生了一个 π 介子，以速度$0.8c$飞向地球，假定该 π 介子在其自身的静止参照系中的寿命等于其平均寿命$2.4 \times 10^{-6}\,\mathrm{s}$，试分别从下面两个角度，即地面上观测者和相对 π 介子静止系中的观测者，来判断该 π 介子能否到达地球表面。

13-25 长度$l_0 = 1\,\mathrm{m}$的米尺静止于 S′系中，与x'轴的夹角$\theta' = 30°$，S′系相对 S 系沿x轴运动，在 S 系中观测者测得米尺与x轴夹角为$\theta' = 45°$。试求：①S′系和 S 系的相对运动速度；②S 系中测得的米尺长度。

13-26 一宇航员要到离地球为 5 光年的星球去旅行，如果宇航员希望把这路程缩短为 3 光年，则他所乘的火箭相对于地球的速度是多少？

13-27 两个宇宙飞船相对于恒星参考系以$0.8c$的速度沿相反方向飞行，求两飞船的相对速度。

13-28 一电子在电场中从静止开始加速，电子的静止质量为$m_0 = 9.11 \times 10^{-31}\,\mathrm{kg}$。①电子应通过多大的电势差才能使其质量增加$0.004\%$？②此时电子的速率是多少？

13-29 已知一粒子的动能等于其静止能量的n倍，求：①粒子的速率；②粒子的动量。

13-30 太阳的辐射能来源于内部一系列核反应，其中之一是氢核($_1^1\mathrm{H}$)和氘核($_1^2\mathrm{H}$)聚变为氦核($_1^3\mathrm{He}$)，同时放出 γ 光子，反应方程为：$_1^1\mathrm{H} + _1^2\mathrm{H} \longrightarrow _1^3\mathrm{He} + \gamma$。已知氢、氘和$^3\mathrm{He}$的原子质量依次为$1.007825u$、$2.014102u$和$3.016029u$。原子质量单位$u = 1.66 \times 10^{-27}\,\mathrm{kg}$。试估算 γ 光子的能量。

第 14 章

量子力学基础

　　17 世纪到 19 世纪经典物理学取得了很大的成就。它由牛顿的经典力学，麦克斯韦的电磁场理论，热力学和统计物理学等组成。这些理论构成一个相当完善的体系，当时常见的物理现象都可以从中得到说明。19 世纪末到 20 世纪初，物理学中出现了一些新的实验现象是用经典物理学无法解释的，其中三个著名实验对新理论的建立起到了重要作用，这三个实验是黑体辐射、光电效应、原子光谱。这些现象揭露了经典物理学的局限性，突出了经典物理学与微观世界规律性的矛盾，从而为发现微观世界的规律打下基础。黑体辐射和光电效应等现象使人们发现了光的波粒二象性；玻尔为解释原子的光谱线系而提出了原子结构的量子论，由于这个理论只是在经典理论的基础上加进一些新的假设，因而未能反映微观世界的本质。因此更突出了认识微观粒子运动规律的迫切性。直到 20 世纪 20 年代，人们在光的波粒二象性的启示下，开始认识到微观粒子的波粒二象性，才开辟了建立量子力学的途径。

　　量子力学是研究微观粒子运动规律的一种基本理论。它是 20 世纪 20 年代在总结大量实验事实和旧量子论的基础上建立起来的。它不仅在物理学中占有极其重要的位置，而且还被广泛地应用到化学、电子学、计算机、天体物理等其他领域。

14.1　热辐射　光的粒子性

14.1.1　热辐射的一般概念

14.1.1.1　热辐射与平衡热辐射

　　任何物体在任何温度下都能发射电磁波。生活经验表明，物体发射电磁波的强烈程度和波长成分与物体表面温度有关。例如火炉温度越高，向外辐射热量越强烈；酒精灯火焰温度逐渐升高时，其火焰的颜色逐渐由红变紫。这种与物体表面温度有关的辐射称为**热辐射**。热辐射是一个能量散失的过程。如果通过一定的途径给辐射体补充能量，并使得补充的能量和散失的能量相等，辐射体表面温度将不变。辐射体表面温度不变的热辐射称为**平衡热辐射**。

14.1.1.2　辐出度

单位面积的辐射体在单位时间内向外辐射的能量称为**辐出度**。任何一个物体的热辐射都包含连续变化的各种波长成分，其辐射的能量也是所有波长的辐射能量的总和，所以，该定义下的辐出度应该称为**总辐出度**，用 $M(T)$ 表示。在国际单位制中，总辐出度的单位是 $W \cdot m^{-2}$。

为了进一步描述物体对应于不同波长的辐射本领，引入**光谱辐出度**的概念。定义波长 λ 处，辐射体在单位波长范围内的辐出度为**光谱辐出度**或**单色幅出度**，记为 $M_{\lambda}(T)$。由光谱辐出度曲线（图 14-1）可以看出，光谱辐出度是波长 λ 和温度 T 的函数。在国际单位制中，光谱辐出度的单位是 $W \cdot m^{-3}$。显然，

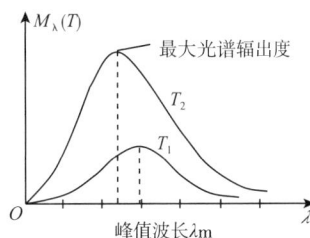

图 14-1　光谱辐出度曲线

$$M(T) = \int_0^{\infty} M_{\lambda}(T) \, d\lambda$$

由定积分的几何意义可知，定积分 $\int_0^{\infty} M_{\lambda}(T) d\lambda$ 等于函数 $M_{\lambda}(T)$ 过程曲线下方的面积。据此可以推断：总辐出度 $M(T)$ 等于光谱辐出度 $M_{\lambda}(T)$ 过程曲线下方的面积。

14.1.1.3　辐射体的吸收与反射

任何物体在向外辐射能量的同时，也在接受外界发射的能量。当热辐射照射到物体表面时，一部分能量被吸收，另一部分能量被反射。物体表面吸收的能量与入射能量之比称为该物体的**吸收比**，用 $A(T)$ 表示；反射的能量与入射能量之比称为**反射比**，用 $R(T)$ 表示。物体在整个波长范围内的吸收比称为总吸收比，用 $A(T)$ 表示；对应反射比称为总反射比，用 $R(T)$ 表示。物体在波长 λ 处单位波长范围内的吸收比称为**单色吸收比**，用 $\alpha_{\lambda}(T)$ 表示；对应反射比称**单色反射比**，用 $\rho_{\lambda}(T)$ 表示。对于不透明的物体

$$\alpha_{\lambda}(T) + \rho_{\lambda}(T) = 1$$

14.1.1.4　绝对黑体

如果一个物体能全部吸收投射到它表面的辐射，即吸收比 $\alpha_{\lambda}(T) = 1$，这种物体就称为**绝对黑体**，简称**黑体**。在自然界，绝对黑体是不存在的，但我们可以设计一个绝对黑体的理想模型。如图 14-2，在不透明的容器壁上开有一个小孔，当射线射入小孔后，将在空腔内进行许多次反射，每反射一次，器壁吸

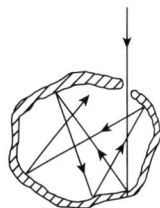

图 14-2　绝对黑体模型

收一部分能量，设吸收比为 α，则 n 次反射后，由小孔射出的能量将为 $(1-\alpha)^n$，若小孔的面积远比容器的总面积小，则 n 很大，因而 $(1-\alpha)^n \to 0$，则此小孔可认为是绝对黑体。

14.1.2　基尔霍夫定律

1860 年，德国物理学家基尔霍夫根据热平衡原理提出了关于物体的辐射度与吸收比内在联系的重要定律：在相同温度下，任何物体的辐出度与该物体的吸收比的比值都相等，并等于该温度下绝对黑体的辐出度。任何物体的单色辐出度和单色吸收比之比，等于同一温度绝对黑体的单色辐出度。即：

$$\frac{M_1(T)}{A_1(T)} = \frac{M_2(T)}{A_2(T)} = \cdots\cdots = M_0(T) \tag{14-1}$$

这就是**基尔霍夫定律**，式中 $M_0(T)$ 表示黑体的辐出度。可见，对某一物体，其发射本领越大，则其吸收本领也越大，若一物体不能发射某一波长的辐射，则它也不能吸收这一波长的辐射。

由此可知，只要知道黑体的辐出度以及物体的吸收比，就能了解一般物体的热辐射性质。因此，确定黑体的辐出度就变成了研究热辐射问题的主要任务。

14.1.3　绝对黑体的辐射规律

图 14-3 中给出了不同温度下空腔黑体的热辐射谱，从图中可以看出，不同温度下的热辐射谱线的基本特点是与一定温度对应的每条曲线都存在一个极大值，而且与极大值对应的波长 λ_m 随温度 T 增加而减小。此外，各曲线在 $\lambda \to 0$ 和 $\lambda \to \infty$ 时都很快趋于零。

实验发现，在不同的热力学温度 T 下，单色辐出度的实验曲线存在一个峰值波长 λ_m。1893 年，德国物理学家维恩从热力学理论导出 T 和 λ_m 满足如下关系：

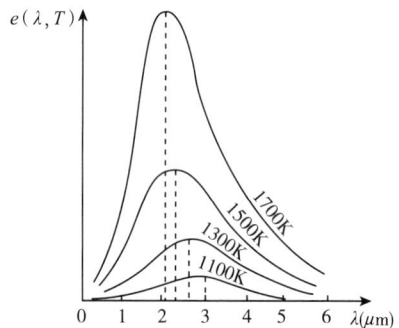

图 14-3　绝对黑体的热辐射谱

$$\lambda_m T = b \tag{14-2}$$

式中 $b = 2898 \times 10^{-6}\,\mathrm{m \cdot K}$，称为**维恩常量**，式(14-2)称为**维恩位移定律**。

斯忒藩和玻尔兹曼通过实验指出，黑体的辐射本领 M 与温度 T 的四次方成正比，即

$$M = \sigma T^4 \tag{14-3}$$

其中常数 $\sigma = 5.67051 \times 10^{-8}\,\mathrm{W \cdot m^{-2} \cdot K^{-4}}$，称为**斯忒藩—玻尔兹曼常量**，式(14-3)称为**斯忒藩—玻尔兹曼定律**

维恩位移定律和斯忒藩—玻尔兹曼定律是黑体辐射的基本规律，它们在现代科学

技术中具有广泛的应用，是高温测量、遥感和红外追踪等技术的基础。

在 19 世纪末黑体辐射的一些规律被发现后，物理学中引人注目的课题之一是如何从理论上导出黑体的辐射规律，从理论上解释黑体辐射的实验曲线。1896 年，维恩根据热力学理论和对实验数据的分析，由经典统计物理学出发导出了一个关于黑体辐射的半经验公式：

$$M_\lambda(T) = \frac{c_1}{\lambda^5} e^{-\frac{c_2}{\lambda T}} \tag{14-4}$$

式中 c_1 和 c_2 为两个需要用实验确定的参量，λ 为辐射波长。然而，陆末和鲁本斯发现，曲线有明显的偏离，仅在短波波段与实验曲线相符合，如图 14-4 所示。

1900 年，瑞利根据严格的经典电动力学和统计物理学理论，得出了一个黑体辐射公式。1905 年，金斯对此公式进行了修正，给出了以下的瑞利—金斯公式：

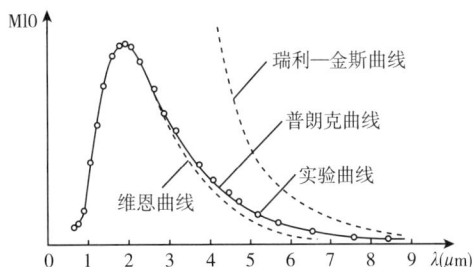

图 14-4　黑体辐射公式与实验曲线的比较

$$M_\lambda(T) = \frac{2\pi ckT}{\lambda^4} \tag{14-5}$$

式中 k 为玻尔兹曼常数，c 为真空中的光速。由图 14-4 可见，瑞利—金斯公式只适用于长波波段，而在紫外区与实验曲线明显不符。特别是，根据式(14-5)，黑体的单色辐射本领 $M_\lambda(T)$ 随波长的减小而单调增加，最终趋于无穷大，严重偏离实验曲线。这个理论与实验的巨大偏差在物理学史上被称为"紫外灾难"。由于式(14-5)是由严格的经典物理学理论得到的，推理过程也是无懈可击的，这就使人们困惑不解。它动摇了经典物理理论的基础。

14.1.4　普朗克量子假设

为了解释黑体辐射的实验结果，1900 年，德国物理学家普朗克结合维恩公式，利用数学上的内插法，得出了如下经验公式：

$$M_\lambda(T) = \frac{2\pi hc^2}{\lambda^5} \frac{1}{e^{hc/\lambda kT} - 1} \tag{14-6}$$

该式称为普朗克黑体辐射公式，简称**普朗克公式**。式中 c 为光速，k 是玻尔兹曼常量，常量

$$h = 6.6260755 \times 10^{-34} \text{J} \cdot \text{s} \tag{14-7}$$

称为**普朗克常量**。由式(14-6)所描绘的曲线与实验曲线符合得很好，而且由这个公式还可以导出维恩位移定律和斯忒藩—玻尔兹曼定律，并求得斯忒藩—玻尔兹曼常数为

$$\sigma = \frac{2\pi^5 k^4}{15c^2 h^3} \tag{14-8}$$

将 h、k、c 等值代入式(14-8)得

$$\sigma = 5.67 \times 10^{-3} \mathrm{W \cdot m^{-2} \cdot K^{-4}}$$

这个数值与前面给出的实验值完全一致。这些结果都说明了普朗克公式是正确的。

普朗克公式是一个半经验的公式，可以解释黑体辐射实验。但其意义并不仅如此，正如普朗克本人所说："即使这个新的辐射公式证明是绝对精确的，如果仅仅是一个侥幸揣测出来的内插公式，它的价值也只能是有限的。"因此，必须寻求这个公式的理论解释。正是关于这个公式的理论解释，才掀起了物理学史上的一次革命。

普朗克发现，为了解释新的辐射公式，必须假定黑体辐射不是连续地辐射能量，而是一份份地辐射能量，并且每一份能量与电磁波的频率 ν 成正比，满足下述条件

$$E = nh\nu \tag{14-9}$$

式中 $n = 1$，2，3，$\cdots h$ 为普朗克常数。这就是说，黑体向外辐射的能量不能取任意值，只能是 $h\nu$ 的整数倍，即辐射能量是分立的、不连续的。这种能量分立的概念被称为**能量的量子化**，每一份最小能量 $E = h\nu$ 被称为一个**量子**。

普朗克关于能量量子化的假设意义是巨大的，它是量子理论发展里程上的起点，标志着人类对自然规律的认识从宏观领域进入了微观领域。这个假设不仅为解决热辐射问题做出了贡献，更重要的是冲破了经典物理学传统观念对人们思想的长期束缚，鼓励人们去建立新概念、探索新理论。根据普朗克理论，各种微观现象逐渐得到了正确解释，并且在此基础上建立起一个完整的量子理论体系，直接促成了近代物理学的发展。

14.1.5　光电效应　光的粒子性

14.1.5.1　光电效应的实验规律

1887 年德国物理学家赫兹在验证电磁波的存在时，首次发现当光照射到金属表面时，有电子从金属表面逸出，这种现象称为**光电效应**。逸出的电子称为**光电子**。

图 14-5(a)为研究光电效应的实验装置图。K 为发出电子的阴极，A 为阳极。当用单色光照射 K 时，金属释放出光电子。KA 之间加上一定的电压，光电子由 K 飞向 A，回路中形成电流(由电流计 G 读出)称为**光电流**。从实验结果得到如下规律：

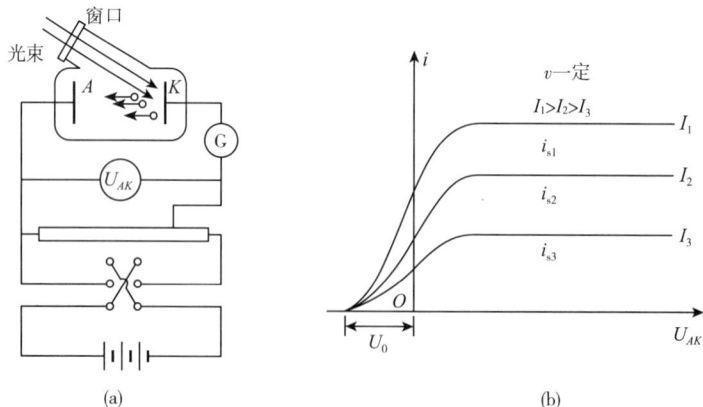

图 14-5　光电效应实验

①当以一定频率和强度的光照射 K 极时，光电流随加速电压的改变而改变，如图 14-5（b）所示，此曲线为光电效应的伏安特性曲线，i_s 称为饱和光电流，U_0 称为遏止电压，若所用的光频率相同而光强不同，则其遏止电势差不变，光强越大，饱和电流 i_s 也越大。关系式为

$$\frac{1}{2}mv^2 = eU_0$$

②用不同频率的光照射 K 极时，频率越高，遏止电势差越大，而且只有当入射光的频率大于某一频率 ν 时，才有光电流，当入射光的频率小于 ν_0 时，则无论入射光的强度多强，电路中都无光电流，ν_0 称为截止频率，也称红限，如图 14-6 所示。

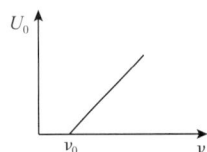

图 14-6　光电效应的截止频率

③无论入射光的强度如何，只需其频率大于截止频率，则只要光照射到金属表面时，立刻就有光电子逸出，这就是光电效应的"瞬时性"。

用经典物理中光的电磁波理论说明光电效应的实验规律时，遇到了很大困难。主要表现在，按照经典理论，无论何种频率的入射光，只要其强度足够大，就能使电子具有足够的能量逸出金属。然而实验结果却表明，若入射光的频率小于截止频率，无论其强度有多大，都不能产生光电效应。此外，按照经典理论，电子逸出金属所需的能量，需要有一定的时间来积累，一直积累到足以使电子逸出金属表面为止。然而，实验结果却表明，光的照射和光电子的释放，几乎是同时发生的。

14.1.5.2　爱因斯坦的光电效应量子理论

为了解决光电效应的实验规律与经典物理理论的矛盾，1905 年爱因斯坦在普朗克量子概念的基础上对光的本性提出了新的理论。认为光是由大量微粒构成的粒子流，这些粒子称为**光量子**，简称**光子**。在真空中，每个光子都以光速 $c = 3 \times 10^8 \, \text{m} \cdot \text{s}^{-1}$ 运动。对于频率为 ν 的光束，光子的能量为

$$\varepsilon = h\nu$$

式中 h 为普朗克常数。按照爱因斯坦的光子假设，频率为 ν 的光束可以看成是由许多能量均等的光子所构成；频率 ν 越高的光束，其光子能量越大；对给定频率的光束来说，光的强度越大，就表示光子的数目越多。

用频率为 ν 的单色光照射金属时，一个光子被一个电子吸收而使电子能量增加。能量增大的电子，将其能量的一部分用于脱离金属表面时所需要的逸出功 A，另一部分则成为电子离开金属表面后的最大初动能，即

$$h\nu = \frac{1}{2}mv^2 + A \tag{14-10}$$

这就是**爱因斯坦光电效应方程**。A 为电子从金属表面逸出时需要做的功，称为逸出功。以方程(14-10)可成功地解释前面三条实验规律。

14.1.5.3 光的波粒二象性

光电效应表明光具有粒子性，而光的干涉、衍射和偏振现象，又明显地体现出光的波动，所以说：光具有**波粒二象性**。一般来讲，光在传播过程中，波动性表现比较显著；当光和物质相互作用时，粒子性表现比较显著。

由狭义相对论的动量和能量的关系

$$E^2 = P^2 c^2 + E_0^2$$

可知，由于光子的静能量 $E_0 = 0$，所以光子的能量和动量的关系可写成 $E = Pc$，则其动量可以写成

$$P = \frac{E}{c} = \frac{h\nu}{c} = \frac{h}{\lambda}$$

于是，对于频率为 ν 的光子的能量和动量分别为

$$E = h\nu, \quad P = \frac{h}{\lambda} \tag{14-11}$$

上式可以看出，光的粒子性描述量 E 和 P 通过普朗克常数 h 和描述光的波动性的量 λ 和 ν 联系在一起，故通常把 h 称为作用量子。

14.2 德布罗意波

14.2.1 德布罗意假设

1924 年法国青年物理学德布罗意根据对光的性质认识，提出一个大胆的设想：一切实物粒子也具有波粒二象性。一个质量为 m 以速度 v 做匀速运动的实物粒子，既具有以能量 E 和动量 P 所描述的粒子性，也具有以频率 ν 和波长 λ 所描述的波动性。它们之间的关系和光子相似，即

$$E = mc^2 = h\nu, \quad P = mv = \frac{h}{\lambda} \tag{14-12}$$

上式说明，实物粒子既可以由能量、动量来描述，也可以用频率、波长来解释，具有波和粒子的双重性质，这种波称为**德布罗意波**，也称为**物质波**，式(14-12)称为**德布罗意公式**。

【**例题 14-1**】 求电子的德布罗意波长。

解： 对电子来讲，当 $v \ll c$ 时，在电场中加速，有如下关系式：

$$\frac{1}{2} m_0 v^2 = eU$$

其中 U 为加速电压，则有

$$v = \sqrt{\frac{2eU}{m_0}}$$

由德布罗意关系可得

$$\lambda = \frac{h}{P} = \frac{h}{\sqrt{2m_0 eU}} = \frac{1.22}{\sqrt{U}} \quad （\text{nm}）$$

当 $U = 100\text{V}$ 时，$\lambda = 0.122\text{nm}$；当 $U = 10000\text{V}$ 时，$\lambda = 0.0122\text{nm}$。

由此可以看出，由于波长很短，在通常的实验条件下不容易显露出来，因此，当德布罗意在其博士论文中提出这一概念时，没有引起人们的足够重视。

14.2.2　德布罗意波的实验验证

要证明德布罗意假设的正确性必须有实验支持。人们想到，如果电子具有波动性，那么电子应该像光波一样具有干涉和衍射等现象。1927 年，美国物理学家戴维逊和革末在爱尔萨塞的启发下，做了图 14-7 所示的电子束在晶体表面上的散射实验，观察到了和 X 射线类似的电子衍射现象，首先证实了电子的波动性。同年，汤姆逊观察到了电子束穿过多晶薄膜后的衍射现象，他在照相屏上得出了和 X 射线穿过多晶薄膜后产生的衍射图样［图 14-8(a)］极其相似的环状衍射图样［图 14-8(b)］。这些实验不但证明了电子具有波动性，而且还证实了电子的动量和波长符合德布罗意公式。

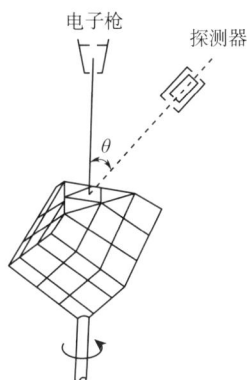

图 14-7　电子衍射实验　　　　图 14-8　电子衍射图样

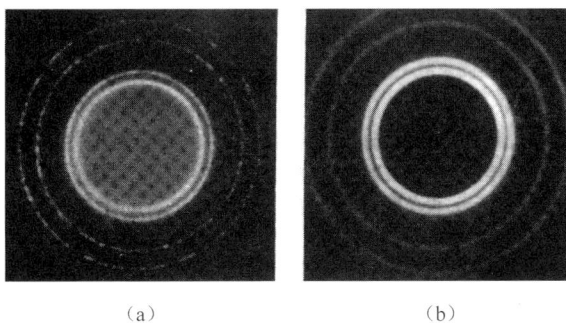

目前，电子的波动性质已被广泛地应用。1931 年德国人鲁斯卡制造了世界上第一台电子显微镜，其波长为 $\lambda = 10^{-2} \sim 10^{-3}\text{nm}$，分辨率高达 0.144nm。目前，电子显微镜(图 14-9)已被广泛用来研究晶体结构、病毒和细胞的组织等。

14.2.3　不确定关系

在经典力学中，粒子的运动状态是用坐标位置和动量来描述的，这两个量都可以同时准确地予以测定，然而，对于具有二象性的微观粒子，则不能同时用确定的位置和确定的动量来描述，这称为**不确定关系**或测不准关系。

测不准关系是 1927 年由海森伯根据理想实验而指出的。如图 14-10 所示，设有一束电子沿 Oy 轴射向屏上缝宽为 a 的狭缝。于是在照相底片上可以观察到如图 14-8 所示的衍射图样。

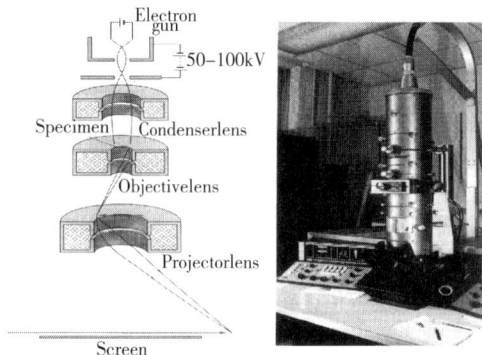

图 14-9　电子显微镜

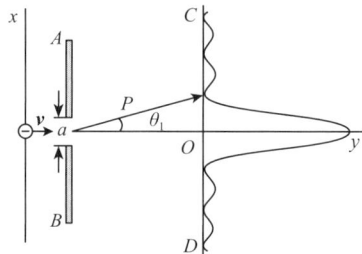

图 14-10　用电子衍射说明不确定关系

电子通过单缝时在 x 方向上的不确定量应等于缝的宽度 Δx，即

$$\Delta x = a$$

在单缝衍射实验中，若忽略次极大，可以认为电子都落在中央主极大范围内，其宽度由一级最小界定，一级最小的衍射角满足：

$$a\sin\varphi = \lambda$$

式中 λ 是电子的德布罗意波长。根据电子落在屏上的位置，可知电子经单缝后，x 方向动量（速度）发生变化为

$$\Delta P_x = P\sin\varphi = P\frac{\lambda}{\Delta x}$$

考虑

$$P = \frac{h}{\lambda} \qquad P\lambda = h,$$

代入上式得

$$\Delta x \cdot \Delta P = h$$

把各级次衍射极大都考虑在内，则有

$$\Delta x \cdot \Delta P_x \geq h \tag{14-13}$$

Δx 越小，电子的位置就测得更准些，但由式(14-13)可得 ΔP_x 越大，即电子的动量就更难准确测得，反之亦然。这说明，粒子的动量和坐标不可能同时准确测量。

【例题 14-2】　质量 10g 的子弹具有 $200\text{m}\cdot\text{s}^{-1}$ 的速率，若动量的不确定范围为动量的 0.01%，问位置的不确定范围多大？

解：
$$P = mv = 0.01 \times 200 = 2\text{kg}\cdot\text{m}\cdot\text{s}^{-1}$$
$$\Delta P = 0.01\% \times P = 2 \times 10^{-4}\text{kg}\cdot\text{m}\cdot\text{s}^{-1}$$
$$\Delta x = \frac{h}{\Delta P} = \frac{6.63 \times 10^{-34}}{2 \times 10^{-4}} = 3.3 \times 10^{-30}\text{m}$$

可见，子弹的位置不确定范围是微不足道的，不确定关系对宏观物体来说可以忽略。

【例题 14-3】　电子具有 $200\text{m}\cdot\text{s}^{-1}$ 的速率，动量的不确定范围为动量的 0.01%，问该电子的位置不确定范围多大？

解：
$$P = mv = 9.1 \times 10^{-31} \times 200 = 1.8 \times 10^{28}\text{kg}\cdot\text{m}\cdot\text{s}^{-1}$$

$$\Delta P = 0.01\% \times P = 1.8 \times 10^{-32} \mathrm{kg \cdot m \cdot s^{-1}}$$

由不确定关系得

$$\Delta x = \frac{h}{\Delta P} = \frac{6.63 \times 10^{-34}}{1.8 \times 10^{-32}} = 3.7 \times 10^{-2} \mathrm{m} = 3.7 \mathrm{cm}$$

原子大小的量级为 $10^{-10}\mathrm{m}$，电子则更小，而电子位置的不确定范围比原子的大小还大 10^8 倍，可见电子的位置和动量不可能精确地予以确定。

14.3　波函数与薛定谔方程

本节主要是给出量子力学处理问题的基本框架，介绍薛定谔方程的解题思路，将详细地介绍一维无限深势阱，目的是从中领悟量子力学的主要精神。

14.3.1　波函数及其统计解释

（1）波函数

对于微观粒子，也可像光波那样用波函数来描述它们的波动性。为此，我们从机械波的波函数出发导出微观粒子的波函数。

平面波的波动方程：

$$y(x \cdot t) = A\cos 2\pi(\nu t - x/\lambda)$$

写成指数的形式：

$$y(x \cdot t) = A\mathrm{e}^{-i2\pi(\nu t - x/\lambda)} \tag{14-14}$$

只取其实数部分。将 $E = h\nu$；$P = \dfrac{h}{\lambda}$ 代入得

$$y(x \cdot t) = A\mathrm{e}^{-i\frac{1}{\hbar}(Et - Px)} = A\mathrm{e}^{-\frac{i}{\hbar}(Et - Px)}$$

式中

$$\hbar = \frac{h}{2\pi}$$

写成一般的形式则为

$$\psi(x \cdot t) = \psi_0 \mathrm{e}^{-\frac{i}{\hbar}(Et - Px)}$$

或

$$\psi(\boldsymbol{r} \cdot t) = \psi_0 \mathrm{e}^{-\frac{i}{\hbar}(Et - P \cdot r)} \tag{14-15}$$

（2）波函数的统计解释

波函数的平方代表粒子的**概率密度**，即在时刻 t，点 (x, y, z) 附近的单位体积内发现粒子的概率

$$w = \frac{\mathrm{d}W}{\mathrm{d}V} = |\psi(x, y, z, t)|^2 = \psi\psi^*$$

式中 w 代表概率密度，W 代表概率。在 $\mathrm{d}\tau = \mathrm{d}x\mathrm{d}y\mathrm{d}z$ 内，可视 $\psi(\boldsymbol{x} \cdot t)$ 不变，则粒子在 $\mathrm{d}\tau$ 内出现的几率正比于 $|\psi(\boldsymbol{x} \cdot t)|^2$ 和 $\mathrm{d}\tau$，即

$$|\psi|^2\mathrm{d}\tau = \psi(\boldsymbol{r} \cdot t)\psi^*(\boldsymbol{r} \cdot t)\mathrm{d}x\mathrm{d}y\mathrm{d}z$$

这就是**波函数的统计解释**。

由于粒子不可能消失，某时刻在整个空间内发现粒子的概率为 1，即

$$\int |\psi|^2 d\tau = 1$$

称为**波函数的归一化条件**。

由于波函数具有确定的物理意义，作为数学表达式，它还必须在任意时刻、任一地点只有单一的值，而且不能在某处发生突变，也不能在某一地点变为无穷大。也就是说，波函数必须满足单值、连续和有限的条件。

14.3.2　薛定谔方程

微观粒子在外力场中运动，当给定一个外力场后，如何得到描写在该力场中粒子运动的波函数，必须有一个波函数满足的基本方程，这个方程就是**薛定谔方程**。薛定谔方程于 1926 年建立，是量子力学的基本方程。一般情况下，薛定谔方程中包含有空间变量(x, y, z)和时间变量(t)。若将其空间变量和时间变量分离，其中只含有空间变量的部分称为**定态薛定谔方程**。三维空间总能量为 E，势能为 U 的粒子的定态薛定谔方程为

$$\frac{\partial^2 \psi}{\partial x^2} + \frac{\partial^2 \psi}{\partial y^2} + \frac{\partial^2 \psi}{\partial z^2} + \frac{2m}{\hbar^2}(E - U)\psi = 0 \tag{14-16}$$

一维空间自由粒子的定态薛定谔方程为

$$\frac{d^2 \psi}{dx^2} + \frac{2m}{\hbar^2} E\psi = 0 \tag{14-17}$$

薛定谔方程是量子力学的基本方程，原则上所有量子力学问题都可以用薛定谔方程来解决。薛定谔方程在量子力学中的地位与牛顿第二定律在质点动力学中的地位相当，解题步骤亦类似。

14.3.3　一维无限深势阱

通常金属中的自由电子可以在金属内自由运动，但由于受到金属原子的吸引，电子要逃出金属表面则是比较困难的。用能量的观点来说，在金属内电子的势能低，而在金属表面以外电子的势能较高，因而电子要逃出金属表面就需要克服势能差做功。金属内外的势能分布如图 14-11 所示，由于其形状像一个陷阱，所以这种势能分布称为**势阱**。为了使计算简化，可以设想其为无限深方势阱。对于在无限深方势阱中运动的粒子，容易应用薛定谔方程而得到处于势阱中粒子状态的信息。

一维无限深方势阱中粒子的势能分布为

$$\begin{cases} 0 < x < a, & U(x) = 0, \\ x \geqslant 0, & x \leqslant a, \; U(x) = \infty. \end{cases} \tag{14-18}$$

　　这种势能函数的势能曲线如图 14-12 所示。在阱内，由于势能是常数，所以粒子不受力。在边界 $x=0$ 和 $x=a$ 处，由于势能突然增大到无限大，所以粒子受到无限大的指向阱内的力。因此，粒子不可能到达 $0<x<a$ 的范围以外。

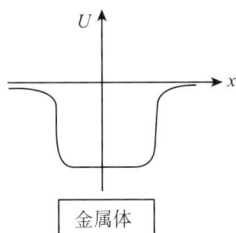

图 14-11　电子在金属中的势能曲线　　　　图 14-12　一维无限深势阱

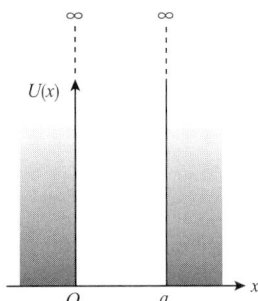

　　由于势能函数与时间无关，因此，上述势阱问题符合定态薛定谔方程的适用条件。如前所述，粒子不能到达 $0<x<a$ 区域以外，所以表示粒子出现概率的波函数 ψ 的值在 $x\leq0$ 和 $x\geq a$ 的区域应该等于零。因此，只需要求出势阱内的波函数。在势阱内，$U=0$，由式（14-17）可得一维定态薛定谔方程的形式为

$$\frac{\mathrm{d}^2\psi}{\mathrm{d}x^2}+\frac{2m}{\hbar^2}E\psi=0 \tag{14-18}$$

令

$$k^2=\frac{2m}{\hbar^2}E \tag{14-19}$$

则式（10－35）可简写为

$$\frac{\mathrm{d}^2\psi}{\mathrm{d}x^2}+k^2\psi=0 \tag{14-20}$$

这一方程具有简谐振动的振动方程的特征，它的通解是

$$\psi(x)=A\cos kx+B\sin kx \tag{14-21}$$

式中 A 和 B 是由边界条件决定的常数。

　　由于 $\psi(x)$ 在 $x=0$ 处必须连续，在 $x\leq0$ 时 $\psi=0$，所以有

$$A=0 \tag{14-22}$$

又由于 $\psi(x)$ 在 $x=a$ 处必须连续，而在 xa 时 $\psi=0$，所以有

$$\psi(a)=B\sin ka=0 \tag{14-23}$$

据此可知 k 满足

$$ka=n\pi \tag{14-24}$$

或

$$k=\frac{n\pi}{a}, \quad n=1,\ 2,\ 3,\ \cdots \tag{14-25}$$

因而，式（14-21）的波函数的具体形式为

$$\psi(x)=B\sin\frac{n\pi}{a}x, \quad 0<x<a \tag{14-26}$$

由于

$$\int_{-\infty}^{\infty} \left| \psi(x) \right|^2 \mathrm{d}x = \int_0^a B^2 \sin^2 \frac{n\pi}{a} x \mathrm{d}x = \frac{1}{2} a B^2$$

由归一化条件可知

$$B = \sqrt{\frac{2}{a}} \qquad (14\text{-}27)$$

最后得无限方势阱中粒子运动的波函数为

$$\psi(x) = \sqrt{\frac{2}{a}} \sin \frac{n\pi}{a} x, \ 0 < x < a \qquad (14\text{-}28)$$

根据经典理论，在势阱内各处粒子出现的概率是相同的，即在 $0 < x < a$ 范围内的任一点粒子出现的可能性是相同的。但是，由式（14-28）可知，量子力学给出的粒子出现在势阱内各点的概率密度为

$$\left| \psi(x) \right|^2 = \frac{2}{a} \sin^2 \frac{n\pi}{a} x \qquad (14\text{-}29)$$

这一概率密度是随 x 改变的。粒子在有的地方出现的概率大，在有的地方出现的概率小，而且概率分布还和整数 n 有关系。图 14-13 画出了波函数 ψ 和概率密度 $|\psi|^2$ 与 x 的关系曲线。

与经典力学更为不同的是，由式（14-19）和式（14-25）可知，在无限方势阱中的粒子能量应该而且只能是

$$E_n = \frac{k^2 \hbar^2}{2m} = n^2 \frac{\pi^2 \hbar^2}{2m a^2} \qquad (14\text{-}30)$$

由于 n 是整数，所以粒子能量只能取离散的值，例如

$$E_1 = \frac{\pi^2 \hbar^2}{2m a^2}, \ E_2 = \frac{4\pi^2 \hbar^2}{2m a^2}, \ \cdots$$

粒子能量只能取离散值的结论，称**能量量子化**，整数 n 称为**量子数**。每一个可能的能量值称为一个**能级**，图 14-14 画出了几个能级。正是在不同的能级上（即粒子具有不同的能量），粒子的波函数才有所不同。在微观世界里，能量量子化现象已被无数实验所证实。在这里量子力学给出了能级存在的理论解释。

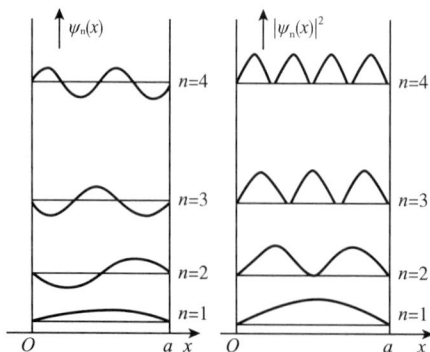

图 14-13 势阱中的波函数和概率密度

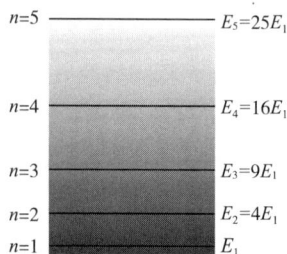

图 14-14 势阱中粒子的能级

14.4 氢原子的量子力学描述 电子自旋

14.4.1 氢原子的量子力学结论

对于氢原子，电子在核所形成的库仑场中运动，近似地认为核不动，而此库仑场是不随时间而变的，因此是定态问题，相互作用势为：

$$U(r) = -\frac{e^2}{4\pi\varepsilon_0 r} \tag{14-31}$$

相应的定态薛定谔方程为

$$\nabla^2\psi + \frac{2m}{\hbar^2}\left(E + \frac{e^2}{4\pi\varepsilon_0 r}\right)\psi = 0 \tag{14-32}$$

求解出氢原子薛定谔方程可得到氢原子的量子力学结论：

(1)能量量子化

$$E_n = -\frac{me^4}{(4\pi\varepsilon_0)^2(\partial\hbar^2)} \cdot \frac{1}{n^2}, \quad n = 1, 2, 3\cdots$$

n 称为主量子数。

(2)角动量量子化

$$L = \sqrt{l(l+1)}\hbar, \quad l = 0, 1, 2, \cdots, n-1$$

l 称为角动量量子数。至此，氢原子的电子状态可由两个量子数(n, l)来描述。

(3)角动量的空间量子化

由量子理论知角动量 L 在外磁场方向 Z 的投影为：

$$L_z = m_l\hbar$$

式中 $m_l = 0, \pm1, \pm2, \cdots, \pm l$ 为磁量子数。即角动量的取向在空间是量子化的，称为角动量的空间量子化。

(4)塞曼效应

既然氢原子的量子状态由(n, l)描述，则(n, l)定下之后，状态应唯一确定，由 $2p$ 态跃迁到 $1s$ 态应只有一条谱线，这在无磁场时确实如此，可加上弱磁场之后，这一条谱线却分裂为三条谱线，这种现象称为**正常塞曼效应**。

14.4.2 氢原子的电子自旋

1921 年，斯特恩和盖拉赫发现在非均匀磁场中，s 态原子射线一分为二，因为 $l = 0$，$m_l = 0$，故不能用角动量空间量子化来解释。1925 年，乌仑贝克和高德斯密特提出除轨道运动外，电子还存在一种自旋运动。由此可解释这种**反常塞曼效应**现象。

14.4.3 氢原子的四个量子数

综上所述，氢原了核外电子可由四个量子数来描述，即

①主量子数 $n(1,2,3,\cdots)$ 大体上决定了电子能量

②副量子数 $l(0,1,2,\cdots,n-1)$ 决定电子的轨道角动量大小，对能量也有稍许影响。

③磁量子数 $m_l(0,\pm1,\pm2,\cdots,\pm1)$ 决定电子轨道角动量空间取向。

④自旋磁量子数 $m_s(1/2,-1/2)$ 决定电子自旋角动量空间取向。

本章摘要

1. 热辐射 光的粒子性

（1）热辐射的一般概念

①与物体表面温度有关的辐射称为热辐射。辐射体表面温度不变的热辐射称为平衡热辐射。

②单位时间内辐射体表面单位面积发出的辐射能称为辐出度。在波长 λ 处，辐射体在单位波长范围内的辐出度称为光谱辐出度，记为 $M_\lambda(T)$。辐射体在整个波长范围内的辐出度称为总辐出度。总辐出度

$$M(T) = \int_0^\infty M_\lambda(T)\,\mathrm{d}\lambda$$

③被物体吸收的能量与入射能量之比称为该物体的吸收比；反射的能量与入射能量之比称为反射比。单色吸收比和单色反射比的总和等于 1，即

$$\alpha_\lambda(T) + \rho_\lambda(T) = 1$$

④吸收比 $\alpha_\lambda(T) = 1$ 的物体称为绝对黑体。

（2）基尔霍夫定律

任何物体的单色辐出度和单色吸收比之比，等于同一温度绝对黑体的单色辐出度。即：

$$\frac{M_1(T)}{A_1(T)} = \frac{M_2(T)}{A_2(T)} = \cdots\cdots = M_0(T)$$

（3）绝对黑体的辐射规律

维恩位移定律

$$\lambda_m T = b$$

式中 $b = 2898 \times 10^{-6}\,\mathrm{m\cdot K}$，称为维恩常量

斯忒藩—玻尔兹曼定律

$$M = \sigma T^4$$

式中 $\sigma = 5.67051 \times 10^{-8}\,\mathrm{W\cdot m^{-2}\cdot K^{-4}}$，称为斯忒藩—玻尔兹曼常量

（4）普朗克量子假设

1900 年，普朗克得出了经验公式，与实验曲线符合得很好，称为普朗克黑体辐

射公式。

普朗克发现，为了解释新的辐射公式，必须假定黑体辐射能量是分立的、不连续的。这种能量分立的概念被称为能量的量子化。

（5）光电效应　光的粒子性

光电效应与光的波动说存在无法调和的矛盾。爱因斯坦提出了光的粒子说，解释了光电效应，表明光具有波粒二象性。光子的能量

$$\varepsilon = h\nu$$

光子的动量

$$P = \frac{h}{\lambda}$$

2. 德布罗意波

实物粒子具有波和粒子的双重性质，这种波称为**德布罗意波**，也称为**物质波**，德布罗意波的实验验证是电子衍射。

对于微观粒子，不能同时用确定的位置和确定的动量来描述，称为**不确定关系**。

$$\Delta x \Delta P_x \geq h$$

3. 波函数与薛定谔方程

（1）波函数及其统计解释

①波函数

对于微观粒子，也可像光波那样用波函数来描述它们的波动性。

②波函数的统计解释

波函数的平方代表粒子的概率密度，点 (x, y, z) 附近的单位体积内发现粒子的概率

$$w = \frac{\mathrm{d}W}{\mathrm{d}V} = |\psi(x, y, z, t)|^2 = \psi\psi^*$$

这就是波函数的统计解释。

由于粒子不可能消失，某时刻在整个空间内发现粒子的概率为 1，即

$$\int |\psi|^2 \mathrm{d}\tau = 1$$

称为波函数的归一化条件。波函数必须满足单值、连续和有限的条件。

（2）薛定谔方程

薛定谔方程是量子力学的基本方程，原则上所有量子力学问题都可以用薛定谔方程来解决。薛定谔方程在量子力学中的地位与牛顿第二定律在质点动力学中的地位相当，解题步骤亦类似。

（3）一维无限深势阱

一维无限深方势阱中粒子的势能分布为

$$\begin{cases} U(x) = 0, & 0 < x < a, \\ U(x) = \infty, & x \geq 0, x \leq a. \end{cases}$$

粒子运动的波函数为

$$\psi(x) = \sqrt{\frac{2}{a}}\sin\frac{n\pi}{a}x, \; 0 < x < a$$

粒子在势阱中的概率密度具有波动性，能量状态呈量子化。

4. 氢原子的量子力学描述　电子自旋

氢原子是最简单的原子，量子力学能很好地描述氢原子的运动。求解氢原子薛定谔方程的结果表明，氢原子核外电子可由四个量子数来描述：

①主量子数 $n(1, 2, 3, \cdots)$ 大体上决定了电子能量。

②副量子数 $l(0, 1, 2, \cdots, n-1)$ 决定电子的轨道角动量大小，对能量稍有影响。

③磁量子数 $m_l(0, \pm1, \pm2, \cdots, \pm l)$ 决定电子轨道角动量空间取向。

④自旋磁量子数 $m_s(1/2, -1/2)$ 决定电子自旋角动量空间取向。

习　题

填空题

14-1　与物体表面 ＿＿＿＿＿＿＿ 的辐射称为热辐射。

14-2　总辐出度的几何意义是 ＿＿＿＿＿＿ 。

14-3　对于同一波长的辐射，物体单色吸收比为 0.43，单色反射比为 ＿＿＿＿ 。

14-4　物体 1 和物体 2 在同温度下对同一波长的辐射的吸收比之比为 2：1，它们在该温度下对该波长的辐出度之比是 ＿＿＿＿ 。

14-5　太阳表面辐射的 $\lambda_m = 0.55\mu m$，太阳表面温度是 ＿＿＿＿ ；若把太阳看成黑体，其总辐出度是 ＿＿＿＿ 。

14-6　炼钢炉观察孔的总辐出度是 $5.062 \times 10^{12} W\cdot m^{-2}$，炉内的温度是 ＿＿＿＿ 。

14-7　实物粒子具有波动性的实验依据是 ＿＿＿＿＿＿ 。

14-8　微观粒子在整个空间出现的概率为 ＿＿＿＿ ；该结果说明波函数满足 ＿＿＿＿ 条件。

14-9　电子经 400V 电压加速后德布罗意波长为 ＿＿＿＿＿ 。

14-10　质量为 10g 的子弹的运动速度为 $200m\cdot s^{-1}$，其动量不确定量为 0.01%，其位置不确定量 ＿＿＿＿ 。

选择题

14-11　辐射体表面 ＿＿＿＿＿ 的热辐射称为平衡热辐射。

A. 温度不变　　　　B. 颜色不变　　　　C. 大小不变　　　　D. 高度不变

14-12　总辐出度与单色辐出度的积分关系为 ＿＿＿＿ 。

A. $M(T) = \int_0^\infty M_\lambda(T)\mathrm{d}t$ 　　　　B. $M(T) = \int_0^\infty M_\lambda(T)\mathrm{d}T$

C. $M(T) = \int_0^\infty M_\lambda(T)\mathrm{d}\lambda$ 　　　　D. $M(T) = \int_0^{\lambda_m} M_\lambda(T)\mathrm{d}\lambda$

14-13　绝对黑体表面温度升高到原来的 2 倍，其总辐出度增加到原来的 ＿＿＿ 倍。

A. 2   B. 4   C. 8   D. 16

14-14 _____的物体称为绝对黑体。

A. 全部不吸收任何辐射   B. 全部吸收任何辐射

C. 黑颜色   D. 非白颜色

14-15 北极星表面辐射的 $\lambda_m = 0.35\mu m$，北极星表面温度是_____。

A. 8300K   B. 8500K   C. 8700K   D. 8900K

14-16 微观粒子的动量和位置不能同时准确测定的原因是_____

A. 仪器精度不高   B. 测量方法不先进

C. 微观粒子具有粒子性   D. 微观粒子具有波动性

14-17 德布罗意波性的含义是_____。

A. 实物粒子在其平衡位置做谐振动

B. 实物粒子的运动轨迹有波动性

C. 实物粒子的空间概率密度有波动性

D. 实物粒子波能在空间传播

14-18 对于如下四条：①单值；②有限；③正态；④连续。波函数满足的条件为_____。

A. ①②③   B. ②③④

C. ③④①   D. ④①②

14-19 电子显微镜分辨率高于光学显微镜的原因是_____。

A. 电子的质量较大   B. 电子物质波波长较短

C. 电子的速度较快   D. 电子受磁力作用较大

14-20 微观粒子在一维无限深势阱中的波函数 $\Psi_1 = \sqrt{\dfrac{2}{a}}\sin\dfrac{\pi}{a}x\,(0 \leqslant x \leqslant a)$。当 $x = $_____时概率密度有最大值。

A. $\dfrac{a}{2}$ B. $\dfrac{a}{4}$ C. $\dfrac{a}{6}$ D. $\dfrac{a}{8}$

计算题

14-21 若将星球看成绝对黑体，利用维恩位移定律，通过测量 λ_m 便可估计其表面温度。测出太阳和北极星的 λ_m 分别为 510nm 和 350nm，求它们的表面温度和黑体辐射出射度。

14-22 太阳辐射到地球大气层外表面单位面积的辐射通量 I_0 称为太阳常量，实验测得 $I_0 = 1.5\text{kW}\cdot\text{m}^{-2}$。把太阳近似当做黑体，试由太阳常量估算太阳的表面温度。已知太阳平均直径为 $1.4\times10^9\text{m}$，地球到太阳的距离为 $1.5\times10^{11}\text{m}$。

14-23 在理想条件下，如果正常人的眼睛接收 550nm 的可见光，此时只要每秒有 100 个光子数就会产生光的感觉。试问与此相当的光功率是多少？

14-24 ①广播天线以频率 1MHz、功率 1kW 发射无线电波，试求它每秒发射的光子数；②以 $\lambda = 550\text{nm}$，利用太阳常量 $I_0 = 1.3\text{kW}\cdot\text{m}^{-2}$，计算每秒人眼接收到的来自太阳的光子数。

14-25　一束带电量与电子电量相同的粒子经 206V 电压加速后，测得其德布罗意波长为 0.002nm，试求粒子的质量。

14-26　电子位置的不确定量为 5.0×10^{-2}nm 时，其速率的不确定量为多少？

14-27　一个质量为 40g 的子弹以 1.0×10^{3}m·s^{-1} 的速率飞行。求：①其德布罗意波长；②若子弹位置不确定量为 0.10mm，求其速率的不确定量。

14-28　设电子和光子的波长均为 0.50nm，试求两者的动量及动能之比。

14-29　物理光学的一个基本结论是，在被观测物小于所用照射光波长的情况下，任何光学仪器都不能把物体的细节分辨出来。这对电子显微镜中的电子德布罗意波同样适用。因此，若要研究线度为 0.020 μm 的病毒，用光学显微镜是不可能的。然而，电子的德布罗意波长约比病毒的线度小 1000 倍，用电子显微镜可以形成非常好的病毒的像，试求此时电子所需的加速电压。

14-30　设一个电子在宽度为 0.20nm 的一维无限深的方势阱中。①计算电子在最低能级的能量；②当电子处于第一激发态（$n = 2$）时，电子在势阱何处出现的概率最小，其值为多少？

14-31　一维无限深势阱中粒子的定态波函数为

$$\psi_n = \sqrt{\frac{2}{a}} \sin \frac{n\pi x}{a}$$

试求粒子处于下述状态时，在 $x = 0$ 和 $x = \dfrac{a}{3}$ 之间找到粒子的概率：①粒子处于基态；②粒子处于 $n = 2$ 的状态。

第 15 章

现代科技的物理基础

15.1 GPS 与北斗卫星定位导航系统

15.1.1 全球定位系统(GPS)

全球定位系统(Global Positioning System，简称 GPS)是从 20 世纪 70 年代由美国开始研究，逐步发展起来的利用卫星测时和定位的导航系统。它可以提供实时、高精度的三维位置、速度和时间信息，在军事、民用中的应用日益广泛。

15.1.1.1 GPS 的组成

GPS 可分为三大部分，即空间卫星星座、地面监控和用户设备。

(1)空间卫星星座

GPS 星座由 21 颗工作卫星和 3 颗在轨道备用卫星组成，它们均匀地分布在 6 个轨道面内，每个轨道上分布有 4 颗卫星，轨道面与赤道的倾角为55°，相邻轨道之间的卫星还要彼此叉开40°，以保证能将全球均匀覆盖(图 15-1)。同时位于地平线以上的卫星数目至少有 4 颗，最多可达 11 颗，即地面上一个地点最少能接收 4 颗，最多能接收 11 颗卫星的信息。

(2)地面监控部分

地面监控部分的基本功能是当 GPS 卫星进

图 15-1　GPS 的卫星轨道

入轨道后，监测、计算和控制为导航定位而播发的星历，监控卫星及其各种设备的工作状态及各颗卫星是否处于 GPS 时间系统和启用备用卫星以代替失败卫星等。由地面监控系统控制并给 GPS 卫星播发的导航电文主要包括 GPS 卫星星历、时钟校正、电离层时延改正、卫星工作状态及帮助用户获得可靠 GPS 的提示信息等内容。

（3）用户设备

用户设备主要包括 GPS 信号接收机硬件和数据处理软件以及微处理及其终端设备等。GPS 信号接收机是指能够接收、跟踪、变换与测量 GPS 卫星所播发信息的设备。GPS 接收机采集的伪距、载波相位观测值、星历及气象数据要经过一系列的数据处理，最后得出 GPS 接收站点的坐标位置。

15.1.1.2 　GPS 的物理基础

由于全球定位系统能同时保证全球任何地点或近地空间的用户最低限度连续收看到 4 颗卫星，如图 15-2 所示，每颗卫星又都能连续不断地向用户接收机发射导航信号，而用户到卫星的距离等于电磁波传播速度乘以电磁波传播所用的时间。假设用户同时接收到 4 颗卫星信号，且 4 颗卫星发射信号时的精确位置和时间分别为

图 15-2　GPS 定位原理

$(x_1, y_1, z_1, t_1)(x_2, y_2, z_2, t_2)(x_3, y_3, z_3, t_3)(x_4, y_4, z_4, t_4)$，电磁波的传播速度为 u，用户此时所在的位置为 (x, y, z, t)，则有

$$\sqrt{(x-x_1)^2 + (y-y_1)^2 + (z-z_1)^2} = u(t-t_1) \tag{15-1}$$

$$\sqrt{(x-x_2)^2 + (y-y_2)^2 + (z-z_2)^2} = u(t-t_2) \tag{15-2}$$

$$\sqrt{(x-x_3)^2 + (y-y_3)^2 + (z-z_3)^2} = u(t-t_3) \tag{15-3}$$

$$\sqrt{(x-x_4)^2 + (y-y_4)^2 + (z-z_4)^2} = u(t-t_4) \tag{15-4}$$

解此方程组可求得 x、y、z、t 的值，即用户所在的位置和时间。

如果连续不断地定位，则可求出三维速度 (v_x, v_y, v_z)。设 t 时刻用户的位置为 (x, y, z)，则用户的速度为

$$v_x = \frac{x-x'}{t-t'}, \quad v_y = \frac{y-y'}{t-t'}, \quad v_z = \frac{z-z'}{t-t'}, \tag{15-5}$$

全球定位系统测量精度极高。据国内外十多年的众多实验和研究表明，该系统相对定位在短距离（15km 以内）精度可达到厘米的数量级；中长距离（几十千米到几千千米）相对精度可达到 $10^{-7} \sim 10^{-8}$，其精度相当惊人。

15.1.1.3 　GPS 的应用

近年来，通过对 GPS 系统的应用开发，GPS 已能够进行高精度的静态定位、准

确的时间和速度的测量，在大地测量学及相关学科领域中，尤其在军事上获得了广泛的应用。

目前，GPS 的应用范围包括：基本控制改善与加密、精度工程和工程变形监测、精密导航、运动目标的速度测量、地球动力学、景观生态学和军事研究等。全球定位系统在海湾战争中首次成功地用于军事行动，在 2003 年对伊拉克重点目标进行精确打击中，全球定位系统也起到了巨大的作用。可以肯定，全球定位系统在未来战争中必将发挥越来越大的作用。

由于全球定位系统具有巨大的实用价值，俄罗斯也在发展与全球定位系统相似的导航系统——GLONASS。

伽利略全球卫星导航定位系统计划是欧洲于 1999 年提出并于 2002 年 3 月决定启动的。它是继美国的全球定位系统(GPS)和俄罗斯的全球导航卫星系统(GLONASS)后的第三套全球卫星导航定位系统。

15.1.2　北斗卫星定位导航系统

15.1.2.1　北斗卫星导航试验系统(北斗一代)

(1)"双星定位"原理的提出

作为一个大国，我国同样也有高精度定位的要求，但是我国底子薄经济技术实力不足，早期很难投入很多资金进行暂时还没有太大用途的卫星定位导航系统。1983 年我国陈方允院士和美国普林斯顿大学 Gerard K. Oneil 博士同时提出了"双星定位"原理(图 15-3)。与 GPS 系统相比，基于双星定位的导航系统可以 2 颗卫星实现导航能力，所需卫星数量比 GPS 少得多，虽然在性能上无法和 GPS 星座相比，但对于无力进行巨额投资的我国却是不错的选择。

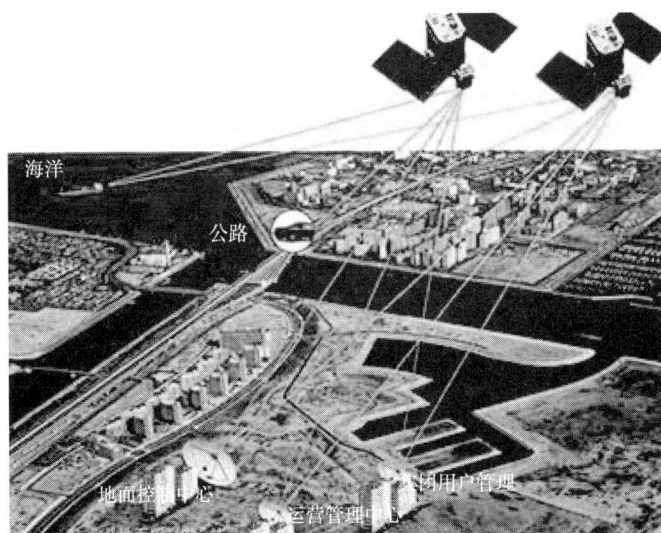

图 15-3　北斗一代定位系统

（2）北斗一代投入使用

1989 年"双星定位"原理进行演示性试验成功。1994 年开始工程研制建设，1995 年 8 月公布了 China Sat 31、32、33 的资料。2000 年 10 月 31 日和 2000 年 12 月 21 日，前两颗北斗一代导航定位卫星发射升空，北斗一代导航定位系统正式开始运行，我国成为第三个拥有卫星导航定位系统的国家。2003 年 5 月 25 日，第三颗北斗一代导航定位卫星发射成功。

（3）北斗一代的缺陷

北斗一代导航定位系统就性能来说，和美国 GPS 与俄罗斯 GLONASS 相比差距甚大。主要表现为：

①覆盖范围只是初步具备了我国周边地区的定位能力，与 GPS 的全球定位相差甚远。

②定位精度低，定位精度最高为 20m，而 GPS 可以达到 10m 以内。

③由于采用卫星无线电测定体制，用户终端机工作时要发送无线电信号，会被敌方无线电侦测设备发现，不适合军用。

④无法在高速移动平台上使用，限制了它在航空和陆地运输上的应用。

当然，北斗一代也有些 GPS 所没有的优点。例如，具备简短的报文通信功能，具备双向数字报文通信能力，单次最多传送 60 个汉字的信息。此外北斗一代导航定位系统从原理上说，多路径效应存在不影响定位精度，受地貌影响不明显，不会有 GPS 林下无信号的尴尬。但是由于导航系统基本的定位授时性能上的差距，北斗一代作为导航定位系统无法与 GPS 在市场上竞争。

15.1.2.2　北斗卫星导航定位系统（北斗二代）

（1）北斗二代发展规划与过程

随着我国综合国力的提升和卫星导航定位系统全面渗透普通人的生活，还有科索沃战争和第二次海湾战争美国 GPS 制导高精度打击武器的诱惑，构建一个类似 GPS 的全球卫星导航定位系统开始提上日程，被称为北斗二代导航定位系统。

2007 年 2 月 3 日，北斗一代第四颗卫星发射成功，不过此时，北斗一代已经改名为北斗导航试验系统，原来的北斗二代则称为北斗卫星导航定位系统（Compass Navigation Satellite System）。第四颗北斗导航试验卫星不仅作为早期三颗卫星的备份，同时还将进行北斗卫星导航定位系统的相关试验。以北斗导航试验系统为基础，我国开始逐步实施北斗卫星导航系统的建设，首先满足中国及其周边地区的导航定位需求，并进行系统的组网和测试，逐步扩展为全球卫星导航定位系统。

按照规划，北斗卫星导航定位系统将有 5 颗静止轨道卫星和 30 颗非静止轨道卫星组成（图 15-4），采用东方红 3 号卫星平台。30 颗非静止轨道卫星又细分为 27 颗中轨道（MEO）卫星和 3 颗倾斜同步（IGSO）卫星组成，27 颗 MEO 卫星平均分布在倾角 55°的三个平面上，轨道高度 21500 千米。北斗二代需要发射 35 颗卫星，北斗二代需要的卫星数量比 GPS 多出 11 颗。

图 15-4　北斗卫星定位导航系统

据统计，从 2000 年到 2015 年 8 月，中国已经发射 19 颗北斗导航卫星，计划到 2020 年增加到 35 颗，实现北斗卫星导航系统向全球覆盖的目标。与步履艰难的欧洲伽利略全球卫星定位系统和俄罗斯的全球导航卫星系统（GLONASS）相比，北斗导航发展迅速，被誉为仅次于美国 GPS 的全球第二大卫星导航系统。

为推动北斗卫星导航系统应用，2014 年中国还启动了北斗地基增强系统建设。借助该系统，北斗卫星导航将为中国境内用户提供分米级定位服务，部分地区定位服务最高可达厘米级。从 2012 年商业化以来，北斗导航已经形成了包括基础产品、应用终端、运行服务等较为完整的产业体系，自主北斗芯片、模块等关键技术全面突破，已广泛应用于交通运输、海洋渔业、水文监测、气象预报、大地测量、救灾减灾、手机导航等领域。

（2）北斗二代的精度性能

①北斗卫星导航定位系统将提供开放服务和授权服务　开放服务在服务区免费提供定位，测速和授时服务，定位精度为 10m，授时精度为 50ns，测速精度为 0.2m·s^{-1}。授权服务属于军事用途，将向授权用户提供更安全与更高精度的定位、测速、授时服务，外加继承自北斗试验系统的通信服务功能。

②卫星信号强于现有的 GPS　北斗卫星导航定位系统的基本定位是由 27 颗 MEO 卫星完成的，通过 3 个 55° 倾角的轨道平面各部署 9 颗卫星，定位精度可以达到 10m 以内，理论上可以达到水平和垂直方向 7.5m 精度，北斗系统尽管是 GPS 系统的仿制品，但根据 2007 年 MEO-1 卫星发射后国外技术人员对信号的测定，北斗卫星导航定位系统在 B1 频段比 GPS 高 7 个 dB，充分体现了后发优势，在新的 GPS Ⅲ 系统部署前，北斗卫星导航定位系统的性能要优秀得多。

③中国及周边地区导航精度提升　5 颗静止轨道卫星不仅提供 RNSS 服务，还继承了试验系统的 RDSS 信号链路，仍保留了短报文通信功能。为了提高定位精度满足航空 Ⅰ 类精密进近（CAT－1）的要求，我国采用 GEO 卫星进行了精度增强，5 颗 GEO 卫星完全可以满足我国及其周边地区的 CAT－1 精度要求，达到垂直定位 4.4~7.7m 的性能，在高密度可见星区可以满足国土资源调查的无基站水平 1m 实时定位精度要求，在北斗卫星导航系统建成后实现这些性能的话，北斗的性能将超越现有的 GPSII 系统，甚至超过一些 GPS 区域增强系统增强后的性能。

15.2 混沌

15.2.1 混沌现象对牛顿力学的挑战

学习了牛顿力学后，往往会有这样一种印象：在物体受力已知的情况下，给定了初始条件，物体以后的运动情况就是完全决定和可以预测的，这种认识被称为决定论的可预测性。验证这种认识的最简单例子是简谐振动，在简谐振动中，由于可以写出严格的运动微分方程，并获得解析解，所以一旦给定了振动的初始条件，振动物体在此后任何时刻的位置和速度都是确定的，自然也是可以预测的。

牛顿力学的这种决定论的可预测性，其威力曾扩及宇宙天体。1757 年哈雷彗星在预定的时间回归，1846 年海王星在预言的方位上被发现，都证明了这种认识。这样的威力曾使法国数学家拉普拉斯夸下海口：给定宇宙的初始条件，我们就能预言它的未来。当今日蚀和月蚀的准确预测，宇宙探测器的成功发射与轨道设计，都证实了拉普拉斯的预言。

牛顿力学的广泛成功，使得人们对自然现象的决定论的可预测性深信不疑。但是，这种传统的思想信念在 20 世纪 60 年代遇到了严重的挑战。人们发现由牛顿力学支配的系统，在一定条件下，也是不能预测的。牛顿力学显示出的决定论的可预测性，只限于那些受力和位置或速度有线性关系的系统，这样的系统称为线性系统。牛顿力学能严格成功处理的系统都是这种线性系统。

在简谐振动中，曾假定弹性回复力 F 与弹簧形变量 x 成正比，即满足胡克定律。实际上，只有在微小形变的情况下，胡克定律才准确成立。随着变形量逐渐增大，胡克定律给出的结果与实验结果相差越来越大。一般来说，弹性回复力 F 与弹簧变形量 x 的关系为

$$F(x) = \alpha x + \beta x^2 + \gamma x^3 + \cdots \tag{15-6}$$

式中 α、β、$\gamma \cdots$ 为常数。由此可见，第 11 章对振动的讨论只是一级近似的情况。

在前面研究阻尼振动时，也只讨论黏滞阻尼的情况，即假定阻力为与速度一次方成正比的线性关系。实际上，阻力是很复杂的。只有当物体以不太大的速度在气体或油类介质中运动时，黏滞阻尼的假设才能给出与实验符合较好的结果，随着速度的逐渐增大，阻力随速度的变化规律不能再看做是线性的。在非线性弹性回复力及非黏滞阻尼作用下，描写物体运动的微分方程为非线性方程，这类问题属于非线性问题。对于非线性系统，系统可能出现混沌现象。

为了说明混沌现象的出现。我们来看一下图 15-5 所示的弹簧振子，它的上端固定在一个框架上。当框架上下振动时，振子也就随着上下振动。振子的这种振动是受迫振动。

在理想的情况下，即弹性力完全符合胡克定律，空气阻力也与速率成正比的情况下，这个弹簧振子就是一个线性系统。它的

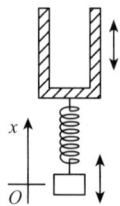

图 15-5 受迫振动

运动可以根据牛顿定律用数学解析方法求出来。它的振动曲线如图 15-6 所示。虽然在开始一段短时间内有点起伏，但很快会达到一种振幅和周期都不再改变的稳定状态。在这种情况下，振动的运动状态是完全决定而且可以预测的。

如果把实验条件改变一下，如图 15-7 所示，在振子的平衡位置处放一个质量较大的砧块，使振子撞击它以后以同样速率反跳。这时振子所受的撞击力不再与位移成正比，因而系统成为非线性的。对于这一个非线性系统，虽然其运动还是外力决定的，即受牛顿定律决定论的支配，但现在的数学已无法给出其解析解并用严格的数学式表示其运动状态，只能用实验描绘其振动。

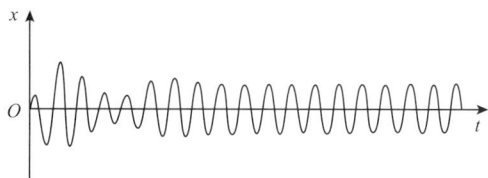

图 15-6　受迫振动的振动曲线　　　　图 15-7　反跳振子

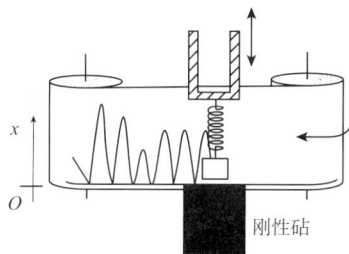

实验发现，虽然在框架振动频率为某些值时，振子的振动最后也能达到周期和振幅都一定的稳定状态(图 15-8)，但在框架振动频率为另一些值时，振子的振动曲线出现了如图 15-9 所示的情况，振动变得完全杂乱而无法预测，这时振子的运动进入了混沌状态。

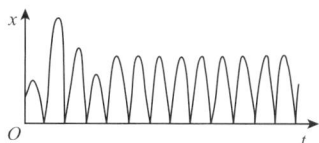

图 15-8　反跳振子的稳定振动　　　　图 15-9　反跳振子的混沌振动

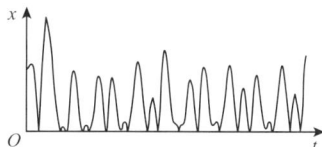

反跳振子的混沌运动，除了每一次实验都表现得非常混乱外，在框架振动的频率保持不变的条件下做几次实验，会发现如果初始条件略有不同，振子的振动情况会发生很明显的不同。图 15-10 画出了 5次振子初位置略有不同(其差别已在实验误差范围之内)的混沌振动曲线。最初几次反跳，它们基本上是一样的。但是，随着时间的推移，它们的差别越来越大。这显示了反跳振子的混沌运动对初值的极端敏感性——初值的微小差别会随时间逐渐放大而导致结果的巨大差别。这样，本来任一次混沌运动，由于其混乱复杂，就很难预测，再加上这种对初值的极端敏感性，而初值在任何一次实验中又不可能完全精确地给定，因而，对任何一次混沌运动，其进程就更加不能预测了。

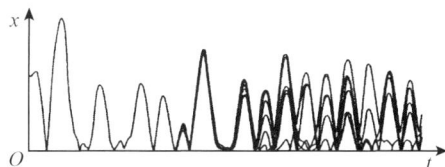

图 15-10　反跳振子混沌振动对初值的敏感性

确定性动力学系统出现的貌似随机或混乱的运动称混沌。混沌现象的发现向牛顿的"机械决定论"发起了挑战。

15.2.2　非线性——产生混沌的根源

(1)庞加莱对三体问题的研究

实际上，混沌现象早在19世纪就被法国数学家庞加莱在研究三体问题时所察觉。牛顿力学在处理两体问题上是最成功的。譬如，对于地球和太阳的问题，两个天体在万有引力的作用下，围绕它们共同的质心作严格的周期运动。但是太阳系中远不止两个成员，第三者的介入会动摇这种稳定与和谐。

1887年瑞典国王奥斯卡二世以2500克朗为奖金征文，题目是天文学上的基本问题："太阳系稳定吗？"庞加莱是最渊博的数学家，他谙熟当时数学的每个领域，对奥斯卡国王的问题自然要试一下身手。对于三个星体在相互引力作用下的运动，庞加莱利用牛顿定律列出了一组非线性微分方程，然而，这组方程没有解析解(事后证明，不仅三体问题的运动方程不可解，对于绝大多数非线性微分方程都无法获得解析解)。庞加莱采用相图的方法，在不求出解的情况下，通过直接考察微分方程的结构去研究解的性质。十足的三体问题太复杂了，庞加莱假定，有两个天体在万有引力的作用下，围绕共同的质心，沿着椭圆形的轨道作严格的周期性运动。另有一个宇宙尘埃，在两个天体的引力场中游荡。两天体可完全不必理会这颗粒产生的引力对它们轨道的影响，更不会动摇它们之间运动的和谐，因为颗粒的质量相对它们自己来说实在太小了。可是颗粒的运动会是怎样的呢？这简化模型现称之为"限制性三体问题"。

庞加莱用自己发明的独特方法探寻这个颗粒有没有周期性轨道。他在相空间的截面上发现，颗粒的运动竟是没完没了的自我缠结，密密麻麻地交织成错综复杂的蜘蛛网。由于当时没有计算机，不能把这一切显示在屏幕上，上述复杂图像是庞加莱靠逻辑思维在自己的头脑里形成的。他在论文中写道："为这图形的复杂性所震惊，我都不想把它画出来。"这样复杂的运动是高度不稳定的，任何微小的扰动都会使粒子的轨道在一段时间以后有显著的偏离。因此，这样的运动在一段时间以后是不可预测的，因为在初始条件或计算过程中任何微小的误差，都会导致计算结果严重的失实。

图15-11给出了计算机模拟限制性三体问题的结果。在图15-11中$M_1 = M_2 \gg M_3$，M_1和M_2绕质心作圆周运动，M_3相对于质心的运动。通过计算机的连续计算，M_3的运动轨道如图15-11所示：M_3的运动轨道是不可预测的，不可能知道何时M_3绕M_1或M_2运动，也不能确定M_3何时由M_1附近转向M_2附近。

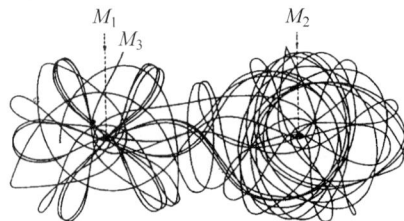

图15-11　三体中的混沌现象

一般情况下，对现时太阳系中行星的运动，观察不到这种混乱情况，即某种星系发生了紊乱的运动，这是因为各行星受的引力主要是太阳的引力，作为一级近似，它们都可以被认为是单独在太阳引力作用下运动而不受其他行星的影响。这样太阳系中行星的运动就可以视为两体问题而有确定的解析解，行星的运动也就有确定的轨道。一定条件下，在太阳系内也能观察到在引力作用下的混沌现象发生。例如，在太阳系内火星和木星之间分布有一个小行星带。其中的小行星的直径约在 1km 和 1000km 之间，它们都围绕太阳运行。由于它们离木星较近，而木星是最大的行星，所以木星对它们的引力不能忽略。木星对小行星运动的长期影响就可能引起小行星进入混沌运动。1985 年有人曾对小行星的轨道运动进行了计算机模拟，证明了小行星的运动的确可能变得混沌，其后果是被从原来轨道中甩出，有的甚至可能最终被抛入地球大气层中成为流星。美国的阿尔瓦莱兹曾提出一个猜测：在 6500 万年前曾有一颗大的小行星在混沌运动中脱离小行星带而以 $10^4 \mathrm{m \cdot s^{-1}}$ 的速度撞上地球（墨西哥境内现存有撞击后形成的大坑）。撞击时产生的大量尘埃遮天蔽日，引起地球上的气候大变。大量茂盛的植物品种消失，也导致了以植物为食的恐龙及其他动物品种的灭绝。

此外，哈雷彗星运行周期的微小变动也可用混沌理论来解释。1994 年 7 月苏梅克—列维 9 号彗星撞上木星这种罕见的太空奇观也很可能就是混沌运动的一种表现。

单体问题和两体问题是少见的和近似的，在宇宙和自然界中大量存在的是多体问题，如太阳系，固体、液体、气体，绝大多数分子、原子都是多体问题。多体系统是非线性系统，在其演化过程中不可避免地要产生混沌现象。可见，混沌现象具有普遍性。

庞加莱的发现告诉我们，简单的物理模型会产生非常复杂的运动，决定论的方程可导致无法预测的结果。更为重要的是，对这一问题的研究道出了产生混沌的本质——非线性。虽然庞加莱的发现已有 100 多年了，而且在此期间许多优秀的数学家继庞加莱之后做出了卓越的贡献，但直到 1975 年学术界才创造了"混沌"这个词，用它来刻画这类复杂的运动。

（2）洛仑兹对气候变化的研究

如上所述，描述系统的非线性微分方程一般不可能获得解析解，而只能获得数值解。要获得数值解，必须借助计算机通过大量的计算才能得到。因此，真正揭示混沌的本质与计算机的发展是分不开的。

20 世纪 60 年代，美国麻省理工学院的气象学家洛仑兹为了研究大气对流对天气的影响，进而进行有效的天气预报，他建立了一个由 12 个变量和 12 个方程构成的非线性方程组。对这组方程无法获得解析解，只能用数值解法，即给出初值后一次次的迭代、逼近。洛仑兹使用一台计算机对方程组进行解算，由计算机打出各个变量在未来的变化趋势，进而模拟出未来的天气演化情况。1961 年冬的一天，他在某一初值的设定下算出了一系列气候演变的数据，随后他决定重新计算。在他再次开机时，为了省事，不再从头算起，他将该数据中的一个中间数据 0.506127 当做初值以 0.506 输入（按四舍五入法），然后以同样的程序计算。原来预计会得到和原来计算相同的结果，但出乎预料的是，计算机打印出来的参量经过短时间的重复后很快偏离了原来的结果，并且随着时间的推移，偏差越来越大。这一结果表明，初值不到千分之一的误差造成结果的重大差异。图 15-12 给出了 12 个变量中一个变量随时间的变化。

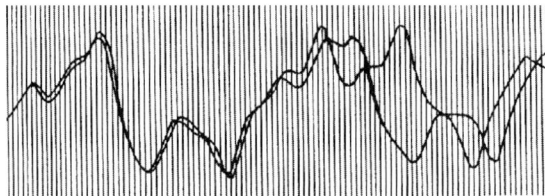

图 15-12   洛仑兹气候演变曲线

这一现象使洛仑兹认识到，如果大气演变符合这一模型的话，那么长期天气预报是不可能的，因为温度、气流以及其他因素都不可能精确地测量到三位小数，从而给初值的选取带来误差，导致长期预报的失败。对于这种系统对初值的极端敏感性，在1972 美国召开的一次会议上，洛仑兹风趣地比喻说：巴西的一只蝴蝶拍打一下翅膀，有可能在美国的德克萨斯州产生一场龙卷风。

为了证明这种效应的成因，1963 年洛仑兹将问题简化，提出了著名洛仑兹方程组：

$$\frac{\mathrm{d}x}{\mathrm{d}t} = -\sigma x + \sigma y \tag{15-7}$$

$$\frac{\mathrm{d}y}{\mathrm{d}t} = rx - y + xz \tag{15-8}$$

$$\frac{\mathrm{d}z}{\mathrm{d}t} = xy - bz \tag{15-9}$$

式中 b 和 σ 为常数，r 为控制参数。这个方程组从数学上看并不复杂，它的每一个方程都是确定性方程。如果方程右侧不包括 xz 和 xy 两个非线性项，方程组就是线性方程组。然而，正是因为有了这两个"怪物"，方程组成了非线性方程组，要想获得它的解只能用数值解法。

洛仑兹发现，当 σ 取 10、b 取 8/3，r 取 28 时，方程的解呈现强烈的初值敏感性。图 15-13 给出了 x 变量随时间地变化情况，图 15-3 中曲线 1 的初值为（$x_0 = 2$，$y_0 = 12$，$z_0 = 7.01$），曲线 2 的初值为（$x_0 = 2$，$y_0 = 12$，$z_0 = 7.02$）。由图 15-13 可见，随着时间的推移，初值的微小差别会导致巨大的差异。

有趣的是，在洛仑兹系统中，若以 x、y、z 各作一维，可张成一个三维相空间。将洛仑兹方程组的解随时间的变化显示在 xoz、yoz 和 xoy 平面上，则出现了如图 15-14所示的景象：三个图形就像三只展翅飞翔的蝴蝶。

（3）生态学中的混沌现象———维虫口模型

自然界的昆虫群体是一个多体开放系统，研究每一代昆虫存活数目（虫口）的演化规律，可以用不同的数学模型，其中著名的无世代交迭的一维虫口模型用差分方程表示为

$$x_{n+1} = \lambda x_n (1 - x_n) \tag{15-10}$$

式中 x_n 为第 n 代昆虫的种群密度，λ 为虫口增长率，$(1 - x_n)$ 为虫口过多时，由于食物有限，疾病传染等因素对下一代虫口的负效应。式（15-10）就是非线性学科中著名的 Logistic 方程。这个模型看起来简单，但由于它同时考虑了有利和不利、鼓励和抑制两种因素，反映了一类具有自我约束和调控机制的系统。这个系统可以是社会系

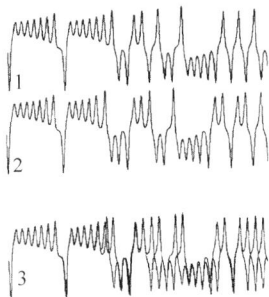

图 15-13　洛仑兹方程对初值的敏感性
（曲线 3 是曲线 1 和曲线 2 的合成图）

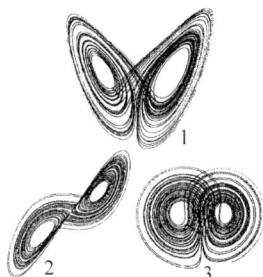

图 15-14　洛仑兹方程组的解在
xoz、yoz 和 xoy 平面上投影

统、生态系统、生物系统或经济系统，其中的变量可以代表社会系统中的人口、生态系统中的种群数量、生物系统中某一代谢产物或酶的含量以及经济系统中某一项经济指标等。因此，讨论这一类方程的演化特征具有重要的意义。

在式（15-10）中规定 $0 < x_n < 1$，λ 的取值范围为 $0 < \lambda < 4$。若取 $\lambda = 2.5$ 从初值 $x_0 = 0.5$ 开始用计算机对式（15-10）进行迭代计算，结果发现，从 x_{29} 开始都得到 0.6 而不再变化。图 15-15 显示了迭代 70 次的全过程。在图中，轨道在经过一段过渡过程后，出现了一个不动点 $x = 0.6$。用虫口模型的语言来说，在 $\lambda = 2.5$ 的参量下，虫口最终将达到一个不随时间变化的固定值。图 15-15 的迭代过程就像蜘蛛织网一样，所以也称为迭代蛛网。在经济学中也有类似的蛛网模型。重复迭代过程会发现，如果换用其他的初值，结果都将达到同一个不动点，只是过渡过程略有不同而已。换句话说，系统的状态（如虫口的数量）对初值的变化不敏感，所有初值下的演化结果都将被"吸引"到不动点。或者说，不动点是一个吸引子。

如果将参量换为 $\lambda = 3.3$，还是从初值 $x_0 = 0.5$ 出发，经过一段过程后就会发现，系统出现了两个数交替出现的情况。这时称系统的周期为 2。这种现象对初值也不敏感，所有的初值最终都殊途同归，达到这个周期 2 的吸引子。对于虫口模型，即表明今年夏天虫子多，明年夏天虫子少，如此交替往复。

用计算机重复运算，以纵轴表示 x_n，横轴表示参量 λ，从小到大取几百个参量值，在每个参量处都用同样的初值 $x_0 = 0.6$ 迭代，结果示于图 15-16。在图中只画出了 $\lambda = 2.4 \sim \lambda = 4.0$ 时 x_n 的变化情况，忽略了 $\lambda < 2.4$ 时只出现一个不动点的情况。

在图 15-16 中可以看出，随着 λ 的增加，不动点出现了分岔，从周期 1 分岔到周期 2，再分岔到周期 4 等，最终进入了沿 x_n 方向连成一片的混沌区，此时，迭代的结果将随机出现，不存在任何周期而毫无规律。

综上所述，混沌现象的基本特征可归纳如下：

①描述系统的动力学方程是非线性方程；

②非线性方程是"确定性"方程，其中不包含任何随时间变化的随机项；

③在某些情况下，系统的变化对初始条件具有敏感性，从而使系统的长期行为可能变得貌似混乱，难以预测。

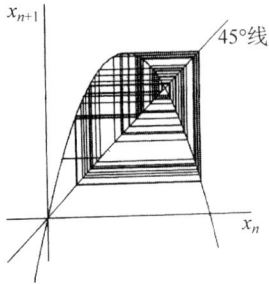

图 15-15   Logistic 方程迭代
70 次的全过程

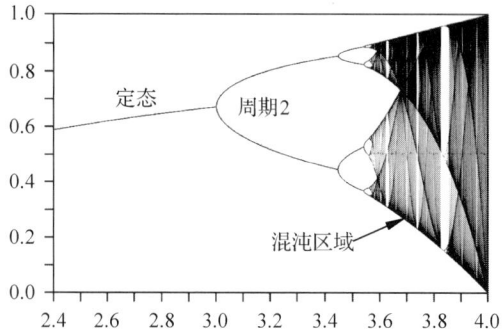

图 15-16   一维虫口模型的倍周期分岔

15.3   激光

激光是 20 世纪以来，继原子能、计算机、半导体之后，人类的又一重大发明。激光最初的中文名叫做"镭射""莱塞"，是它的英文名称 LASER 的音译，是取自英文 Light Amplification by Stimulated Emission of Radiation 的各单词头一个字母组成的缩写词。意思是"通过受激辐射光扩大"。1964 年按照我国著名科学家钱学森的建议，将"光受激辐射"改称"激光"。激光应用很广泛，主要有激光打标、激光焊接、激光切割、光纤通信、激光光谱、激光测距、激光雷达、激光武器、激光唱片、激光指示器、激光矫视、激光美容、激光扫描、激光灭蚊器等。

15.3.1   激光的历史

1917 年爱因斯坦提出"光与物质相互作用"的理论。该理论指出，组成物质的原子中，有不同数量的粒子分布在不同的能级上，在高能级上的粒子受到某种光子的激发，会从高能级跳到（跃迁）到低能级上，这时将会辐射出与激发它的光相同性质的光，而且在某种状态下，能出现一个弱光激发出一个强光的现象，这就是"受激辐射的光放大"，简称激光。

1951 年，美国物理学家查尔斯·哈德·汤斯提出用分子获得波长足够短的无线电波（微波）的设想。1953 年 12 月，汤斯和他的学生阿瑟·肖洛制成按照上述设想工作的装置，产生了所需要的微波束。

1958 年，美国科学家肖洛和汤斯发现激光现象：当氖光灯泡所发射的光照在一种稀土晶体上时，晶体的分子会发出鲜艳的、始终会聚在一起的强光。根据这一现象，他们提出了"激光原理"，为此发表了重要论文，并获得 1964 年的诺贝尔物理学奖。

1960 年 5 月 15 日，美国科学家梅曼宣布获得了波长为 694.3nm 的激光，这是人类历史上获得的第一束激光。

1960 年 7 月 7 日，梅曼宣布世界上第一台激光器(红宝石激光器)诞生。

1960 年前苏联科学家尼古拉·巴索夫发明半导体激光器。半导体激光器的结构通常由 p 层、n 层和形成双异质结的有源层构成。其特点是：尺寸小、耦合效率高、响应速度快、波长和尺寸与光纤尺寸适配、可直接调制、相干性好。

1961 年 9 月在中国科学家邓锡铭组织和亲自参与下，中国第一台激光器(红宝石激光器)在中国科学院长春光机所诞生(图 15-17)。

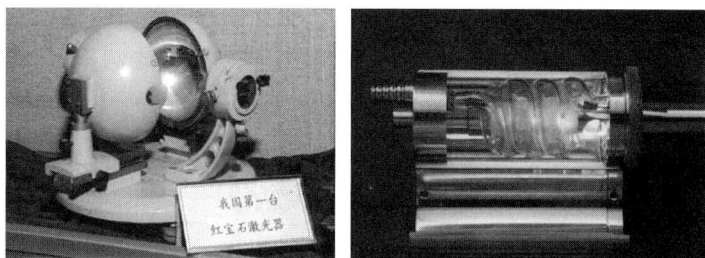

图 15-17　红宝石激光器

15.3.2　激光原理

激光是光与物质相互作用的产物，是组成物质的微观粒子吸收或辐射光子，同时改变自身运动状况的表现。

15.3.2.1　受激吸收

微观粒子都具有一套特定的能量状态，称为能级。某一时刻，粒子只能处在与某一能级相对应的状态。处于较低能级的粒子在受到外界的激发，吸收了能量时，跃迁到与此能量相对应的较高能级。这种跃迁称为受激吸收(图 15-18)。

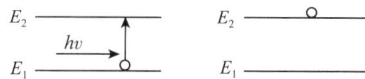

图 15-18　吸收跃迁

15.3.2.2　自发辐射

粒子受到激发而进入的激发态，不是粒子的稳定状态，如存在着可以接纳粒子的较低能级，即使没有外界作用，粒子也会以一定的概率，自发地从高能级状态(E_2)向低能级状态(E_1)跃迁，同时辐射出能量为($E_2 - E_1$)的光子，光子频率

$$\nu = \frac{E_2 - E_1}{h}$$

式中 h 为普朗克常量。这种辐射过程称为自发辐射。众多原子以自发辐射发出的光，不具有相位、偏振态、传播方向上的一致，是物理上所说的非相干光。

15.3.2.3　受激辐射、激光

1917 年爱因斯坦从理论上指出：除自发辐射外，处于高能级 E_2 上的粒子还可以

另一方式跃迁到较低能级。当频率为

$$\nu = \frac{E_2 - E_1}{h}$$

的光子入射时，也会引发粒子以一定的概率，迅速地从能级 E_2 跃迁到能级 E_1，同时辐射一个与外来光子频率、相位、偏振态以及传播方向都相同的光子，这个过程称为受激辐射（图 15-19）。

可以设想，如果大量原子处在高能级 E_2 上，当有一个频率 $\nu = (E_2 - E_1)/h$ 的光子入射，从而激励 E_2 上的原子产生受激辐射，得到两个特征完全相同的光子，这两个光子再激励 E_2 能级上原子，又使其产生受激辐射，可得到四个特征相同的光子，这意味着原来的光信号被放大了。这种在受激辐射过程中产生并被放大的光就是**激光**（图 15-20）。

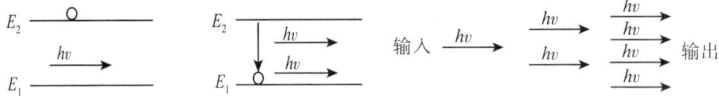

图 15-19　受激辐射　　　　图 15-20　光放大

爱因斯坦 1917 年提出受激辐射，激光器却在 1960 年问世，相隔 43 年，为什么？主要原因是，普通光源中粒子产生受激辐射的概率极小。当频率一定的光射入工作物质时，受激辐射和受激吸收两过程同时存在，受激辐射使光子数增加，受激吸收却使光子数减小。物质处于热平衡态时，粒子在各能级上的分布，遵循平衡态下粒子的统计分布规律。按统计分布规律，处在较低能级 E_1 的粒子数必大于处在较高能级 E_2 的粒子数。这样光穿过工作物质时，光的能量只会减弱不会加强。要想使受激辐射占优势，必须使处在高能级 E_2 的粒子数大于处在低能级 E_1 的粒子数。这种分布正好与平衡态时的粒子分布相反，称为粒子数反转分布，简称粒子数反转。如何从技术上实现粒子数反转是产生激光的必要条件。

理论研究表明，任何工作物质，在适当的激励条件下，可在粒子体系的特定高低能级间实现粒子数反转。若原子或分子等微观粒子具有高能级 E_2 和低能级 E_1，E_2 和 E_1 能级上的布居数密度为 N_2 和 N_1，在两能级间存在着自发发射跃迁、受激发射跃迁和受激吸收跃迁等三种过程。受激发射跃迁所产生的受激发射光，与入射光具有相同的频率、相位、传播方向和偏振方向。因此，大量粒子在同一相干辐射场激发下产生的受激发射光是相干的。受激发射跃迁几率和受激吸收跃迁几率均正比于入射辐射场的单色能量密度。当两个能级的统计权重相等时，两种过程的几率相等。在热平衡情况下 $N_2 < N_1$，所以自发吸收跃迁占优势，光通过物质时通常因受激吸收而衰减。外界能量的激励可以破坏热平衡而使 $N_2 > N_1$，这种状态称为粒子数反转状态。在这种情况下，受激发射跃迁占优势。光通过一段长为 l 的处于粒子数反转状态的激光工作物质（激活物质）后，光强增大 e^{Gl} 倍。G 为正比于 $(N_2 - N_1)$ 的系数，称为增益系数，其大小还与激光工作物质的性质和光波频率有关。一段激活物质就是一个激光放大器。如果，把一段激活物质放在两个互相平行的反射镜

（其中至少有一个是部分透射的）构成的光学谐振腔中（图 15-21），处于高能级的粒子会产生各种方向的自发发射。其中，非轴向传播的光波很快逸出谐振腔外；轴向传播的光波却能在腔内往返传播，当它在激光物质中传播时，光强不断增长。如果谐振腔内单程小信号增益 G_{01} 大于单程损耗 δ（G_{01} 是小信号增益系数），则可产生自激振荡。原子的运动状态可以分为不同的能级，当原子从高能级向低能级跃迁时，会释放出相应能量的光子。

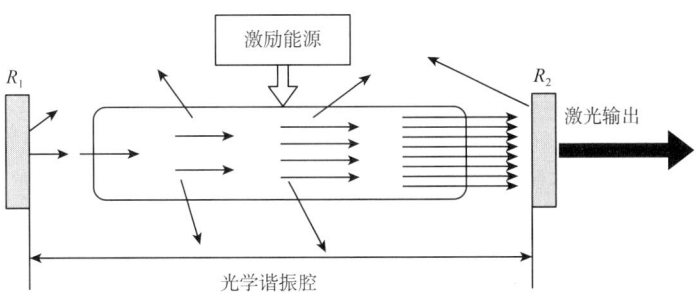

图 15-21　光学谐振腔

15.3.3　激光的特性和分类

15.3.3.1　激光的特性

（1）方向性好

普通光源是向四面八方发光。要让发射的光朝一个方向传播，需要给光源装上一定的聚光装置，使辐射光汇集起来向一个方向射出。激光器发射的激光，天生就是朝一个方向射出，光束的发散度极小，大约只有 0.001 弧度，接近平行。1962 年，人类第一次使用激光照射月球，地球离月球的距离约 $38 \times 10^4 \mathrm{km}$，但激光在月球表面的光斑不到 2km。若以聚光效果很好，看似平行的探照灯光柱射向月球，按照其光斑直径将覆盖整个月球。

（2）光亮度高

在激光发明前，人工光源中高压脉冲氙灯的亮度最高，与太阳的亮度不相上下，而红宝石激光器的激光亮度，能超过氙灯的几百亿倍。因为激光的亮度极高，所以能够照亮远距离的物体。激光亮度极高的主要原因是定向发光。大量光子集中在一个极小的空间范围内射出，能量密度自然极高。

（3）单色性好

激光器输出的光，波长分布范围非常窄，因此颜色极纯。以输出红光的氦氖激光器为例，其光的波长分布范围可以窄到微米级别，是氖灯发射的红光波长分布范围的万分之二。由此可见，激光器的单色性远远超过任何一种单色光源。

（4）光子能量大

光子的能量是用 $E = h\nu$ 来计算的，其中 h 为普朗克常量，ν 为频率。由此可知，频率越高，能量越高。激光频率范围 $3.846 \times 10^{14} \sim 7.895 \times 10^{14} Hz$。

（5）相干性好

激光的另一方面特点是整束光波都是同步的，就好像一个"波列"。因而激光是相干光，而且相干性非常好。

15.3.3.2　激光器的分类

目前激光器的种类很多。按工作物质的性质分类，大体可以分为气体激光器、固体激光器、液体激光器；按工作方式区分，又可分为连续型和脉冲型等。其中每一类激光器又包含了许多不同类型的激光器。按激光器的能量输出又可以分为大功率激光器和小功率激光器。大功率激光器的输出功率可达到兆瓦量级，而小功率激光器的输出功率仅有几个毫瓦。如前所述的 He－Ne 激光器属于小功率、连续型、原子气体激光器。红宝石激光器属于大功率脉冲型固体材料激光器。

15.3.4　激光的应用

激光应用非常广泛，主要有激光加工、光纤通信、激光测距、激光雷达、激光切割、激光唱片、激光扫描等。

15.3.4.1　激光加工技术

激光加工技术是利用激光束对材料进行切割、焊接、表面处理、打孔、微加工以及作为光源，识别物体等的一门技术，传统应用最大的领域为激光加工技术，包括：如下几种：

（1）激光焊接

汽车车身厚薄板、汽车零件、锂电池、心脏起搏器、密封继电器等密封器件以及各种不允许焊接污染和变形的器件。

（2）激光切割

汽车行业、计算机、电气机壳等各种金属零件和特殊材料的切割、圆形锯片、压克力、弹簧垫片、2mm 以下的电子机件用铜板、一些金属网板、钢管、镀锡铁板、镀亚铅钢板、磷青铜、电木板、薄铝合金、石英玻璃、硅橡胶、1mm 以下氧化铝陶瓷片、航天工业使用的钛合金等。

（3）激光打孔

激光打孔主要应用在航空航天、汽车制造、电子仪表、化工等行业以及人造金刚石和天然金刚石拉丝模的生产、钟表和仪表的宝石轴承、飞机叶片、多层印刷线路板等行业的生产中。

（4）激光热处理

在汽车工业中应用广泛，如缸套、曲轴、活塞环、换向器、齿轮等零部件的热处理，同时在航空航天、机床行业和其他机械行业也应用广泛。

（5）激光快速成型和涂敷

将激光加工技术和计算机数控技术及柔性制造技术相结合而形成。多用于航空航天、机电、模具和模型行业。

15.3.4.2 激光成像

利用激光束扫描物体，将反射光束反射回来，得到的排布顺序不同而成像。用图像落差来反映所成的像。激光成像具有超视距的探测能力，可用于卫星激光扫描成像，未来用于遥感测绘等科技领域。

15.3.4.3 激光治疗

用于治疗的激光，通常是几个瓦特中等强度的激光。激光对组织的作用，还取决于激光脉冲的发射方式，以典型的连续脉冲发射方式的激光有：氩离子激光、二极管激光、CO_2 激光；以短脉冲方式发射的激光有：Er：YAG 激光或许多 Nd：YAG 激光。短脉冲式激光的强度（即功率）可以达到 1000W 或更高，这些强度高、吸光性也高的激光，只适用于清除硬组织，如无血手术、激光治疗、手术治疗、肾结石治疗、激光矫视、牙科等。

15.3.4.4 军事用途

在军事上，激光可用于目标标记、弹药制导、导弹防御、激光武器等。激光武器是一种利用定向发射的激光束直接毁伤目标或使之失效的定向能武器。根据作战用途的不同，激光武器可分为战术激光武器和战略激光武器两大类。武器系统主要由激光器和跟踪、瞄准、发射装置等部分组成，通常采用的激光器有化学激光器、固体激光器、CO_2 激光器等。激光武器具有攻击速度快、转向灵活、可实现精确打击、不受电磁干扰等优点，但也存在易受天气和环境影响等弱点。

15.3.4.5 日常应用

最常见的是激光笔。激光笔由是激光模组（二极管）加工成的便携式笔型可见激光发射器。常见的激光笔有红光（650～660nm，635nm）、绿光（515～520nm，532nm）、蓝光（445～450nm）和蓝紫光（405nm）等，功率通常以毫瓦为单位。

15.4 量子计算机

量子计算机（图 15-22）是一种的基于量子理论的计算机器，是遵循量子力学规律进行运算、存储及处理信息的物理装置。传统的电子计算机的最小运行单元是门电路，而量子计算机的最小运行单元是分子或原子（图 15-23）。量子计算机是量子力学与现代信息科学"双剑合璧"的产物，其显著特点是运算速度超快和性能超强。

图 15-22　量子计算机　　　图 15-23　量子计算机"形象"

15.4.1　量子计算机概述

量子计算机的运算能力到底有多强大？这是人们经常想到的一个问题。对此，中科院院士、中科院量子信息重点实验室主任郭光灿（图 15-24）有一个形象的比喻：电子计算机出现的时候，人类之前赖以使用的运算工具算盘就显得奇慢无比。与此类似，在量子计算机面前，电子计算机就是一把不折不扣的算盘。例如，1994 年，人们采用 1600 台工作站实施经典的运算花了 8 个月将数长为 129 位的大数成功地分解成两个素数相乘。若采用一台量子计算机则 1 秒钟就可以破解。随着数长度的增大，电子计算机所需花的时间将指数上升，例如数长为 1000 位，分解它所需时间比宇宙年龄还长，而量子计算机所花时间是以多项式增长，仍然可以很快破解。

图 15-24　郭光灿近影

可以断言，量子计算机将掀起一场划时代的科学革命。由于量子计算机强大的计算能力，可以解决电子计算机难以或不能解决的某些问题，为人类提供一种性能强大的新型模式的运算工具，大大增强人类分析解决问题的能力，将全方位大幅推进各领域研究。人类一旦掌握了这种强大的运算工具，人类文明将发展到崭新的时代。

15.4.2　量子计算机的原理与特性

15.4.2.1　传统计算机的软肋

要弄清量子计算机的奇妙所在，先要从传统计算机的软肋说起。从 1946 年第一台电子计算机（图 15-25）诞生至今，共经历了电子管、晶体管、中小规模集成电路和大规模集成电路四个时代。计算机科学日新月异，但其性能却始终满足不了人类日益增长的信息处理的需求，且存在不可逾越的"两个极限"。

①随着传统硅芯片集成度的提高，芯片内部晶体管数与日俱增，相反其尺寸却越缩越小（如现在的英特尔双核处理器采用最新 45nm 制造工艺，在 143mm^2 内集成

2.91 亿晶体管）。根据摩尔定律估算，20 年后制造工艺将达到几个原子级大小，甚至更小，从而导致芯片内部微观粒子的波动性逐渐显著，传统宏观物理学规律因此不再适用，而遵循的是微观世界焕然一新的量子力学规律。也就是说，20 年后传统计算机将达到它的"物理极限"。

②集成度的提高所带来耗能与散热的问题反过来制约着芯片集成度的规模，传统硅芯片

图 15-25　世界上最早的可编程计算机

集成度的停滞不前将导致计算机发展的"性能极限"。研究表明，芯片耗能产生于计算过程中的不可逆过程。如处理器对输入两串数据的异或操作而最终结果却只有一列数据的输出，这过程是不可逆的，根据能量守恒定律，消失的数据信号必然会产生热量。倘若输出时处理器能保留一串无用序列，即把不可逆转换为可逆过程，则能从根本上解决芯片耗能问题。利用量子力学里的相关理论，能把不可逆转为可逆过程，由此引发了对量子计算的研究。

15.4.2.2　什么是"量子"

为了说明什么是量子计算机，还需要先说明什么是"量子"。也许有人会想，量子和"原子""电子""中子"这些客观存在的粒子一样也是一种物质实体，答案是否定的。"量子"不是一种粒子，而是微观粒子所处的一种运动状态。"量子"一词来自拉丁语 quantum，意为"多少"，代表"相当数量的某事"。在物理学中提到"量子"时，实际上指的是微观世界的一种倾向：物质或者说粒子的能量和其他一些性质都倾向于不连续地变化。量子物理学告诉我们，电子绕原子核运动时只能处在一些特定的运动模式上，在这些模式上，电子的角动量分别具有特定的数值，介于这些模式之间的运动方式是极不稳定的。即使电子暂时以其他的方式绕核运动，很快就必须回到特定运动模式上来。实际上在量子物理中，所有的物理量的值，都必须不连续地、离散地变化。这样的观点和经典物理学的观点是截然不同的，因为在经典物理学中所有的物理量都是连续变化的。20 世纪初，物理学家普朗克最早猜测到微观粒子的能量可能是不连续的。但要坚持这个观点，就意味着背叛经典物理学。保守的普朗克最终放弃了这个观点。然而，大量的实验事实迫使物理学界迅速地接受这样的观点，将其发展起来，并结合其他一些公设如"量子态叠加原理"，建立了如今的"量子力学"。

15.4.2.3　超高速运算的奥秘

（1）量子态叠加

量子计算机为什么大大超出传统计算机，具有超强的运算能力呢？这是由量子计算机的并行计算模式和传统电子计算机的串行计算模式决定的。那么，什么是并行计算模式，什么是串行计算模式，又是什么导致了这两种计算模式呢？

传统电子计算机用比特(用"1"或者"0"表示)作为信息存储单位,进而实现各种运算。而运算过程是经由对存储器所存数据的操作来实施的。电子计算机无论其存储器有多少位只能存储一个数据,因此,对其实施一次操作只能变换一个数据,为运算某个函数,必须连续实施许多次操作,这就是串行计算模式。而量子计算机(图15-26)的信息单元是量子比特,即两个状态是"0"和"1"的相应量子态叠加。量子态叠加原理指出,量子存储器有"0"或"1"两种可能的状态,该存储器一般会处在"0"和"1"两个态的叠加态,因此一位量子存储器(图15-27)可同时存储"0"和"1"两个数据,而传统计算机处理器只能存储其中一个数据。如果有两位存储器的话,量子存储器可同时存储"00""01""10""11"四个数据,而传统存储器依然只能存储其中一个数据。不难想象,n 位量子存储器可同时存储 $2n$ 个数据,而传统计算机存储器依然只能存储其中一个数据。由此可知,量子存储器存储数据的能力是传统存储器的 $2n$ 倍。随着存储器的位数 n 指数增长,当 $n = 2501$ 时,该台小型量子计算机可以存储的数据比现在所知的宇宙中原子的数目还要多。正是基于量子态叠加原理,量子计算机具有巨大存储数据能力,因此,对其操作一次,可以同时将其存储的 $2n$ 个数据变换成新的 $2n$ 个数据,这就是效率大幅提高的并行运算模式。

图 15-26 量子计算机原理

图 15-27 量子处理器

造成这一切的无疑是量子世界的奇妙的"态叠加原理"。就是说,在经典世界里,要么是1,要么是0;要么是 yes,要么是 no;要么在楼上,要么在楼下。不可能出现两者的叠加状态,而这在量子世界里就是不确定的,状态是叠加的。

(2)量子相干性

量子计算之所以能快速高效地并行运算,除了因为量子态叠加性之外,还因为量子相干性。量子相干性是指量子之间的特殊联系,利用它可从一个或多个量子状态推出其他量子态。譬如两电子发生正向碰撞,若观测到其中一个电子是顺时针自转的,那么根据动量和能量守恒定律,另外一个电子必是逆时针自转。这两电子间所存在的这种联系就是量子相干性。可以把量子相干性应用于存储当中。若某串量子比特是彼此相干的,则可把此串量子比特视为协同运行的同一整体,对其中某一比特的处理就会影响到其他比特的运行状态,正所谓牵一发而动全身。量子计算之所以能快速高效地运算就缘于此。

15.4.2.4　量子计算机的能力

量子计算机的浮点运算性能是普通家用电脑的 CPU 所无法比拟的，其精确度和速度也是普通电脑望尘莫及的，可以用来从事许多传统计算机无法进行的工作，例如测量星体精确坐标，快速计算不规则立方体的体积，精确控制机器人或人工智能等需要大规模、高精度的高速浮点运算的工作。

量子计算机可以进行大数的因式分解和搜索破译密码。传统理论认为，大数的因式分解是数学界的一道难题，至今也无有效的解决方案和算法。现在广泛应用于互联网，银行和金融系统的 RSA 加密系统就是基于因式难分解而开发出来的。高速运算的量子计算一旦问世，萦绕人类很久的因式分解难题迎刃而解，传统密码学将受到前所未有的巨大冲击。而与此同时，量子计算机的出现，又提供了另一种保密通信的方式。在利用 EPR 对进行量子通信的实验中发现，只有拥有 EPR 对的双方才可能完成量子信息的传递，任何第三方的窃听者都不能获得完全的量子信息，这样实现的量子通信才是真正不会被破解的保密通信。

此外量子计算机还可以用来做量子系统的模拟，一旦有了量子模拟计算机，人们无需求解薛定谔方程或者采用蒙特卡罗方法在经典计算机上做数值计算，便可精确地研究量子体系的特征。

15.4.3　量子计算机的研发历程与展望

15.4.3.1　研发历程

量子计算机的概念由理查德·费曼最早提出，他在用经典计算机模拟量子现象时发现，因为模拟所需的资料量非常庞大，一个完好的模拟所需的运算时间相当可观，甚至可能是天文数字。理查德·费曼当时就想到，如果用量子系统构成的计算机来模拟量子现象，则运算时间可大幅度减少。量子计算机的概念从此诞生。

在 20 世纪 80 年代，关于量子计算机的研究处于理论推导状态。1994 年，贝尔实验室的彼得·秀尔证明量子计算机能完成离散对数运算，而且速度远胜传统计算机。这是因为量子不像半导体只能记录 0 与 1，可以同时表示多种状态。如果把电子计算机比成单一乐器，量子计算机就像交响乐团，一次运算可以处理多种不同状况，因此，一个 40 位元的量子计算机，就能解开 1024 位元的电子计算机花上数十年解决的问题。从此，量子计算机变成了热门的话题。

2007 年初，中国科技大学微尺度国家实验室潘建伟小组在 *Nature·Physical* 上发表论文，宣布成功制备了国际上纠缠光子数最多的"薛定谔猫"态和单向量子计算机，刷新了光子纠缠和量子计算领域的两项世界纪录，成果被欧洲物理学会和 *Nature* 杂志等广泛报道。四月，该小组提出并实验实现不需要纠缠辅助的新型光学控制非门，减少了量子网络电路的资源消耗。九月，该小组利用光子"超纠缠簇态"演示了单向量子计算的物理过程，实现了量子搜索算法，论文发表在 *Physical Review Letters* 上。此后，该小组又在国际上首次利用光量子计算机实现了 Shor 量子分解算法，研究成果发表在国际最权威物理学期刊 *Physical Review Letters* 上，标志着我国光学量子计算研究达到了国际领先水平。

2009 年 11 月 15 日，世界首台量子计算机正式在美国诞生，这一量子计算机由美国国家标准技术研究院研制，可处理两个量子比特的数据。较之传统计算机中的"0"和"1"比特，量子比特能存储更多的信息，因而量子计算机的性能将大大超越传统计算机。

2010 年 3 月 31 日，德国于利希研究中心发表公报：该中心的超级计算机 JU-GENE 成功模拟了 42 位的量子计算机，在此基础上研究人员首次能够仔细地研究高位数量子计算机系统的特性。

近年来，德国马克斯普朗克量子光学研究所的科学家格哈德·瑞普领导的科研小组，首次成功实现了用单原子存储量子信息，该突破有助于科学家设计出功能强大的量子计算机，并让其远距离联网构建"量子网络"。

15.4.3.2   有待突破的瓶颈

（1）高功耗

在量子计算机一系列高难度运算的背后，是可怕的能量消耗、使用寿命短和热量大。最保守的估计：假设 1t 铀 235 通过核发电机 1 天能提供 7×10^7 W 电能，但这些电量在短短的 10 天就会被消耗殆尽；如果一台量子计算机一天工作 4h，它的寿命只有 2 年，如果工作 6h 以上，寿命不足 1 年；假定量子计算机每小时所产生的热量能使自身温度升高 70℃，那么工作 2h 内机箱将达到 200°，工作 6h 散热装置将被融化。由此看来，高性能长寿命的量子计算机离我们的生活还将有一段相当漫长的距离。

（2）纠错问题

如前所述，量子计算机能够快速高效运算的原因之一是量子相干性。然而令人遗憾的是，量子相干性很难保持，在外部环境影响下很容易丢失相干性从而导致运算错误。虽然采用量子纠错码技术可避免出错，但也只是发现和纠正错误，却不能从根本上杜绝量子相干性的丢失。因此，距离到达高效量子计算时代还有一段艰难曲折的路。

15.4.3.3   决战量子芯片

作为量子计算机的核心部件，量子芯片（图 15-28）的开发与研制成为美国、日本等科技强国角逐的重中之重。美国量子芯片研究计划被命名为"微型曼哈顿计划"，可见美国已经把该计划提高到几乎与二战时期研制原子弹的"曼哈顿计划"相当的高度。鉴于量子芯片在下一代产业和国家安全等方面的重要性，美国国防部先进研究项目局负责人泰特在向

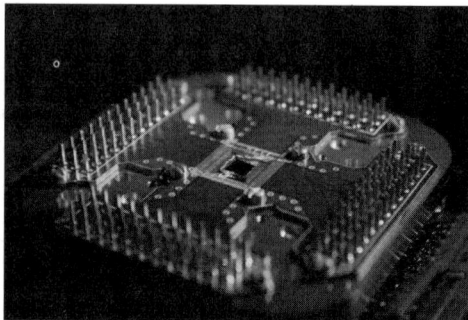

图 15-28   承载 16 个量子位的硅芯片

美国众议院军事委员会做报告时，把半导体量子芯片科技列为未来九大战略研究计划的第二位，并投巨资启动微型曼哈顿计划，集中了包括英特尔、IBM 等半导体界巨头以及哈佛大学、普林斯顿大学、桑迪亚国家实验室等著名研究机构，组织各部门跨学科统筹攻关。在此刺激下，日本也紧跟其后启动类似计划，引发了新一轮关于量子计算技术的国际竞争。

　　关于我国量子计算研究，我国"中长期科技发展纲要"将"量子调控"列入重大基础研究计划。近年来，固态量子芯片研究被列为国家重大科学研究计划重大科学目标导向项目(超级"973"项目)给予重点支持。这些举措有力推动了量子信息技术在我国的发展。但是另一方面，我国在该领域仍然存在不足甚至面临危机。鉴于基础较弱，研究积累较薄，我国在量子计算国际主流方向上做出原创性的成果还很少，总体水平明显落后于美日强国，在量子计算机方面，差距正日益增大。对此，相关人士建议我国启动一个类似美国微型曼哈顿计划的战略攻关项目，组织国内精锐研究队伍，提供足够强大的支撑，加强相关基础建设，寻求技术突破，在下一代量子芯片的国际竞争中抢占战略制高点。

附录 1

标量和矢量

1.1 标量和矢量

只有大小，没有方向的量称为**标量**。物理学中的质量、能量、功、时间、长度等都是标量。标量的运算遵守代数运算法则。既有大小又有方向的量称为**矢量**。物理学中的力、力矩、位移、速度、加速度等都是矢量。矢量运算遵守矢量代数运算法则。

矢量通常用黑体字母 A 或带箭号的字母 $\vec{A}$ 表示。矢量也可以用有向线段表示（附图 1-1），其中线段的长短表示矢量的大小，箭头的指向表示矢量的方向。

矢量的大小称为**矢量的模**，记为 $|A|$ 或 A。大小相等且方向相反的两个矢量互为负矢量，如图附 1-1 所示，两个矢量大小相等，上面的矢量记为 A，则下面的矢量记为 $-A$。矢量具有平移不变性：把矢量在空间平移，该矢量的大小和方向都不变。

1.2 矢量合成的几何法

（1）矢量加法

设矢量 A 和矢量 B 的和等于矢量 C，即

$$A + B = C$$

其中，和矢量 C 可以用三角形法则求得：如附图 1-2（a）所示，以 a 为始端，b 为末端作矢量 A，再以 b 为始端，c 为末端作矢量 B，则有向线段 ac 就是矢量 C。

和矢量 C 也可以用平行四边形法则求得：如附图 1-2（b）所示，以同一起点 O 分别作矢量 A 和矢量 B，以矢量 A 和矢量 B 为邻边作平行四边形 $Oacb$，该平行四边形的对角线 Oc 就是矢量 C。

（2）矢量减法

可以利用负矢量的概念，把矢量减法转变成矢量加法来计算，即

$$A - B = A + (-B)$$

其平行四边形法则如附图 1-3 所示：先把矢量 B 反向延长做出矢量 $-B$，再分别以矢量 A 和矢量 $-B$ 为邻边做平行四边形 $Oabc$，则其对角线 Ob 就是差矢量 $A - B$

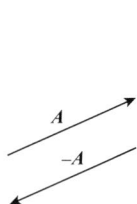

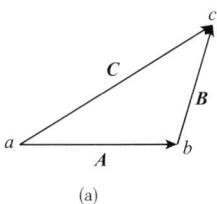

附图 1-1 矢量　　　　附图 1-2 矢量的合成　　　　附图 1-3 矢量的减法

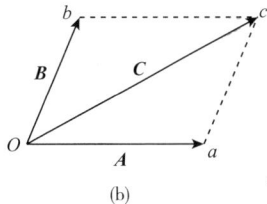

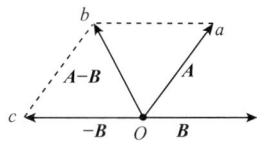

1.3　矢量合成的解析法

（1）矢量在直角坐标系中的分量表示

如附图 1-4 所示，设直角坐标系三个坐标轴上的单位矢量分别是 i、j、k，矢量 A 在三个坐标轴上的投影分别为 a_x、a_y、a_z，则

$$A = a_x i + a_y j + a_z k$$

其中，矢量 A 的模

$$A = \sqrt{a_x^2 + a_y^2 + a_z^2}$$

矢量 A 与 x、y、z 轴的夹角 α、β、γ 满足

$$\cos\alpha = \frac{a_x}{A} \quad \cos\beta = \frac{a_y}{A} \quad \cos\gamma = \frac{a_z}{A}$$

附图 1-4　矢量的分量表示

（2）矢量合成的解析法

设矢量 A 与矢量 B 的和等于矢量 C，即

$$A + B = C$$

且

$$A = a_x i + a_y j$$

$$B = b_x i + b_y j$$

则

$$C = A + B = (a_x + b_x) i + (a_y + b_y) j = c_x i + c_y j$$

其中，$c_x = a_x + b_x \quad c_y = a_y + b_y$

矢量 C 的大小和方向由下两式确定

$$c = \sqrt{c_x^2 + c_y^2}$$

$$\tan\varphi = \frac{c_y}{c_x}$$

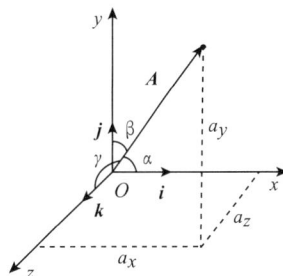

其中，φ 是矢量 C 与 x 轴正方向之间的夹角。

1.4 矢量的标积和矢积

在物理学中经常遇到两个矢量相乘的情况，例如功是力和位移相乘的结果（附图 1-5），即

$$A = Fs\cos\theta$$

其中，力 F 和位移 s 都是矢量，而功 A 是标量。又如，力矩的大小（附图 1-6）

$$M = Fd = Fr\sin\theta$$

其中，力 F 和力的作用点的位置矢量 r 都是矢量，力矩 M 也是矢量。由此可见，矢量的乘积可以有两种结果，一种结果是标量，另一种结果是矢量。两个矢量相乘的结果是标量的运算称为**标积**，俗称**点乘**；两个矢量相乘的结果是失量的运算称为**矢积**，俗称**叉乘**。

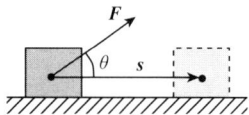

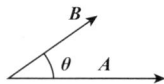

附图 1-5　恒力的功　　　　附图 1-6　力矩　　　　附图 1-7　矢量的标积

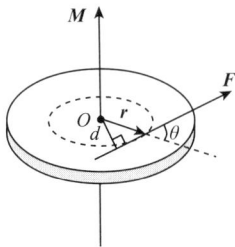

（1）矢量的标积

设矢量 A 和矢量 B 的夹角为 θ（附图 1-7），定义矢量 A 和矢量 B 的标积

$$A \cdot B = AB\cos\theta$$

可以看出，当 $\theta = 0$，$\cos\theta = 1$，$A \cdot B = AB$；当 $\theta = \dfrac{\pi}{2}$，$\cos\theta = 0$，$A \cdot B = 0$

引入标积的概念后，力的功可以用矢量表示为

$$A = F \cdot s$$

根据标积的定义，可以得到标积的性质

①标积遵守交换律，即

$$A \cdot B = B \cdot A$$

②标积遵守分配律，即

$$(A + B) \cdot C = A \cdot C + B \cdot C$$

在直角坐标系中，矢量 A 和 B 分别表示为

$$A = a_x i + a_y j + a_z k$$

$$B = b_x i + b_y j + b_z k$$

由于

$$i \cdot i = j \cdot j = k \cdot k = 1, \qquad i \cdot j = j \cdot k = k \cdot i = 0$$

所以有

$$A \cdot B = (a_x i + a_y j + a_z k) \cdot (b_x i + b_y j + b_z k)$$
$$= a_x b_x + a_y b_y + a_z b_z$$

（2）矢量的矢积

设矢量 A 和 B 的夹角为 θ（附图1-8），定义矢量 A
和矢量 B 的矢积

$$A \times B = C$$

其中新矢量 C 的大小

$$C = AB\sin\theta$$

矢量 C 的方向垂直于 A 和 B 所在的平面，指向由右手
螺旋法则确定：将右手四指由 A 的正方向握向 B 的正

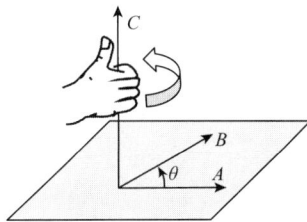

附图 1-8 右螺旋关系

方向成螺旋状，拇指所指的方向就是 C 的正方向（附图1-8）。可以看出，当 $\theta = 0$，
$\sin\theta = 0$，$C = 0$，$|A \times B| = 0$；当 $\theta = \dfrac{\pi}{2}$，$\sin\theta = 1$，$C = AB$，$|A \times B| = AB$ 有最大值。

引入矢积的概念后，力矩可以用矢量表示为

$$M = r \times F$$

其中，r 是力 F 的作用点的位置矢量。

根据矢积的定义，可以得到矢积的性质

①矢积遵守负交换律，即

$$A \times B = -B \times A$$

②矢积遵守分配律，即

$$(A + B) \times C = A \times C + B \times C$$

在直角坐标系中，由于

$$i \times i = j \times j = k \times k = 0, \quad i \times j = k \quad j \times k = i \quad k \times i = j$$

矢量 A 和矢量 B 的矢积

$$A \times B = (a_x i + a_y j + a_z k) \times (b_x i + b_y j + b_z k)$$
$$= (a_y b_z - a_z b_y) i + (a_z b_x - a_x b_z) j + (a_x b_y - a_y b_x) k$$

附录 2

国际单位制

附表 2-1　国际单位制基本单位

量的名称	单位名称	单位符号	定义
长度	米	m	光在真空中经历 1/299792458s 所经历路径的长度
质量	千克［公斤］	kg	等于国际千克原器的质量
时间	秒	s	等于 ^{133}Cs 原子的基态的两个超精细能级在零磁场中跃迁周期的 9192631770 倍
电流	安［培］	A	真空中两根相距 1m 的细无限长平行直导线内通以等量恒定电流，导线间相互作用力为 2×10^7N 时每根导线中的电流强度
热力学温度	开［尔文］	K	水的三相点热力学温度的 1/273.16
物质的量	摩［尔］	mol	与 0.12kg ^{12}C 的原子数相等的基本单元数。使用单位时应指明对应的基本单元，如原子、分子、离子、电子及这些粒子的特定组合等
发光强度	坎［德拉］	cd	频率为 540×10^{12}Hz 的单色光源在给定方向上的辐射强度为 $1/683\mathrm{W \cdot sr^{-1}}$ 时在该方向上的发光强度

附表 2-2　国际单位制辅助单位

量的名称	单位名称	单位符号	定义
平面角	弧度	rad	圆周上长度等于圆半径的弧对圆心张开的角度
立体角	球面度	sr	球面上面积等于球半径平方的曲面对球心张开的角度

附表 2-3　国际单位制的词头

所表示的因数	词头名称	词头符号	所表示的因数	词头名称	词头符号
10^{24}	尧	Y	10^{-1}	分	d
10^{24}	泽	Z	10^{-2}	厘	c
10^{21}	艾	E	10^{-3}	毫	m
10^{15}	拍	P	10^{-6}	微	μ
10^{12}	太	T	10^{-9}	纳	n
10^{9}	吉	G	10^{-12}	皮	p
10^{6}	兆	M	10^{-15}	飞	f
10^{3}	千	k	10^{-18}	阿	a
10^{2}	百	h	10^{-21}	仄	z
10^{1}	十	da	10^{-24}	幺	y

附录 3

常用物理量的值

附表 3-1　常用基本物理常量

名称	符号	单位	数值
真空中光速	c	$m \cdot s^{-1}$	299792458
真空导磁率	μ_0	$N \cdot A^{-1}$	$12.566370614\cdots \times 10^{-7}$
真空电容率	ε_0	$F \cdot m^{-1}$	$8.854187817\cdots \times 10^{-12}$
万有引力常数	G	$m^3 \cdot kg^{-1} \cdot s^{-1}$	6.6742×10^{-11}
阿伏伽罗常数	N_A	mol^{-1}	6.0221367×10^{23}
摩尔气体常量	R	$J \cdot mol^{-1} \cdot K$	8.314472
标准状态下理想气体摩尔体积	V_m	$m^3 \cdot mol^{-1}$	22.413996×10^{-3}
基元电荷	e	C	$1.60217653 \times 10^{-19}$
原子质量单位	m_u	kg	$1.66053886 \times 10^{-27}$
电子质量	m_e	kg	$9.1093826 \times 10^{-31}$
质子质量	m_p	kg	$1.67262171 \times 10^{-27}$
中子质量	m_n	kg	$1.67492728 \times 10^{-27}$
电子磁矩	μ_e	$J \cdot T^{-1}$	$-9.284764121 \times 10^{-24}$
质子磁矩	μ_p	$J \cdot T^{-1}$	$1.410606633 \times 10^{-26}$
中子磁矩	μ_n	$J \cdot T^{-1}$	$0.96623640 \times 10^{-26}$
普朗克常量	h	$J \cdot s$	6.6260693×10^{34}
里德堡常量	R_∞	m^{-1}	10973731.586525
斯忒潘—玻尔兹曼常量	σ	$W \cdot m^{-2} \cdot K^{-4}$	5.670400×10^{-8}
维恩位移定律常量	b	$m \cdot K$	2.8977685×10^{-3}

附表 3-2　地球和太阳常用参数

名称	符号	单位	数值
地球质量	M_e	kg	5.976×10^{24}
地球半径	R_e	m	6.37103×10^6（平均）
标准重力加速度	g	$m \cdot s^{-2}$	9.80665
月球质量	M_m	kg	7.350×10^{22}（$0.0123 M_e$）
月球半径	R_m	m	1.793×10^6（$0.2728 R_e$）
太阳质量	M_s	kg	1.99×10^{30}（$3.392 \times 10^5 M_e$）
太阳半径	R_s	m	6.5959×10^{-19}（$109.2 R_e$）
太阳表面温度	T_s	K	5770
月地中心距离	R_{me}	m	3.844×10^8
日地中心距离	R_{se}	m	1.495×10^{11}（平均）

部分习题答案

第1章

1-1 位置矢量，大小

1-2 位置，矢量性，相对性

1-3 (3，4)，5

1-4 $2i - 6j$，$\sqrt{40} = 2\sqrt{10}$，$-2i + 6j$，$\sqrt{40} = 2\sqrt{10}$

1-5 $(3t^2 + 2)i + tj$，$x = 3y^2 + 2$，抛物线

1-6 矢量性，瞬时性，相对性

1-7 相同，相反

1-8 0，$2AB$，0，$\dfrac{2AB}{\Delta t}$

1-9 $\dfrac{\mathrm{d}v}{\mathrm{d}t}$，$\displaystyle\int_0^t a\mathrm{d}t$

1-10 $9t^2 - 4t(\mathrm{m \cdot s^{-2}})$，$24\mathrm{m \cdot s^{-1}}$，沿 x 轴正方向

1-11 $-1\mathrm{m \cdot s^{-2}}$，$x$ 轴负方向

1-12 $2 + 3t^2 - 4t(\mathrm{m})$，$1\mathrm{m}$

1-13 $\alpha + \beta = 90^\circ$，$70^\circ$

1-14 $r = R\cos\omega t i + R\sin\omega t j$，$x^2 + y^2 = R^2$，0，$R\omega^2$

1-15 $x = 5\cos30\pi t \ (\mathrm{m}) \ y = 5\sin30\pi t \ (\mathrm{m})$，$x^2 + y^2 = 25 \ \mathrm{m}$

1-16 ~ 1-30   BCCCA   ADDDB   CABDD

1-31 ①$\Delta r = r_2 - r_1 = 4i - 2j$；②$|\Delta r| = 2\sqrt{5}$；③略

1-32 ①3m，$-5\mathrm{m \cdot s^{-1}}$；②$v = -5 + 12t(\mathrm{m \cdot s^{-1}})$，$a = 12\mathrm{m \cdot s^{-2}}$；③略

1-33 ①-6m；②0，$-18\mathrm{m \cdot s^{-1}}$；③0，$-9\mathrm{m \cdot s^{-2}}$

1-34 ①4m；②3m；③5m；④5m

1-35 $v = v_0 + 5t + t^2(\mathrm{m \cdot s^{-1}})$ $x = v_0 t + \dfrac{5}{2}t^2 + \dfrac{1}{3}t^3 + x_0(\mathrm{m})$

1-36 ①-32m；②48m

1-37 ①$x = 2t$，$y = 19 - 2t^2$；②$y = 19 - \dfrac{x^2}{2}$；

③$v_1 = 2i - 4tj(\mathrm{m \cdot s^{-1}})$，$a = -4j(\mathrm{m \cdot s^{-2}})$

1-38 ①$r = R\cos\omega t i + R\sin\omega t j$；②$x^2 + y^2 = R^2$

1-39 ①$t = 4$；②$10\mathrm{m \cdot s^{-1}}$

1-40 $v = \dfrac{\sqrt{s^2 + h^2}}{s}v_0$，$a = \dfrac{h^2 v_0^2}{s^3}$

1-41 ①452m；②12.5°

第 2 章

2-1 静止或匀速直线运动状态不变

2-2 加速度

2-3 $-100N$

2-4 $\dfrac{F}{m_1 + m_2}$， $\dfrac{m_2 F}{m_1 + m_2}$

2-5 质量

2-6 5N，0.51

2-7 质量，运动速度

2-8 $4kg \cdot m \cdot s^{-1}$，4J

2-9 作用力，持续时间

2-10 $15N \cdot s$，$15kg \cdot m \cdot s^{-1}$

2-11 $22.5N \cdot m$，$11.25m \cdot s^{-1}$

2-12 $6kg \cdot m \cdot s^{-1}$，$6N \cdot s$，1.5N

2-13 $14kg \cdot m \cdot s^{-1}$，$3.5m \cdot s^{-1}$

2-14 6400N，$5.33m \cdot s^{-1}$

2-15 60J，30W

2-16 60J，15W，32W

2-17 50J，50J，$10m \cdot s^{-1}$

2-18 $K\left(\dfrac{1}{r_1} - \dfrac{1}{r_2}\right)$， $-K\left(\dfrac{1}{r_1} - \dfrac{1}{r_2}\right)$

2-19 $100N \cdot m$，141m

2-20 $\sqrt{5.4}m \cdot s^{-1}$，$1.5m \cdot s^{-2}$

2-21 重力、弹力、摩擦力、磁场力

2-22 路径，闭合回路

2-23 ~ 2-42 CDBAD ACDBB DABBC CADBC

2-43 竖直向下 54.9N；水平向右 3.92N

2-44 ①84N，56N；②14N，42N；③均为 98N

2-45 $4.78m \cdot s^{-2}$；1.35N

2-46 $a = \dfrac{M-m}{M+m}g$； $T = 2mg \dfrac{M}{M+m}$

2-47 $2.7m \cdot s^{-2}$，$1.5m \cdot s^{-2}$

2-48 ①$\dfrac{m}{M+m}v_0$，$\dfrac{Mm}{M+m}v_0$；②$\dfrac{m^2}{M+m}v_0$；③$\dfrac{Mm}{M+m}v_0$

2-49 $7.24N \cdot s^{-1}$，迎小球飞来方向向上35°，365N

2-50 ①$0.70m \cdot s^{-1}$，向右运动；②$13.2N \cdot s$

2-51 $-3.4 \times 10^5 m \cdot s^{-1}$

2-52 $2.50 \times 10^2 J$

2-53 1105J，276W，0，552.5W

2-54 $4.23 \times 10^6 J$，$1.51 \times 10^2 s$

2-55 $2.97m \cdot s^{-1}$

2-56 $-7.9J$

第 3 章

3-1 $a + 3bt^2 - 4ct^3 (\text{rad} \cdot \text{s}^{-1})$, $6bt - 12ct^2 (\text{rad} \cdot \text{s}^{-1})$

3-2 $5\pi(\text{rad} \cdot \text{s}^{-1})$, 420

3-3 质量，质量的空间分布，轴的位置

3-4 $J_A < J_B$

3-5 $J = \dfrac{1}{2}mR^2$

3-6 转动惯性

3-7 $J_{时针} < J_{分针}$，$E_{时针} < E_{分针}$

3-8 减小，减小

3-9 $8 \times 10^6 \text{J}$

3-10 400J

3-11 $\dfrac{9}{5}\pi^2 \text{J}$

3-12 减小，增大，保持不变，增大

3-13 $\dfrac{1}{2}mR^2$，$\dfrac{1}{2}mR^2\omega$，$\dfrac{1}{4}mR^2\omega^2$

3-14 $\dfrac{\omega_1}{3}$

3-15 ~ 3-24   CBACA   BCCCD

3-25 $\beta = 12 - 12t^2 (\text{rad} \cdot \text{s}^{-2})$；$a_t = R\beta = 1.2 - 1.2t^2$

3-26 $\beta = \pi(\text{rad} \cdot \text{s}^{-2})$；$N = 625$；$\omega = 25\pi(\text{rad} \cdot \text{s}^{-1})$

3-27 $t = 10.8 \text{s}$

3-28 $M = 400\pi(\text{N} \cdot \text{m})$

3-29 $E = 2000\pi^2$；$\Delta E = \dfrac{8000}{9}\pi^2$

3-30 $\beta = 39.2 \text{rad} \cdot \text{s}^{-2}$；$E = 490 \text{J}$；相等，因为拉力只对飞轮做了功

3-31 $A = \dfrac{1}{4}mR^2\omega_0^2$

3-32 $\Delta\omega = \omega\dfrac{mR^2}{J}$；$\Delta E = \dfrac{mR^2\omega^2(J + mR^2)}{2J}$

3-33 $\omega = 100 \text{rad} \cdot \text{s}^{-1}$；$\Delta E = 1.25 \times 10^4 \text{J}$

3-34 $r_2 = 5.26 \times 10^{12} \text{m}$

第 4 章

4-1 压缩，黏滞性

4-2 切线方向，疏密程度

4-3 不能相交，流管内外的流体不会相混

4-4 $5 \text{m} \cdot \text{s}^{-1}$, 0.157m^3

4-5 理想流体，稳定流动，同一流管

4-6 理想流体，稳定流动，同一流管

4-7 小，大，大，小

4-8 $\sqrt{2gh}$，$H - h$，1/2

4-9　增大，减小

4-10　$\sqrt{2}$，3，变小

4-11　16，1/2，2

4-12 ~ 4-22　ABDBC　CDADC　C

4-23　$0.5\mathrm{m\cdot s^{-1}}$

4-24　$4.2\times10^{-2}\mathrm{m\cdot s^{-1}}$

4-25　$107.5\mathrm{m\cdot s^{-1}}$

4-26　$16\mathrm{m\cdot s^{-1}}$；$2.3\times10^{5}\mathrm{Pa}$

4-27　$2\sqrt{h(H-h)}$，$H/2$，H

4-28　$0.00146\mathrm{m\cdot s^{-1}}$

4-29　$0.52\times10^{5}\mathrm{Pa}$

4-30　$38.8\mathrm{m\cdot s^{-1}}$；$143\mathrm{m\cdot s^{-1}}$

第 5 章

5-1　$\dfrac{3}{2}kT$，$\dfrac{3}{2}N_{A}kT$

5-2　$\nu\dfrac{i}{2}R\Delta T$

5-3　1:2，5:3

5-4　3，2

5-5　温度

5-6　10^{26}，6.9×10^{-22}

5-7　1

5-8　N

5-9　$Nf(v)\mathrm{d}v$，$N\displaystyle\int_{v1}^{v2}f(v)\mathrm{d}v$

5-10　$\sqrt{\overline{v^2}}>\bar{v}>v_{\mathrm{p}}$

5-11　分子的体积和内压强

5-12　碰撞的平均次数，自由运动的平均路程

5-13 ~ 5-22　BBCAC　AACCB

5-23　$8.9\times10^{-6}\mathrm{Pa}$

5-24　$6.7\times10^{22}\mathrm{m^{-3}}$；$9.7\times10^{21}\mathrm{m^{-3}}$

5-25　$1.33\times10^{5}\mathrm{Pa}$

5-26　$6.23\times10^{23}\mathrm{J\cdot mol^{-1}}$，$6.23\times10^{23}\mathrm{J\cdot mol^{-1}}$；$3.12\times10^{3}\mathrm{J\cdot g^{-1}}$，$2.22\times10^{2}\mathrm{J\cdot g^{-1}}$

5-27　$3.89\times10^{-22}\mathrm{J}$

5-28　$6.16\times10^{-2}\mathrm{K}$，$0.51\mathrm{Pa}$

5-29　$1.35\times10^{5}\mathrm{Pa}$；$362\mathrm{K}$，$7.49\times10^{-21}\mathrm{J}$

5-30　$6.21\times10^{-21}\mathrm{J}$，$300\mathrm{K}$；$3.95\times10^{2}\mathrm{m\cdot s^{-1}}$

5-31　300K 时：$1.78\times10^{3}\mathrm{m\cdot s^{-1}}$，$1.93\times10^{3}\mathrm{m\cdot s^{-1}}$，$1.58\times10^{3}\mathrm{m\cdot s^{-1}}$；

　　　2.7K 时：$1.69\times10^{2}\mathrm{m\cdot s^{-1}}$，$1.83\times10^{2}\mathrm{m\cdot s^{-1}}$，$1.50\times10^{2}\mathrm{m\cdot s^{-1}}$

5-32　1:4

5-33　$5.30\times10^{9}\mathrm{s^{-1}}$；$4.54\times10^{2}\mathrm{m\cdot s^{-1}}$

第 6 章

6-1　孤立系统、封闭系统、开放系统

6-2　处处相等且不随时间变化的稳定

6-3　无限接近热平衡态

6-4　$A \rightarrow B$：$Q > 0$、$A > 0$、$\Delta E > 0$；$B \rightarrow C$：$Q > 0$、$A = 0$、$\Delta E > 0$；
　　$C \rightarrow A$：$Q < 0$、$A < 0$、$\Delta E < 0$

6-5　200J

6-6　100J，0；　-100J，0

6-7　$5iR$，$5iR$

6-8　等压，等温

6-9　$\Delta E > 0$、$\Delta T > 0$、$A > 0$、$Q > 0$

6-10　不能，将构成单热源热机

6-12　等压($A \rightarrow B$)，等温($A \rightarrow D$)

6-13　增大，不变

6-14　不引起其他任何变化

6-15　自动地

6-16　机械耗能，准静态

6-17　热现象，实际

6-18　可逆，不可逆

6-19 ~ 6-30　BCADC　DACBC　BD

6-31　1.15K

6-32　200J；-200J；-252J

6-33　250J；200J

6-34　150J；110J

6-35　500J；1210J

6-36　2078J；2909J

6-37　①3050J，3050J；②2200J，2200J

6-38　①0，-786J，-786J；②-1985J，-1418J，-567J

6-39　①200J，0，-1200J；②-1000J；③-1000J

6-40　36%；4.5×10^7J(12.5kW·h)

6-41　①20%，600J；②40%，1200J

6-42　①70%；②49%；③$1.02 \times 10^8$J；④1.24℃

6-43　①10.5；②10500J

6-44　①$1.84 \times 10^6$J；②$0.16510^6$J

6-45　29.1J·K^{-1}

第 7 章

7-1　单位正试验电荷

7-2　小，大

7-3　零

7-4　1×10^{-7}

7-5　$2 \mathrm{N} \cdot \mathrm{C}^{-1}$，向下

7-6　闭合曲面内的电荷量

7-7　$\pi R^2 E$

7-8　$\dfrac{\sigma}{\varepsilon_0}$

7-9　$\dfrac{q_1 q_2}{4\pi\varepsilon_0 r}$

7-10　$\dfrac{Q}{4\pi\varepsilon_0 R}$

7-11　10cm

7-12　$\dfrac{q_0 q}{4\pi\varepsilon_0}\left(\dfrac{1}{r_a} - \dfrac{1}{r_b}\right)$

7-13　-140 V

7-14　$\boldsymbol{E} = (-8 - 24xy)\boldsymbol{i} + (-12x^2 + 40y)\boldsymbol{j}$

7-15 ~ 7-23　DCCBB　ACAC

7-24　$4l\sin\theta\sqrt{mg\pi\varepsilon_0\tan\theta}$

7-25　$2.7 \times 10^4 \boldsymbol{i} - 1.8 \times 10^4 \boldsymbol{j}(\mathrm{V} \cdot \mathrm{m}^{-1})$

7-26　①0；②$2.8 \times 10^4 \mathrm{V} \cdot \mathrm{m}^{-1}$

7-27　$1.26 \times 10^{-13} \mathrm{C} \cdot \mathrm{m}^{-1}$

7-28　①$E = 0$；②$E = 0$；③$E = \dfrac{\lambda}{2\pi\varepsilon_0 r}$

7-29　$\dfrac{\rho(R_2^2 - R_1^2)}{2\varepsilon_0}$，$\dfrac{\rho(R_2^3 - R_1^3)}{3\varepsilon_0 R_2}$

7-30　E：$\dfrac{\rho r}{3\varepsilon_0}$，$r < R$；$\dfrac{\rho R^3}{3\varepsilon_0 r^2}$，$r \geqslant R$

　　　V：$\dfrac{\rho R^3}{6\varepsilon_0 r} + \dfrac{\rho r^2}{6\varepsilon_0}$，$r < R$；$\dfrac{\rho R^3}{3\varepsilon_0 r}$，$r \geqslant R$

7-31　①27.2eV；②13.6eV

7-32　$\dfrac{q}{4\pi\varepsilon_0 R_1} + \dfrac{Q}{4\pi\varepsilon_0 R_2}$

第 8 章

8-1　不变，减小

8-2　$\dfrac{r}{R}$

8-3　3F/8

8-4　大

8-5　$\dfrac{R U_0}{r^2}$

8-6　无极分子；电偶极子

8-7　$\boldsymbol{D} = \varepsilon_0 \varepsilon_r \boldsymbol{E}$

8-8　轻小物体由于极化在靠近带电棒一端出现与带电棒异号的极化电荷

8-9　增大，减小

8-10　$2C_0$

8-11　①增大，不变，减小，增大；②减小，减小，减小

8-12　$\dfrac{\sigma}{\varepsilon_0}$

8-13　增大电容；提高电容器的耐压能力

8-14　$1/\varepsilon_r$；$1/\varepsilon_r$

8-15～8-25　DABDA　CBCBB　B

8-26　$\sigma = \dfrac{\sum\limits_{i=1}^{n} q_i}{S} = \dfrac{q+Q}{4\pi R_2^2}$

8-27　$\dfrac{R}{r}q$；0

8-28　①$\dfrac{q}{4\pi\varepsilon_0 R_1}(r<R_1)$，$\dfrac{q}{4\pi\varepsilon_0 r}(R_1<r<R_2)$，$\dfrac{q}{4\pi\varepsilon_0 r}(r>R_2)$；②$\dfrac{q}{4\pi\varepsilon_0}\left(\dfrac{1}{R_1}-\dfrac{1}{R_2}\right)$

8-29　①从左至右：$\dfrac{1}{2}Q$，$-\dfrac{1}{2}Q$，$\dfrac{1}{2}Q$，$\dfrac{1}{2}Q$，$-\dfrac{1}{2}Q$，$\dfrac{1}{2}Q$；$-\dfrac{Q}{2\varepsilon_0 S}d_1$，$\dfrac{Q}{2\varepsilon_0 S}d_2$

②从左至右：0，$-\dfrac{d_2}{d_1+d_2}Q$，$\dfrac{d_2}{d_1+d_2}Q$，$\dfrac{d_1}{d_1+d_2}Q$，$-\dfrac{d_2}{d_1+d_2}Q$，0；$-\dfrac{Q}{\varepsilon_0 S}\dfrac{d_1 d_2}{d_1+d_2}$，

$\dfrac{Q}{\varepsilon_0 S}\dfrac{d_1 d_2}{d_1+d_2}$

8-30　$\ln\left(\dfrac{b}{a}\right)\bigg/\left[\ln\left(\dfrac{r_1}{a}\right)+\dfrac{1}{\varepsilon_r}\ln\left(\dfrac{r_2}{r_1}\right)+\ln\left(\dfrac{b}{r_2}\right)\right]$

8-31　①$1.6\times10^{-3}C$，$0.4\times10^{-3}C$；②80V

8-32　$7.1\times10^{-6}C\cdot m^{-2}$

8-33　$4.58\times10^{-2}F$

8-34　$4.5\times10^{-5}C\cdot m^{-2}$，$2.5\times10^{-6}V\cdot m^{-1}$，$2.3\times10^{-5}C\cdot m^{-2}$

8-35　①$\dfrac{Q}{4\pi\varepsilon_0\varepsilon_r r^2}$，$\dfrac{Q}{4\pi\varepsilon_0 r^2}$，$\dfrac{Q}{4\pi\varepsilon_0\varepsilon_r}\left(\dfrac{1}{r}+\dfrac{\varepsilon_r-1}{R}\right)$，$\dfrac{Q}{4\pi\varepsilon_0 r}$；②$-\dfrac{Q}{4\pi R^2}$

8-36　$1.11\times10^{-2}J\cdot m^{-3}$；$2.22\times10^{-2}J\cdot m^{-3}$；$8.88\times10^{-8}J$；$2.66\times10^{-7}J$；$3.54\times10^{-7}J$

8-37　①$\dfrac{Q^2 d}{2\varepsilon_0 S}$；②$\dfrac{Q^2 d}{2\varepsilon_0 S}$

第 9 章

9-1　电流强度

9-2　$6.0\times10^6 A\cdot m^{-2}$

9-3　n^2

9-4　电源内部非静电力将单位正电荷从负极移动到正极所做的功

9-5　$\pi R^2 c$

9-6　0

9-7　$1:2$

9-8　$1.71\times10^{-5}T$

9-9　所包围的所有稳恒电流的代数和，磁感强度，内外全部电流所产生磁场的叠加

9-10　$\mu_0 i$

9-11　1:2,　1:2

9-12　匀速直线,　匀速率圆周,　等距螺旋线

9-13　$R_1/R_2 = \sqrt{2}$

9-14　$R(eB)^2/(m_e)$

9-15　IBS, 0, BS

9-16　4

9-17　$\mu_0\mu_r nI$, nI

9-18 ~ 9-32　DCACD　CACDB　DCBBC

9-33　13.3μA·m^{-2}

9-34　$\dfrac{\rho l}{\pi R_1 R_2}$

9-35　①0.85A, 0.85A, 0.49A, 0.36A;　② − 5.2V

9-36　①0.35A, 0.25A, 0.125A;　②3.5V

9-37　4.10V, 0.05Ω

9-38　①$\dfrac{\mu_0 Ir}{2\pi R^2}$, $\dfrac{\mu_0 I}{2\pi r}$;　②5.6 × 10^{-3}T

9-39　3.2 × 10^{-16}N, 1.64 × 10^{-26}N

9-41　$T = \dfrac{2\pi m}{qB} = 3.57 \times 10^{-10}$s, $R = \dfrac{\sqrt{3}mv}{2qB} = 0.13$cm, $h = \dfrac{\pi mv}{qB} = 0.47$cm

9-42　①1.14 × 10^{-3}T, 垂直纸面向内;　②1.57 × 10^{-8}s

9-43　1.84 × 10^{-4}N, 7.2 × 10^{-6}N·m

9-44　3.75 × 10^{-4}N·m

9-45　4.78 × 10^3

9-46　①$H = 300$, $B = 3.8 \times 10^{-4}$, $M = 0$;　②$H = 300$, $B = 7.6 \times 10^{-2}$, $M = 59700$

第 10 章

10-1　磁通量,感应电流,感应电动势

10-2　插入,一部分,磁感应强度(磁通量)

10-3　阻碍

10-4　对于时间的变化率

10-5　相对于磁场,磁感应强度

10-6　感生电场,涡旋电场

10-7　产生感应电动势

10-8　双向并绕

10-9　$M = L_1 \cdot L_2$

10-10　$\dfrac{1}{2}BH$ 或 $\dfrac{1}{2}\boldsymbol{B}\cdot\boldsymbol{H}$

10-11　红外线,紫外线

10-12　开放的电磁振荡

10-13 ~ 10-24　DBBDA　DCADA　CB

10-25　$\varepsilon = \dfrac{\mu_0 Iv}{2\pi}\ln\dfrac{d+l}{d}$, a 端电势高

10-26 ①$2 \times 10^{-3} \sin 100\pi t (V)$; ②$-4.36 \times 10^{-2} \cos 100\pi t (V)$; ③$\varepsilon = \varepsilon_1 + \varepsilon_2$(代数和)

10-27 ①$\varepsilon = \pi NBR^2$; ②在外电路中由 b→a; ③反向; ④感应电动势相同

10-28 ①$\frac{1}{2} \omega BR^2$; ②$1.3 V$; ③盘边电位高, 反转时盘心电位高

10-29 $\varepsilon_i = -\frac{1}{2} l \sqrt{R^2 - l^2/4} \frac{\partial B}{\partial t}$

10-30 $\frac{\mu_0 Nh}{2\pi} \ln \frac{D_1}{D_2}$

10-31 $M = \mu_0 N_1 N_2 \pi R^2 / l$

10-33 ①$I_d = q_0 \omega \cos \omega t$; ②$B = \frac{\mu_0 r}{2\pi R^2} q_0 \omega \cos \omega t$

第 11 章

11-1 位移成正比, 相反

11-2 位移成正比, 相反

11-3 $v = -10 \times 20\pi \sin\left(20\pi t + \frac{\pi}{2}\right)$, $a = -10 \times 400\pi^2 \cos\left(20\pi t + \frac{\pi}{2}\right)$

11-4 相互转换, 不变

11-5 $x = 0$, $v_0 = -0.08\pi$, 0.04, 2π, $\frac{\pi}{2}$

11-6 $-\frac{\pi}{2}$, $x = 0.1\cos\left(20\pi t - \frac{\pi}{2}\right)$

11-7 $\varphi = 0$, $\varphi = \frac{\pi}{3}$

11-8 $\omega = 100\pi$, $v_m = \pi$, $a_m = 100\pi^2$

11-9 $v_0 = -100\pi$, $a_0 = 2000\sqrt{3}\pi^2$

11-10 $x = A$, $x = -A$, $x = 0$

11-11 $x = 0$, $x = \pm A$

11-12 $x = 0$, $v = 0$, $a = $负最大

11-13 $x = 0$, $v = -4\pi$, $a = 0$

11-14 同方向同频率谐振动

11-15 $\Delta\varphi = 2k\pi$, $k = 0$, ± 1, $\pm 2 \cdots$; $\Delta\varphi = (2k+1)\pi$, $k = 0$, ± 1, ± 2, $\cdots$

11-16 $5Hz$, $2m$, 5π

11-17 垂直, 平行

11-18 $T = \frac{1}{120}s$, $\lambda = 0.25m$, $y = 4.0 \times 10^{-3} \cos 240\pi\left(t - \frac{x}{30}\right)(m)$

11-19 $y = 5\sin(40\pi - 5\pi x)(m)$; $y = 5\sin(20\pi t - 10\pi)(m)$

11-20 $\frac{2\pi}{a}$, $\frac{a}{2\pi}$, $\frac{2\pi b}{a}$, b

11-21 $y = 0$, $v = 0.2\pi(m \cdot s^{-1})$, $a = 0$

11-22 相同, 不守恒

11-23 不变, 4 倍

11-24 振动方向相同, 频率相同, 位相差恒定

11-25 $\delta = r_2 - r_1 = k\lambda$, $k = 0$, ± 1, ± 2, $\cdots$; $\delta = r_2 - r_1 = (2k+1)\dfrac{\lambda}{2}$, $k = 0$, ± 1, ± 2, $\cdots$

11-26~11-46 CDCBA BABBB ADCAA BABAA D

11-47 $x_1 = x_2$

11-48 $A_m = 0.01m$

11-49 ①$x = 0.02\cos 4\pi t$；②$x = 0.02\cos(4\pi t + \pi)$；③$x = 0.02\cos(4\pi t + \pi/2)$；

④$x = 0.02\cos(4\pi t + 3\pi/2)$；⑤$x = 0.02\cos(4\pi t + \pi/3)$；⑥$x = 0.02\cos(4\pi t + 4\pi/3)$

11-50 ①$A = 6cm$，$T = 0.4\pi(s)$；②$x = -4.24cm$；③$x = 2.85cm$；④$E = 2.25 \times 10^{-4}J$

11-51 ①$T = \dfrac{4\pi}{3}$；②$a_m = 0.045m \cdot s^{-2}$；③$x = 0.03\cos\left(\dfrac{3}{2}t + \dfrac{3\pi}{2}\right)$

11-52 ①$y = A\cos\left[\omega\left(t - \dfrac{x}{u}\right) + \varphi\right)](m)$；②$y = A\cos\left[\omega\left(t + \dfrac{x}{u}\right) + \varphi\right)](m)$

11-53 ①$y = A\cos\left[\omega\left(t + \dfrac{x_1}{u} - \dfrac{x}{u}\right) + \varphi\right]$；②$y = A\cos\left[\omega\left(t - \dfrac{x_1}{u} + \dfrac{x}{u}\right) + \varphi\right]$

11-54 ①$0.03\cos 50\pi t$，$\varphi = 0$；②$y = 0.0212m$，$v = -3.33m \cdot s^{-1}$

11-55 ①$1.58 \times 10^4 W \cdot m^{-2}$；②$3.79 \times 10^2 J$

第 12 章

12-1 $400 \sim 760nm$

12-2 频率相等，振动方向相同，相位差恒定

12-3 分波阵面法，分振幅法

12-4 分波阵面法

12-5 从光疏介质入射到光密介质，反射光

12-6 $\dfrac{\lambda}{2}$

12-7 $1.58m$

12-8 $99.6nm$

12-9 $\dfrac{I}{2}$

12-10 $\dfrac{\pi}{3}$

12-11~12-20 DBBAC BDDCC

12-21 $\lambda = 632.8nm$，为红光。

12-22 $d = 8.0\mu m$

12-23 $d = 99.3nm$

12-24 ①通过 P_1 的光强：$I_1 = \dfrac{1}{2}I_0$ 为线偏振光，通过 P_2 的光强：$I_2 = I_1 \cos^2 45° = \dfrac{1}{4}I_0$ 为线偏振

光，通过 P_3 的光强：$I_3 = I_2 \cos^2 45° = \dfrac{1}{8}I_0$ 为线偏振光；②如果将第二个偏振片抽走，$I_3 = I_1 \cos^2 90° = 0$

12-25 $60°$

12-26 $562.5nm$

12-27 在可见光($400 \sim 760nm$)范围内，波长为 $428.6nm$ 和波长为 $600nm$ 的光最大限度的增强

12-28 $I_2 = 2.25I_1$

12-29　线偏振光占总入射光强的 $\dfrac{2}{3}$，自然光占 $\dfrac{1}{3}$

12-30　0.25mm

第 13 章

13-1　相对性原理，光速不变原理

13-2　空间，相对，收缩，慢

13-3　c　c

13-4　0.988c

13-5　0.75 × 10^{-8}（s）

13-6　mc^2，$m_0 c^2 / (1 - v^2/c^2)1/2$，$-m_0 c^2$，5/3

13-7　$(2/3) m_0 c^2$

13-8　A，B

13-9　车头先于车尾亮灯

13-10　2

13-11 ~ 13-20　ADCCD　CDCCC

13-21　$\dfrac{\sqrt{3}}{2}c$

13-22　3.2m

13-23　c

13-24　均到达不了地球

13-25　①0.816c；②0.707m

13-26　$v = \dfrac{4}{5}c$

13-27　0.976c

13-28　①2.05 × 10^{3}V；②2.7 × 10^{7}m·s^{-1}

13-29　①$\dfrac{c \sqrt{n(n+2)}}{n+1}$；②$m_0 c \sqrt{n(n+2)}$

13-30　0.979 × 10^{-29}kg；5.5MeV

第 14 章

14-1　温度有关

14-2　总辐出度等于单色辐出度曲线下方面积

14-3　0.57

14-4　2:1

14-5　5.9 × 10^{3}K，6.87 × 10^{7}W·m^{-2}

14-6　1500K

14-7　电子衍射

14-8　1，归一化

14-9　0.06125nm

14-10　3.3 × 10^{-30}m

14-11 ~ 14-20　ACDBA　DCDBA

14-21　　5682K，8280K，$5.91 \times 10^7 \text{W} \cdot \text{m}^{-2}$，$2.665 \times 10^8 \text{W} \cdot \text{m}^{-2}$

14-22　　5900K

14-23　　$3.6 \times 10^{-17} \text{J} \cdot \text{s}^{-1}$

14-24　　①$1.50 \times 10^{30}$；②$1.08 \times 10^{17}$

14-25　　$1.67 \times 10^{-27} \text{kg}$

14-26　　$1.46 \times 10^7 \text{m} \cdot \text{s}^{-1}$

14-27　　①$1.66 \times 10^{-35} \text{m}$；②$1.66 \times 10^{-28} \text{m} \cdot \text{s}^{-1}$

14-28　　1/1，4.12×10^2

14-29　　3765V

14-30　　①9.43eV；②$x = 0$、0.10nm、0.20nm，其值为零

14-31　　①$\dfrac{1}{3} + \dfrac{\sqrt{3}}{2a}$；②$\dfrac{1}{3} - \dfrac{\sqrt{3}}{2a}$

参考文献

［1］程守珠，江之永. 普通物理学［M］. 6 版. 北京：高等教育出版社，2006.

［2］马文蔚. 物理学教程［M］. 2 版. 北京：高等教育出版社，2006.

［3］吴百诗. 大学物理基础［M］. 2 版. 北京：科学出版社，2007.

［4］习刚. 普通物理学［M］. 北京：中国农业出版社，2007.

［5］钟韶. 大学物理教程［M］. 北京：高等教育出版社，2005.

［6］阎金铎，李椿，王殖东. 普通物理学讲义［M］. 北京：中央广播电视大学出版社，1984.

［7］武秀荣. 大学物理学［M］. 2 版. 北京：中国林业出版社，2007.

［8］屠庆铭. 大学物理［M］. 2 版. 北京：高等教育出版社，2006.

［9］闫红，赵永亮. 大学物理［M］. 北京：中国传媒大学出版社，2014.

［10］习岗，李伟昌. 现代农业和生物学中的物理学［M］. 北京：科学出版社，2001.

［11］程文林. 大学物理学［M］. 北京：中国林业出版社，2001.

［12］赵凯华，罗蔚茵. 力学［M］. 北京：高等教育出版社，1995.

［13］孙凡，习岗. 普通物理学［M］. 北京：农业出版社，2002.

［14］景银兰，王爱国. 多普勒效应及其应用［J］. 现代物理知识，2000（增刊）：105.

［15］黄润生. 混沌及其应用［M］. 武汉：武汉大学出版社，2000.

［16］易雄杰，相对论之父和新思维首倡者——爱因斯坦［M］. 合肥：安徽人民出版社，2001.